“十二五”国家重点图书出版规划项目
智能电网研究与应用丛书

智能发电控制

Smart Generation Control

余 涛 张孝顺 殷林飞 席 磊 李富盛 著

科学出版社
北 京

内 容 简 介

本书主要介绍智能电网背景下比自动发电控制更加智能、优化和协调的智能发电控制，内容包括：第1章概述；第2章介绍自动发电控制性能评价指标，提出智能发电控制的优化控制目标；第3章介绍传统发电系统、新型发电系统、虚拟发电系统以及互联电网负荷-频率响应数学模型；第4、5章分别介绍集中决策式、分散自治式智能发电系统的控制框架及其智能算法；第6、7章分别介绍虚拟发电部落、孤岛电网与微网的智能发电控制系统的概念及其实现方法；第8章介绍研究智能发电控制策略的仿真平台（JADE平台和RTDS平台），介绍基于信息物理社会融合系统的平行系统及其并行算法。

本书可作为电气工程、人工智能专业的研究生教材，也可供上述行业的研究人员和工程技术人员参考。

图书在版编目（CIP）数据

智能发电控制 = Smart Generation Control / 余涛等著. —北京：科学出版社，2019.1

（智能电网研究与应用丛书）

“十二五”国家重点图书出版规划项目

ISBN 978-7-03-060000-4

Ⅰ. ①智… Ⅱ. ①余… Ⅲ. ①自动发电控制 Ⅳ. ①TM734

中国版本图书馆CIP数据核字（2018）第274611号

责任编辑：范运年 王楠楠 / 责任校对：彭 涛
责任印制：徐晓晨 / 封面设计：陈 敬

科学出版社 出版
北京东黄城根北街16号
邮政编码：100717
http://www.sciencep.com

北京厚诚则铭印刷科技有限公司 印刷

科学出版社发行 各地新华书店经销

*

2019年1月第 一 版 开本：720 × 1000 1/16
2020年5月第三次印刷 印张：23 1/2
字数：474 000

定价：198.00 元

（如有印装质量问题，我社负责调换）

《智能电网研究与应用丛书》编委会

《智能电网研究与应用丛书》序

迄今为止，世界电网经历了“三代”的演变。第一代电网是第二次世界大战前以小机组、低电压、孤立电网为特征的电网兴起阶段；第二代电网是第二次世界大战后以大机组、超高压、互联大电网为特征的电网规模化阶段；第三代电网是第一、二代电网在新能源革命下的传承和发展，支持大规模新能源电力，大幅度降低互联大电网的安全风险，并广泛融合信息通信技术，是未来可持续发展的能源体系的重要组成部分，是电网发展的可持续化、智能化阶段。

同时，在新能源革命的条件下，电网的重要性日益突出，电网将成为全社会重要的能源配备和输送网络，与传统电网相比，未来电网应具备如下四个明显特征：一是具有接纳大规模可再生能源电力的能力；二是实现电力需求侧响应、分布式电源、储能与电网的有机融合，大幅度提高终端能源利用的效率；三是具有极高的供电可靠性，基本排除大面积停电的风险，包括自然灾害的冲击；四是与通信信息系统广泛结合，实现覆盖城乡的能源、电力、信息综合服务体系。

发展智能电网是国家能源发展战略的重要组成部分。目前，国内已有不少科研单位和相关企业做了大量的研究工作，并且取得了非常显著的研究成果。在智能电网研究与应用的一些方面，我国已经走在了世界的前列。为促进智能电网研究和应用的健康持续发展，宣传智能电网领域的政策和规范，推广智能电网相关具体领域的优秀科研成果与技术，在科学出版社“中国科技文库”重大图书出版工程中隆重推出《智能电网研究与应用丛书》这一大型图书项目，本丛书同时入选“十二五”国家重点图书出版规划项目。

《智能电网研究与应用丛书》将围绕智能电网的相关科学问题与关键技术，以国家重大科研成就为基础，以奋斗在科研一线的专家、学者为依托，以科学出版社“三高三严”的优质出版为媒介，全面、深入地反映我国智能电网领域最新的研究和应用成果，突出国内科研的自主创新性，扩大我国电力科学的国内外影响力，并为智能电网的相关学科发展和人才培养提供必要的资源支撑。

我们相信，有广大智能电网领域的专家、学者的积极参与和大力支持，以及编委的共同努力，本丛书将为发展智能电网，推广相关技术，增强我国科研创新能力做出应有的贡献。

最后，我们衷心地感谢所有关心丛书并为丛书出版尽力的专家，感谢科学出版社及有关学术机构的大力支持和赞助，感谢广大读者对丛书的厚爱；希望通过大家的共同努力，早日建成我国第三代电网，尽早让我国的电网更清洁、更高效、更安全、更智能！

周孝信

序

科技是强国兴邦之路，而电力技术的创新与发展是国家蓬勃发展、永葆生机的源泉之一，也是国家占据国际战略先机的途径之一。电力技术的创新要紧紧把握国家重大需求，要有前瞻性的眼光，大胆地去考虑技术的发展方向。

当今的时代是一个大数据与互联网的时代，十三五规划将大数据作为基础性战略资源，电力技术应与大数据和互联网深入结合。未来的时代是一个人工智能的时代，余涛教授所提的智能发电控制的概念是具有创造性和前瞻性的。智能发电控制充分汲取人工智能和互联网、大数据等前沿技术的精华，将比自动发电控制系统“更智能”、“更优化”、“更协调”，未来互联电网的发电调度与控制必将被智能发电控制系统所代替。

进入 21 世纪以来，电力系统“源–网–荷–储”各个部分都在经历深刻的变化，在“源”侧，大规模风电场、光伏电站和海量的分布式电源以前所未有的速度接入电网，高渗透率的间歇性、低可控性电源的广泛接入正在深刻改变传统以水、火、气为主的集中式确定性、高可控性电源的电源结构。在“网”侧，特高压/高压直流输电、中低压直流配网和大量电力电子装置加速融入电网，高可控性、电力电子系统正深刻改变传统以低可控性、交流为绝对统治地位的电网架构和控制方式。在“荷”侧，满足实时需求响应和负荷控制要求的用电设备与广泛接入的电动汽车正一同改变着负荷构成和负荷特性，传统上所认为的随机、刚性负荷将日益变为可预测、可调度的柔性负荷。在“储”侧，大规模、分布式的各类型储能系统不断接入配电网，正在深刻改变传统上以抽水蓄能为主的单一储能结构，为电力系统调频、调峰、经济调度和安稳控制等提供了更多技术手段。“源–网–荷–储”各层次的深刻变化预示着电力系统控制将从“自动化”转变为“智能化”，控制架构也从传统的“集中优化式”演变为“分散自治，集中协调”方式。

该书详细地展示了智能发电控制的模型，深入地探讨了人工心理学在智能发电控制中的应用；提出了多种智能发电控制集中式和分布式智能算法以及多种一致性和迁移性的动态指令分配算法；展示了基于人工智能技术的智能发电控制算法，建立了传统机组组合、经济调度、自动发电控制和发电功率分配的模型与算法库。该书提出了多个人工智能的学习类算法，建立了基于信息物理社会融合系统的平行智能发电控制系统，将人工智能中的机器学习和人工心理学应用到发电控制中，填补了“智能发电控制”的空白。

该书的作者为华南理工大学电力学院余涛教授，他在人工智能技术应用到智能发电控制中潜心研究，在理论和工程实践中取得了很多成果。希望余教授继续奋斗，百尺竿头更进一步，促进我国电力系统智能发电控制的发展和进步。

该书为从事电力系统技术研究、工程设计、工程建设方面的专业技术人员提供参考，也可作为高等院校相关专业的教学参考用书。

李立浧

2018 年 12 月 26 日

前　　言

自动发电控制(automatic generation control，AGC)是电力系统的一个基础问题，但真正研究此方向的学者相对较少，笔者也是在2006年承担广东省电力调度中心的两个与CPS(control performance standard)标准有关的横向课题时才开始的。在研究中，笔者发现，经过数十年技术发展，AGC已经基本停滞，各国电网调度AGC基本都是以参数固定的比例积分微分(proportional plus integral plus derivative，PID)控制或线性控制为核心的系统，性能虽然能满足一般工程需要，但依然存在调节次数高和频繁反调的问题。特别是在调度端形成的AGC调节总指令在实时下发时缺乏动态优化，无法有效地利用电网内不同类型的互补调节特性，动态控制品质和厂网协调性其实有很大提升空间。对于这一类无法准确建模且动态优化决策实时性强的庞大系统，基于精确模型的控制理论和经典优化方法碰到了很大困难，于是，笔者就想到了用人工智能的方法来解决问题。

在十多年前，笔者将机器学习和AGC结合起来研究既是工程应用需要，也是兴趣所在。早在二十年前笔者在写硕士毕业论文时就开始了对神经网络和专家系统的研究，并将其运用到云南省科技厅重点科技项目——大型水电机组的故障知识表达和诊断推理中。这个时候国内外电力系统正在经历第一个人工智能热潮，模糊集、BP(back propagation)神经网络和专家系统是这个时期的主要代表，各种类型的论文和系统层出不穷，但没有几年，这种“拿来主义”和缺乏严格数学解释的研究就走到了尽头，甚至在最近十年人工智能学者成为其他很多学者眼中的“不务正业者”，笔者在后来强化学习的研究中也不得不经常颇费口舌地向同行解释其研究的机器学习方法与传统方法的不同。有趣的是，就如一个人往往在人生低潮时能获得伟大的成果，机器学习方法也在后来二十余年中实现了浴火重生，其中以具有自主学习能力的强化学习和多层神经网络——深度学习等为代表的高级机器学习算法就是在这个人工智能的低谷期诞生的。直到2016年，谷歌的Deep Mind公司研发的围棋机器人AlphaGo的出现，彻底颠覆了人们对人工智能“不行”的印象。很有趣的是，这种颠覆性的观念冲击甚至发生在很多计算机科学和人工智能的学者身上。2017年10月，完全基于自主机器学习的AlphaGo Zero的诞生更宣告了人工智能新时代的到来。

智能发电控制(smart generation control，SGC)是在“智能电网”提出后不久被提出的。随着人工智能和互联网、大数据的高速发展，在笔者看来，AGC也应该顺应这个巨大的变化趋势，进一步发展为SGC，SGC系统将比AGC系统更智能、更优化、更协调，未来互联电网的发电调度与控制必将被 SGC 系统所代替。

本书得到笔者主持的国家自然科学基金项目“CPS 标准下 AGC 的最优松弛控制及其马尔可夫决策过程(50807016)”、“智能发电控制的混合均衡态及其多智能体随机均衡对策理论(51177051)”、“电力系统频率自治与虚拟发电部落的智能协同控制理论(51477055)”、“基于平行 CPSS 结构的智慧能源调度机器人及其知识自动化理论(51777078)”和参与的国家重点基础研究发展计划(973 计划)项目“源-网-荷协同的智能电网能量管理和运行控制基础研究”的课题五“特性各异电源及负荷的能量互补协同优化调控(2013CB228205)”、国家高技术研究发展计划(863 计划)项目“含大规模新能源的交直流互联大电网智能运行与柔性控制关键技术”的课题五“交直流互联大电网智能优化调度技术(2012AA050209)”的资助。

本书工作量大，时间跨度长，它的完成是笔者莫大的荣幸，也是笔者众多学生不断迎难而上、开拓进取的结果。本书作者分别是华南理工大学电力学院余涛、汕头大学工学院张孝顺、广西大学电气学院殷林飞、三峡大学电气与新能源学院席磊和华南理工大学电力学院李富盛。本人主要设计全书框架，统领各章内容与小结，完成第 1、2 章；第 3 章主要由梁海华、张孝顺、王宇名、殷林飞、郑宇和李富盛完成；第 4 章主要由本人、殷林飞、张孝顺、于文俊、王宇名、袁野完成；第 5 章主要由王怀智、殷林飞和张孝顺完成；第 6 章主要由席磊和张孝顺完成；第 7 章主要由殷林飞、张孝顺、席磊、王德志和张泽宇完成；第 8 章主要由席磊、殷林飞和李富盛完成。

在此感谢华南理工大学电力学院刘明波教授，“千人计划”吴青华教授、蔡泽祥教授，香港理工大学许昭教授、陈家荣副教授，“千人计划”董朝阳教授，悉尼科技大学李力博士，原工作于广东省电力调度通信中心的陈亮博士和卢恩博士等为本书提供帮助和指导的各位专家学者。从笔者研究生毕业后到各高校任职的湖南大学周斌副教授、深圳大学王怀智博士、昆明理工大学杨博副教授对本书的研究工作作出了重要贡献。在此一并感谢王宇名、童家鹏、袁野、于文俊、叶文加、程乐峰、张泽宇、郭乐欣、王德志、陈吕鹏等数年来为本书作出重要贡献的各位研究生。感谢林丹、陈焕城等同学在本书撰写整理中付出的艰辛。感谢我的父母和妻儿对我多年科研工作的默默奉献与支持！

本书是笔者在国家 973 计划项目、863 计划项目、多项国家自然科学基金项目及中国南方电网科技项目的资助下完成的一个阶段性工作总结，相信通过抛砖引玉，本书会启发更多人参与到这个方向的研究工作中。笔者也希望在未来为国内外同行呈现出更多研究成果。

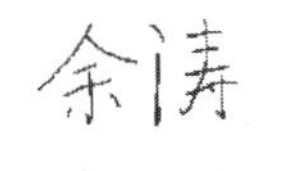

2018 年 10 月 10 日

目　录

第1章　概　述

1.1　“智能化”发电调度与控制系统

20世纪初电力系统诞生不久后，自动发电控制(automatic generation control，AGC)即出现，经过数十年，其技术发展已经基本停滞，各国电网调度AGC基本都是以参数固定的PID控制或线性控制为核心的系统，性能虽然能满足一般工程的需要，但依然存在调节次数高和频繁反调的问题。

最近二十年来，在人们熟悉的电力行业以外还发生了两个影响更加广泛的大事件，这两个大事件必将更为深刻地改变电力系统的形态和调控方式。“互联网+大数据”时代的到来是人类发展历史上的一个大事件，人类的交流方式也随之产生深刻的变化，新型的通信和数据分析技术手段层出不穷，电力系统也正在真正变为数字电力系统。以深度学习、强化学习等机器学习为代表的人工智能时代的到来是人类发展历史上的另一个大事件，机器人代替人，电力系统也就真正变成了智能电网。目前，这两个大事件正相互作用、相互推动，互联网和数据驱动方式正在改变传统的封闭式、监督式的机器学习方式，令机器学习方式更加开放，并在不远的未来逐步演变为具有自我探索、自我博弈能力的自主机器学习方式，机器自主思考的时代可期；人工智能技术极大地推动了大数据的挖掘和利用效率，让互联网和大数据分析渗透到自然环境变化和人类活动的方方面面，让未来的每种行为，无论自然行为还是人类行为都有迹可循、完全可预测。

智能发电控制(smart generation control，SGC)的一个最重要的关键词就是人工智能。最近两年来人工智能中最大的明星就是谷歌的DeepMind公司研发的围棋机器人(AlphaGo)。AlphaGo的出现彻底颠覆了传统上认为人工智能难以在数十年内在复杂学习和博弈问题上战胜人类的观点，让人工智能的全球热潮提前到来。AlphaGo催热了深度学习算法，但很少有人注意到AlphaGo还有一个技能就是强化学习。2017年10月，*Nature*上刊登了AlphaGo Zero，这个Zero表示新的AlphaGo不再依赖于人类历史棋局学习，而是利用纯强化学习(pure reinforcement learning)从零开始自我探索，且其仅通过三天的机器学习就获得对旧版AlphaGo 100∶0的压倒性战绩。这让更多人意识到了强化学习这种强大的工具的力量。本书提出的SGC的智能化正是基于强化学习和其他机器学习算法的，希望能给读者一些有益的启示。

1.2　AGC 基础

互联电网 AGC 属于电网有功调度和控制中最基本的功能，是电力系统能量管理系统(energy management system，EMS)不可或缺的组成部分。在很多教科书和文献中，AGC 系统的功能一般狭义地定义为二次调频，但现代电力调度系统的节能发电调度和经济调度指令也往往是通过 AGC 系统通道下发到发电厂的，因此从广义的观点看，AGC 系统是包含了日前计划调度、实时滚动调度和二次调频的广义发电调度与控制系统。图 1-1 给出了现代省级电网发电调度与控制系统的基本框架。

现代互联电力系统 AGC 的功能主要是承担系统二次频率调整和受控区域电网联络线功率偏差控制，主要控制方式一般为定联络线偏差控制(tie-line bias control，TBC)、定频率控制(flat frequency control，FFC)和定联络线交换功率控制(constant net interchange control，CNIC)。TBC 模式目前成为互联电网 AGC 的标准控制方式，FFC 模式一般为孤岛电网或区域大网直调(指本级调度直接调管的设备，设备状态的改变需经本级调度许可同意方可操作)调频厂的 AGC 方式，CNIC 模式则是在较为严格的电力交易约束条件下才采用的特殊控制模式。从单一的频率控制到区域联络线功率控制，AGC 的技术伴随着电力系统从孤岛小系统到互联大系统这一整个漫长过程逐步发展。

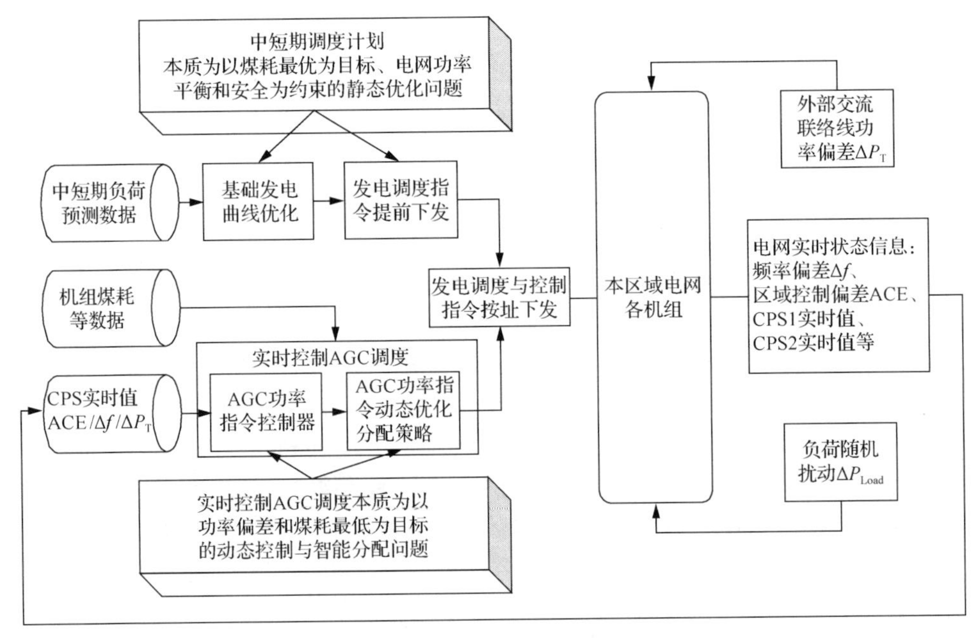

图 1-1　省级电网发电调度与控制系统的基本框架

从 1937 年苏联研制出第一个频率调整器开始，AGC 相关研究已经发展了快一个世纪了。苏联这个频率调整器被安装在斯维尔斯克水电厂中，与水电机组的调速器一起构成了系统调频控制系统。这个阶段电网 AGC 只有 FFC 一种控制模式。随着电网逐步扩大，1959 年苏联开始在组成全苏统一电力系统的主要部分——南部、中部及乌拉尔、西伯利亚西部等联合电力系统中，应用分散式频率与有功功率自动调整系统。随着其欧洲部分统一电力系统的形成，苏联又逐步过渡到采用 TBC 准则。以联邦德国和法国电力系统为主，由荷兰、比利时、卢森堡、意大利、瑞士和奥地利等国电网组成的西欧联合电力系统，由于采用 TBC 准则实现联合控制，尽管各国内部的控制准则和装置多种多样，但整个电网仍可实现众多电厂的联合控制。美国各电力公司所属电力系统之间广泛采用 TBC 方式，自动控制装置以田纳西河流域管理局(Tennessee Valley Authority，TVA)系统的高速频率负荷控制装置、统一爱迪生系统的自动负荷控制装置、堪萨斯电力照明公司的采用自整角机的电力系统自动负荷分配系统为代表。日本存在两个频率不同的联合电力系统，分别包含 3 个和 6 个电力系统，控制准则有固定频率控制和固定负荷控制等，系统之间多数采用 TBC，少数用选择式频率控制。1992 年，Jaleeli 和 VanSlyc 在国际权威期刊 *IEEE Transactions On Power System* 上系统地回顾了以上三种 AGC(TBC、FFC、CNIC)方式及其各种控制策略的研究和应用情况。

我国电力系统的频率和有功功率自动控制工作开始于 1957 年，当时确定以东北电力系统和京津唐电力系统两大电力系统进行试点。东北电力系统采用集中控制下的分区控制方案，特点是将系统分为以中调辖区为范围的三个区，并对联络线负荷及系统频率实现综合控制，平时各区自行担负本区的负荷变动，而不影响邻区，在系统频率降低时，可相互支援，联络线负荷可以给定或定时加以修改，控制装置由磁放大器及自整角机组成。京津唐电力系统采用分散式控制方案，主要特点是在各主导电厂中分别装设系统微增率发生器，对发电机组进行控制，线损采用简化通道方案分散在电厂中进行修正，因此可以不用或少用通道实现整个电力系统的频率和有功功率的自动控制。

华东电力系统从 20 世纪 60 年代开始进行 AGC 的试验工作，1963 年华东电业管理局审查通过了《华东电力系统频率与有功功率自动控制方案》，确定初期采用主系统集中控制下的地区分散控制方式，远期逐步过渡到 TBC 方式，并开始制定规划，组织实施。1964 年实现了新安江水电厂单机自动调频。1966 年和 1967 年又相继完成了望亭电厂一期和二期共 8 台机组的频率与有功功率自动控制工程，系统进入了水、火电厂联合自动调频阶段。1968 年用晶体管和可控硅实现的第二代自动调频装置试制成功，与此同时，华东电网总调度所装设了标准频率分频器、系统频率质量自动记录装置和自动时差校正信号发送器，通过远动通道将信号发送到新安江水电厂，实现了系统自动时差校正。

20 世纪 80 年代后期实施的华北、东北、华东和华中四大区域电网调度自动化引进工程，对现代 AGC 技术在我国区域电网的大规模应用起了巨大的推动作用。1989 年，国网湖南省电力有限公司率先实现 AGC 功能实用化，凤滩水电厂的4台100MW机组和柘溪水电厂的6台75MW机组接入湖南省电力调度中心(省电力调度中心简称中调)，实现了 AGC 闭环运行。通过引进国际上先进的 EMS 平台、监控与数据采集(supervisory control and data acquisition，SCADA)应用软件、自动发电控制/经济调度(automatic generation control/economic dispatch，AGC/ED)应用软件，四大区域电网调度自动化达到 80 年代中期国际先进水平，对促进我国电力系统 AGC 的应用有着深远的影响。通过近三十年的努力，南瑞集团有限公司(简称南瑞集团)、国电南京自动化股份有限公司及清华大学等一批科研单位在 EMS 平台自主研制和实用化方面取得了长足的进展，各项技术指标已经达到了国际先进水平。

随着 AGC 技术在北美、西欧等地区的电力系统中得到普遍应用，北美电力可靠性委员会(North America Electric Reliability Council，NERC)、西欧联合电力系统等相继制定了频率控制和 AGC 的运行准则，使 AGC 技术的应用走上了规范化的道路。1960 年以来，NERC 一直采用 CPC(control performance criterion)准则评价互联电网控制区的 TBC 性能指标。CPC 准则基于确定性数据模型来考核，通过对区域控制偏差(area control error，ACE)在 10min 的平均值进行限制来控制交流联络线的交换功率偏差和频率偏差，并要求 ACE 至少每 10min 过零一次。CPC 准则和 CPS(control performance standard)标准的数学模型与分析将在第 2 章进行详述。

CPS 标准出现后，AGC 策略设计需要解决以下三个基本问题：①必须满足电网 CPS 考核的合格率，减少电网联络线无意交换电量；②减少控制区内 AGC 机组的频繁调整，降低 AGC 机组调节成本并提高其寿命；③实现调度端的 AGC 总调节指令到各个类型的 AGC 机组的动态优化分配，实现 AGC 策略与经济调度策略的协调配合。

在提高 CPS 控制合格率方面，一般思路是对原 CPC 准则下的 AGC 控制策略进行改进设计[1]，南瑞集团在此方面进行了一系列实用化工作[2,3]，目前国内各省电力调度中心所用的基于 CPS 标准的 AGC 系统多为南瑞集团提供的软硬件系统。但以上控制策略多为经典比例积分(proportional plus Integral，PI)控制结构，且未考虑如何减少 AGC 机组频繁调节的问题。文献[4]根据 CPS1 和 CPS2 指标特点，分别设计了基于 PI 控制结构的 CPS1 子控制器和 CPS2 子控制器，并利用 CPS 长期统计数据来实现对两子控制器的协调，减少了 AGC 单位时间的平均发令次数。文献[5]引入模糊控制原理对 CPS 控制策略进行了研究，在满足 CPS 合格率的前提下，减少了机组调节损耗。文献[6]将文献[7]中提出的“Wedge-Shaped”控制规律与模型预测控制(model predictive control，MPC)方法相结合，实现了一种基于 MPC 的 CPS 优化控制策略，减少了机组的反调次数。文献[4]～[6]在减少机组频繁调整方面取得了一定进展，但仍以 CPC 准则下的确定性线性模型——电气与电子工程师协会负荷频率控制(load frequency control，LFC)模型作为分析基础，且并未涉及 AGC 总调节指令的动态优化分配问题。

另外，1999 年以后，NERC 在提出了针对各省网调度端 AGC 系统的 CPS 考核标准后，也紧接着提出了针对发电厂端的服务提供者控制性能标准(Supplier control reformance standards，SCPS)[8]。在我国，各区域电网调度中心(简称总调)自 2003 年后陆续开始用 CPS 标准来考核各省网 AGC 系统的控制性能[3]，而对于电厂端则采用国家电力监管委员会 2006 年颁布的《发电厂并网运行管理实施细则》和《并网发电厂辅助服务管理实施细则》(简称两个细则)考核电厂对中调 AGC 指令的执行情况。很多学者开始关注实施 CPS 考核标准后的 AGC 策略，一类方法是改进原来的调度端 AGC 系统的 PID 控制器结构[3]或对 PID 参数进行优化[9]，另一类方法是把 AGC 最优控制问题转化为动态序贯随机对策过程来求解[10-12]。笔者于 2007 年在南方电网试行 CPS 标准后，分别利用标准 Q 学习[10]、具有多步回溯能力的 Q(λ)学习[11]、基于平均值折扣的 R(λ)模仿学习方法[13]，在 AGC 最优松弛控制策略研究方面取得了一定成果。另外，针对当前 EMS 中普遍按固定比例分配 AGC 指令所存在的不足，笔者率先利用标准 Q 学习[14]、Q(λ)学习[15]和分层 Q(λ)学习[16]算法研究了 AGC 指令的在线动态优化和实时分配方法。

电力系统 AGC 多数情况下是一个多目标优化控制问题。常用的手段是利用权值法、ε 约束法和模糊推理等方法将多目标优化模型转化为单一目标来综合求解，这依然是一种纯粹的多目标全局最优降格为多个单目标局部次最优的数学求解方法，不能称为真正的多目标优化方法，如文献[10]、文献[11]、文献[13]，都利用权值法把CPS指标和节能松弛指标转化为一个单目标问题来求解。最近几年来，利用基于 Pareto 最优概念的进化算法求解电力系统多目标优化问题开始密集地出现[17-21]。文献[17]利用一种基于 Pareto 的多目标最优免疫算法对两区域模型中的电力系统稳定器参数进行了优化研究。文献[18]利用了文献[22]提出的快速非支配排序遗传算法(nondominated sorting genetic algorithm II，NSGA-II)对电网多目标无功/电压 Pareto 优化问题进行求解。文献[19]则借助 λ 乘子把 Pareto 多目标优化问题转化为单目标优化问题，进行了有功和无功潮流协调优化分析。文献[20]则通过将 Pareto 非劣排序操作与 NSGA-II 算法有机融合，研究了环境和经济双目标的优化发电调度方法。另外，文献[21]提出了一种多目标强化学习方法对 Pareto 前沿进行快速搜索，并应用于电力系统发电调度多目标优化问题。但以上电力系统多目标优化问题都是相对比较简单的最优潮流问题或线性控制参数优化问题，没有出现 Pareto 随机对策理论的相关论述，也未论及相对难度高很多的 AGC 动态优化和实时控制策略。

很早以前，电力控制工程界就已经发现 AGC 实际上是一个典型的跟踪过程控制问题。有趣的是，著名的美国兰德公司 Isaacs 博士在 1965 提出经典著作《微分对策》时，最早研究的也是导弹跟踪飞机等追逃对策，在其专著中明确指出：微分对策比控制理论具有更强、更多的对抗性与竞争性，绝不能把微分对策看作控制理论的简单推广[23]。因此，从控制原理上来讲，用随机对策论来求解互联电网 SGC 问题是比较恰当的。经过多年探索，人工智能界现在普遍认为，基于随机对策论的分层分布式强化学习(hierarchical distributed reinforcement learning, HDRL)控制策略是多智能体随机控制领域最有希望获得突破性成果的方法[24]。本书主要介绍将 HDRL 与深度学习等高级人工智能技术引入 SGC 领域的最新成果与进展。

1.3　SGC 基本特征

结合智能电网的发展，本书构想了一种未来的 SGC 基本架构，如图 1-2 所示，SGC 整体结构与现在按省网来配置的 AGC 系统类似，但 SGC 中具有高度自学习

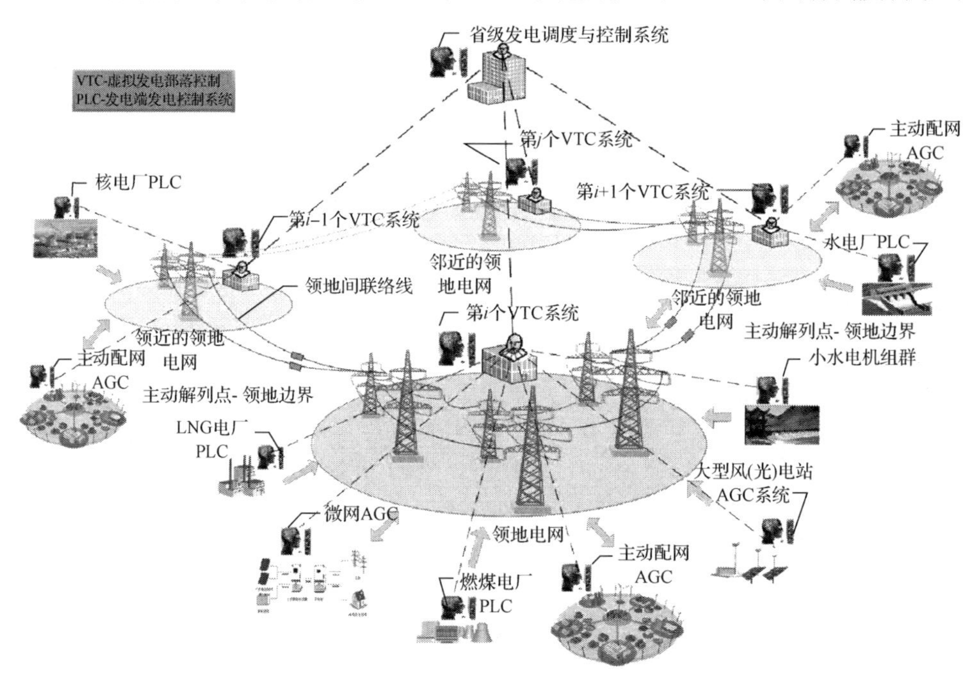

图 1-2　互联电网 SGC 基本架构

和自寻优能力的智能体代替了原有的控制器，中调的智能调度端发电控制(smart center generation control，SCGC)、发电厂的智能功率分配控制(smart plant control，SPLC)及其发电机组内部协调控制系统构成了一个分层、分区的智能系统。结合当前 AGC 存在的实际问题以及未来智能电网对实时发电控制的要求，本书认为将 AGC 转变为 SGC 必须在以下四个核心技术上实现重大突破。

第一，在控制结构方面，SGC 应从传统的集中控制结构转变为分散自治/集中协调的新型控制系统架构。AGC 系统自诞生至今依然保持着集中控制结构，这可以追溯到 DyLiacco 于 20 世纪 60 年代中期创立的以电网控制中心为核心的电网集中式控制框架[25]。集中式控制框架适用于确定型的电源结构和单向的负荷波动的传统电力系统，具有结构简单、信息集中和工程花费少的特点。21 世纪初，智能电网概念出现后，国内外众多学者开始思考电网调控结构的新形态。Wu 等认为未来电网控制中心 EMS 结构应该是分散、整合、灵活并且开放的[26]。Bose 提出了未来智能输电电网的分布式控制系统架构[27]。张伯明等认为传统集中式 EMS 架构应变革为分布式/集中式混合结构[28]，需要建立自治协调的分布式 EMS，实现“源-网-荷”三者的优化协同。电力系统分散自治的思想也推动了主动解列技术[29]和电网孤岛支撑能力[30]的研究工作，相关研究已经触及孤岛电网 AGC 系统。同时，分散自治的理念在微网 EMS 研究中也得以体现，微网 AGC 的研究成果近年来大量涌现[25]，虚拟发电厂(virtual power plant，VPP)参与系统调频成为一个吸引人的概念[31]，如何将多个微网 AGC 和 VPP 集成到整个电网进行统一协调控制是 SGC 的一个重要任务。

第二，在控制策略方面，SGC 应从传统 AGC 线性控制策略转变为具有自学习和自寻优能力的多智能体协调控制策略。众所周知，AGC 协调控制问题一直是电力系统“厂网协调”中一个很基础的问题。尽管经过多年努力，但是基于传统 PI 控制和按机组容量线性分配的调度端 AGC 策略与电厂发电控制之间至今仍不能实现有效的协调一致。

第三，在控制目标方面，SGC 应从当前 AGC 仅追求 CPS 指标单目标优化转变为包括考虑实时节能和经济指标在内的多目标优化。传统 AGC 主要解决互联电网的二次频率调整和联络线功率偏差控制问题，1999 年以后逐步转变为 CPS 控制问题[32]。对于未来的 SGC 系统，中调 SCGC 必须同时考虑实时节能控制、经济运行、CPS 动态控制品质及电网安全稳定约束，而节能减排、经济运行和动态品质这三个方面的控制优化目标在很多情况下往往相互制约、相互矛盾。传统的发电调度控制系统把节能发电调度、经济调度和 CPS 控制目标分开来处理，因此在现代 EMS 中出现了考虑水火电节能减排效益最大的节能发电调度系统[33]、考虑电网总体购电成本最小和网损最小的经济调度系统[34]，以及考虑互联电网 CPS 指标最高的 AGC 系统。现在的节能发电调度与经济调度都是解决静态基础潮流的优化调度问题，但在 AGC 实时控制中并未体现节能和经济两方面的优化目标。此外，在发电端，水火等集中式发电厂的可编程逻辑控制器(programmable logic controller，PLC)控制目标则是发电机组跟随调度 AGC 指令曲线的 SCPS 指标[8]，而风光等可再生能源发电的控制目标则是追求出力最大化或转速稳定，集中式与分散式电源在发电目标上的明显差异也可以看做一种“多目标”的体现。因此，如何将电网节能减排、经济运行和动态品质三方面的目标结合起来，让 SGC 具备多目标实时优化控制的能力是一个能产生巨大节能效益、环保效益和安全效益的课题。

第四，在控制适应性和鲁棒性方面，SGC 应从当前 AGC 适应电网弱不确定性环境转变为适应强随机性环境。如图 1-2 所示，间歇式新能源发电系统、电动汽车充电站和智能用户等会在未来几年在国家新能源政策大力支持下急剧增加，这都会令电网有功负荷平衡中的随机性分量显著变大。本书课题组在前期研究中发现[10,11]，电网负荷发电平衡过程是一个典型的非平稳随机过程。SGC 面对的将是一个随机性更强的非马尔可夫环境。解决强随机性问题，从硬件上需要增加电网热备用容量、提高机组快速响应能力以及增加储能装置等技术手段，从软件上则可引入不依赖模型的随机最优控制新理论和新方法。在处理这一类具有强非线性和高随机性控制对象方面，传统线性控制和基于精确对象模型的最优控制方法均存在明显不足，不恰当的发电控制策略会带来电网频率质量下降、机组频繁反调、负荷切除风险变大等实际问题。

参考文献

[1] 唐跃中, 张王俊, 张健, 等. 基于 CPS 的 AGC 控制策略研究[J]. 电网技术, 2004, 28(21): 75-79.

[2] 高宗和, 滕贤亮, 涂力群. 互联电网 AGC 分层控制与 CPS 控制策略[J]. 电力系统自动化, 2004, 28(1): 78-81.

[3] 高宗和, 滕贤亮, 张小白. 互联电网 CPS 标准下的自动发电控制策略[J]. 电力系统自动化, 2005, 29(19): 40-44.

[4] Yao M, Shoults R R, Kelm R. AGC logic based on NERC's new Control Performance Standard and Disturbance Control Standard[J]. IEEE Transactions on Power Systems, 2000, 15(2): 852-857.

[5] Feliachi A, Rerkpreedapong D. NERC compliant load frequency control design using fuzzy rules[J]. Electric Power Systems Research, 2005, 73(2): 101-106.

[6] Atic N, Feliachi A, Rerkpreedapong D. CPS1 and CPS2 compliant wedge-shaped model predictive load frequency control[C]. Power Engineering Society General Meeting, Denver, 2004: 855-860.

[7] Jaleeli N, Vanslyck L S. Tie-line bias prioritized energy control[J]. IEEE Transactions on Power Systems, 1995, 10(1): 51-59.

[8] 贾燕冰, 高翔, 高伏英, 等. 关于华东电网实行 SCPS 的探讨[J]. 电力系统自动化, 2008, 32(1): 103-107.

[9] 李滨, 韦化, 农蔚涛, 等. 基于现代内点理论的互联电网控制性能评价标准下的 AGC 控制策略[J]. 中国电机工程学报, 2008, 28(25): 56-61.

[10] Yu T, Zhou B, Chan K W, et al. Stochastic optimal CPS relaxed control methodology for interconnected power systems using Q-learning method[J]. Journal of Energy Engineering, 2010, 137(3): 116-129.

[11] Yu T, Zhou B, Chan K W, et al. Stochastic optimal relaxed automatic generation control in non-markov environment based on multi-step Q(λ) learning[J]. IEEE Transactions on Power Systems, 2011, 26(3): 1272-1282.
[12] 李红梅, 严正. 具有先验知识的Q学习算法在AGC中的应用[J]. 电力系统自动化, 2008, 32(23): 36-40.
[13] 余涛, 袁野. 基于平均报酬模型全过程R(λ)学习的互联电网CPS最优控制[J]. 电力系统自动化, 2010 (21): 27-33.
[14] 余涛, 王宇名, 刘前进. 互联电网CPS调节指令动态最优分配Q-学习算法[J]. 中国电机工程学报, 2010(7): 62-69.
[15] 余涛, 王宇名, 甄卫国, 等. 基于多步回溯Q(λ)学习的自动发电控制指令动态优化分配算法[J]. 控制理论与应用, 2011, 28(1): 58-64.
[16] Yu T, Wang Y M, Ye W J, et al. Stochastic optimal generation command dispatch based on improved hierarchical reinforcement learning approach[J]. IET Generation, Transmission & Distribution, 2011, 5(8): 789-797.
[17] Khaleghi M, Farsangi M M, Nezamabadi-Pour H, et al. Pareto-optimal design of damping controllers using modified artificial immune algorithm[J]. IEEE Transactions on Systems, Man, and Cybernetics, Part C (Applications and Reviews), 2011, 41(2): 240-250.
[18] 张安安, 杨洪耕, 杨坤. 动态多目标无功/电压规划的Pareto最优集的求取[J]. 电子科技大学学报, 2010, 39(4): 634-639.
[19] 孙伟卿, 王承民, 张焰, 等. 基于Pareto最优的电力系统有功-无功综合优化[J]. 电力系统自动化, 2009, 33(10): 38-42.
[20] 彭春华, 孙惠娟. 基于非劣排序微分进化的多目标优化发电调度[J]. 中国电机工程学报, 2009(34): 71-76.
[21] Liao H L, Wu Q H, Jiang L. Multi-objective optimization by reinforcement learning for power system dispatch and voltage stability[C]. Innovative Smart Grid Technologies Conference Europe (ISGT Europe), Gothenberg, Sweden, 2010: 1-8.
[22] Deb K, Pratap A, Agarwal S, et al. A fast and elitist multiobjective genetic algorithm: NSGA-II[J]. IEEE Transactions on Evolutionary Computation, 2002, 6(2): 182-197.
[23] 李登峰. 微分对策及其应用[M]. 北京: 国防工业出版社, 2000.
[24] Busoniu L, Babuska R, de Schutter B. A comprehensive survey of multiagent reinforcement learning[J]. IEEE Transactions on Systems Man & Cybernetics Part C, 2008, 38(2): 156-172.
[25] Bevrani H, Hassan T. Intelligent Automatic Generation Control[M]. Boca Raton: CRC Press, 2011.
[26] Wu F F, Moslehi K, Bose A. Power system control centers: Past, present, and future[J]. Proceedings of the IEEE, 2005, 93(11): 1890-1908.
[27] Bose A. Smart transmission grid applications and their supporting infrastructure[J]. IEEE Transactions on Smart Grid, 2010, 1(1): 11-19.
[28] 张伯明, 孙宏斌, 吴文传. 3维协调的新一代电网能量管理系统[J]. 电力系统自动化, 2007, 31(13): 1-6.
[29] You H, Vittal V, Yang Z. Self-healing in power systems: An approach using islanding and rate of frequency decline based load shedding[J]. IEEE Power Engineering Review, 2002, 22(12): 62.
[30] Ali R, Mohamed T H, Qudaih Y S, et al. A new load frequency control approach in an isolated small power systems using coefficient diagram method[J]. International Journal of Electrical Power & Energy Systems, 2014, 56(3): 110-116.
[31] Pudjianto D, Ramsay C, Strbac G. Virtual power plant and system integration of distributed energy resources[J]. IET Renewable Power Generation, 2007, 1(1): 10-16.

[32] North American Electric Reliability Council（NERC）. Standard BAL-001-Control performance standard[EB/OL]. [2015-05-16]. http://standard.nerc.net.

[33] 尚金成, 刘志都. 节能发电调度协调理论及应用[J]. 电力自动化设备, 2009 (6): 109-114.

[34] 李文沅. 电力系统安全经济运行: 模型与方法[M]. 重庆: 重庆大学出版社, 1989.

第 2 章　智能发电控制的性能评价指标与控制目标

本章介绍 NERC 及我国现行的互联电网 AGC 性能评价标准，分析我国目前各中调所用的 CPS 标准的数学含义和物理意义，并根据 CPS 标准提出电网调度端 AGC 的优化控制目标，为设计调度端智能控制规律奠定基础。

2.1　自动发电控制系统控制性能标准

2.1.1　A1/A2 标准

1973 年，北美电网正式推行 A1/A2 标准来评价互联电网的有功控制性能(active power control performance，APCP)，其主要描述如下。

(1) A1 标准：控制区域的 ACE 在任意 10min 内必须至少过零一次。

(2) A2 标准：控制区域的 ACE 在任意 10min 内的平均值必须控制在规定范围 L_{d} 内，即

$$\begin{cases} \mathrm{ACE}_{10\,\mathrm{min}} \leqslant L_{\mathrm{d}} \\ L_{\mathrm{d}} = 0.025\Delta L + 5\mathrm{MW} \end{cases} \tag{2-1}$$

式中，ΔL 的计算方法有两种，一般情况下控制区域内的 ΔL 每年修改一次：① ΔL 指控制区域在冬季或者夏季高峰时段的日小时电量的最大变化量；② ΔL 指控制区域在一年中任意 10h 电量变化量的平均值。

NERC 要求各个控制区域 A1 标准和 A2 标准达标率不低于 90%，执行 A1/A2 标准使得各个控制区域的 ACE 始终接近于零，从而保证了区域之间的计划交换与实际交换的平衡。

2.1.2　CPS 标准

为了克服 CPC 准则存在的上述不足，1995 年 Jaleeli 和 Vanslyck 撰写了关于联络线功率偏差能量控制的文章，初步提出了 CPS 标准的概念。1997 美国电力科学研究院(Electric Power Research Insititute，EPRI)向 NERC 提交了以两人为首的研究小组关于新 AGC 标准的研究报告。同年 NERC 在北美地区试行 CPS 标准。1999 年 Jaleeli 和 Vanslyck 回顾了两年来北美应用 CPS 标准后的实际情况，并修订了标准细则。2005 年 NERC 在其官方网站上公布了最新的 CPS 标准(Standard

BAL—001)。我国国家电网公司华东分部和中国南方电网有限责任公司(简称南方电网)也分别于 2001 年和 2005 年开始试行 CPS 考核。

因此，NERC 在 1997 年推出了 CPS/DCS(control performance standard/ disturbance control standard)标准[3]，并于 1998 年正式实施，取代了原来的 A 标准和 B 标准。我国 AGC 评定标准和控制策略也经历了与北美相似的发展过程。继华东电网率先采用 CPS 考核标准后，南方电网也于 2005 年 7 月起开始在各省级电网执行 CPS 标准[3]。CPS 标准的优点在于：①A1 标准、A2 标准未直接涉及电网频率控制的目标，而 CPS1 标准和 CPS2 标准中对频率的控制目标都有明确的规定；②CPS 标准不要求 ACE 在规定时间内过零，可以减少一些不必要的调节，改善了机组的运行条件；③可以明确评估各控制区域长期对电网频率质量的功过，鼓励各控制区域积极参与调整联合系统的运行频率，充分发挥大电网的优越性。

CPS1 指标要求对于某区域电网 i 在某一段时间(如 10min)内：

$$\frac{\sum(\mathrm{ACE}_{\text{AVE-min}}\Delta F_{\text{AVE}})}{-10B_i n} \leqslant {\varepsilon_1}^2 \tag{2-2}$$

式中，$\mathrm{ACE}_{\text{AVE-min}}$ 为 1min ACE 的平均值；$\Delta F_{\text{AVE-min}}$ 为 1min 频率偏差的平均值；B_i 为控制区域的偏差系数(注意：在国外某些正式文献中 B_i 的定义与国内通用的 B_i 的定义相差一个负号，同理 ACE 的定义中有关 $B_i\Delta f$ 的部分符号也为负；此处用了与南方电网正式文件相一致的定义)；ε_1 为互联电网对全年 1min 频率平均偏差的均方根的控制目标值；n 为该时段内的分钟数。则这一时段 CPS1 指标的统计公式为

$$\begin{cases} \mathrm{CPS1} = (2 - \mathrm{CF1}) \times 100\% \\ \mathrm{CF1} = \dfrac{\sum(\mathrm{ACE}_{\text{AVE-min}}\Delta F_{\text{AVE}})}{-10B_i{\varepsilon_1}^2} \end{cases} \tag{2-3}$$

CPS2 指标要求考核时段内(如 10min)ACE 平均值的绝对值控制在规定的范围 L_{10} 以内，即

$$\begin{cases} \left|\sum \mathrm{ACE}_{\text{AVE-min}}\right| / 10 \leqslant L_{10} \\ L_{10} = 1.65\varepsilon_{10}\sqrt{(-10B_i)(-10B_s)} \end{cases} \tag{2-4}$$

式中，B_i 和 B_s 分别为该区域电网和整个互联电网的频率偏差系数；ε_{10} 为互联电网对全年 10min 频率平均偏差的均方根值的控制目标值。按照 NERC 的控制标准，各个控制区域的 CPS2 指标的考核合格率应不低于 90%，CPS2 完成率百分数可由

式(2-5)计算：

$$\text{CPS2}=\left(1-\frac{\text{考核不合格时段}}{\text{总时段}-\text{非考核时段}}\right)\times 100\% \tag{2-5}$$

式中，考核不合格时段为 ACE 每 10min 的平均值大于 L_{10} 的考核时段数。

下面用相图的几何描述来解释 CPS1 指标。若以 ACE 为横坐标，频率偏差 Δf 为纵坐标，可以得到 2D 示意图(图 2-1)；若将联络线功率偏差 ΔP_{T} 作为另一个坐标，则可以得到 3D 示意图(图 2-2)[5,6]。

通过图 2-1 可以对 CPS 指标及基于 CPS 的 AGC 控制进行物理解释[6]。

位于图中心的深灰色部分为整个调节死区，在这个区域内频率和 ACE 均满足正常运行的最小误差要求；本区域 AGC 不调节。

第 2、4 象限中，CF1≤0，CPS1≥200%，本控制区域对整个电网频率的贡献为正，CPS 考核整体合格；本区域 AGC 不调节。

1、3 象限中，CF1≥0，CPS1≤200%，根据 CPS1 等势线，CPS1 指标向外逐步减小；并有以下几点规律。

(1) CPS1 指标很低(CF1≥1，CPS1≤100%)，频率偏差也较大，此时需要 AGC 快速进行调节，所有能够进行功率调节的 AGC 机组均进入紧急调节模式，迅速向 ACE 绝对值减少的方向调节。

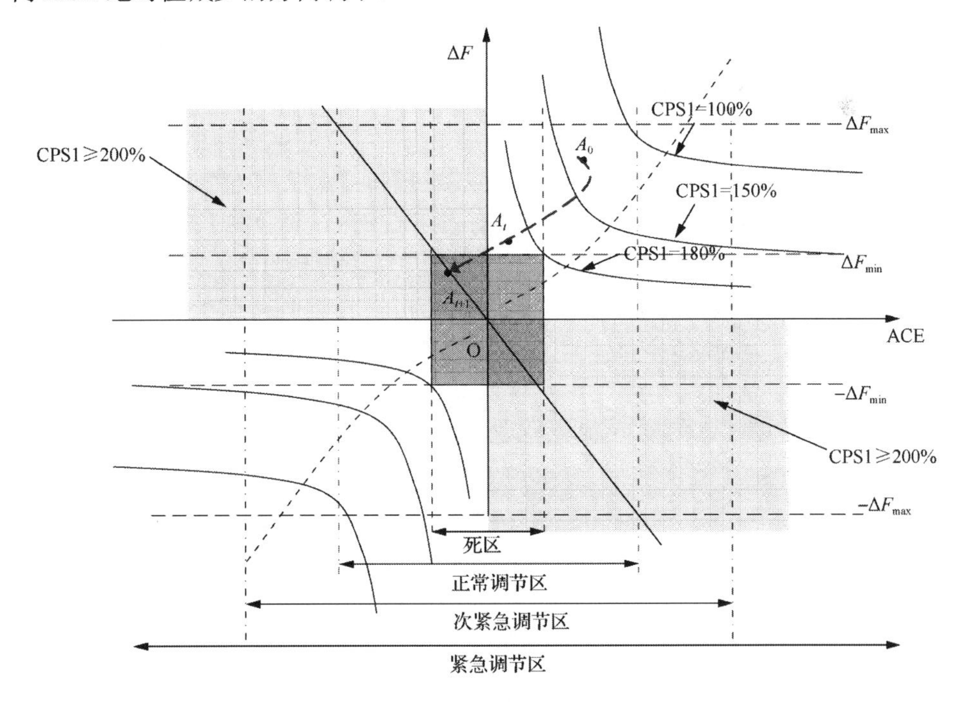

图 2-1　CPS 标准的 2D 示意图

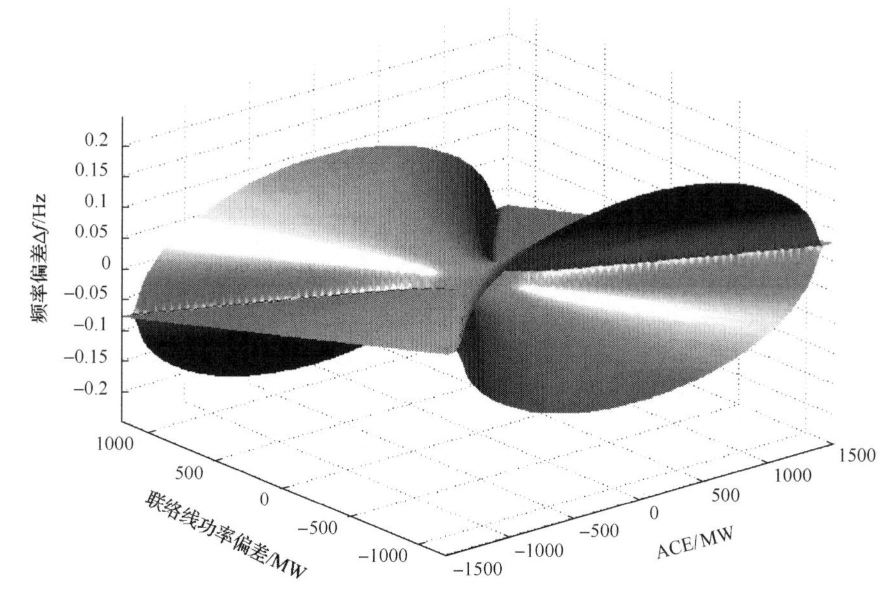

图 2-2　CPS 标准 3D 示意图

(2) CPS1 指标较低时(100%≤CPS1≤150%)，只允许功率增量与 ACE 异号(其作用方向是使 ACE 绝对值减小)的 PLC 改变其所控制的机组出力，其他 PLC 的出力维持不变。

(3) CPS1 指标中等时(150%≤CPS1≤180%)，AGC 的控制目标主要是使 ACE 迅速减小。

(4) CPS1 指标中等时(150%≤CPS1≤180%)，还存在另一种极端情况，即 ACE 处于正常调节区域，但电网频率偏差较大。对于这种情况，仅简单地减少 ACE 很难降低电网频率偏差，作为主调频的电网必须考虑附加的 FFC，或互联大电网的总网承担起 FFC 的责任，否则电网频率偏差较大的问题难以得到圆满的解决。

(5) CPS1 指标较高时(180%≤CPS1≤200%)，电网频率存在一定可接受的偏差。对于一种较为极端的情况，电网频率偏差可能较大，但 CPS1 指标较高，简单的基于 CPS 的 AGC 一般不动作，必须考虑上述的 FFC 手段来解决。

CPS 标准的提出比传统 CPC 的 A1/A2 标准更注重对电网频率偏差的考核，尽管这是以成绩的形式出现在 CPS1 中的。为了进一步说明，可以简单地用数学方法来分析频率偏差 Δf 在 CPS1 中的作用。令某控制区域 i 误差为

$$\mathrm{ACE}_i = \Delta P_{\mathrm{T}i} + B_i \Delta f_i \tag{2-6}$$

则对 CF1 有

$$\mathrm{CF1}=\frac{\sum(\mathrm{ACE}_{\mathrm{AVE-min}}\Delta F_{\mathrm{AVE}})}{10B{\varepsilon_1}^2}=\frac{1}{10B{\varepsilon_1}^2}\sum(\Delta P_{\mathrm{T}i}\Delta f_i+B_i\Delta f_i^2) \tag{2-7}$$

若用一个典型的比例积分环节代替由本区域 i 和相邻区域 j 两侧频率差带来的总的联络线功率偏差：

$$\Delta P_{\mathrm{T}i}=\frac{\Delta f_i-\Delta f_j}{T_{\mathrm{tie}}s} \tag{2-8}$$

以上各式可以改写为

$$\mathrm{CF1}=\frac{1}{10B{\varepsilon_1}^2}\sum\left[\left(\frac{1}{T_{\mathrm{tie}}s}+B_i\right)\Delta f_i^2-\frac{1}{T_{\mathrm{tie}}s}\Delta f_j\Delta f_i\right] \tag{2-9}$$

为获得更高的 CPS1 指标，应尽可能地让 CF1 变小直至变负，通过分析式(2-9)可知，为达到这个目标有两个途径。

(1) 乘积项 $-\frac{1}{T_{\mathrm{tie}}s}\Delta f_j\Delta f$ 应保持为负，T_{tie} 为联络线功率，s 为拉普拉斯算子，且 $|\Delta f_j\Delta f_i|$ 应尽可能大，这实际上体现了区域电网之间的功率支援力度，区域相互间频率差越大则支援力度越大。

(2) 乘积项 $\left(\frac{1}{T_{\mathrm{tie}}s}+B_i\right)\Delta f_i^2$ 应尽可能小，其中 Δf_i^2 是平方关系，因此其是主要影响因子。这反映了本区域频率偏差越小，越易于获得更高的 CPS1 指标。另外，这也说明容量较大的系统在相同的扰动下更易于获得更高的 CPS1 指标。

通过上述数学分析可知，CPS1 指标中本区域的频率偏差 Δf 是非常重要的影响因子，CPS 标准明确规定了对频率的控制目标，客观地评价了各控制区域对频率的质量的功过，促进了各省网之间的事故资源。因此，传统的基于 CPC 的 A1/A2 标准中仅考虑减少 ACE 的比例积分控制不足以反映 Δf 的影响(尽管 ACE 中也包含了 Δf)，应在基于 CPS 的新控制规律中加入对频率偏差 Δf 的控制项。

2.1.3　区域控制偏差评价标准

由于现行 CPS 对电网的适用性不足，NERC 的路径计算单元(path computation element，PCE)工作组于 2002 年制定了研究短期频率控制性能标准的规划，结合北美电网的运行经验，于 2005 年提出了区域控制偏差评价(balancing authority ACE limits，BAAL)标准草案[7]，并在后续的实验中不断修订与完善。2013 年 7 月，BAAL 标准提案通过了 NERC 的最终投票，于 2016 年 7 月 1 日起正式执行[8]。

BAAL 标准与 CPS1 的曲线类似，对区域的调节责任分配方法相同，差异性可以分为以下 3 点[9]。

(1) 控制目标不同。BAAL 标准的控制目标是保证系统实时运行的可靠性，根据在一段时段内所能容忍的 1min 平均频率偏差的绝对值而设定；CPS1 的控制目标是保证区域的长期控制性能达到预期要求，根据上一年或预设的 1min 平均频率偏差的均方根值而设定。

(2) 要求的 ACE 控制幅度不同。在相同的频率偏差下，BAAL 标准的控制目标值相当于 1min 的 CPS1 分值为–700%。

(3) 评价的时间尺度不同。CPS1 是固定长周期的评价标准，各区域仍应以适度提高 CPS1 分值为控制目标；BAAL 标准是实时运行中电网频率的“安全阀”，可减少短期内影响系统运行可靠性的不良控制行为。由于频率偏差的分布特性，BAAL 标准也能在短期内辅助 CPS1，提高电网的频率质量。

BAAL 标准规定控制区域的 ACE 限值计算为频率偏差的函数如下：

$$\mathrm{BAAL}_{\mathrm{Limit}} = -10B \times \left(3\varepsilon_1\right)^2 / \Delta F \tag{2-10}$$

对每一个控制区域，BAAL 指标的限值并不一样，是各自区域频率偏差系数和频率控制目标的函数。当 BAAL 指标在 $\mathrm{BAAL}_{\mathrm{Low}}$ 和 $\mathrm{BAAL}_{\mathrm{High}}$ 之间时，本区域的 ACE 有助于频率的恢复。反之，本区域 ACE 值不利于系统频率的恢复。二维 BAAL 展示图如图 2-3 所示。因此，BAAL 指标考虑了本区域频率的动态特性。

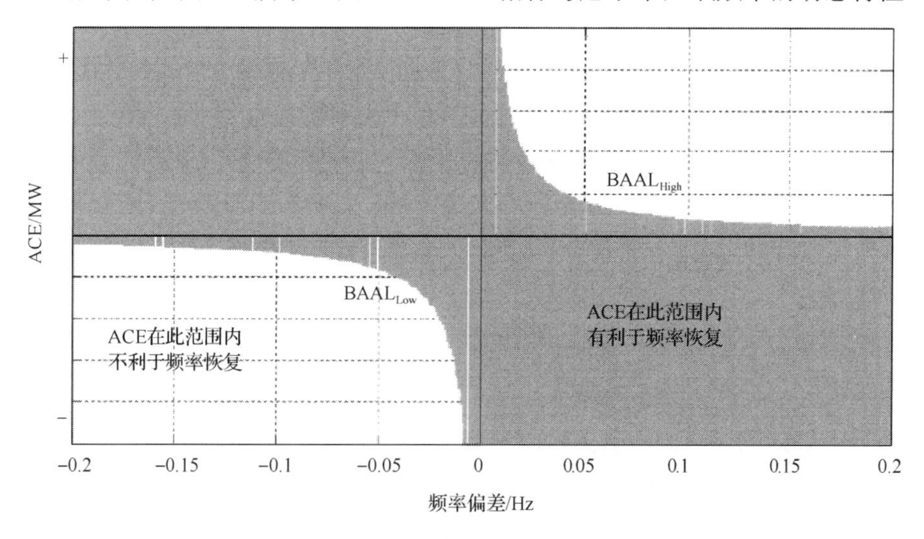

图 2-3　二维 BAAL 展示图

2.2　CPS 标准中的统计特性

在以火电机组为主的中国电力系统中，火电机组在 AGC 中是主力机组。但是火电机组动力部分是电厂结构最复杂、协调控制最困难的部分，从控制成本来看，频繁地升降功率对电厂来说，其经济代价是很高的。因此，NERC 在提出 CPS 标准时不仅注重了区外支援和电网频率的支撑贡献，还用更为宽松的平均值和统计指标来定义 CPS 标准。这样就允许各省级电网在执行 CPS 标准时，可以不考虑某些不合格的 CPS 实时值，只要整个 10min 考核时段的 CPS 平均值合格即可，这客观上给出了减少 AGC 控制指令频繁变化的行为规范[10]。

但根据控制理论可知，任何一个 AGC 控制器都不可能将 CPS 的 10min 平均值作为控制信号引入控制策略中(显然 AGC 输出不能 10min 才计算一次)，因为这样就“太慢”了。

另外，如果控制策略中仅考虑以 CPS 的实时值(每秒一个的实时采样值)来设计 AGC 规律，这就带来了 CPS“过完成”(over-compliant)问题。图 2-4 所示的是美国加利福尼亚州独立电力系统(California independent system operator，California ISO)一年的 CPS1 和 CPS2 曲线。美国 EPRI 研究显示[11]，当采用过于严格的基于 CPS 指标的 AGC 策略时，电网 CPS 还存在较宽松的裕度，适当放松系统，可以有效地降低电厂的调节压力，但放松系统也会造成 CPS 不合格机会的增加。

因此，在 CPS 控制器中，必须兼顾短期控制目标和长期控制目标。为此，美国 Illinois Power 和 California ISO 都进行了较深入的研究：

(1) Illinois Power 提出了可采用 CPS 瞬时值进行控制，但没有建立一个监视和记录长期 CPS 指标的数据库也没有相应的辅助“放松”控制。

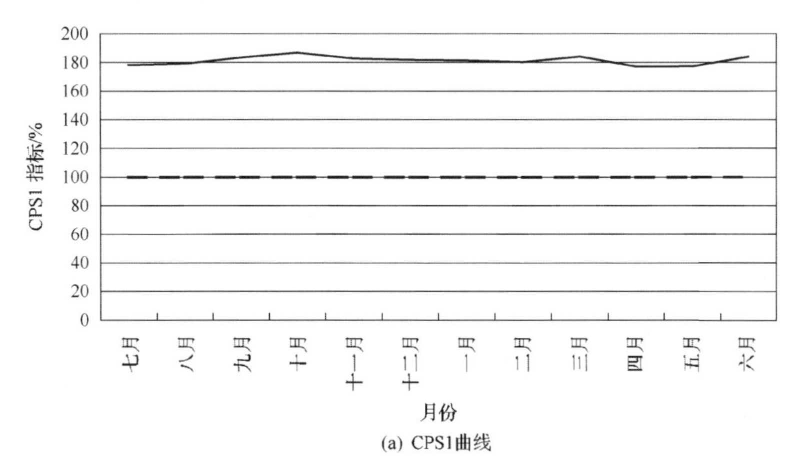

(a) CPS1曲线

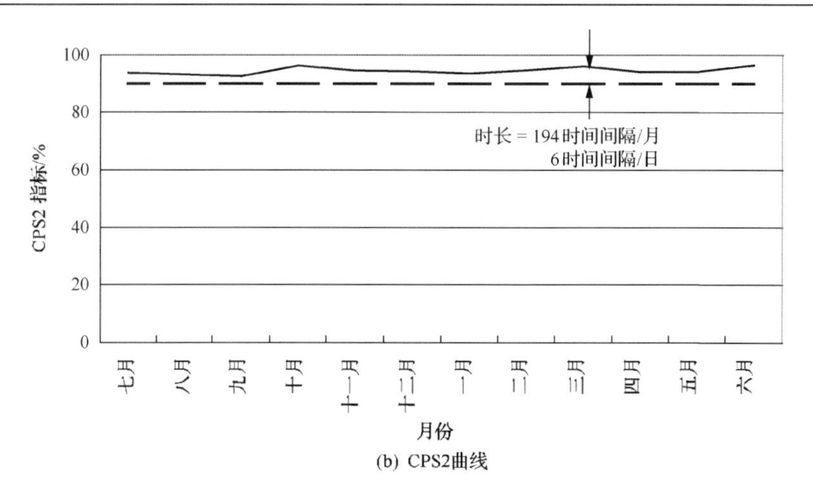

(b) CPS2曲线

图 2-4　逐月 CPS 统计数据(California ISO)

(2)California ISO 和美国 EPRI 提出保留原有简单的基于 CPC 指标的 PI 控制器，而仅把 CPS 控制器作为一个“休眠待激发”的辅助控制器，引入一个 CPS 安全域来保证在长期 CPS 完成率下降时让 CPS 控制器介入 AGC。

此外，CPS 指标另一个显著不同于过去的 CPC 指标的地方就是其不再要求 ACE 必须在规定时间内过零，也就是说允许一定的静态误差存在。从控制理论上来说，静态误差的减小是必须通过增加积分增益来完成的，但积分增益的变大会导致系统振荡增加、稳定性变坏。CPS 指标的提出也就不再要求 ACE 的积分控制增益必须保持很大，减少了系统振荡次数，这就在客观上减少了 AGC 机组不必要的调节动作。

但在大量仿真试验中也发现，过小的积分增益也会导致系统在大扰动下的 ACE 和频率恢复过慢，因此必须考虑引入自适应变增益控制(Adaptive Self-tuning Control，ASC)或智能控制器来解决这个问题。

2.3　智能发电控制的优化目标

互联电网的AGC系统是保障电网安全和频率质量的重要工具。省级电网AGC的控制目标是通过自动调节系统有功出力，把电网频率和本控制区域净交换功率控制在允许范围内，即把由负荷变化或机组出力波动产生的 ACE 限在一定范围内[12]；而且在满足电网安全约束条件、电网频率和对外净交换功率计划的情况下协调参与遥调的发电厂(机组)按最优经济分配原则运行[13]，使电网获得最大的效益。它是维持电力系统发电和负荷实时平衡，保证电力系统频率质量和安全运行的重要技术手段[14]，是实现有功功率在线经济分配的必要条件，为电力系统的安全、优质、经济运行保驾护航。在电力市场条件下，还要考虑优化的 AGC 竞价交易模式，使得电网公司向发电企业支付的 AGC 辅助服务费最小[15]。

AGC 策略可以简单地用图 2-5 来表示。

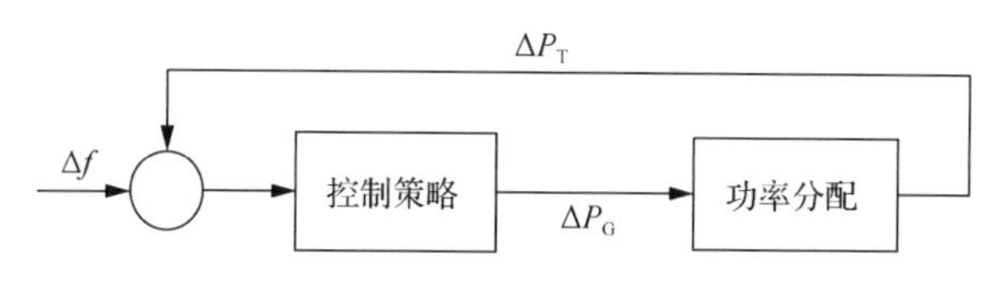

图 2-5　AGC 策略的简单描述

本书把控制策略看成一个黑箱，对外界来说，其所关心的输入量是频率偏差 Δf 和联络线功率偏差 ΔP_T，输出量是 AGC 机组新增功率 ΔP_G，而 ΔP_G 和负荷变化又决定了 Δf 和 ΔP_T，从而形成了一个负反馈。对该反馈的考核是要使其满足 CPS 指标和 AGC 机组功率限制等各种系统限制。同时，在现在的市场环境下还必须满足一定的经济性。当然有很多方案能够实现这样的控制过程，如现有的改进 PI 控制过程等[16]。可以说现代 AGC 系统在完成调频任务的基础上还需要考虑经济性和节能调度等多目标优化控制策略[17]。这就要求把对最佳效果的追求置于严格的数学理论基础和一整套系统化计算方法之上[18]，并需要快速高效的计算工具。

最优 AGC 策略指在满足系统功率平衡、CPS 控制指标及各种安全性不等式约束条件下，求以 AGC 机组发电量变化最小或 CPS1 指标最优为目标函数的最优 AGC 机组出力。广西电力调度通信中心和广西大学合作，提出了一种基于内点法优化理论的 CPS 控制策略[16]，其中用到了含最小调节速率的最优 AGC 策略，含最小调节速率的最优 AGC 策略指在满足系统功率平衡、CPS 控制指标及各种安全性不等式约束条件下，求以最小调节速率为目标函数的最优 AGC 机组出力。该策略用于求解最小调节速率，以利于调度人员合理安排 AGC 机组[19]，还可以设定不同的权重，实现多目标最优。该策略给 AGC 系统带来了良好的社会效益和经济效益，其具体目标函数如下[17]。

(1) 机组发电量变化最小(经济性)：

$$\begin{aligned}\min f(\bullet) &= \sum_{t=1}^{T}\sum_{i\in S_G} c_i P_{Gi}(t) \\ &= \sum_{t=1}^{T}\sum_{i\in S_G} c_i \left[P_{Gi}(0) + \sum_{k=1}^{t}\Delta p_{gi}(k) \right] \\ &= \sum_{t=1}^{T}\sum_{i\in S_G} c_i P_{Gi}(0) + \sum_{t=1}^{T}\sum_{i\in S_G} c_i \sum_{k=1}^{t}\Delta p_{gi}(k)\end{aligned} \tag{2-11}$$

式(2-11)的第一部分是常数，所以可以只求第二部分：

$$\begin{aligned}\min f(\bullet) &= \sum_{t=1}^{T}\sum_{i\in S_{\mathrm{G}}} c_i \sum_{k=1}^{t}\Delta p_{gi}(k) \\ &= \sum_{t=1}^{T}\sum_{i\in S_{\mathrm{G}}} c_i \sum_{k=1}^{t} u(k) w_i(k)\mathrm{RPG}_i\end{aligned} \tag{2-12}$$

式中，$P_{\mathrm{G}i}(t)$ 为第 i 台 AGC 机组第 t 时刻的出力；S_{G} 为 AGC 机组的集会；$\Delta p_{gi}(k)$ 为第 i 台 AGC 机组第 k 时刻的加减发电量，满足

$$\Delta p_{gi}(k) = u(k) w_i(k)\mathrm{RPG}_i \tag{2-13}$$

c_i 为第 i 台 AGC 机组的线性经济系数，可以是电价或者辅助服务费用等；T 为计算的时间段；$u(k)$ 为第 k 时刻 AGC 机组加减速启停值；$w_i(k)$ 为第 k 时刻第 i 台 AGC 机组出力限制值；RPG_i 为第 i 台 AGC 机组线性调节速率。

(2) CPS1 指标最优(指标性)：

$$\min f(\bullet) = (2 - K_{\mathrm{CPS1}})^2 \tag{2-14}$$

$$\begin{aligned}K_{\mathrm{CPS1}} &= 2 - \sum[\mathrm{ACE}_{\mathrm{AVE-min}}\Delta F_{\mathrm{AVE-min}}/(10B_i)]/n/\varepsilon_1^2 \\ &= 2 - \frac{1}{10N}\sum_{n=1}^{10N}\left\{\left[\frac{1}{60/\Delta t}\sum_{t=60(n-1)/\Delta t+1}^{60n/\Delta t}(10B\Delta f(t) + \Delta p_{\mathrm{tie}}(t))\right]\right. \\ &\quad \left.\times\left[\frac{1}{60/\Delta t}\sum_{t=60(n-1)/\Delta t+1}^{60n/\Delta t}\Delta f(t)\right]\right\}/(10B_i)/\varepsilon_1^2\end{aligned} \tag{2-15}$$

因为是单向的最小，所有可以等价于

$$\begin{aligned}\min f(\bullet) &= \frac{1}{10N}\sum_{n=1}^{10N}\left\{\left[\frac{1}{60/\Delta t}\sum_{t=60(n-1)/\Delta t+1}^{60n/\Delta t}(10B\Delta f(t) + \Delta p_{\mathrm{tie}}(t))\right]\right. \\ &\quad \left.\times\left[\frac{1}{60/\Delta t}\sum_{t=60(n-1)/\Delta t+1}^{60n/\Delta t}\Delta f(t)\right]\right\}/(10B_i)/\varepsilon_1^2\end{aligned} \tag{2-16}$$

式中，$\Delta f(t)$ 为第 t 时刻的频率偏差值；$\Delta p_{\mathrm{tie}}(t)$ 为第 t 时刻的联络线偏差量；Δt 为采样时间间隔。

CPS 标准对互联网 AGC 策略提出了新的要求[20]：①满足 CPS 标准合格率考核；②在满足 CPS 合格率的前提下，尽量减少发电机组的频繁调节和反调次数。一个完整的基于CPS控制策略的AGC系统应该包括总的调节指令的生成和负荷优化分配策略。因此，AGC 策略在调度端实现时有两个关键部分[20]：①CPS 控制器计算需调节的有功功率；②CPS 标准下 AGC 功率指令(简称 CPS 指令)根据一定的优化原则分配到各台 AGC 机组。在日常运行中，CPS 指令优化分配存在以下几个难点。

(1) 电网负荷水平会随着季节、工作日与节假日的变化而变动，在工业负荷比例大的负荷中心甚至在一天内不同时段的负荷水平会相差很大，并且电网还会发生各种未知故障，如发电机故障跳闸等，表现为负荷的突减或突增。因此，负荷扰动是随机变化的，电网频率调节及 CPS 指令的动态分配实际上是一个随机优化过程。

(2) 电网内部机组类型众多，主要包括燃煤机组、燃烧液化天然气(liquefied natural gas，LNG)机组、水电机组和核电机组几大类。一般地说，在相等的调节时间内，燃煤机组的调整范围是最小的，调整速度是最慢的，LNG 机组化燃煤机组较快，水电机组最快。水电厂最适宜承担调频任务作为主调频厂，而火电厂带稳定的负荷并承担辅助调频的任务。实际调度过程中，往往倾向于按调节速度等的线性化方法分配功率调节指令，将总调节指令中的绝大多数分配给快速机组，当负荷呈现单调增加时，快速机组会很快进入饱和区域，总调节指令将最终无法完整分配到各台 AGC 机组上，系统调节性能下降；同时，机组从接到调节命令至机组出力达到指定值的过程中不仅受到调节速率的限制，还受到其他因素，如燃煤机组的给煤、启磨等动作快慢的限制，这种非线性的调速及限幅使得线性优化分配成为不可能，同时还需考虑水火电经济协调调度。

(3) 电力系统频率波动的周期在 10s～3min，幅值在 0.05～0.5Hz，主要由冲击负荷变动引起，是电网 AGC 的主要调节对象[21]。对具有完善记录协调控制系统、自动调节性能好的机组，可由 EMS 直接控制到机组，进行 8～12s 的周期调节。因此，电网 CPS 控制是一个相对较快的动态过程，对与之配套的功率指令动态优化算法的实时性要求很高。

(4) 互联区域总调度机构或是省网调度机构直接调度的机组有几十到上百台，数量众多。分配算法优化对象增加到一定程度会遇到维数灾难[22]，算法面临不收敛或收敛速度降低的问题，会严重影响 AGC 的调节性能及电网 CPS 考核合格率。

(5) 电力系统是一个元件繁多、非线性的时变系统，要对其进行精确的建模是不可能的，因此，依赖于模型的算法的准确性在一定程度上受建模精确性的影响。

(6) 基于 AGC 的四个基本控制目标，CPS 指令的动态优化分配目标应该包括高水平 CPS 合格率，低调节费用及其他特定控制目标，属于一个多目标的优化问题。

综上所述，对 CPS 指令分配进行深入的研究，能够使我国电力系统在电力调配方面实现资源的最优分配，合理有效地发挥电力调度的优势，维持和保证电力系统安全、可靠、优质、经济地运行。

2.2 节给出的是互联电网调度端根据 CPS 考核的优化控制目标，并不能简单地推广到任何系统的 SGC 领域。SGC 具有分散性、高适应性、多目标最优和高度智能化的特点，在智能电网下 EMS 形成一系列 EMS 家族，系统架构和控制目标与现行的集中式 CPS 考核为基础的 AGC 差别较大，具体控制目标的选择应该根据分层分布式特点，综合考虑稳定性、经济性、环保性，后续的章节中，将介绍不同系统下的 SGC 性能要求及 SGC 实现方法。

参 考 文 献

[1] Jaleeli N, Vanslyck L S. Tie-line bias prioritized energy control[J]. IEEE Transactions on Power Systems, 1995, 10(1): 51-59.

[2] Jaleeli N, VanSlyck L S. Control performance standards and procedures for interconnected operation[R]. Electric Power Research Institute Report TR-107813, 1997.

[3] Jaleeli N. NERC's new control performance standards[J]. IEEE Transactions on Power Systems, 1999, 14(3): 1092-1099.

[4] North American Electric Reliability Council (NERC). Standard BAL-001-Control Performance Standard[EB/OL]. [2008-12-03]. http://standard.nerc.net.

[5] 广东电网调度中心. 广东电网一次调频与 AGC 优化控制策略研究[R]. 广州: 广东省电力调度中心, 2006.

[6] 广东电网调度中心. 广东电网 CPS 控制策略及建立可视化系统的研究[R]. 广州: 广东省电力调度中心, 2007.

[7] NERC.BAL-007-1, BAL-008-1, BAL-009-1, BAL-010-1, BAL-011-1[EB/ OL]. [2015-02-01]. http: //w ww.nerc. com.

[8] NERC. BAL-001-2real power balancing control performance [EB/OL]. [2015-06-10]. http:// www. nerc. com.

[9] 谈超, 戴则梅, 滕贤亮,等. 北美频率控制性能标准发展分析及其对中国的启示[J]. 电力系统自动化, 2015(18): 1-7.

[10] 周斌. 基于 Q-学习算法的互联电网 CPS 控制方法的研究[D]. 广州: 华南理工大学, 2009.

[11] Makarov Y, Hawkins D. New AGC algorithms[C]. Erican EPRI Infrastructure Integration & Markets Product Line Council Meeting, California, 2002.

[12] 陈亮, 马煜华, 骆晓明. 广东电网 AGC 运行需求与控制模式探讨[J]. 电力自动化设备, 2004, 24(12): 81-83.

[13] 张应田, 郭凌旭, 冯长强. 自动发电控制技术研究及应用[J]. 自动化与仪表, 2011, (9): 36-39.

[14] 汪德星, 杨立兵. 自动发电控制(AGC)技术在华东电力系统中的应用[J]. 华东电力, 2005, 33(1): 23-27.

[15] 桂贤明, 李明节. 电力市场建立后电网 AGC 技术改进的探讨[J]. 电力系统自动化, 2000, 24(9): 48-51.

[16] 李滨, 韦化, 农蔚涛,等. 基于现代内点理论的互联电网控制性能评价标准下的 AGC 控制策略[J]. 中国电机工程学报, 2008, 28(25): 56-61.

[17] 刘斌. 广东电网 CPS 控制策略中调节功率分配因子的研究[D]. 广州: 华南理工大学, 2009.

[18] 赵冬梅, 卓峻峰. 电力系统最优潮流算法综述[J]. 现代电力, 2002, 19(3): 28-34.

[19] 李滨. 基于优化理论的互联电网 CPS 标准下的 AGC 控制策略研究[D]. 南宁: 广西大学, 2011.

[20] 余涛, 王宇名, 刘前进. 互联电网 CPS 调节指令动态最优分配 Q-学习算法[J]. 中国电机工程学报, 2010, 30(7): 62-69.

[21] 唐跃中, 张王俊, 张健, 等. 基于 CPS 的 AGC 控制策略研究[J]. 电网技术, 2004, 28(21): 75-79.

[22] Howard R A. Dynamic programming[J]. Management Science, 1966, 12(5): 317-348.

第 3 章　智能发电控制系统的模型与参数

本章介绍传统以水、火、气为主的集中式发电系统特性及数学模型，以及智能电网下的风、光等分布式发电系统特性及数学模型，重点介绍将小容量分布式电源和柔性负荷集成进行控制的虚拟发电系统及数学模型，最后给出用于研究智能发电控制的互联电网负荷-频率响应数学模型(两区域、三区域、四区域模型)。

3.1　传统发电系统

国际上研究电网一次调频和 AGC 策略通用的数学模型均为 NERC IEEE 推荐的一种确定性线性模型，即以 LFC 模型为基础，而电网的不确定性则一般通过人为设定参数摄动及负荷扰动来模拟。电力系统区域 LFC 模型是定量分析功频特性的基础，具有非常重要的作用，本节将对互联系统 LFC 模型进行较详细的说明。

传递函数是分析调节系统性能的重要工具，电力系统频率和有功功率调节系统由调速器发电机组，包括原动机和电网等环节组成；电网区域模型主要包括发电机转子模型、负荷模型、汽轮机模型、调节器模型等。

电力系统中向发电机提供机械功率和机械能的机械装置称为原动机，如汽轮机、水轮机等。每一台原动机都配备了调速器控制原动机输出的机械功率，保持电网的额定运行频率，以及合理分配并列运行的发电机的负荷。调速系统一般通过调节汽轮机的汽门开度或水轮机的导水叶开度来实现功率及频率控制。通过改变调速器的参数值可以得到所需要的发电机功率-频率调节特性。

原动机及其调速器在电力系统中的作用以及其与其他元件的关系示意图如图 3-1 所示。将发电机的转速 ω 和给定速度 ω_{ref} 进行比较，其偏差 ε 输入调速器，控制汽轮机汽门或水轮机导水叶开度 μ，改变原动机的输出机械功率 P_m，即发电机的输入机械功率，从而可以调节速度和调节发电机输出功率 P_e。

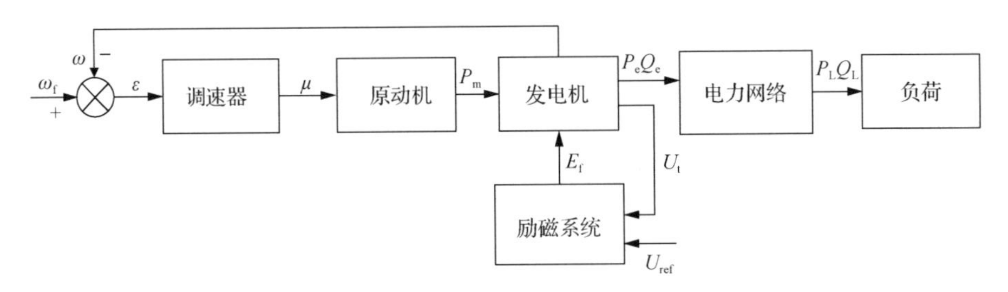

图 3-1　原动机及其调速器在电力系统中的作用以及其与其他元件的关系示意图

3.1.1　燃煤机组

燃煤发电机组主要由燃烧系统(以锅炉为核心)、汽水系统(主要由各类泵、给水加热器、凝汽器、管道、水冷壁等组成)、电气系统(以汽轮发电机、主变压器等为主)、控制系统等组成。前两者产生高温高压蒸汽；电气系统实现由热能、机械能到电能的转变；控制系统保证各系统安全、合理、经济运行。燃煤发电作为一种传统的发电方式也有其弊端和不足之处，如煤炭直接燃烧排放的 SO_2、NO_x 等酸性气体不断增长使得我国的酸雨量增加，粉尘污染给人们的生活及植物的生长造成不良影响。因此要不断地改进燃煤发电的行程，利用各种技术提高发电效率，减少环境污染，如对烟尘采用脱硫除尘处理或改烧天然气、气轮机改用空气冷却。

火电厂生产流程图和凝汽式火电厂示意图如图 3-2 和图 3-3 所示。

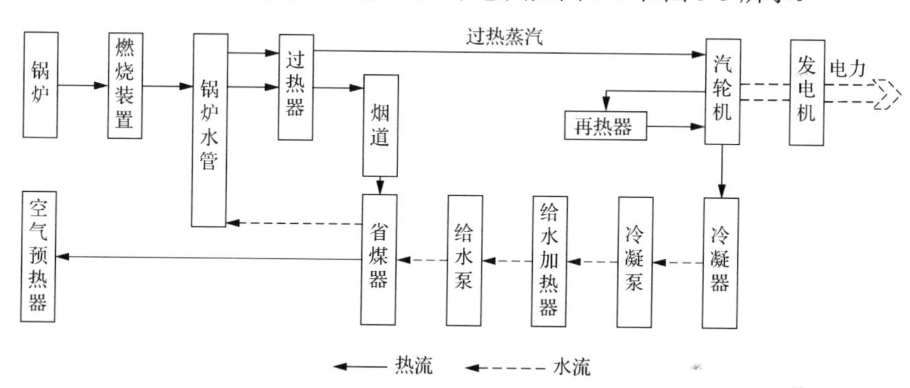

图 3-2　火电厂生产流程图

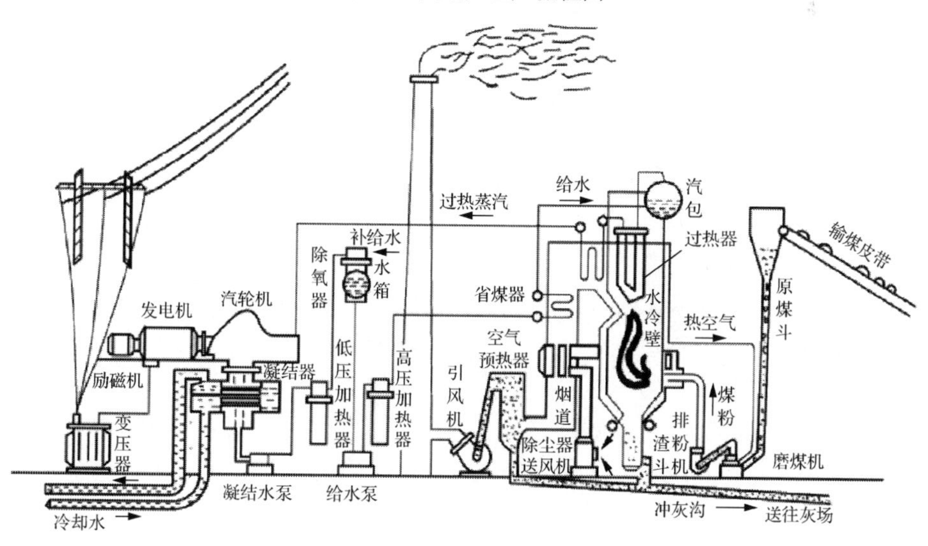

图 3-3　凝汽式火电厂生产流程示意图

3.1.2　燃气机组

根据文献[1]，汽轮机调速器包括液压调速器和中间再热式功频电液调速器，其中液压调速器包括旋转阻尼液压调速器和高速弹簧片液压调速器两种。两种液压调速器的基本原理一致，可以用相同的数学模型描述，而且汽轮机液压调速器传递函数与水轮机调速器传递函数基本相同，其区别主要在于汽轮机没有软反馈，而硬反馈放大倍数为 1，可以把测速放大环节移到反馈环节相应的闭环内部，相应的传递函数框图如图 3-4 所示。

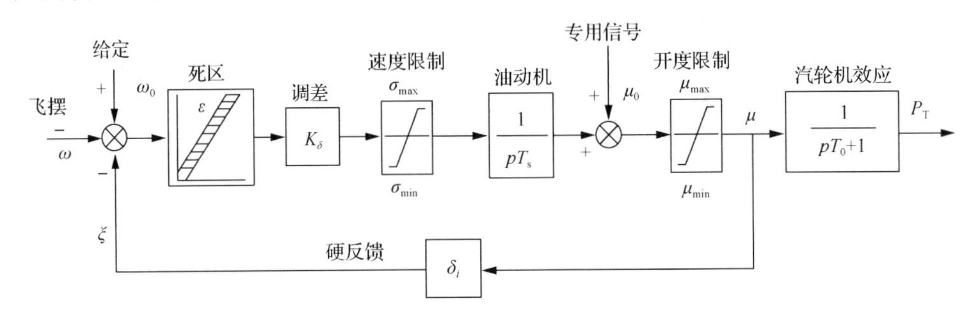

图 3-4　汽轮机调速系统传递函数框图

汽轮机调速系统静调差系数 $\delta_i = \dfrac{1}{K_\delta}$。汽轮机液压调速器常用参数如下：

$\varepsilon = 0.1\% \sim 0.5\%$，$\delta_i = \dfrac{1}{K_\delta} = 0.03 \sim 0.06$，$T_s = 0.1 \sim 0.5\text{s}$。

随着计算机技术的飞速发展，采用计算机技术进行数字运算和软件编程，实现各种控制功能的数字式电液控制系统(digital electro-hydraulic control system，DEH)逐渐成为汽轮机调节系统的主要形式。数字控制在通信、故障诊断和控制功能的扩展等方面较模拟控制具有明显的优点，某些模拟控制很难实现甚至根本无法实现的功能，数字控制只要稍微修改软件就可方便地实现。因此，大容量汽轮机的控制系统大部分采用数字式电液控制系统。

中间再热式汽轮机数字式电液控制系统是一种功率-频率调节系统，与模拟电调相比，其给定、综合比较部分和 PID(或 PI)运算部分，均是在数字计算机内进行的。由于计算机控制系统是在一定的采样时刻进行控制的，两者的控制方式完全不同，模拟电调属于连续控制，而数字电调属于离散控制，也称采样控制。图 3-4 中的调节对象考虑了调节级汽室压力特性、发电机功率特性和电网特性，而计算机的综合、判断和逻辑处理能力强大，因此，它是一种更为完美的调节系统。无论模拟式电液调节(模拟电调)还是数字式电液调节(数字电调)系统，目前还没有一种电气元件可取代推力大、动作迅速的液压执行机构，因此需要把电信号转换成液压信号的电液转换装置，需要对液压机构进行许多重大的改进。

对于典型的汽轮机功频数字式电液控制系统，若忽略其中的非线性环节，即控制器控制对象的动态特性在要求的控制范围之内，则控制器控制对象的传递函数为

$$G(s)=\frac{1}{(T_s s+1)(T_o s+1)} \tag{3-1}$$

式中，T_o为伺服系统(油动机)的时间常数，设为0.3s；T_s为数字式电液控制系统电液转换器时间常数，设为0.03s。对于此典型汽轮机功频数字式电液控制系统，在不考虑非线性环节影响时，其控制器控制对象可看作典型的二阶传递函数。

3.1.3 水电机组

水轮机是以一定压力的水为工质的叶轮式发动机。水轮机模型[2]描写的是水轮机导水叶开度μ和输出机械功率P_m之间的动态关系。电力系统分析中均采用简化的水轮机及其导水管道动态模型，通常只考虑引水管道由水流惯性引起的水锤效应。水锤效应可简述如下：稳态运行时，引水管道中各点的流速一定，管道中各点的水压也一定；当导水叶开度μ突然变化时，引水管道各点的水压将发生变化，从而输入水轮机的机械功率P_m也相应变化；导水叶突然开大时，会引起流量增大，反而使水压减小，水轮机瞬时功率不是增加而是突然减小一下，然后再增加，反之亦然。这一现象称为水锤效应现象，引水管道的水击是导致水轮机系统动态特性恶化的重要因素。若忽略引水管道的弹性，则刚性引水管道水锤效应的数学表达式为

$$h=-T_W\frac{\mathrm{d}q}{\mathrm{d}t} \tag{3-2}$$

式中，q为流量增量；h为水头增量；T_W为水流时间常数，其物理意义为在额定水头、额定运行条件下，水流经引水管道，流速从零增大到额定值v_R所需要的时间，其计算公式为

$$T_W=\frac{Lv_R}{gH_R} \tag{3-3}$$

式中，L为引水管道长度；H_R为上、下游水位差；g为重力加速度；T_W的单位为s。式中(3-2)的负号反映当水流突增时，水头瞬时减少，即水锤效应。

由水轮机的理论可知，水轮机的机械力矩增量m和流量增量q是与导水叶开度μ、水轮机转速增量ω和水头增量h有关的：

$$q = \frac{\partial q}{\partial h}h + \frac{\partial q}{\partial \omega}\omega + \frac{\partial q}{\partial \mu}\mu = a_{11}h + a_{12}\omega + a_{13}\mu \tag{3-4}$$

$$m = \frac{\partial m}{\partial h}h + \frac{\partial m}{\partial \omega}\omega + \frac{\partial m}{\partial \mu}\mu = a_{21}h + a_{22}\omega + a_{23}\mu \tag{3-5}$$

在进行线性化及准稳态化处理后系数 $a_{11} \sim a_{13}$、$a_{21} \sim a_{23}$ 可从静态特性曲线中获得，并近似地用于动态情形。但速度变化不大时，将式(3-4)和式(3-5)联立，消去变量 q 和 h，进一步假设水轮机及引水管道理想无损，且在额定水位及额定转速下运行，则其相应传递函数为

$$\frac{P_{\mathrm{m}}}{\mu} = \frac{1 - T_{\mathrm{W}}s}{1 + 0.5T_{\mathrm{W}}s} \tag{3-6}$$

式中，T_{W} 为水流时间常数，一般为 0.5～4s；s 为拉普拉斯算子。右边分子中的负号反映了水锤效应，实用中常将此增量传递函数关系近似推广用于全量。

3.1.4 燃油机组

柴油机组模型[3]可表示为

$$J\frac{\mathrm{d}\omega}{\mathrm{d}t} = M_e - M_l \tag{3-7}$$

式中，J 为转动惯量。

柴油机输出扭矩表达式为

$$M_e = f_1(Z, \omega) \tag{3-8}$$

式中，Z 为喷油泵齿条位移；ω 为角加速度。

假设负载是电涡流测功机，则阻力矩表达式可表示为

$$M_l = f_2(I, \omega) \tag{3-9}$$

式中，I 为电涡流测功机控制电流。

将式(3-7)～式(3-9)在平衡状态附近(用下标 0 表示)按小偏差理论线性化并整理，有

$$J\frac{\mathrm{d}\Delta\omega}{\mathrm{d}t} + K_{\mathrm{D}}\Delta\omega = \left(\frac{\partial M_e}{\partial Z}\right)_0 \Delta Z - \left(\frac{\partial M_l}{\partial Z}\right)_0 \Delta l \tag{3-10}$$

式中，$K_{\mathrm{D}} = \left(\frac{\partial M_l}{\partial \omega}\right)_0 - \left(\frac{\partial M_e}{\partial \omega}\right)_0$；$\Delta l$ 为元长度。

为分析方便，采用无因次量：$\varphi = \frac{\Delta\omega}{\omega_0}$，$\eta = \frac{\Delta Z}{Z_0}$，$\lambda = \frac{\Delta l}{l_0}$，代入式(3-10)经

整理得柴油机-电涡流测功机模型：

$$T_e \frac{\mathrm{d}\omega}{\mathrm{d}t} + T_b \varphi = K_\eta \eta - K_\lambda \lambda \tag{3-11}$$

式中，$T_e = \dfrac{J\omega_0}{M_{r0}}$ 为柴油机组加速时间常数；$T_b = \dfrac{K_p \omega_0}{M_{r0}}$ 为柴油机组稳定系数，K_p 为比例增益，M_{r0} 为平衡状态附近的摩擦力矩；$K_\eta = \left(\dfrac{\partial M_e}{\partial Z}\right)_0 \Big/ \left(\dfrac{M_{r0}}{Z_0}\right)$ 为柴油机特性系数；$K_\lambda = \left(\dfrac{\partial M_l}{\partial Z}\right)_0 \Big/ \left(\dfrac{M_{r0}}{l_0}\right)$ 为阻力矩系数。

3.1.5　核电机组

文献[4]介绍的简化集总参数模型主要包括核中子动态模型、堆芯燃料和冷却剂温度模型、蒸汽发生器模型、冷却剂泵模型、冷却剂管道模型、汽轮机模型、调速器模型等。此外，文献[5]建立了一回路模型。压水堆核电机组整体数学模型框图如图 3-5 所示。

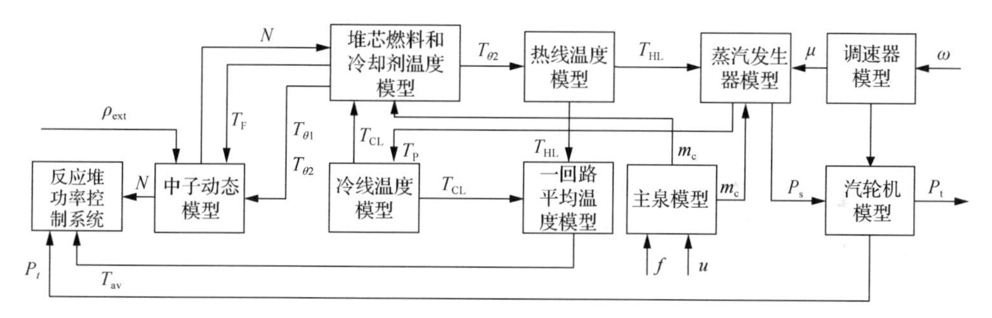

图 3-5　压水堆核电机组数学模型整体框图

1. 中子动态模型

中子动态模型的传递函数框图如图 3-6 所示。

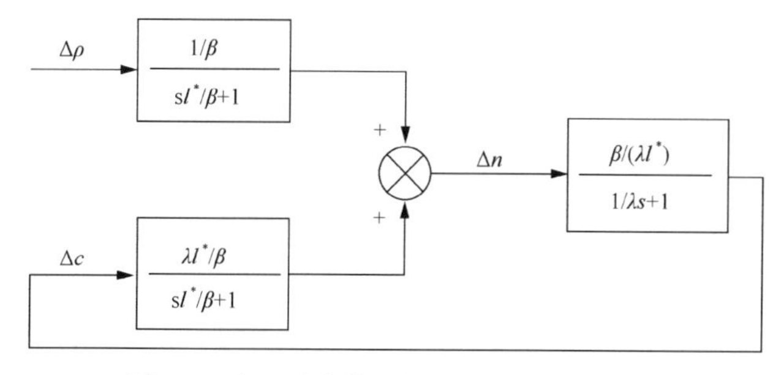

图 3-6　中子动态模型的传递函数框图

图 3-6 中，反应性 ρ 为反应堆内描述中子总数变化的参数，ρ=0 表示反应堆处于临界状态，ρ>1 表示反应堆处于超临界状态，ρ<1 表示反应堆处于次临界状态，反应堆稳定运行时处于临界状态；c 为等效单组缓发中子的先导核密度；n 为中子通量；β 为总缓发中子比例，l^*为中子平均寿命；λ 为等效单组缓发中子的衰变常数。

2. 堆芯燃料和冷却剂温度模型

堆芯燃料和冷却剂温度模型本质上是描述堆芯热传导过程的模型。线性化后的增量表达式如下：

$$\frac{\mathrm{d}\Delta T_{\mathrm{F}}}{\mathrm{d}t}=\frac{f_{\mathrm{up}}P_0}{m_{\mathrm{F}}c_{\mathrm{PF}}}\Delta n+\frac{hA}{2m_{\mathrm{F}}c_{\mathrm{PF}}}\left(\Delta T_{\theta 1}+\Delta T_{\theta 2}-2\Delta T_{\mathrm{F}}\right) \tag{3-12}$$

$$\frac{\mathrm{d}\Delta T_{\theta 1}}{\mathrm{d}t}=\frac{\left(1-f_{\mathrm{up}}\right)P_0}{m_{\mathrm{C}}c_{\mathrm{PC}}}\Delta n+\frac{hA}{m_{\mathrm{C}}c_{\mathrm{PC}}}\left(\Delta T_{\mathrm{F}}-\Delta T_{\theta 1}\right)+\frac{\dot{m}_{\mathrm{C}}}{m_{\mathrm{C}}}\left(\Delta T_{\mathrm{CL}}-\Delta T_{\theta 1}\right) \tag{3-13}$$

$$\frac{\mathrm{d}\Delta T_{\theta 2}}{\mathrm{d}t}=\frac{\left(1-f_{\mathrm{up}}\right)P_0}{m_{\mathrm{C}}c_{\mathrm{PC}}}\Delta n+\frac{hA}{m_{\mathrm{C}}c_{\mathrm{PC}}}\left(\Delta T_{\mathrm{F}}-\Delta T_{\theta 1}\right)+\frac{\dot{m}_{\mathrm{C}}}{m_{\mathrm{C}}}\left(\Delta T_{\theta 1}-\Delta T_{\theta 2}\right) \tag{3-14}$$

式中，ΔT_{F} 为堆芯燃料温度偏差；f_{up} 为堆芯升温所占堆芯功率的百分比；P_0 为堆芯初始功率；m_{F} 为堆芯燃料质量；c_{PF} 为堆芯燃料比热容；h 为从燃料到冷却剂的总传热系数；A 为从燃料到冷却剂的总传热面积；$T_{\theta 1}$ 为堆芯入口处冷却剂温度偏差；$T_{\theta 2}$ 为堆芯出口处冷却剂温度偏差；m_{C} 为堆芯冷却质量；c_{PC} 为堆芯冷却剂比热容；$\dot{m}_{\mathrm{C}}$ 为堆芯冷却剂总的质量流量。

3. 一回路冷却剂管道模型

反应堆冷却剂出口空腔、蒸汽发生器冷却剂入口空腔以及这两者之间的冷却剂管道均可用一个一阶惯性环节表示，因此可以将这三部分合并，统称为热线。同理，蒸汽发生器冷却剂出口空腔、反应堆冷却剂入口空腔以及这两者之间的冷却剂管道均可用一个一阶惯性环节表示，因此可以将这三部分合并，统称为冷线。热线和冷线温度方程如下：

$$\frac{\mathrm{d}\Delta T_{\mathrm{HL}}}{\mathrm{d}t}=\frac{1}{\tau_{\mathrm{HL}}}\left(\Delta T_{\theta 2}-\Delta T_{\mathrm{HL}}\right) \tag{3-15}$$

$$\frac{\mathrm{d}\Delta T_{\mathrm{CL}}}{\mathrm{d}t}=\frac{1}{\tau_{\mathrm{CL}}}\left(\Delta T_{\mathrm{P}}-\Delta T_{\mathrm{CL}}\right) \tag{3-16}$$

式中，ΔT_{HL} 为热线温度偏差；ΔT_{CL} 为冷线温度偏差；ΔT_{P} 为蒸汽发生器一回路冷却剂平均温度偏差；τ_{HL} 为热线容积时间常数；τ_{CL} 为冷线容积时间常数。

4. 蒸汽发生器模型

蒸汽发生器是一回路和二回路之间的能量交换枢纽。从反应堆出来的高压高温冷却剂进入蒸汽发生器后，经由 U 形金属管将热量传递给二回路介质。二回路给水吸收一回路热量，蒸发产生饱和蒸汽以驱动汽轮机。假设任何时候给水速率与蒸汽速率相等，因此模型可不必计及二回路水位变化。分别对一次侧、U 形换热管金属、二次侧流体建立能量守恒方程，进而可根据二次侧温度计算得到蒸汽压力：

$$m_{\mathrm{p}}C_{\mathrm{pp}}\frac{\mathrm{d}T_{\mathrm{p}}}{\mathrm{d}t}=h_{\mathrm{p}}A_{\mathrm{p}}\left(T_{\mathrm{m}}-T_{\mathrm{p}}\right)+u_{\mathrm{p}}C_{\mathrm{pp}}\left(T_{h1}-T_{\mathrm{po}}\right) \tag{3-17}$$

$$m_{\mathrm{m}}C_{\mathrm{pm}}\frac{\mathrm{d}T_{\mathrm{m}}}{\mathrm{d}t}=h_{\mathrm{p}}A_{\mathrm{p}}\left(T_{\mathrm{p}}-T_{\mathrm{m}}\right)+h_{\mathrm{s}}A_{\mathrm{s}}\left(T_{\mathrm{s}}-T_{\mathrm{m}}\right) \tag{3-18}$$

$$m_{\mathrm{w}}C_{\mathrm{sw}}\frac{\mathrm{d}T_{\mathrm{s}}}{\mathrm{d}t}=h_{\mathrm{s}}A_{\mathrm{s}}\left(T_{\mathrm{s}}-T_{\mathrm{m}}\right)+f_{\mathrm{stm}}\left(h_{\mathrm{in}}-h_{\mathrm{out}}\right)/3 \tag{3-19}$$

式中，m_{p}、m_{w} 和 m_{m} 分别为蒸汽发生器一、二次侧介质质量和换热管金属质量；C_{pp}、C_{sw}、C_{pm} 和 T_{p}、T_{s}、T_{m} 分别为其相应比热容和温度；T_{h1}、T_{po} 为热管段温度和蒸汽发生器一次侧出口温度；h_{p}、h_{s} 和 A_{p}、A_{s} 分别为蒸汽发生器一、二次侧换热系数和换热面积；u_{p} 为一次侧质量流量；f_{stm} 为汽机入口蒸汽流量；h_{in}、h_{out} 分别为蒸汽发生器二次侧入口焓和出口焓。

5. 冷却剂泵模型

冷却剂泵的作用是使冷却剂在一回路内流动，将反应堆芯产生的热量及时输送出去[6,7]。冷却剂泵模型的表达式如下[8]：

$$T_{\mathrm{jp}}\frac{\mathrm{d}\omega_{\mathrm{p}}}{\mathrm{d}t}=M_{\mathrm{pe}}-M_{\mathrm{pm}} \tag{3-20}$$

$$M_{\mathrm{pe}}=k_{\mathrm{e1}}\frac{U_1^2\left(1-\dfrac{\omega_{\mathrm{p}}}{f_1}\right)}{\left[1+k_{\mathrm{e2}}f_1^2\left(1-\dfrac{\omega_{\mathrm{p}}}{f_1}\right)^2\right]f_1} \tag{3-21}$$

$$M_{\mathrm{pm}}=\omega_{\mathrm{p}}^2 \tag{3-22}$$

$$\frac{\dot{m}_{\mathrm{c}}}{\dot{m}_{\mathrm{cn}}} = \omega_{\mathrm{p}} \tag{3-23}$$

式中，T_{jp}为主泵惯性时间常数；ω_{p}为主泵转速标幺值；M_{pe}为主泵电磁力矩标幺值；M_{pm}为主泵机械力矩标幺值；k_{e1}、k_{e2}为主泵电磁功率系数；f_1为厂用电母线频率标幺值；U_1为厂用电母线电压标幺值；$\dot{m}_{\mathrm{c}}$为冷却剂流过堆芯时的速率；$\dot{m}_{\mathrm{cn}}$为冷却剂流过堆芯时的标称速率。

6. 汽轮机模型

汽轮机模型采用考虑高压蒸汽和中间再热蒸汽容积效应的简化模型，标幺化后的模型如图 3-7 所示。

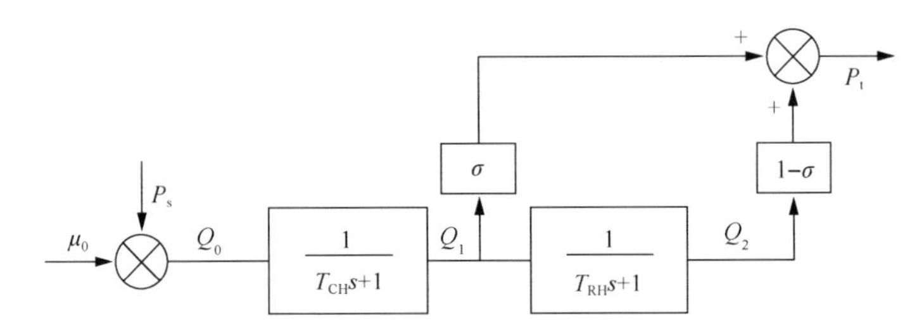

图 3-7　汽轮机的传递函数模型

图 3-7 中，T_{CH}为高压缸蒸汽容积时间常数；T_{RH}为中间再热蒸汽容积时间常数；σ为高压缸输出功率占总功率的比例；μ_0为气门开度。

7. 调速器模型

调速器模型采用功频电液调速器模型，由转速测量及调节器、测功单元、继动器、液压油动机四部分组成[9]，模型如图 3-8 所示。

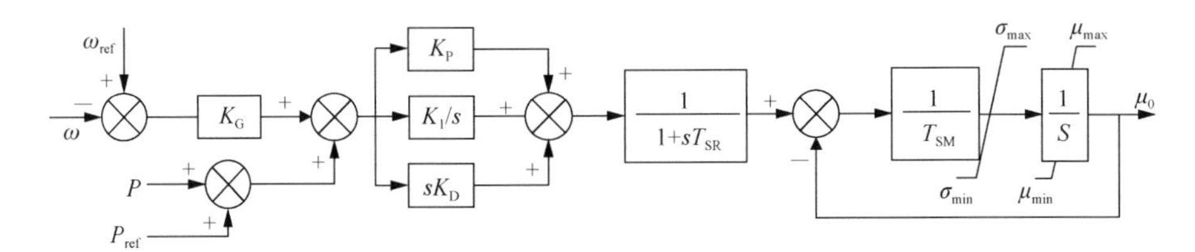

图 3-8　汽轮机调速器的传递函数

图 3-8 中，T_{CH}为高压缸蒸汽容积时间常数；T_{RH}为中间再热蒸汽容积时间常数；σ为高压缸输出功率占总功率的比例；K_{G}为转速调节器的放大系数；T_{SR}为继动器时间常数；T_{SM}为油动机积分时间常数；P_{ref}为功率整定值。

3.2 新型发电系统

3.2.1 风电机组

风能资源是世界上自然存在的可再生能源，风能的转换是不需要消耗燃料的，因此它是一种清洁能源，据测算，全球每年可用于技术开发的风能总量约为 53TkW·h，目前风能主要分布在世界沿海地区和高原地区，而我国的风能资源主要分布在三北(华北、东北、西北)地区和沿海及其岛屿地区。根据全国气象台公布的风能资料的统计和计算，表 3-1 给出了中国风能分区及占全国面积的百分比。由表 3-1 可看出，我国可利用的风能资源具有开发潜力大、分布范围较广的特点。

表 3-1 中国风能分区及占全国面积的百分比

指标	丰富区	较丰富区	可利用区	贫乏区
年有效风能密度/(W/m^2)	>200	200～150	<150～50	<50
年≥3m/s 累计小时数/h	>5000	5000～4000	<4000～2000	<2000
年≥6m/s 累计小时数/h	>2200	2200～1500	<1500～350	<350
占全国面积的百分比/%	8	18	50	24

风电是分布式电源中最常见且应用最广泛、最成熟的一种，它是指将风能通过一定的装置转换成电能的发电技术，由于不同地区不同气候的风能情况往往相差很大，风电的发电功率易受气候与地理环境的影响。风电可分为两种类型，一类是规模较小的独立运行的风电，一般是为解决偏远地区的用电问题而建设的，这类风电一般可通过储能装置与其他分布式电源相结合，较常见的有风光互补系统；另一类是规模较大的风电场，其接入电网运行，一般由几十台甚至上千台风机组成。后者可更加充分地利用风能资源，是国内外发展风电的主要方向，本节研究的风电的模型也是采用联网的形式搭建的。随着对风电研究的不断深入，风电的发电成本也在不断下降，这为提高风电的经济性起到了不可忽略的作用。目前欧洲部分国家已将风电摆在国家主要电力能源的重要位置。

风电机组类型可分为恒速恒频风电系统和变速恒频风电系统。恒速恒频风电系统结构较为简单，成本相对较低，且运行可靠性较高，是目前主要的风力发电设备。但由于风电系统是直接与电网相连接的，风电的强随机性等特性将直接影响到电网的运行，此外，运行时因采用异步发电机而需要无功电源的支持，这将影响到电网的潮流分布，加重电网所需的无功容量。这给系统的规划与运行都带来许多问题，随着风电规模的不断增大，问题会变得更加突出。

而采用同步发电机组的变速恒频风电系统的发展将解决这个问题。它利用成熟的电力电子技术，使发电机转速与电网频率实现解耦，这可大大降低风电对电网的影响。但由于采用了大量的电力电子技术，变速恒频风电系统的结构复杂、成本高，且运行时的技术难度较大。随着电力电子技术的不断发展，变速恒频风电技术也将继续发展成熟，必将成为日后风电设备的主要选择。

而研究微网的 LFC 时，是将风电作为不可控电源，即看做随机负负荷来处理的，因此需要确定风电的输出功率，而风电的输出功率随着风速的变化而变化，随机性强，因此有必要研究风速的变化情况。

风电机组出力是一个与风速有关的随机变量，本节用风速模型和功率转换器来模拟实际的风电出力，采用四分量叠加法[3]来模拟风速模型。四种风分量分别为基本风速 V_{WB}、阵风 V_{WG}、渐变风 V_{WR} 和随机风 V_{WN}。则最终风速模型可由式(3-24)表示，即

$$V = V_{WB} + V_{WG} + V_{WR} + V_{WN} \tag{3-24}$$

基本风速反映风电场平均风速的变化。可根据风电场所得实际数据采用极大似然法来确定 Weibull 分布函数[4]，并由此计算基本风速 V_{WB}。

阵风模拟风速突然变化的特性：

$$V_{WG} = \begin{cases} \dfrac{G_{max}}{2}\left[1 - \cos 2\pi\left(\dfrac{t - T_s}{T_g}\right)\right], & T_s \leqslant t \leqslant T_s + T_g \\ 0, & \text{其他} \end{cases} \tag{3-25}$$

式中，G_{max} 为阵风最大值；T_g 为阵风周期；T_s 为阵风开始时间。

渐变风模拟风速的渐变情况。以式(3-26)计算得出

$$V_{WR} = \begin{cases} M_{max}(t - T_{r1})/(T_{r2} - T_{r1}), & T_{r1} \leqslant t \leqslant T_{r2} \\ M_{max}, & T_{r2} < t \leqslant T_{r2} + T \\ 0, & \text{其他} \end{cases} \tag{3-26}$$

式中，M_{max} 为渐变风最大值；T_{r1} 为渐变风开始时间；T_{r2} 为渐变风结束时间；T_r 为保持时间。

随机风模拟风速变化的随机特性，可采用随机白噪声来模拟。

风能经过风力发电机的风轮机后将部分动能转换为机械能，再经传动装置后通过发电机，最后再转换为电能。忽略影响风机出力的非线性因素以及整流逆变器损耗的情况，特定风速下的风电机组输出功率 $P_{wp}(V)$ 可用以下分段函数表示[4]：

$$P_{\mathrm{wp}}(V)=\begin{cases}0, & \text{其他} \\ P_{\mathrm{rated}}\dfrac{V-V_{\mathrm{cutin}}}{V_{\mathrm{rated}}-V_{\mathrm{cutin}}}, & V_{\mathrm{cutin}}\leqslant V<V_{\mathrm{rated}} \\ P_{\mathrm{rated}}, & V_{\mathrm{rated}}\leqslant V\leqslant V_{\mathrm{cutout}}\end{cases} \tag{3-27}$$

式中，V_{cutin} 和 V_{cutout} 为风机运行的切入、切出风速；V_{rated} 为额定风速；P_{rated} 为风机额定输出功率。

图 3-9 为风电输出功率与风速之间的关系图。

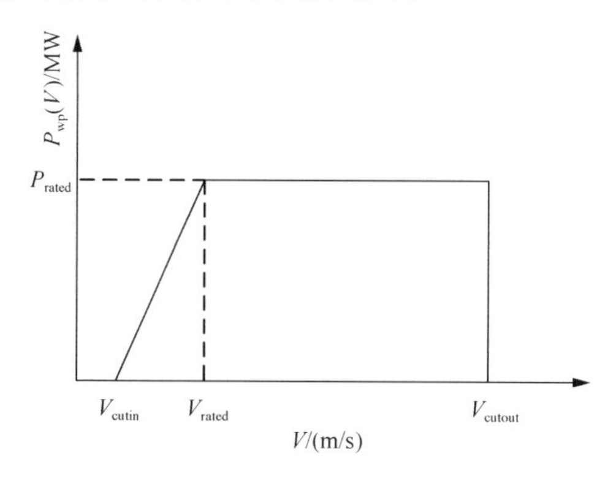

图 3-9　风电输出功率与风速之间的关系图

模拟出的风电功率输出图如图 3-10 所示。

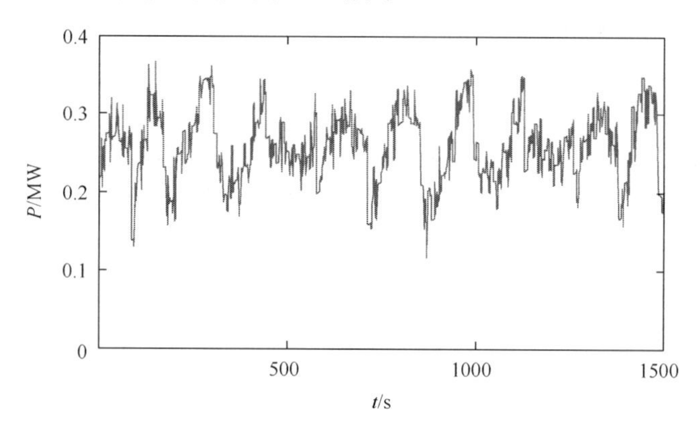

图 3-10　风电功率输出图

3.2.2　光伏发电

光伏发电是太阳能发电中的一种。光伏发电是根据光生伏特效应原理，将光能直接转换为电能的一种发电技术。由于其是利用另一种自然存在的可再生能源——光能来发电的，光伏发电也属于清洁能源发电，发电过程中不消耗燃料，也没有排放物。相对于风能而言，太阳能分布的区域更广，并且获取更为方便。光伏发电的装置结构较为简单，且体积较小、重量轻，因此便于运输与安装，建设周期相对很短，运行维护方便，供应较为稳定。目前光伏发电的可靠性较高，使用寿命长，一般的晶体硅太阳能电池寿命可长达 20～35 年[5]。目前光伏发电应用最多的是屋顶式光伏发电，在美国和日本等地区已经开始有屋顶式光伏发电与电力系统并网运行的例子，白天利用光伏发电，将多余的电量输入电网，可看做一个小型电源，晚上用户从电网获取电量，这是一种新型的供电企业与用户间的关系，由于利用的是可再生清洁能源，其前景在发电成本较高的情况下仍被广泛看好[6]。

由于太阳能的能量密度低，且受天气、昼夜、地理位置等因素的影响很大，光伏发电的随机性往往比风电更大，且经常出现白天风能较小、太阳能较大，而晚间风能较大、太阳能没有出力的情况，为了解决风力发电和光伏发电随机性大且发电特性互补的问题，通常采用风光互补发电的形式，以实现更多能量之间的互相补充，这不仅可以提供相对更加稳定的功率输出，也可相应减小储能装置的容量。这种供电形式可以很好地解决我国偏远地区的用电问题。

光伏发电也可分为独立运行和并网运行两种运行方式[7]。独立运行的光伏发电系统是仅利用光伏电池供电的，容量小，一般用于家庭式用户的供冷供热系统。而并网运行的光伏系统利用电力电子逆变器，将直流转变为交流后接入电网，这样可以避免额外安装光伏电池的费用，使其发电成本相应地降低。

目前光伏发电的研究主要集中在以下两个方面。

(1) 研究将光伏发电输出的直流转换为输入电网的交流的电力电子装置。

(2) 控制光伏发电输出特性跟踪最大功率点（maximum power point track，MPPT），以达到最大功率输出。

而研究 LFC 时，也将光伏发电看作不可控电源，和风电一样，看作随机负荷处理，这就需要确定光伏发电的输出功率。对于光伏发电输出功率的计算，文献[8]提供了一种光伏发电输出功率 P_{el} 的计算公式：

$$P_{el} = \eta_q \eta_T \eta_i \eta_n \eta_l P_{AZ} = \eta_Z P_{AZ} \tag{3-28}$$

式中，η_q 为光强系数；η_T 为组件转换效率温度修正系数；η_i 为组件安装方位角、倾角修正系数；η_n 为逆变器效率系数；η_l 为线损修正系数；P_{AZ} 为安装容量；η_Z 为交流输出功率综合修正系数。

目前国内外研究含光伏发电的电力系统时对于光伏发电输出功率多采用模拟一天发电功率曲线的方法。对光电出力的模拟更多是在实测值基础上的统计与分析，文献[9]介绍了不同季节光伏发电输出功率的变化。通过模拟文献[9]中一天 24h 光照强度的变化，本书建立了相应的光伏出力模型，其中光照强度对白天和晚上都有所体现，而功率转换器采用一阶传递函数表示[8]，光伏发电功率输出见图 3-11。

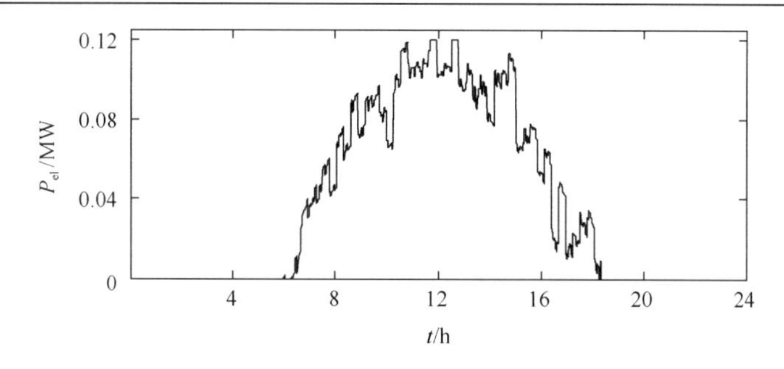

图 3-11　光伏发电功率输出图

3.2.3　储能装置

随着越来越多如风电、光伏发电的强随机性分布式电源的接入，微网内的功率容易出现不稳定的情况，这会引起频率波动、电压闪变等现象。因此，必须在微网内加入一定容量的储能装置，以平缓微网内的功率波动，保证供电的连续性与可靠性。当微网内的分布式电源出力大于负荷需求时，储能装置可以吸收多余的功率保存起来；相反，当分布式电源出力不足以满足负荷需求时，储能装置便可将保存的能量释放出来，减小功率不平衡量。由此可见，储能装置对于微网的正常稳定运行起到了非常重要的作用。

目前，常用于微网的储能装置有以下几种[10,11]。

1. 蓄电池储能

目前常用的蓄电池类型有[12]开口铅酸蓄电池(vent lead acid battery)，阀控铅酸蓄电池(valve regulation lead acid battery，VRLA)，镍钙、镍氢电池(nickel-calcium nickel-hydrogen battery)。在这三类电池中，开口铅酸蓄电池易挥发、易泄漏、容量低，镍钙、镍氢电池容量虽大，但成本高，因此应用中较多使用阀控铅酸蓄电池，阀控铅酸蓄电池具有容量大、价格低、效率高、无电池记忆效应、寿命长等优点[13-16]，特别是在独立光伏系统中有大量应用[17-19]，在未来一段时期内还会继续使用[20,21]。

2. 飞轮储能

飞轮作为一种新兴的储能装置，由于其效率高、寿命长、充电快捷、储能量高、无污染等优点，在未来将会有更广泛的使用。飞轮储能技术利用高速旋转的飞轮将能量以动能的形式储存起来，当系统缺乏能量时，飞轮将减速运行，释放出存储的能量。飞轮储能有高速飞轮装置和低速飞轮装置。高速飞轮装置的体积较小，但旋转速度较快，而低速飞轮装置的体积较大，相对旋转速度较慢。飞轮一般不以独立的单元出现，而是与各种分布式电源进行优化组合运行[22]。

3. 超导储能

超导储能是指将一个超导圆环置于磁场当中，温度降至超导圆环的临界温度以下时，撤去磁场后由于有电磁感应的作用，超导圆环便感应出电流，并且电流会因温度保持在临界温度以下而持续下去。这是一种理想的储能装置，电能损耗非常小，并且还有功率大、体积小、重量轻、反应快、无污染等优点。但其使用时必须要放置在临界温度以下，这是一个温度极低的环境，在目前的技术条件下困难较大，因此也成了其发展的瓶颈。但由于其储能优势非常明显，从长远发展的角度看潜力是巨大的。

4. 超级电容器储能

超级电容器又称双电层电容器，是一种新型的储能装置，介于普通电容器和电池之间。它具有充电速度快、使用寿命长、能量转换效率高、功率密度高、无污染、安全系数高、超低温特性好、检测方便、控制方便等优点。超级电容器是一种电化学元件，是通过极化电解质来储能的，在储能过程中并不发生化学反应，并且这个过程是可逆的，因此可以反复充放电数十万次。由于采用双电层结构，超级电容器比普通电容器具有更大的容量，能够在短时间内输出大功率，可在短时间内且无负载电阻情况下完成充电过程，如果出现过电压充电的情况，超级电容器将会开路而不致损坏器件，工作过程安全可靠。使用时，超级电容器通过控制单元控制能量的转换，动作准确快速，从而实现维持微网内功率平衡与稳定控制。

LFC 模型采用的储能装置为飞轮储能，文献[23]详细研究了微网中飞轮储能及其调频系统的运行与建模，本书采用文献[23]中的飞轮机组模型，如图 3-12 所示。

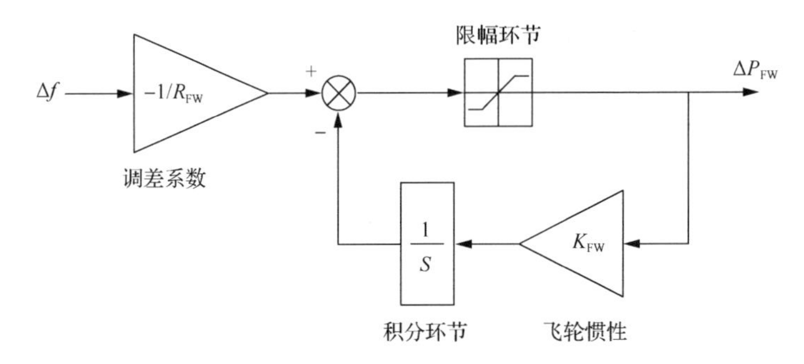

图 3-12　飞轮机组模型

3.2.4　小水电

小水电属于可再生能源，被列为新能源，与属于传统能源的大型水电不一样。

我国在 2005 年 2 月颁布了《中华人民共和国可再生能源法》，鼓励对包括小水电在内的可再生能源的开发。小水电一般是指容量小于 50MW 的水电站，世界上小水电占整个水电的比例大概在 5%～6%，而中国可开发的小水电资源约占世界的 1/2，可见中国的小水电资源是非常丰富的，特别是对于偏远山区，小水电的开发利用既可解决当地的用电难问题，更可发展地方经济，在一定程度上也是对大电网的有力补充。小水电因此也成了中国目前的发展热点。

小水电可分为库容式和径流式两种。库容式是指建立有水库的、有一定可调容量的小水电，按调节能力又可分为日调节、周调节、月调节、年调节和多年调节，库容越大调节能力越强。径流式是指没有水库的小水电，这种小水电只能按照来水量发电，因此受水位、洪水期满发、枯水期供水及下泻流量等地理因素的影响较大，一般不具备调节能力。

小型水电机组属于发电调节性能较好的一种分布式电源，其一次、二次调频响应速度快，本书所研究的是有一定库容的小水电，对一定范围内的负荷波动可快速动作而达到微网的负荷-发电平衡状态，以减缓频率波动。小水电机组调节范围及出力上下限有限，但对于容量配置需求相对较小的微网供电系统而言，小水电适合承担 AGC 调频任务。关于水电机组 LFC 模型的研究已较为成熟且应用广泛，本书采用文献[24]中的小水电模型，具体的小水电 LFC 模型见图 3-13。

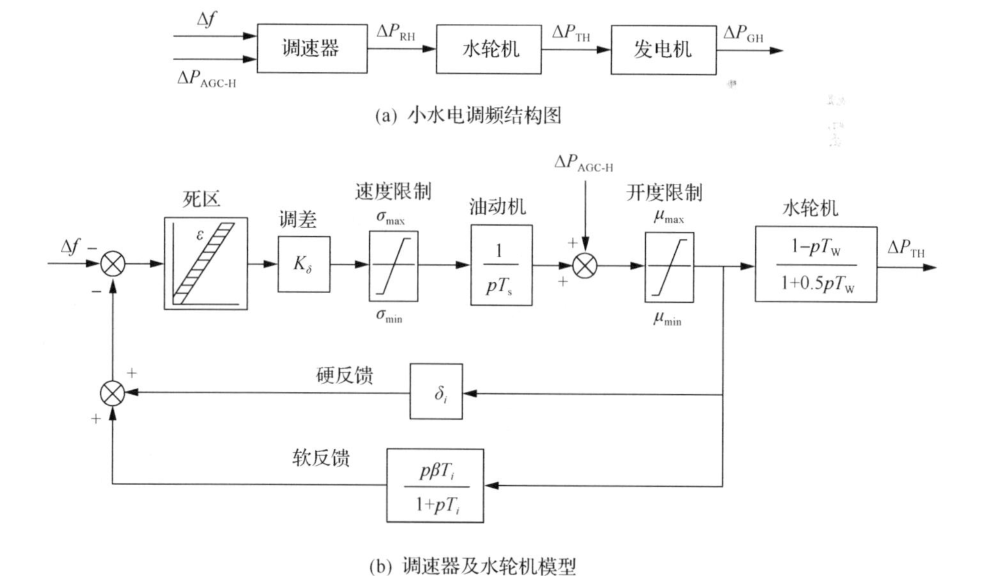

(a) 小水电调频结构图

(b) 调速器及水轮机模型

图 3-13　小水电 LFC 模型

3.2.5 微型燃气轮机

微型燃气轮机(Microturbine，MT)是一种新近发展的小型热力发电机，其单机功率一般在25～300kW范围内，以天然气、甲烷、汽油和柴油等作为燃料，采用径流式叶轮机械(向心式透平和离心式压气机)以及回热循环技术，满负荷运行时效率最高可达30%，在热电联产中效率更可提高到75%。微型燃气轮机是目前应用最成熟、最具有商业竞争力的分布式电源之一，其优点主要如下[25-29]。

(1) 体积小、重量轻。与同容量的柴油发电机相比，微型燃气轮机在体积和重量上都要小些，如50kW容量的微型燃气轮机的体积是柴油发电机的1/3，而重量是后者的1/4。随着容量的增大，这种优势也就越来越明显了。

(2) 节能、环保。由于发电效率比得上大型火电厂，且用于热电联产的效率更可达到75%，其排放的CO_2和NO_x都远远小于柴油发电机，排放体积分数小于9×10^{-6}，为后者的数百分之一。

(3) 运行灵活、维护少。微型燃气轮机可以独立运行，也可并网运行，并且在两种模式间可以自由切换。运行时可在本地监控，也可由集控室进行监控。采用独特的技术，节省了日常的维护，当出现故障时，可以马上将整机换掉，直接送去维修，不会对电网的运行产生影响。

(4) 建造与运行成本低。由于可根据需要灵活配置微型燃气轮机的数量，组成多单元控制系统，其单位建设成本远远低于水电和火电，并且由于日常维护少，其单位运行成本也较低。

正因为以上优点，微型燃气轮机在微网中的应用非常广泛，特别是在具有热电联产的微网系统中，这为微网的发展提供了极好的平台。

本节研究的是微网的孤岛运行控制。在孤岛运行时，微型燃气轮机对维持微网的安全稳定运行将起到至关重要的作用[26]。从可调容量范围、快速响应特性、安全与经济性等方面而言，该类型机组可作为主调频AGC机组。文献[30]提供了典型微型燃气轮机的LFC模型，具体如图3-14所示。

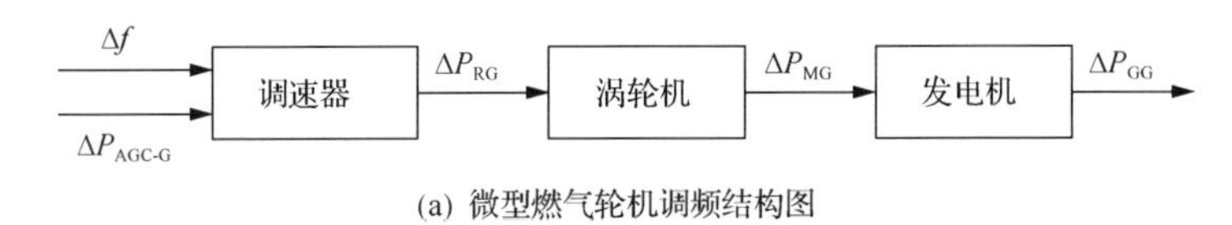

(a) 微型燃气轮机调频结构图

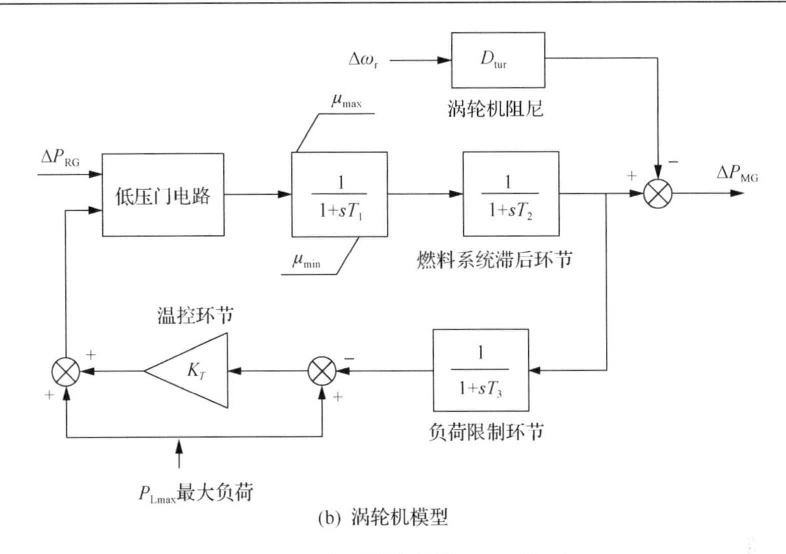

(b) 涡轮机模型

图 3-14　微型燃气轮机 LFC 模型

3.3　虚拟发电系统

3.3.1　虚拟发电厂

虚拟发电厂(virtual power plant，VPP)一般定义为含有多种类型的分布式电源、储能设备以及可控的柔性负荷的一个集成系统，如图 3-15 所示。从整个系统来看，虚拟发电厂的出现可明显降低电网管控大量分布式电源的难度，同时可有效将不同小规模的备用容量整合起来，参与大电网的 AGC，减轻电网调频的压力，减少电网的旋转备用成本。为确定虚拟发电厂参与大电网智能发电控制的可调容量，虚拟发电厂需要对所管控的所有设备的备用上调和下调容量进行不断的评估

图 3-15　虚拟发电厂框架示意图

更新。一般来说，风光等分布式电源不参与二次调频，然而，当系统风光装机容量达到一定比例或系统负荷低至一定程度时，风光可运行至偏离最大功率点的运行工况，保留一定的可调容量参与二次调频。另外，由于冰箱、热水器、空调等温控设备本质上可当作储能设备，在满足用户舒适度的前提下，即可确定底层可控负荷参与调频的可调容量上下限。

3.3.2 需求侧可控负荷

1. 温控负荷建模

温控负荷包含建筑常用的电热储水箱、暖通空调(heating, ventilation and air conditioning，HVAC)、普通制热/制冷空调，以及家用冰箱或商用冰柜等。温控设备是一类以热能形式进行储能的设备，由于其热动态过程与电力系统相比存在一定的延迟性，可在温度舒适度约束要求的范围内通过改变开关状态响应系统功率需求。同时温控设备也是随季节变化有巨大差异的一类负荷，实现对温控设备的建模和控制，能够有效针对不同用电环境、用电峰谷进行有效的调节。在居民与商业用户方面，温控设备所占的负荷比例较大，速断特性使其具有较强的可控性，同时作为一种耗能元件，其能够在用户舒适度范围内短时间地切断而不影响使用，有良好的储能特性。随着智能电网的发展，高级通信、测量和控制手段为需求响应的发展提供了有力的保障。一般需求响应的调用能够使温控设备处于正常工作范围内，而不会影响用户的使用满意度和身体舒适度。

1)电热水器负荷建模

因为太阳能热水器易受到天气情况的影响，不利于现代高楼住房安装，家庭普遍采用的是储水式电热水器。因此热水负荷考虑为电热储水箱，其主要是为了使水箱储存的热水随时能够处于用户可接受的温度范围内，并假设当热水被消耗后，会立即有等量冷水注入。根据热力学第二定律，可得到水温的表达式：

$$T_{t+1}^{\text{hw}}=\frac{\rho V_t^{\text{cold}}(T^{\text{cold}}-T_t^{\text{hw}})+\rho V^{\text{tank}}T_t^{\text{hw}}}{\rho V^{\text{tank}}}+\frac{h_t^{\text{wh}}\Delta t}{\rho V^{\text{tank}}C_{\text{w}}} \tag{3-29}$$

式中，T_t^{hw}为t时刻的热水温度；ρ、V^{tank}、C_{w}分别为水的密度、水箱容积和水的比热容；V_t^{cold}为t时刻注入冷水的体积；T^{cold}为注入的冷水温度；h_t^{wh}为t时刻加热功率。

同时电热储水箱还需要满足功率上限约束及温度偏差约束：

$$\begin{cases}0\leqslant P_t^{\text{wh}}\leqslant P_{\max}^{\text{wh}}\\ \Delta T_{\min}^{\text{hw}}\leqslant \Delta T_t^{\text{hw}}\leqslant \Delta T_{\max}^{\text{hw}}\end{cases} \tag{3-30}$$

式中，$P_{\max}^{\text{wh}}$为热水器加热功率上限；ΔT_t^{hw}、$\Delta T_{\min}^{\text{hw}}$和$\Delta T_{\max}^{\text{hw}}$分别为水温与期望值

的偏差及其上下限。

2)HVAC 类负荷建模

文献[31]中提到，HVAC 类负荷指暖通空调类的温控负荷。以制热型温控负荷为例，为了研究 HVAC 类负荷控制过程中的温度动态特性，在研究中常用等值热力学参数(equivalent thermal parameter，ETP)模型来描述 HVAC 类负荷，如图 3-16 所示。

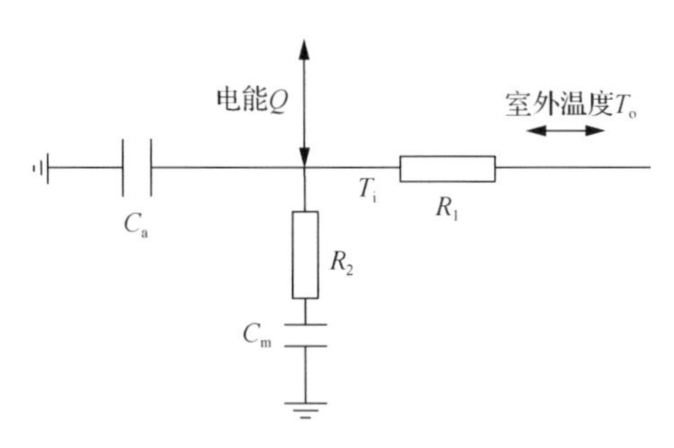

图 3-16　HVAC 类负荷的 ETP 模型

ETP 模型用二阶微分方程组来描述 HVAC 类负荷的变化过程，在涉及大量温控负荷的大规模仿真计算时所用计算时间较长。将上述 ETP 模型简化为一阶微分方程，以制热型 HVAC 类负荷为例，在开启状态下，受控温度变化情况为

$$T^{t+1} = T_{\mathrm{o}}^{t+1} - (T_{\mathrm{o}}^{t+1} - T^t)\mathrm{e}^{-\Delta t/(RC)} C_{\mathrm{a}} C_{\mathrm{m}} T_{\mathrm{i}} T_{\mathrm{o}} R_1 R_2 Q \tag{3-31}$$

式中，T 为受控环境温度；T_{o} 为外环境温度；R 为等值热阻；上标 t 、$t+1$ 为仿真时间；C 为等值热容。

在关断状态下，受控环境温度变化情况为

$$T^{t+1} = T_{\mathrm{o}}^{t+1} - QR - (T_{\mathrm{o}}^{t+1} - QR - T^t)\mathrm{e}^{-\Delta t/(RC)} \tag{3-32}$$

式中，Q 为等值热效率。参数 R、C、Q 为等值拟合参数，是由简化模型曲线拟合精确的 ETP 模型曲线得出的。等值拟合参数虽然没有实际的物理意义，但它与 HVAC 类负荷功率及使用环境是有关联的。功率越大，环境隔热性能越好，等值热阻 R 和等值热比率 Q 的乘积 QR 越大，负荷开启时温度上升越快。制热型 HVAC 类负荷温度动态过程如图 3-17 所示。仿真步长取为 1min，表示为

$$\begin{cases} T_+ = T_{\mathrm{set}} + \Delta T \\ T_- = T_{\mathrm{set}} - \Delta T \end{cases} \tag{3-33}$$

式中，T_+ 为温度上边界；T_- 为温度下边界；T_{set} 为温度设定值；ΔT 为温度死区值。根据 T_{set} 可计算 T_+ 与 T_- 。

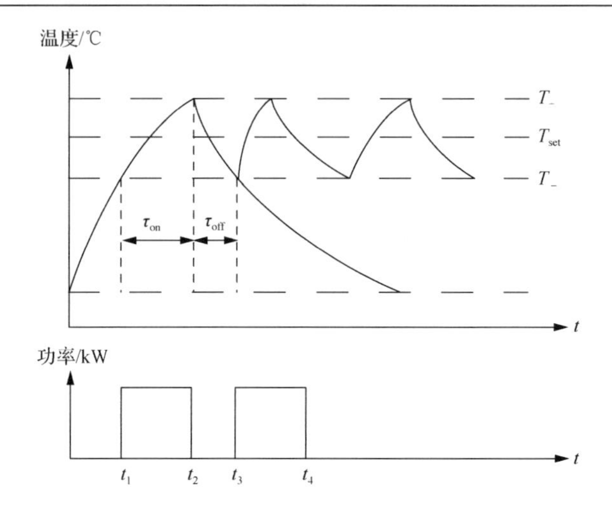

图 3-17　制热型 HVAC 类负荷温度动态过程

负荷开启状态下，室内温度以指数形式上升；当达到温度上边界后负荷关断，温度以指数形式下降；当达到温度下边界后负荷重新开启，重复以上循环。该模型用指数变化近似模拟受控温度的变化，在简化模型运算复杂度的同时较好地保留了模型的精确度，在大规模仿真时有较大的应用价值。

3) 普通制热/制冷式空调负荷建模

普通制热/制冷式空调是使用最广泛的室温调节设备，其可按照用户需求设定不同的舒适度范围，并具有较大的弹性，因此是需求响应的重要部分。为了对普通制热/制冷式空调进行建模，首先从热力学上进行分析，单位时间内室内空气从室外吸收的热量为

$$Q_t = \frac{T_t^{\text{out}} - T_t^{\text{in}}}{R} \tag{3-34}$$

式中，Q_t 为 t 时刻室内从室外吸收的热量；T_t^{out} 和 T_t^{in} 分别为 t 时刻室外和室内的温度；R 为房屋热阻。

在供暖时，室内温度通常高于室外温度，此时 Q_t 为负值；在制冷时，室内温度通常低于室外温度，此时，Q_t 为正值。

在供暖时，为使室内温度保持在给定范围，空调向室内空气提供的热量为 $h_t^{\text{hot}}\Delta t$，此时室内空气温度的变化为

$$\frac{\mathrm{d}T_t^{\text{in}}}{\mathrm{d}t} = \frac{Q_t + h_t^{\text{hot}}\Delta t}{C_{\text{air}}} \tag{3-35}$$

式中，h_t^{hot} 为 t 时刻供暖功率；C_{air} 为空气比热容；Δt 为时间步长。

式(3-35)中应包含空调向空气提供的热量，将式(3-34)和式(3-35)进行整理，并进行离散化处理后可得空调制热时的数学表达式：

$$T_{t+1}^{\text{in}} = T_t^{\text{in}} \mathrm{e}^{-\Delta t/RC_{\text{air}}} + (1 - \mathrm{e}^{-\Delta t/RC_{\text{air}}})(T_t^{\text{out}} + Rh_t^{\text{hot}} \Delta t) \tag{3-36}$$

制冷机工作时，其从室内吸收热量从而降低室内温度，室内的温度变化为

$$\frac{\mathrm{d}T_t^{\text{in}}}{\mathrm{d}t} = \frac{Q_t - P_t^{\text{co}} \Delta t}{C_{\text{air}}} \tag{3-37}$$

式中，P_t^{co} 为 t 时刻制冷功率。

同理，将式(3-36)和式(3-37)进行整理，并进行离散化处理后可得空调制冷时的数学表达式：

$$T_{t+1}^{\text{in}} = T_t^{\text{in}} \mathrm{e}^{\Delta t/RC_{\text{air}}} + (\mathrm{e}^{\Delta t/RC_{\text{air}}} - 1)(T_t^{\text{out}} - RP_t^{\text{co}} \Delta t) \tag{3-38}$$

制冷和制热功能是两个不同模式，同一时间点下不能同时开启，因此还需满足

$$P_t^{\text{co}} h_t^{\text{hot}} = 0 \tag{3-39}$$

4)冰箱/冰柜负荷建模

冰箱是家庭最常用的电器，而冰柜原理与冰箱基本相同，商业用户使用较多。这里主要针对冰箱进行建模。冰箱的控制主要基于其内部温度，为温度控制型电负荷。冰箱通常包含四部分：压缩机、冷凝器、节流阀和蒸发器。冰箱的用电特性可用下面的数学模型描述：

$$s_t^{\text{FR}} = \begin{cases} 1, & \theta_t^{\text{FR}} > \theta_{\text{up}}^{\text{FR}}, \ t = 1 \\ 0, & \theta_{\text{low}}^{\text{FR}} \leqslant \theta_t^{\text{FR}} \leqslant \theta_{\text{up}}^{\text{FR}}, \ t = 1 \end{cases} \tag{3-40}$$

$$\theta_{\text{low}}^{\text{FR}} \leqslant \theta_t^{\text{FR}} \leqslant \theta_{\text{up}}^{\text{FR}}, \ t \geqslant 2 \tag{3-41}$$

$$\theta_t^{\text{FR}} = \theta_{t-1}^{\text{FR}} - \alpha_{\text{FR}} s_t^{\text{FR}} + \gamma_{\text{FR}}, \ t \geqslant 2 \tag{3-42}$$

式中，θ_t^{FR} 为时刻 t 冰箱内部温度；$\theta_{\text{low}}^{\text{FR}}$ 和 $\theta_{\text{up}}^{\text{FR}}$ 分别为冰箱内部温度的下限和上限；s_t^{FR} 为时刻 t 冰箱制冷功能的启停状态，s_t^{FR} 为 1/0 时，箱制冷功能开启/关闭；α_{FR} 为冰箱在制冷功能开启状态下的制冷系数；γ_{FR} 为冰箱在制冷功能关闭状态下的回温系数，即由冰箱内部和外部温度不同而发生能量交换所导致的冰箱内部温度的回升量。由于冰箱内部一般存有热力学系数不同的食物，直接根据热力学求解 γ_{FR} 十分困难。采用实验方法得到了在给定条件下额定功率为 500W 的冰箱的回

温系数 γ_{FR} =1.215℃/15min，制冷系数 α_{FR} =5.49℃/15min。

2. 高载能负荷建模

1) 高载能负荷整体建模

文献[32]中提到，高载能负荷具有大容量和较大的调节潜力[33,34]，其调节范围可达生产负荷容量的 30%～100%，采用可控硅控制，有快速调节、分组投切的特点，高载能负荷由可调节功率和不可调节功率两部分组成。可调节功率是指能够根据电网运行需要，按照调度指令进行中断或者开启操作的高载能生产负荷，可调节功率是指为了满足生产需要、保障生产安全，需要稳定连续不间断运行的高载能生产负荷。高载能负荷的数学模型为

$$P_{HLi} = P_{HLi0} + S_{Hi}\Delta P_{HLi} \tag{3-43}$$

式中，P_{HLi} 为第 i 组高载能负荷的有功功率；P_{HLi0} 为第 i 组高载能负荷的不可调节有功功率；ΔP_{HLi} 第 i 组高载能负荷的可调节有功功率；S_{Hi} 为第 i 组高载能负荷的调节状态，S_{Hi}=0 表示第 i 组高载能负荷中断，S_{Hi}=1 表示第 i 组高载能负荷投运。

2) 冶炼类高载能负荷建模

文献[35]中提到，铁合金、碳化硅等冶炼类负荷中主要的电力负荷为冶炼炉及相关辅助设备。冶炼炉生产时按炉生产，冶炼炉根据用电负荷设计容量，因此每炉产量、生产时间和用电负荷相互关联。一般实际生产时每炉冶炼时间一定，计划产量越大，冶炼时投料越多，用电负荷越大。考虑到分时电价、订单要求、市场销售等具体情况，高载能企业会根据实际情况安排生产。

冶炼类负荷开始生产后，首先向炉内投料，同时控制系统在很短的时间内将冶炼炉的炉温升高到生产要求的水平，然后维持该用电水平直到生产结束。在此阶段，冶炼炉的用电负荷首先迅速上升到一定水平，然后维持不变。若生产过程中出现一些特殊情况需要对冶炼炉的投料、炉温等参数进行调节，则用电负荷会产生小的波动，但在自动控制系统和运行人员的操作下可很快恢复正常，对生产时间和产量造成的影响较小。当一炉生产完成后，操作人员将炉中的产品排出炉膛，然后等待下一炉次生产的开始，其间冶炼炉需用电能保持炉温，此时维持冶炼炉炉温的负荷为烘炉负荷。这段维持炉温等待生产的时间可以根据实际情况进行调节。虽然烘炉负荷相比正常生产负荷功率较低，但该阶段没有产品产出，因此生产时烘炉时间越短越好。

对冶炼类负荷进行调节时，调节对象主要为：①生产时的用电负荷；②生产结束后到下一次生产开始之间的烘炉时间。由于冶炼类负荷启炉成本很高，启动时间较长(1 周以上)，炼炉的启停不在调节范围之内。生产过程中提高/降低用电

负荷的调节时，需要相应地提高/降低该炉次的目标产量和原料投料量，由于冶炼生产对温度的上下限有一定要求，温度过高或过低均会影响冶炼炉中的化学还原反应，而冶炼原料的多少直接对应生产用电负荷的大小。此外，当开始生产后，频繁调节用电功率不仅会导致炉内温度波动，使化学反应不能稳定进行，还会导致作用在冶炼炉电极上的电磁力频繁波动，可能损伤甚至拗断电极，造成生产事故。所以，当投料完成并开始一炉次的正常生产后，该炉次的用电负荷就不能再进行调节了。

铁合金的用电负荷和调节功率约束可表示为

$$P_k^{\mathrm{EF},i} = P_{\mathrm{inter}}^{\mathrm{EF},i}(1 - x_k^{\mathrm{EF},i}) + P_{\mathrm{on}}^{\mathrm{EF},i} x_k^{\mathrm{EF},i} + P_{\mathrm{adj},k}^{\mathrm{EF},i} \tag{3-44}$$

$$-P_{\mathrm{down,max}}^{\mathrm{EF},i} x_k^{\mathrm{EF},i} \leqslant P_{\mathrm{adj},k}^{\mathrm{EF},i} \leqslant P_{\mathrm{up,max}}^{\mathrm{EF},i} x_k^{\mathrm{EF},i} \tag{3-45}$$

式中，$P_k^{\mathrm{EF},i}$ 为 k 时刻第 i 台冶炼炉的用电功率；$P_{\mathrm{inter}}^{\mathrm{EF},i}$ 为第 i 台冶炼炉的烘炉功率；$P_{\mathrm{on}}^{\mathrm{EF},i}$、$P_{\mathrm{down,max}}^{\mathrm{EF},i}$ 和 $P_{\mathrm{up,max}}^{\mathrm{EF},i}$ 为第 i 台冶炼炉正常生产用电功率和正常生产用电负荷附近允许的最大下调/上调功率；$P_{\mathrm{adj},k}^{\mathrm{EF},i}$ 为 k 时刻第 i 台冶炼炉的调节功率；$x_k^{\mathrm{EF},i}$ 为 k 时刻第 i 台冶炼炉的状态，为 1 表示正常生产，为 0 表示烘炉状态。

冶炼炉每炉次生产只能调节一次功率，并保持该功率到该炉次生产结束，约束可以表示为

$$-M(u_k^{\mathrm{EF},i} + 1 - x_k^{\mathrm{EF},i}) \leqslant P_{\mathrm{adj},k}^{\mathrm{EF},i} - P_{\mathrm{adj},k-1}^{\mathrm{EF},i} \leqslant M u_k^{\mathrm{EF},i} \tag{3-46}$$

式中，$u_k^{\mathrm{EF},i}$ 为 k 时刻第 i 台冶炼炉的正常生产开始标志变量，为 1 表示该时刻第 i 台冶炼炉开始下一炉次的正常生产；M 为数值很大的常数。

冶炼炉的运行状态和生产开始标志可表示为

$$\begin{cases} x_k^{\mathrm{EF},i} - x_{k-1}^{\mathrm{EF},i} \leqslant u_k^{\mathrm{EF},i} \\ u_k^{\mathrm{EF},i} \leqslant x_k^{\mathrm{EF},i} \\ u_k^{\mathrm{EF},i} \leqslant 1 - x_k^{\mathrm{EF},i} \end{cases} \tag{3-47}$$

冶炼时每炉次正常生产所用时间为一个固定值，其对生产状态的约束表示为

$$x_{k-1}^{\mathrm{EF},i} - x_k^{\mathrm{EF},i} \leqslant 1 - x_\tau^{\mathrm{EF},i}, \tau \in [k+1, \min(k + T_{\mathrm{on}}^{\mathrm{EF},i} - 1, T)] \tag{3-48}$$

$$u_k^{\mathrm{EF},i} \leqslant 1 - x_{k+T_{\mathrm{on}}^{\mathrm{EF},i}}^{\mathrm{EF},i} \tag{3-49}$$

式中，$T_{\text{on}}^{\text{EF},i}$ 为第 i 台冶炼炉正常生产一炉次需要的时间；T 为调度周期对应的时刻数。

冶炼炉的最大允许烘炉时间约束为

$$\sum_{\tau}^{\tau+T_{\text{MaxInt}}^{\text{EF},i}-1} x_k^{\text{EF},i} \geqslant 1, \tau \in [1, T - T_{\text{MaxInt}}^{\text{EF},i} + 1] \tag{3-50}$$

式中，$T_{\text{MaxInt}}^{\text{EF},i}$ 为第 i 台冶炼炉的最大可中断时间。冶炼炉烘炉时间一般并没有具体的限制，但生产时一般该段时间越小越好，式(3-50)给出了该约束，用于企业根据实际对烘炉时间进行限制。

高载能企业的日产量要求可以表示为

$$\eta_{\text{basic}}^{\text{EF},i} \sum_k \sum_i x_k^{\text{EF},i} \Delta t + \eta_{\text{extra}}^{\text{EF},i} \sum_k \sum_i P_{\text{adj},k}^{\text{EF},i} \Delta t \geqslant P_{\text{rodEF}} \tag{3-51}$$

式中，$\eta_{\text{basic}}^{\text{EF},i}$ 为第 i 台冶炼炉在正常生产情况下将总产量分解到每时刻的单位产量；$\eta_{\text{extra}}^{\text{EF},i}$ 为每时刻单位功率调整量对应的产量变化系数，该系数通过对产量-电负荷功率曲线上正常生产运行点进行线性化得到；Δt 为单位时间长度；P_{rodEF} 为调度周期内高载能企业对应产品的总要求产量(订单量)。

3.3.3　电动汽车及其他电池储能系统

单台电动汽车的充电行为受车主行驶开始时间、车主行驶结束时间和行驶里程三个因素影响。大量电动汽车的行驶行为通常具有很强的随机性，不便于预测，但可根据统计单台车的行驶行为规律，通过蒙特卡罗法模拟出大规模电动汽车的充电需求，其结果具有较高的精度和置信度。现有对于优化电动汽车充放电的研究通常基于夜间充电情景这一假设，而由文献[36]可知，日间电动汽车在工作地点的充电需求也相当大，并且由于日间常规负荷需求较大，大规模电动汽车无序充电增加了电网安全运行的风险。因此，综合考虑日间、夜间不同充电情景的电动汽车充放电优化研究十分必要。

以下以锂电池为例，搭建电动汽车的充放电模型。该部分研究基于在各时段内电池的充电方式为恒功率充电，忽略充电起始阶段和结束阶段，不考虑电池的自放电因素。

电动汽车的充电功率需求 D 可由接入充电桩时的初始电荷状态($S_{\text{SOC,in}}$)、期望电荷状态($S_{\text{SOC,ex}}$)和电池容量($c_{\max}$)计算求得

$$D = (S_{\text{SOC,ex}} - S_{\text{SOC,in}}) c_{\max} \tag{3-52}$$

每一个充电时段结束后的电荷状态由上一时段的电荷状态和该时段的充放电功率 P 决定：

$$S_{\mathrm{SOC},t}=S_{\mathrm{SOC},t-1}+\frac{\eta\int_{t-1}^{t}P\mathrm{d}t}{c_{\max}} \tag{3-53}$$

式中，t 为当前时段数；$S_{\mathrm{SOC},t}$ 为 t 时刻的电荷状态；$S_{\mathrm{SOC},t-1}$ 为 $t-1$ 时刻的电荷状态；η 为充电桩充放电效率。

考虑到安全因素，充放电功率必须时刻控制在安全范围之内，限制条件如下：

$$P_{\mathrm{dis.max}}\leqslant P\leqslant P_{\mathrm{char.max}} \tag{3-54}$$

式中，$P_{\mathrm{char.max}}$ 和 $P_{\mathrm{dis.max}}$ 分别为充放电功率极限。

若电动汽车接入电网后便以最大充电功率充满，则充电时间 $t_{\min}$ 最短为

$$t_{\min}=\frac{D}{P_{\mathrm{char.max}}} \tag{3-55}$$

通常对于日间停留于工作地点和夜间停留于家庭的电动汽车来说，其接入电网的停留时间 t_{leave} 通常大于最短充电时间，可用停留时间和最短充电时间的比值 k 来评估该车的调度潜力，k 值越大，该车的调度潜力越好。

一种分集群的电动汽车充放电结构如图 3-18 所示。

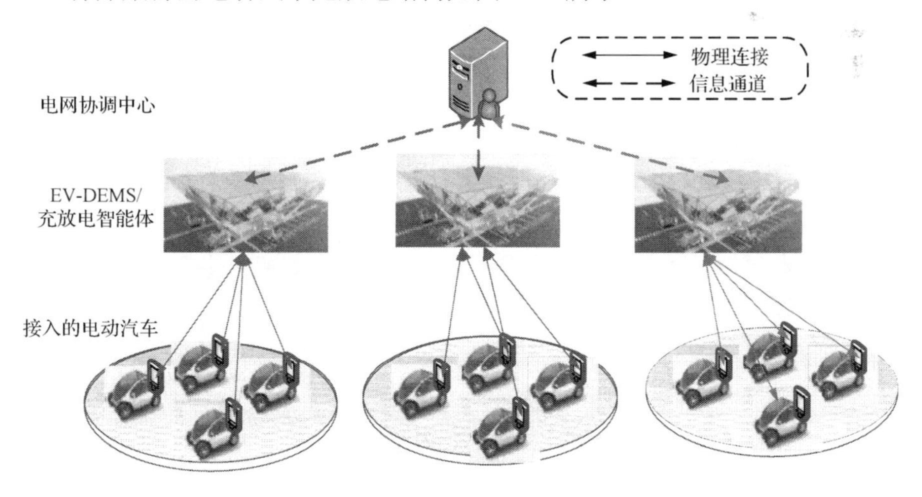

图 3-18　分集群的电动汽车充放电结构

储能电池是未来家庭常备的可调度设备，因其充放电能力强，能有效地进行负荷转移和需求响应。本节将储能电池的充放电过程进行分时段离散化处理，并

考虑蓄电池充放电过程中剩余容量，表示如下：

$$Q_{\mathrm{B}}(h)=Q_{\mathrm{B}}(h-1)+\delta_{\mathrm{ch}}P_{\mathrm{ch}}(h)-\frac{1}{\delta_{\mathrm{dch}}}P_{\mathrm{dch}}(h) \tag{3-56}$$

式中，$Q_{\mathrm{B}}(h)$为h时刻蓄电池剩余容量；$P_{\mathrm{ch}}(h)$、$P_{\mathrm{dch}}(h)$分别为h时刻充放电功率；δ_{ch}、δ_{dch}分别为充放电效率。

此外，蓄电池不在工作状态时会产生静态损耗：

$$Q_{\mathrm{B}}(h)=Q_{\mathrm{B}}(h-1)-\delta_{\mathrm{loss}}Q_{\mathrm{B}}(h-1) \tag{3-57}$$

式中，δ_{loss}为静态损耗百分比。

本书采用经典电池损耗模型[37]评估放电过程对电池循环寿命的影响。不计温度、湿度等环境因素和电池起始放电电荷状态的影响，循环寿命L仅与放电深度相关。其中，放电深度D_{dis}为

$$D_{\mathrm{dis}}=S_{\mathrm{SOC,1}}-S_{\mathrm{SOC,2}} \tag{3-58}$$

式中，$S_{\mathrm{SOC,1}}$和$S_{\mathrm{SOC,2}}$分别为放电前后的电荷状态。

循环寿命与放电深度的关系可由式(3-59)计算：

$$L=2151D_{\mathrm{dis}}^{-2.301} \tag{3-59}$$

式(3-59)表示每经历放电深度为D_{dis}的过程后，电池寿命减少$1/L$，L为该放电深度下该电池的循环寿命。

电池总放电量D_{total}可由电池循环寿命L与放电深度D_{dis}求得，如式(3-60)所示：

$$D_{\mathrm{total}}=Lc_{\max}D_{\mathrm{dis}} \tag{3-60}$$

式中，$c_{\max}$为电池容量。

除循环寿命外，还可用单次放电平均成本和单位放电量平均成本来评估电池损耗，计算如下：

$$F_{\mathrm{dis}}=\frac{F_{\mathrm{battery}}}{L} \tag{3-61}$$

$$F_{\mathrm{dis,D}}=\frac{F_{\mathrm{battery}}}{D_{\mathrm{total}}} \tag{3-62}$$

式中，F_{battery}为电池购置费用；$F_{\mathrm{dis,D}}$和F_{dis}分别为单次放电平均成本和单位放电量平均成本。

3.4　电力系统负荷频率响应模型

3.4.1　IEEE 两区域互联系统 LFC 模型

传递函数是分析调节系统性能的重要工具，电力系统频率和有功功率调节系统由调速器发电机组，包括原动机和电网等环节组成；电网区域模型主要包括发电机转子模型、负荷模型、汽轮机模型、调节器模型等。

本节以典型的 IEEE 两区域互联系统 LFC 模型作为研究对象，结构框图如图 3-19 所示，系统模型相关参数见表 3-2，系统基准容量取 5000MW。学习步长取 AGC 系统控制周期，一般为 1～16s，标准算例中取 4s。

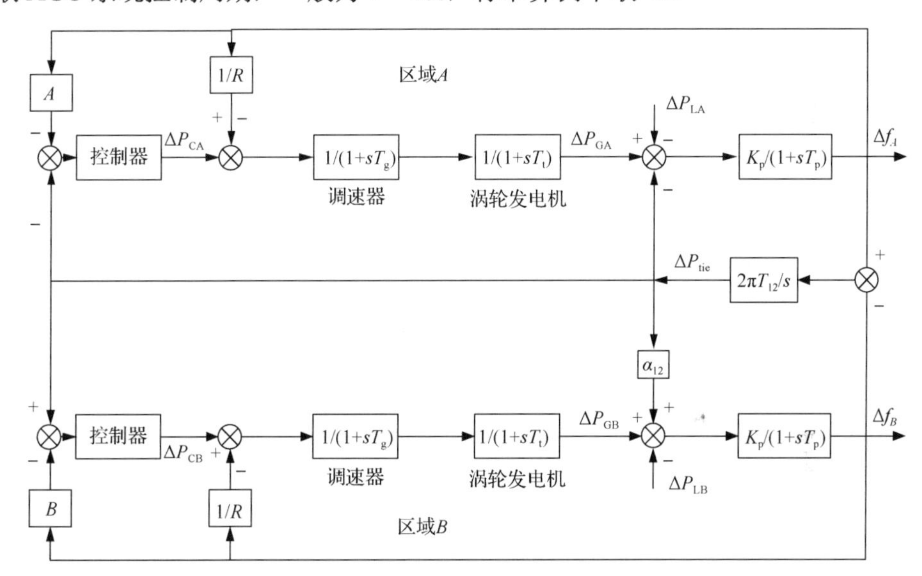

图 3-19　两区域互联系统 LFC 模型

表 3-2　两区域互联系统 LFC 模型参数

参数	T_g/s	T_t/s	T_p/s	R/(Hz/p.u.)	K_p/(Hz/p.u.)	T_{12}
数值	0.08	0.3	20	2.4	120	0.545

3.4.2　三区域互联系统及更多区域模型

1) 三区域互联系统

三区域互联系统框图如图 3-20 所示。

三区域互联系统中的区域一包括 4 台机组，其中有 2 台煤电机组、1 台气电机组和 1 台油电机组；区域二也包括 4 台机组，其中有 2 台气电机组、1 台油电机组和 1 台水电机组；区域三中煤电机组、气电机组和水电机组各 1 台，共 3 台机组。

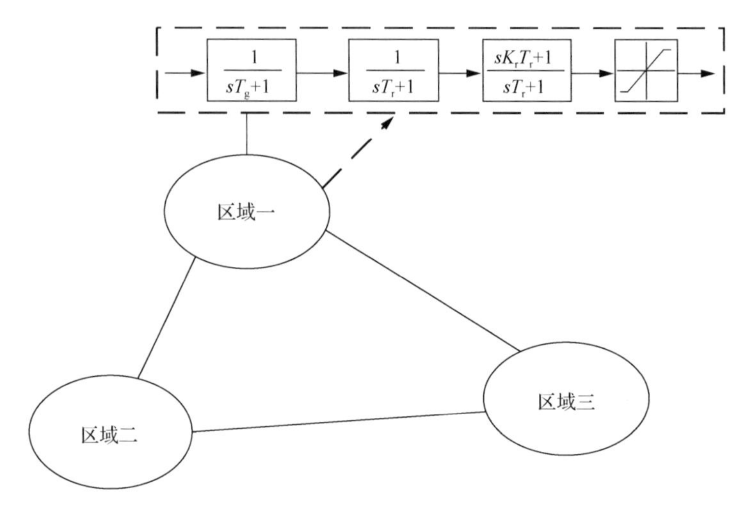

图 3-20　三区域互联系统框图

2) 四区域互联系统

四区域互联系统框图如图 3-21 所示。

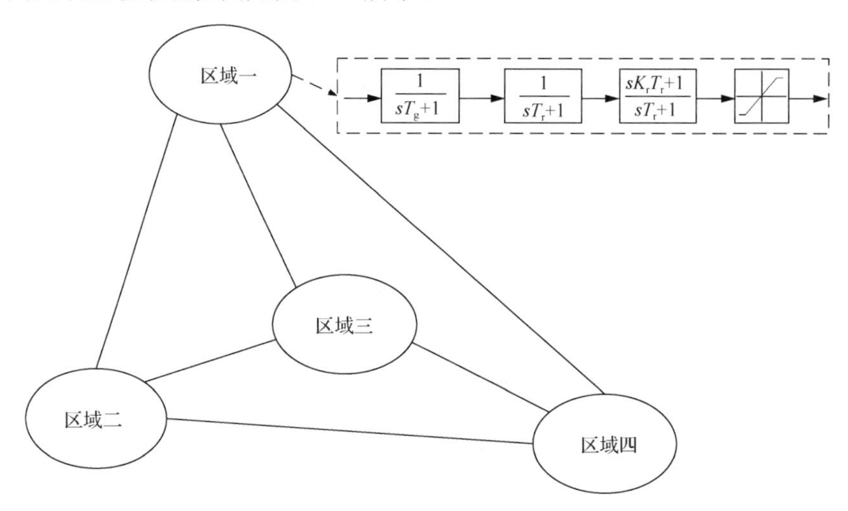

图 3-21　四区域互联系统框图

根据自动控制系统微分方程，并应用拉普拉斯变换求解动态过程曲线的时域分析法是电力系统自动控制分析常用的方法之一。对电力系统 AGC 模式进行研究时可以对系统模型进行一定程度的简化处理，该电力系统有功频率控制的各个控制环节包括一次频率控制、AGC 等。

3.4.3　考虑需求响应的电力系统负荷频率响应模型

电力系统经济调度[38]是指在满足供给侧与需求侧之间功率平衡的前提下，以燃料成本最小化、线损最小等为优化目标，同时在发电机不同运行约束限制范围内，将负荷总需求最优地分配到各个发电机的有功调度方案。然而，传统经济调度与需求响应是独立操作的[39]。随着分布式电源、电动汽车、空调、热水器等主动负荷的快速发展[40]，需求侧的可调度潜力也随之变大。因此，为最大化整个系统的整体利益，应考虑经济调度和需求响应的联合优化调度。

另外，由于需求侧的可控主动负荷设备数量庞多[41]，如果直接与供给侧的发电机组进行联合优化调度，相应的优化算法将耗费大量的计算时间，甚至无法计算，根本无法满足电力系统的实时优化需求。因此，本节引入负荷聚合商[42]的概念，用于整合底层海量的主动负荷可控设备，主要负责实时评估底层的可调度功率上下限，然后与上层的发电机组进行联合调度。

1) 调度优化框架

如图 3-22 所示，供需互动实时调度主要是实现供给侧与需求侧的功率平衡，以最大化所有智能体(发电机/负荷)的利益之和。在每个调度任务开始后，每个智能体会根据特定的分布式优化算法来计算出自身的最优动作策略，即最优发电功率或用电功率，然后把当前的最优策略上传给信息层，同时，信息层会把其他智能体的当前最优动作策略下发给每个智能体。

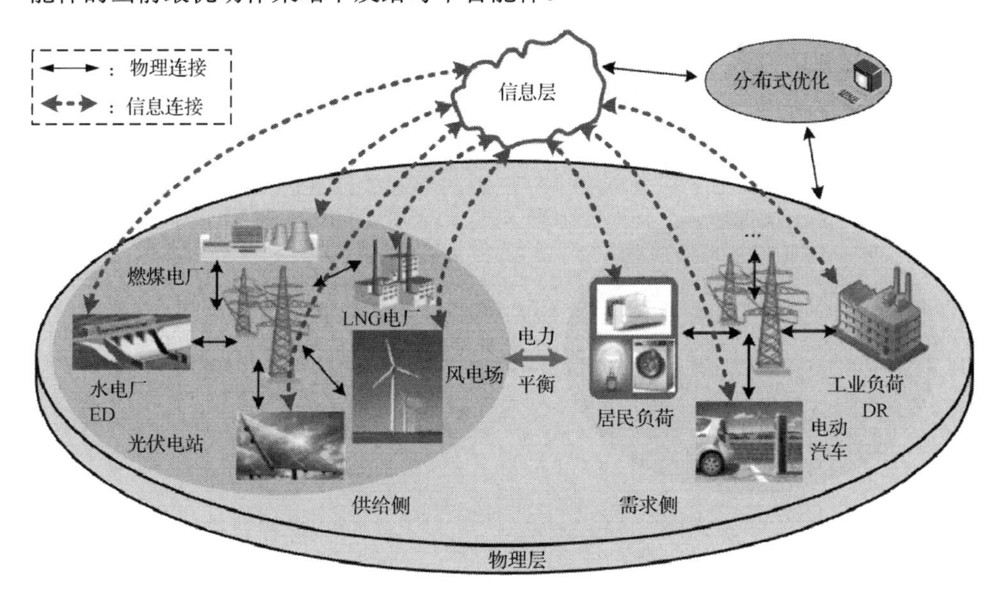

图 3-22　供需互动实时调度框架

2）基于虚拟领导者的 Stackelberg 均衡博弈机制

Stackelberg 均衡博弈[43]作为一种典型的分层博弈，其本质上也是一种竞争博弈策略。纳什均衡博弈中智能体是对等的，动作决策都是公平对等的，与之不同，Stackelberg 均衡博弈对智能体进行了角色划分，包括领导者和跟随者，其中领导者占据更多的主动权。一般领导者在上层先制定出自己的策略，然后下层的跟随者再根据领导者的策略再作出自己的最优决策，再将其最优决策反馈给上层领导者，为领导者提供下一轮的决策依据，这样不断交互博弈之后，智能体之间就可以形成一个最优的联合动作策略，即 Stackelberg 均衡点，如下：

$$U_{\text{leader}}\left(x_{\text{leader}}^{*}, x_{\text{follower}}^{*}\right)=\max_{x_{\text{leader}} \in A_{\text{leader}}} U_{1}\left(x_{\text{leader}}, x_{\text{follower}}^{*}\right) \tag{3-63}$$

$$U_{\text{follower}}\left(\overline{x}_{\text{leader}}, x_{\text{follower}}^{*}\right)=\max_{x_{\text{follower}} \in A_{\text{follower}}} U_{\text{f}}\left(\overline{x}_{\text{leader}}, x_{\text{follower}}\right) \tag{3-64}$$

式中，U_{leader}、U_{follower} 分别表示领导者和跟随者的效益函数；式(3-64)表示跟随者根据领导者的固定策略 $\overline{x}_{\text{leader}}$ 作出自己的最优决策 x_{follower}^{*}；A_{leader}、A_{follower} 分别为领导者和跟随者的动作策略空间。

对于式(3-63)和式(3-64)给出的一般 Stackelberg 均衡博弈来说，每个跟随者都基于领导者的策略来找到自己的最优策略，以最大化自己的利益，这就容易导致所有智能体的总利益陷入较低的值。为此，以下提出了虚拟领导者的概念，以协调各个智能体的动作策略，实现整个多智能体系统的利益最大化。因此图 3-22 中的信息层即虚拟领导者，供给侧的所有机组以及需求侧的所有负荷聚合商都应当作为跟随者。与传统领导者不同的是，虚拟领导者没有真实的控制变量需要优化，主要通过比较当前的总利益与历史的最大总利益，校正所有跟随者的当前最优动作策略。基于式(3-63)和式(3-64)，引入虚拟领导者的 Stackelberg 均衡博弈机制，可描述如下：

$$\begin{cases}\overline{x}_{\text{p}}^{*}=\arg\max\left[U_{\text{leader}}(\overline{x}^{*}), U_{\text{leader}}(\overline{x}_{\text{best}}^{*})\right] \\ \text{s.t.}\ \ U_{\text{leader}}(\overline{x}^{*})=\sum_{i=1}^{n} U_{i}(\overline{x}^{*}) \\ \qquad \overline{x}^{*}=\left(\overline{x}_{i}^{*}, \cdots, \overline{x}_{i}^{*}, \cdots, \overline{x}_{n}^{*}\right) \\ \qquad \overline{x}_{i}^{*}=\arg\max_{x_{i} \in A_{i}} U_{i}\left(\overline{x}_{\text{p}}^{*}, x_{i}\right),\ i=1,2,\cdots,n\end{cases} \tag{3-65}$$

式中，$\overline{x}_{\text{p}}^{*}$ 为领导者的虚拟最优策略，即领导者对所有跟随者的校正最优联合动作策略 $\overline{x}^{*}$；$\overline{x}_{\text{best}}^{*}$ 为所有跟随者的历史最优联合动作策略，即领导者从开始迭代到当前过程中找到的最优联合动作策略，对应最大的总利益。

3) 数学模型

对于供给侧的发电机来说，其效益主要取决于发电成本。在考虑发电机阀点效应的条件下，供给侧第 i 个发电机的发电成本函数可描述如下[44]：

$$f_i^{\mathrm{s}}\left(P_{\mathrm{G}i}\right)=a_i P_{\mathrm{G}i}^2+b_i P_{\mathrm{G}i}+c_i+\left|d_i \sin\left(e_i(P_{\mathrm{G}i}^{\min}-P_{\mathrm{G}i})\right)\right| \tag{3-66}$$

式中，f_i^{s} 为供给侧第 i 个发电机的发电成本函数；$P_{\mathrm{G}i}$ 为供给侧第 i 个发电机的有功功率；$P_{\mathrm{G}i}^{\min}$ 为供给侧第 i 个发电机的发电功率下限；a_i、b_i、c_i、d_i 和 e_i 分别为第 i 个发电机的燃料成本系数。

对于负荷聚合商来说，这里主要考虑用户用电功率与效益函数的关系来描述其利益。参考文献[45]可建立每个负荷聚合商与其用电功率的二次效益函数，如下：

$$f_i^{\mathrm{d}}\left(P_{\mathrm{D}i}\right)=\frac{1}{2}\alpha_i P_{\mathrm{D}i}^2+\omega_i P_{\mathrm{D}i} \tag{3-67}$$

式中，f_i^{d} 为需求侧第 i 个负荷聚合商的效益函数；$P_{\mathrm{D}i}$ 为需求侧第 i 个负荷聚合商的用电有功功率；α_i、ω_i 分别为第 i 个负荷聚合商的效益系数。

由于这里的优化目标是追求整个系统的利益最大化，同时供给侧的售电利益刚好等于需求侧的用电成本，暂不考虑电价对供给侧及需求侧的影响。另外，假设负荷聚合商会跟电网公司签订相关的合同，在每个时段会根据评估的负荷用电功率可调范围与发电侧联合进行最优调度。在追求利益最大化的同时，也要满足供给侧发电机以及负荷聚合商的不同运行约束条件，包括禁止运行区域(prohibited operating zones，POZ)约束[46]、功率上下限约束，以及供给侧与需求侧的功率平衡约束。因此，电力系统供需互动实时调度的优化数学模型可描述如下[39]：

$$\min f(\boldsymbol{x})=\sum_{i\in\Omega_{\mathrm{s}}} f_i^{\mathrm{s}}\left(P_{\mathrm{G}i}\right)-\sum_{i\in\Omega_{\mathrm{d}}} f_i^{\mathrm{d}}\left(P_{\mathrm{D}i}\right) \tag{3-68}$$

约束条件为

$$\sum_{i\in\Omega_{\mathrm{s}}} P_{\mathrm{G}i}-\sum_{i\in\Omega_{\mathrm{d}}} P_{\mathrm{D}i}=0 \tag{3-69}$$

$$\begin{cases} P_{\mathrm{G}i}^{\min}\leqslant P_{\mathrm{G}i}\leqslant P_{\mathrm{G}i,1}^{\mathrm{l}} \\ P_{\mathrm{G}i,z-1}^{\mathrm{u}}\leqslant P_{\mathrm{G}i}\leqslant P_{\mathrm{G}i,z}^{\mathrm{l}}, \quad z=2,\cdots,Z_i \\ P_{\mathrm{G}i,Z_i}^{\mathrm{u}}\leqslant P_{\mathrm{G}i}\leqslant P_{\mathrm{G}i}^{\max}, \quad i\in\Psi \end{cases} \tag{3-70}$$

$$P_{\mathrm{G}i}^{\min} \leqslant P_{\mathrm{G}i} \leqslant P_{\mathrm{G}i}^{\max},\ i \in \left(\Omega_{\mathrm{s}} - \Psi\right) \tag{3-71}$$

$$P_{\mathrm{D}i}^{\min} \leqslant P_{\mathrm{D}i} \leqslant P_{\mathrm{D}i}^{\max},\ i \in \Omega_{\mathrm{d}} \tag{3-72}$$

式中，f为总的优化目标函数；Ψ为考虑 POZ 约束的发电机集合；Ω_{s}为供给侧发电机集合；Ω_{d}为需求侧负荷聚合商集合；$P_{\mathrm{G}i}^{\max}$为供给侧第i个发电机的发电功率上限；$P_{\mathrm{G}i,z}^{\mathrm{l}}$和$P_{\mathrm{G}i,z}^{\mathrm{u}}$分别为第$i$个发电机的第$z$个 POZ 约束的功率上下限；$Z_i$为第$i$个发电机的 POZ 约束个数；$P_{\mathrm{D}i}^{\min}$和$P_{\mathrm{D}i}^{\max}$分别为需求侧第$i$个负荷聚合商的可调功率上下限。

3.4.4 考虑大规模可再生能源接入的电力系统负荷频率响应模型

前面已介绍了用于仿真用的五类分布式电源和储能装置的数学模型，并且已搭建了相应的 MATLAB 模型，现可给出由这五类模型组成的不同的微网 LFC 框架图，其区别在于控制方式的不同，而一次侧的电源和储能装置的组成形式是一样的，因此先介绍相同的部分。

本书建立的微网结构中，都将小水电和微型燃气轮机作为 AGC 二次调频机组，同时与飞轮储能一起参与微网一次调频；从微网调度端的角度而言，风电和光伏发电可视为不可控或部分可控电源，因此，将风电与光伏发电作为随机负荷来处理[47]。微网中各分布式电源的可调容量及相关参数设置取自文献[23]和文献[47]。

图 3-23 为集控式 AGC 微网 LFC 模型，如图 3-23 所示，在新型微网智能发电框架下，上层 AGC 为一个集控调度端控制器，采用强化学习算法，通过对微网频率采样后，经基于不同模型的强化学习算法的策略评价机制优化计算出总 AGC 调度指令。下层 AGC 为优化上层调度指令控制器。下层 AGC 采用基于可调容量比例分配(Proportional，PROP)方法[48]，即各 AGC 机组的分配因子固定且与其可调容量成正比。因此，按照比例分配原则，小水电和微型燃气轮机的 AGC 分配因子分别为u_{H}取 0.53，u_{G}取 0.47。

微网内的分布式电源具有分散性，且微网的规模较小，地域范围小，因此除了引入传统电网的集控式调度，还可考虑实行分散式调度，特别是对于微网建设的初期，由于信息网络建设要求较高，往往比一次侧建设滞后，这时先采用分散式调度，待微网建设继续完善后再采用集控式与分散式相协调的控制方式。这时，采用分散式 AGC 控制器的方法可以实现分散式调度。分散式控制的微网中，各个调频机组都有自身的 AGC 控制器，如图 3-24 所示的小水电和微型燃气轮机，各个 AGC 控制器都根据当前微网的频率偏差各自计算动作值，再下发到对应的机组。除单独根据频率偏差进行调节外，还可以引入协调控制因子，这时可考虑对方机组的出力情况，综合计算得到互相协调控制的最优的调节值。这里考虑的协调因素有运行成本最低、发电效率最高、尽量保持足够的可快速调节机组容量等。

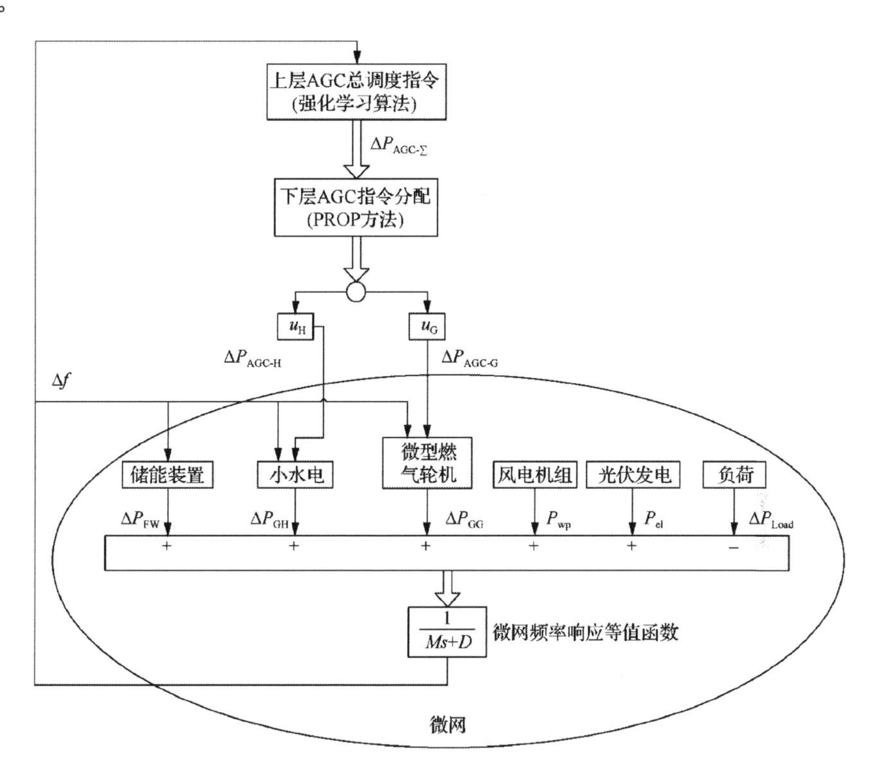

图 3-23　集控式 AGC 微网 LFC 模型

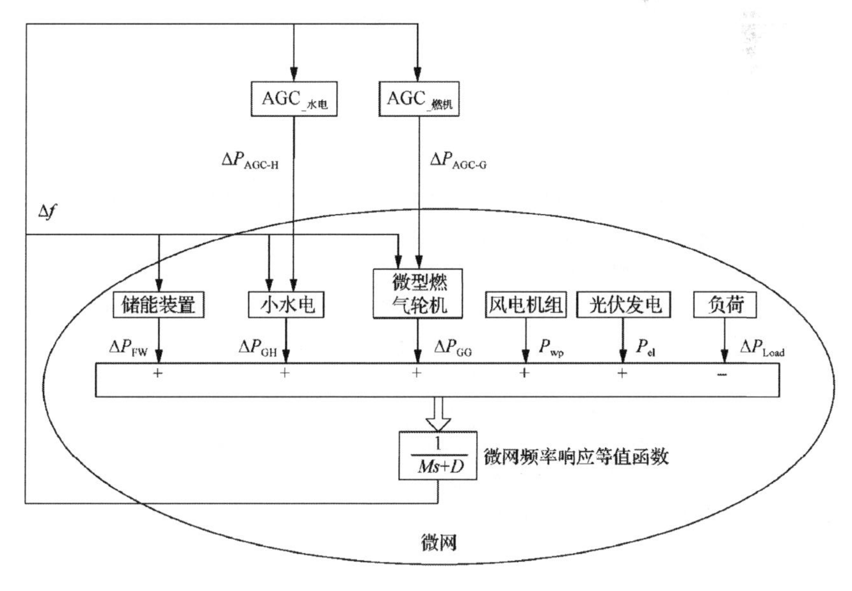

图 3-24　分散式 AGC 微网 LFC 模型

参 考 文 献

[1] 王宇名. 基于强化学习的互联电网 CPS 指令动态优化分配算法[D]. 广州: 华南理工大学, 2010.

[2] 刘奇, 刘斌. 广东电网自动发电控制功率调节分配因子的数学建模[J]. 广东电力, 2010, 23(3): 1-6.

[3] 杨连生. 发动机调速的稳定性理论与实践[J]. 内燃机学报, 1988(1): 85-93.

[4] 黄岳峰. 核电机组及其调速系统的建模与仿真[D]. 杭州: 浙江大学, 2014.

[5] Inoue T, Ichikawa T, Kundur P, et al. Nuclear plant models for medium-to long-term power system stability studies[J]. IEEE Transactions on Power Systems, 1995, 10(1): 141-148.

[6] Adibi M M, Adsunski G, Jenkins R, et al. Nuclear plant requirements during power system restoration[J]. IEEE Transactions on Power Systems, 1995, 10(3): 1486-1491.

[7] Adibi M M, Fink L H. Power system restoration planning[J]. IEEE Transactions on Power Systems, 1994, 9(1): 22-28.

[8] 高慧敏. 核电站与抽水蓄能电站的数学建模及联合运行研究[D]. 杭州: 浙江大学, 2006.

[9] 叶鹏, 秦伟, 滕云, 等. 基于 PSCAD 的核电站动力/电气一体化仿真平台研究[J]. 系统仿真学报, 2017, 29(4): 926-933.

[10] Lubosny Z. Wind Turbine Operation in Electric Power Systems [M]. New York: Springer, 2003.

[11] Larsson A. Flicker emission of wind turbine caused by switching operations [J]. IEEE Transactions on Energy Conversion, 2002, 17(1): 119-123.

[12] 高峰, 孙成权, 刘全根. 太阳能开发利用的现状及发展趋势[J]. 世界科技研究与发展, 2001, 23(4): 35-39.

[13] 梁才浩, 段献忠. 分布式发电及其对电力系统的影响[J]. 电力系统自动化, 2001, 25(12): 53-56.

[14] 国家发展和改革委员会, 国家科学技术部. 光伏/风力及互补发电村落系统[M]. 北京: 中国电力出版社, 2004.

[15] 龚春景. 大容量太阳能光伏发电站交流输出功率计算方法研究[J]. 华东电力, 2009, 37(8): 1309-1311.

[16] Saito N, Niimura T, Koyanagi K, et al. Trade-off analysis of autonomous microgrid sizing with PV, diesel, and battery storage [C]. IEEE Power & Energy Society General Meeting, Calgary, 2009: 1-6.

[17] 李盛伟. 微网电网故障分析及电能质量控制技术研究[D]. 天津: 天津大学, 2009.

[18] 吕婷婷. 微电源控制方法与微电网暂态特性研究[D]. 济南: 山东大学, 2000.

[19] 王泽力, 李中奇, 伊晓波. 从第八届亚洲电池会议看蓄电池工业研究现状——8ABC 文献综述[J]. 蓄电池, 1999, 4: 43-47.

[20] 胡信国, 王金玉, 董保光, 等. 阀控式密封铅酸蓄电池的发展[J]. 电源技术, 1998, 12: 265-269.

[21] 刘薇. VRLAB 蓄电池的使用和维护[J]. 电力系统通信, 1998, 6: 29-32.

[22] 刘建平. 从阀控式密封铅酸蓄电池看充电器[J]. 移动电源与车辆, 2000(3): 29-32.

[23] 毛贤仙, 项文敏, 唐征. 太阳能光伏系统用 VRLA 电池技术性能探讨[J]. 蓄电池, 2003(1): 22-24.

[24] Kundur P, Balu N J, Lauby M G. Power System Stability and Control [M]. New York: McGraw-Hill, 1994.

[25] 翁一武, 翁史烈, 苏明. 以微型燃气轮机为核心的分布式供能系统[J]. 中国电力, 2003, 36(3): 1-4.

[26] 翁一武, 苏明, 翁史烈. 先进微型燃气轮机的特点与前景应用[J]. 热能与动力工程, 2003, 18(2): 111-115.

[27] 赵豫, 于尔铿. 新型分散式发电装置——微型燃气轮机[J]. 电网技术, 2004, 28(4): 47-50.

[28] 邓玮, 张化光, 杨德东. 微型燃气轮机控制及电力系统变换的控制[J]. 控制工程, 2006, 13(1): 35-39.

[29] 沈杰. 上海理工大学研制成功“能源岛”关键技术示范及研究基地[J]. 能源研究与信息, 2005, 21(1): 62.

[30] Saha A K, Chowdhury S, Chowdhury S P, et al. Modelling and simulation of microturbine in islanded and grid-connected mode as distributed energy resource [C]. IEEE Power & Energy Society General Meeting, Pittsburgh, 2008: 1-7.

[31] 郭炳庆, 杨婧捷, 屈博, 等. 基于 HVAC 类负荷的电力系统动态调频控制策略[J]. 电力系统及其自动化学报, 2016, 28(11): 65-69.

[32] 郭鹏, 文晶, 朱丹丹, 等. 基于源-荷互动的大规模风电消纳协调控制策略[J]. 电工技术学报, 2017, 32(3): 1-9.

[33] 刘志刚. 分时电价在乌兰察布地区高载能用户中的应用研究[D]. 北京: 华北电力大学, 2008.

[34] 丰佳, 周芸菲. 浙江省典型用电行业负荷特性和可中断能力分析[J]. 电力需求侧管理, 2011, 13(4): 48-53.

[35] 晋宏杨, 孙宏斌, 郭庆来, 等. 基于能源互联网用户核心理念的高载能-风电协调调度策略[J]. 电网技术, 2016, 40(1): 139-145.

[36] 刘经浩, 贺蓉, 李仁发, 等. 一种基于实时电价的 HEMS 家电最优调度方法[J]. 计算机应用研究, 2015, 32(1): 132-137.

[37] Yousefi S, Moghaddam M P, Majd V J. Optimal real time pricing in an agent-based retail market using a comprehensive demand response model[J]. Energy, 2011, 36(9): 5716-5727.

[38] 刘静, 罗先觉. 采用多目标随机黑洞粒子群优化算法的环境经济发电调度[J].中国电机工程学报, 2010(34): 105-111.

[39] Zhang W, Xu Y, Liu W, et al. Distributed online optimal energy management for smart grids[J]. IEEE Transactions on Industrial Informatics, 2015, 11(3): 717-727.

[40] 程瑜, 安甦. 主动负荷互动响应行为分析[J]. 电力系统自动化, 2013, 37(20): 63-70.

[41] 高赐威, 李倩玉, 李慧星, 等. 基于负荷聚合商业务的需求响应资源整合方法与运营机制[J]. 电力系统自动化, 2013, 37(17): 78-86.

[42] 王珂, 刘建涛, 姚建国, 等. 基于多代理技术的需求响应互动调度模型[J]. 电力系统自动化, 2014, 38(13): 121-127.

[43] Loridan P, Morgan J. A theoretical approximation scheme for Stackelberg problems[J]. Journal of Optimization Theory and Applications, 1989, 61(1): 95-110.

[44] 袁晓辉, 袁艳斌, 王乘. 计及阀点效应的电力系统经济运行方法[J]. 电工技术学报, 2005, 20(6): 92-96.

[45] Gong C, Wang X, Xu W, et al. Distributed real-time energy scheduling in smart grid:Stochastic model and fast optimization[J]. IEEE Transactions on Smart Grid, 2013, 4(3): 1476-1489.

[46] 丁涛, 孙宏斌, 柏瑞, 等. 考虑最大风电容量接入的带禁止区间实时经济调度模型[J]. 中国电机工程学报, 2015, 35(4): 759-765.

[47] Li X J, Song Y J, Han S B. Frequency control in micro-grid power system combined with electrolyzer system and fuzzy PI controller [J]. Journal of Power Sources, 2008, 180(1): 468-475.

[48] 雷霞, 马一凯, 贺建明, 等. CPS 标准下的 AGC 控制策略改进研究[J]. 电力系统保护与控制, 2011, 39(11): 79-89.

第 4 章　集中决策式智能发电控制系统

本章介绍遵循传统式集中调度架构的集中决策式智能发电控制系统的框架及其单智能体算法，包括变论域模糊控制、Q 学习算法、Q(λ)学习算法、人工情感 Q 学习算法、人工情感 Q(λ)学习算法、深度强化森林算法和松弛深度学习算法等，并重点提出统一时间尺度的一体化调度与控制模型。

4.1　系统功能、架构与目标

与传统的区域电网 AGC 一样，集中决策式智能发电控制系统的闭环控制过程主要分为两个过程：①采集电网的频率偏差 Δf 和联络线功率偏差 ΔP_{T}，计算出实时的区域控制偏差，通过设计的控制器得到一个总发电功率指令，以逼近真实的功率扰动；②在获知各个调频机组的数据的基础上，功率分配器通过一定的算法把总发电功率指令分配到各个机组，具体如图 4-1 所示。

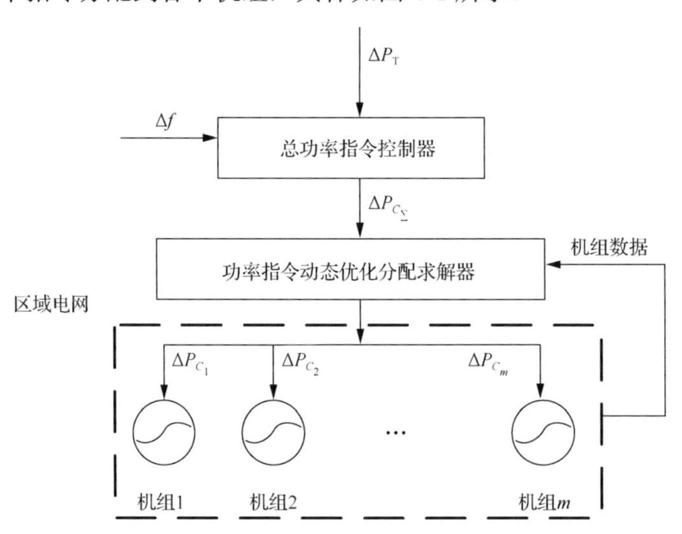

图 4-1　集中决策式智能发电控制系统框架

从整个过程来说，智能发电控制系统的主要功能是尽可能快地平衡区域电网的功率扰动，以确保电网频率及联络线功率尽快恢复到计划值。其中，总功率指令控制器主要通过实时采集的频率和联络线信息来评估计算出整个系统的功率扰动值；而功率指令动态优化分配求解器则在获知不同机组调节特性以及调节成本的基础上，以快速平衡扰动以及最低调节成本为目标，通过一定的快速优化算法来制定出最优的分配调度策略。

4.2　基于单智能体技术的 CPS 控制器

4.2.1　传统 PID 控制器

PID 控制器是一种基于偏差“过去、现在、未来”信息估计的有效而简单的控制算法。常规 PID 控制系统原理图如图 4-2 所示。

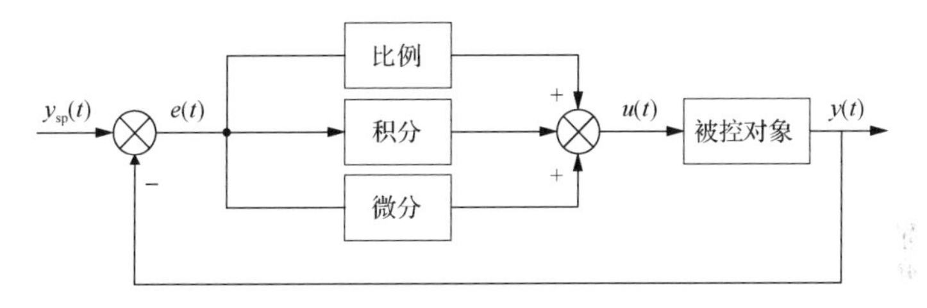

图 4-2　常规 PID 控制系统原理图

整个系统主要由 PID 控制器和被控对象组成。作为一种线形控制器，PID 控制器根据给定值 $y_{sp}(t)$ 和实际输出值 $y(t)$ 构成偏差，即

$$e(t)=y_{sp}(t)-y(t) \tag{4-1}$$

然后对偏差按比例、积分和微分通过线形组合构成控制量，对被控对象进行控制，由图 4-2 得到 PID 控制器的理想算法为

$$u(t)=K_P\left[e(t)+\frac{1}{T_I}\int_0^t e(t)\mathrm{d}t+T_D\frac{\mathrm{d}e(t)}{\mathrm{d}t}\right] \tag{4-2}$$

或者写成传递函数的形式：

$$U(s)=K_P\left(1+\frac{1}{T_I s}+T_D s\right)E(s) \tag{4-3}$$

式中，K_P、T_I、T_D 分别为 PID 控制器的比例增益、积分时间常数和微分时间常数。

式(4-2)和式(4-3)是在各种文献中最经常可以看到的 PID 控制器的两种表达形式。各种控制作用(比例作用、积分作用和微分作用)的实现在表达式中表述得很清楚，相应的控制器参数包括比例增益 K_P、积分时间常数 T_I 和微分时间常数 T_D。这三个参数的取值优劣影响到 PID 控制器的控制效果好坏，下面将介绍这三个参数对控制性能的影响。

比例作用的引入是为了及时成比例地反映控制系统的偏差信号 $e(t)$，系统偏差一旦产生，调节器立即产生与其成比例的控制作用，以减小偏差。比例控制反应快，但对某些系统，可能存在稳态误差，加大比例增益 K_P，系统的稳态误差减小，但稳定性可能变差。随着比例增益 K_P 的增大，稳态误差在减小；同时，动态性能变差，振荡比较严重，超调量增大。

积分作用的引入是为了使系统消除稳态误差，提高系统的无差度，以保证实现对设定值的无静差跟踪。假设系统已经处于闭环稳定状态，此时的系统输出和误差量保持为常值 U_0 和 E_0。则由式(4-2)可知，当且仅当动态误差 $e(t)=0$ 时，控制器的输出才为常数。因此，从原理上看，只要控制系统存在动态误差，积分调节就会产生作用，直至无差，积分作用才停止，此时积分调节输出为一个常值。积分作用的强弱取决于积分时间常数 T_I 的大小，T_I 越小，积分作用越强，反之则积分作用越弱。积分作用的引入会使系统稳定性下降，动态响应变慢。随着积分时间常数 T_I 的减小，静差在减小；但是过小的 T_I 会加剧系统振荡，甚至使系统失去稳定。实际应用中，积分作用常与另外两种调节规律结合，组成 PI 控制器或者 PID 控制器。

微分作用的引入主要是为了改善控制系统的响应速度和稳定性。微分作用能反映系统偏差的变化律，预见偏差变化的趋势，因此能产生超前的控制作用。直观而言，微分作用能在偏差还没有形成之前消除偏差。因此，微分作用可以改善系统的动态性能。微分作用的强弱取决于微分时间常数 T_D 的大小，T_D 越大，微分作用越强，反之则越弱。在微分作用合适的情况下，系统的超调量和调节时间可以被有效地减小。从滤波器的角度看，微分作用相当于一个高通滤波器，因此它对噪声干扰有放大作用，而这是在设计控制系统时不希望看到的。所以不能一味地增加微分调节，否则会对控制系统抗干扰产生不利的影响。此外，微分作用反映的是变化率，当偏差没有变化时，微分作用的输出为零。随着微分时间常数 T_D 的增加，超调量减小。

PID 控制器参数整定的目的就是按照给定的控制系统求得控制系统质量最佳的调节性能。PID 参数整定直接影响控制效果，合适的 PID 参数整定可以提高自控投用率，增加装置操作的平稳性。对于不同的对象，闭环系统控制性能的不同要求，通常需要选择不同的控制方法、控制器结构等。大致上，系统控制规律的选择主要有下面几种情况。

(1) 对于一阶惯性的对象，如果负荷变化不大，工艺要求不高，可采用比例控制。

(2) 对于一阶惯性加纯滞后对象，如果负荷变化不大，控制要求精度较高，可采用 PI 控制。

(3)对于纯滞后时间较大、负荷变化也较大、控制性能要求较高的场合，可采用PID控制。

(4)对于高阶惯性环节加纯滞后对象，如果负荷变化较大，控制性能要求较高，应采用串级控制、前馈–反馈、前馈–串级或纯滞后补偿控制。

4.2.2　变论域模糊控制

4.2.2.1　模糊控制机理

1. 模糊控制器插值机理

李洪兴在文献[1]证明，模糊控制器的模糊化、模糊推理、精确化的整个过程其实是一个插值器，并给出了证明过程，具体如下。

假设输入为X，$y=f(x)$为X到Y的响应函数，$A_i\in F(X)$，$\xi=\{A_i\}_{1\leqslant i\leqslant m}$，相当于输入论域$X$的模糊划分，$A_i$即语言变量；同理输出论域$Y$也进行作类似划分，即$B_j\in F(Y)$，$\zeta=\{B_j\}_{1\leqslant j\leqslant n}$，$B_j$即语言变量，属于模糊控制器的精确量模糊化过程。那么X到Y的映射可以转化为另一映射f'：$A_i\to B_j$，映射关系可以根据设计者设计的模糊规则得来，即 if x is A_i then y is B_j；这就是由模糊规则构成的模糊算法器，x通过映射关系得到输出y其实就是模糊推理过程。为了更好地诠释精确化过程，李洪兴认为首先需要明确几个概念[1]。

给定论域X，X上的正规模糊集可以称为正规峰集，$\xi=\{A_i\}_{1\leqslant i\leqslant m}$为论域$X$上一族正规峰集，$x_i$称为峰点(满足$A_i(x)=1$的点)，即$\xi$就可以认为是输入论域$X$的一个模糊划分，如果满足条件：

$$\forall i,j,i\neq j\Rightarrow x_i\neq x_j$$

$$\forall x\in X,\sum_{i=0}^{n}A_i(x)=1$$

其中每个语言变量A_i称为一个基元，ξ就是一个基元组，从这里可以知道，上述的$\xi=\{A_i\}_{1\leqslant i\leqslant m}$和$\zeta=\{B_j\}_{1\leqslant j\leqslant n}$分别为输入输出论域$X$、$Y$的基元组，为了清晰化过程，可以把映射$f'$：$A_i\to B_j$简单转化为$A_i\to y_j$，$y_j$为$B_j$的峰点，那么对任何的$x\in X$，它对基元$A_i$的隶属度$A_i(x)$可以看作“$x$是$A_i$”的真值，假如$x$通过$A_i$得到$y_{j_n}$，如果$x$对某个$A_i$的隶属度$A_i(x)$=1，而对其他的基元$A_i$的隶属度$A_i(x)$=0，那么很明显$x$的对应值就是相应$A_i$对应的$y_{j_n}$，但是一般来说，$x$不可能对其他的基元$A_i$的隶属度$A_i(x)$=0，因此最方便的方法就是把$x$对应的各基元$A_i$的隶属度$A_i(x)$与对应的$y_{j_n}$进行乘积，即$A_i(x)y_{j_n}$，$i=0, 1, \cdots, n$。那么可以

得到

$$y = F(x) = (A_0(x)y_{j_0} + A_1(x)y_{j_1} + \cdots + A_i(x)y_{j_n}) \big/ \left[A_0(x) + A_1(x) + \cdots + A_n(x)\right] \quad (4\text{-}4)$$

又因为 $\sum_{i=0}^{n} A_i(x) = 1$，所以式(4-4)可以改写为

$$y = F(x) = \sum_{i=0}^{n} A_i(x) y_{j_n} \quad (4\text{-}5)$$

把输出论域 Y 基元组 ζ 取为 $\{B_{j_0}, B_{j_1}, \cdots, B_{j_n}\}$，因此可以用 i 代替 j_n，式(4-5)就变为

$$y = F(x) = \sum_{i=0}^{n} A_i(x) y_i \quad (4\text{-}6)$$

从式(4-6)来看，$F(x)$ 就是插值函数形式，是某种函数的逼近。因此，可以说模糊控制器就是插值器。1998 年，李洪兴相继证明了 Mamdani 模糊控制器、T-S 模糊控制器和 Boolean 模糊控制器的插值原理。

2. 模糊控制器调节粗糙的合理解释

对于模糊控制器调节粗糙这个问题的解释，这里以单输入单输出为例。假如输入变量误差 x 的初始论域为[–E,E]，E 为实数，一般来说，先对其进行模糊划分分七个档次(NB 代表负大，NM 代表负中，NS 代表负小，ZE 代表零，PS 代表正小，PM 代表正中，PB 代表正大)，其结构如图 4-3 所示。

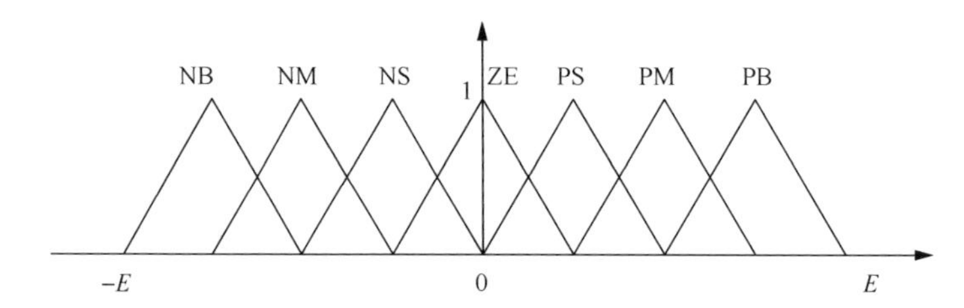

图 4-3 模糊控制器初始论域图

在控制器中，随着控制过程的进行，误差逐渐缩小，即逐步靠近 ZE 附近。从式(4-6)知道，模糊控制器的本质是一种插值器，要想提高控制器精度，则要求峰点距离应该足够小，以图 4-3 来说，它对初始论域进行了七个档次的模糊划分，现在增加两个档次，如图 4-4 所示。

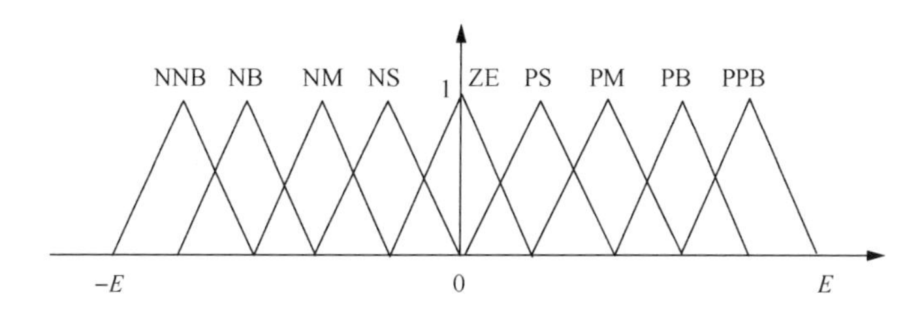

图 4-4　九个档次函数图

很显然，如果对于同一个控制对象，在其他条件一样的情况下，图 4-4 的模糊划分控制器在控制精度上绝对比以图 4-3 的模糊控制器好，原因是图 4-4 在 ZE 附近峰点距离比图 4-3 小。

综上所述，李洪兴在文献[2]中给出了合理的总结：由插值得到的控制函数是否充分地逼近真实控制函数，要看这些模糊集峰点之间的距离是否充分小，这意味着控制规则要足够多，而这对于依赖领域专家知识总结控制规则的模糊控制器来说是困难的，这样便导致模糊控制的稳态误差较大。这就是对模糊常规控制器粗调、控制精度不高的合理解释。

4.2.2.2　变论域模糊控制器机理

给定模糊控制器，$X_i=[-E_i,E_i]$分别是输入变量 $x_i\,(i=1,2,\cdots,n)$ 的论域，而 $Z=[-U,U]$是输出变量 z 的论域。$A=\{A_{ij}\}\,(i=1,2,\cdots,n,j=1,2,\cdots,m)$ 是论域 X_i 上的模糊划分，而 $B=\{B_j\}$是论域 Z 上的一个模糊划分，A、B 是语言变量，可以形成如下模糊控制规则：if x_1 is A_{1j},and x_2 is A_{2j},and…and x_n is A_{nj},then z is B_j $(j=1,2,\cdots,m)$。设 X_{ij} 分别为 A_{ij} 的峰点，Z_j 分别为 B_j 的峰点 $(i=1,2,\cdots,n,j=1,2,\cdots,m)$，模糊控制器可以表示成一个 n 元插值函数：

$$z(x_1,x_2,\cdots,x_n)=\sum_{j=1}^{m}\prod_{i=1}^{n}A_{ij}(x_i)z_j \tag{4-7}$$

变论域方法是指某些论域可以随着输入变量与输出变量的变化而改变大小[3]。变化后的论域可以表示为

$$X_i=[-\alpha(x_i)E_i,\alpha(x_i)E_i] \tag{4-8}$$

$$Z=[-\beta(z)U,\beta(z)U] \tag{4-9}$$

式中，$\alpha(x_i)$、$\beta(z)$ 为论域的伸缩因子；X_i 与 Z 为初始论域。基于式(4-9)的变论域模糊控制可以表示成如下 n 元动态插值函数：

$$z\left[x(t+1)\right]=\beta\left\{z\left[x(t)\right]\right\}\sum_{j=1}^{m}\prod_{i=1}^{n}A_{ij}\left\{\frac{x_i(t)}{\alpha\left[x_i(t)\right]}\right\}z_j \tag{4-10}$$

式中

$$x(t)=\left[x_1(t),x_2(t),\cdots,x_n(t)\right]^{\mathrm{T}} \tag{4-11}$$

一种在现有PI结构的CPS控制系统基础上实现的基于变论域模糊控制的CPS控制结构如图4-5所示。

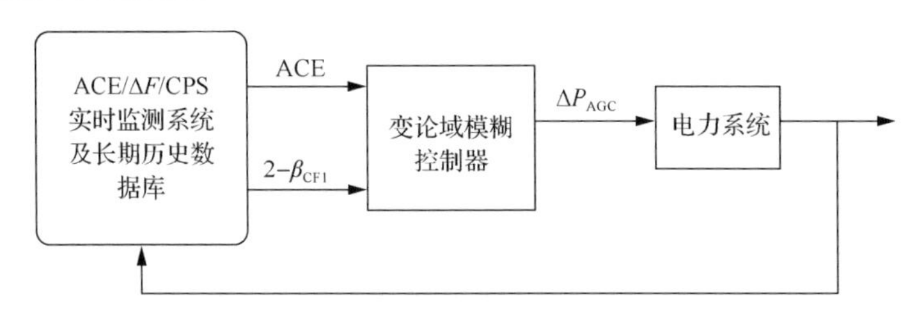

图4-5　基于变论域模糊控制的CPS控制结构

ACE/ΔF/CPS为实时监测系统，主要用来实时采集监视电网当前的ACE、ΔF和CPS1瞬时值与平均值，其数据为CPS控制器提供系统的状态反馈量。它为变论域模糊控制器提供两个输入量，即ACE和$2-\beta$CF1的实时值。初始输入论域为ACE=X_1=[0,E]，$2-\beta\mathrm{CF1}=X_2=[0,E']$，初始输出论域为$\alpha=\beta$=$Z$=[0,$U$]。$\alpha$、$\beta$即两个模糊控制器的输出量。

变论域模糊控制器主要是根据南瑞集团提出的基于CPS标准的AGC控制规律[4]设计的，即分别针对CPS1与CPS2各设计一个控制器，具体结构如图4-6所示。

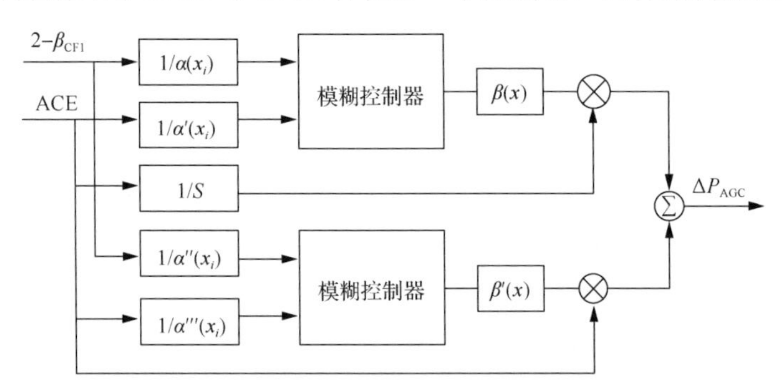

图4-6　基于CSP标准的变论域模糊控制器结构图

图4-6的变论域模糊控制器结构完全根据式(4-7)和式(4-10)推导而来。由式(4-7)、式(4-10)比较可知，变化后的论域输入相当于变化前的论域输入除以输入的伸缩因子，变化后的论域输出相当于变化前的论域乘以输出的伸缩因子。

4.2.2.3　变论域模糊控制器设计

综合松弛控制思想的变论域模糊控制器的设计在于两点：①伸缩因子的合理选取；②松弛思想的模糊规则设计。

1. 伸缩因子的合理选取

在图 4-6 中的 $\alpha(x_i)$、$\alpha'(x_i)$、$\alpha''(x_i)$、$\alpha'''(x_i)$、$\beta(x)$、$\beta'(x)$ 均为变论域模糊控制中的伸缩因子。伸缩因子一般要求满足对偶性、避零性、单调性、协调性、正规性。

输入论域的伸缩因子为

$$\alpha(x) = 1 - \lambda \exp(-kx^2) \tag{4-12}$$

式中，x 为对应的输入量；λ、k 为可调参数，作为输入伸缩因子。k 越大，则 $\alpha(x)$ 越大，且 $\alpha(x)$ 变化也越大；λ 越大，则 $\alpha(x)$ 越小，但 $\alpha(x)$ 变化越剧烈，论域压缩越明显，系统响应越快[5]。伸缩因子与论域变化的直观意义可参见图 4-7。

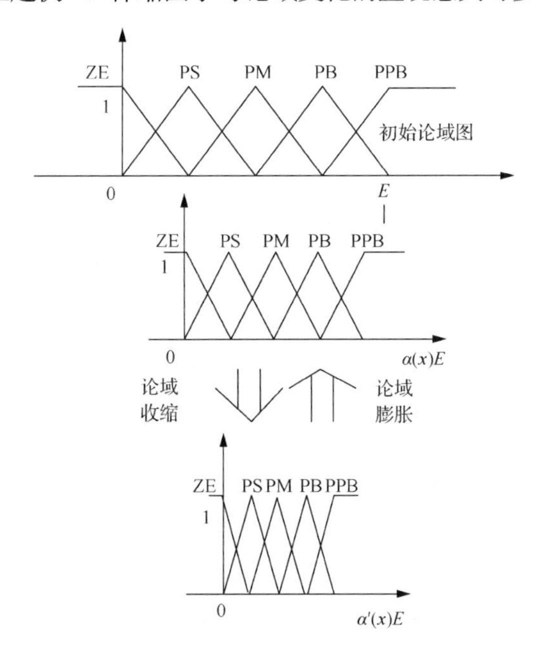

图 4-7　可变论域变化直观意义示意图

选取输出论域的伸缩因子 $\beta(t)$：

$$\beta(t) = \theta_i \sum_{i=1}^{n} P_i \int_0^t x(\tau)\mathrm{d}\tau + \beta(0) \tag{4-13}$$

式中，n 为输入变量个数，取为 2；$\beta(0)$ 根据实际情况可以调整大小，一般取 1；θ_i、P_i 为可调参数。

2. 松弛思想的模糊规则设计

模糊规则一般由专家的经验知识而得来，这样调度员完全可以把自己在调度时所得的经验与知识设计成模糊规则，从某种意义上说，即把调度员的“大脑”转换成模糊控制器。从 CPS 参数控制规律系统与松弛控制特点出发[4, 6]，其也是本节模糊规则设计的依据。

比例增益 K_P、积分增益系数 K_I 调整既存在“分工”又有“合作”。“分工”可以体现 K_P 与 CPS1 息息相关，K_I 与 CPS2 联系密切。K_P 增大，系统“收紧”，提高了 CPS 考核合格率，但增加了发电机的发令次数；K_P 减小，系统“放松”，AGC 机组的调节成本下降，降低了 CPS 考核水平。于是电网公司与发电厂一直希望能在过大的 PI 控制参数会增加发电机的发令次数和反调次数与过小的 PI 控制参数会大幅度降低 CPS 考核水平之间找到折中的方案。本书认为要较好实现这种折中，可以从 K_P、K_I 的“合作”入手。既然知道 K_P、K_I 的调整与 CPS1、CPS2 有关，那么在调整时，可以用 K_I 增大来抵消一部分的 K_P 增大。例如，当 CPS1、ACE 都为 ZE 时，仅调节 K_I 是不能够让 CPS1 保持在较高水平上的，必须增大 K_P 以保证 CPS1 考核率，但是考虑到增大的代价是指令增加，而 K_I 可以维持不变、缩小，或者增大，这时可以考虑通过增大 K_I 的值而让 CPS1 变大一些，那么 K_P 的调整就不至于太大，长远来看，这是能够达到放松目的的。但是 K_I 也不能过大，过大就会失稳。由此得到的 K_P、K_I 模糊规则表如表 4-1、表 4-2 所示。

表 4-1　K_P 模糊规则表

$2-\beta_{CF1}$ \ ACE	ZE	PS	PM	PB	PPB
ZE	PM	PM	PM	PB	PPB
PS	PM	PM	PM	PM	PB
PM	PS	PS	PS	PM	PM
PB	PS	PS	PS	PM	PM
PPB	ZE	PS	PS	PS	PM

表 4-2　K_I 模糊规则表

$2-\beta_{CF1}$ \ ACE	ZE	PS	PM	PB	PPB
ZE	PM	PM	PB	PB	PPB
PS	PM	PM	PM	PB	PPB
PM	PM	PM	PM	PM	PB
PB	PS	PS	PM	PB	PB
PPB	ZE	PS	PM	PB	PB

4.2.2.4　仿真算例研究

为结合实际电网进一步研究变论域模糊控制的适应性，本书选择更为复杂的南方电网作为研究的对象。本书所用仿真模型为广东省电力调度中心实际工程项目搭建的详细全过程动态仿真模型[6]。对比 PI 控制器参数来源于南瑞集团提供的基于 PI 控制原理的实际 CPS 控制策略。

考虑到复杂电网 AGC 系统是一个典型的随机系统，为了验证推荐的控制器在各种复杂扰动下的适应性，这里采取采样周期较长的有限带宽白噪声负荷扰动进行统计性试验，白噪声扰动是功率谱密度在整个频域内均匀分布的噪声扰动，理论上涵盖了各种功率毛刺的扰动情况。本算例进行了以下仿真设计。

(1) 在广东电网有限责任公司(简称广东电网)和其他各省网加以采样时间为 15min、幅值不超过 1500MW（对应广东电网最大单一故障——直流单极闭锁）的有限带宽白噪声负荷扰动。

(2) 对南方电网各省负荷频率响应系数分别加入白噪声参数扰动。

(3) 以 10min 为 CPS 考核时段的指标进行一天 24h 的仿真。

(4) 参考文献[7]中伸缩因子选取方法，经过多次仿真验证 CPS1 控制器上的伸缩因子，λ=0.90、k=2.50；CPS2 控制器上的伸缩因子，λ=0.50、k=3.60。$\alpha(x_i)=\alpha'(x_i)$，$\alpha''(x_i)=\alpha'''(x_i)$。

仿真后的广东电网统计性试验 CPS1 指标汇总如表 4-3 所示，CPS 松弛控制特性统计结果则可参见图 4-8。其中，$|\Delta F|$、|ACE|、CPS1 为考核值的 24h 平均值，CPS2、CPS 为 24h 内考核合格率百分数，CPS2 考核标准阈限值 L_{10} 取南方电网总调推荐值 288MW。

表 4-3　广东电网统计性试验 CPS 指标汇总(一)

指标	标称参数			白噪声扰动		
	PI 控制器	模糊控制器	变论域模糊控制器	PI 控制器	模糊控制器	变论域模糊控制器
$\|\Delta F\|$/Hz	0.0266	0.0275	0.0286	0.0491	0.0496	0.0510
|ACE|/MW	149.32	150.56	152.42	215.34	218.12	219.86
CPS1/%	187.90	186.28	185.50	153.46	152.95	152.25
CPS2/%	95.32	94.86	94.72	92.65	92.58	92.47
CPS/%	93.87	93.61	93.36	90.27	90.16	90.08

由表 4-3 与图 4-8 来看，可以从以下几方面来体现变论域模糊控制器的松弛性与鲁棒性。

(1) 在标称参数(参数固定)下，由表 4-3 可知，两个模糊控制器与良好整定的 PI 控制器性能相比，在 CPS 考核率上相差不大。但从图 4-8 中来看，PI 控制器的发令次数却比两个模糊控制器分别多了 31 个和 43 个，反调次数多了 7 个和 22 个。

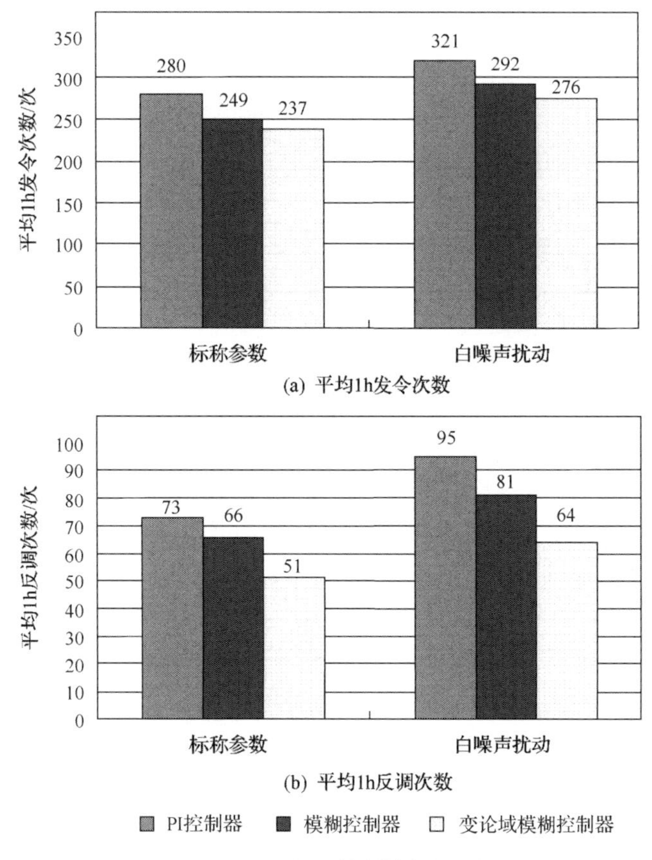

图 4-8　CPS 松弛控制特性的比较

(2)在系统模型参数出现扰动(白噪声扰动)时，变论域模糊控制器以及模糊控制器在 CPS 考核率上也低于 PI 控制器，但是相对标称参数来说下降幅度变小了很多。在标称参数下，模糊控制器和变论域模糊控制器与 PI 控制器相比，CPS 总合格率下降分别为 0.26%、0.51%，在白噪声扰动下却是 0.11%、0.19%，这也充分体现了当电网结构发生变化时，模糊控制器的鲁棒性强于 PI 控制器，同时充分说明了该变论域模糊控制器与模糊控制器具有在线学习能力和动态优化能力。

此外，在图 4-8 中也可以看到，在白噪声扰动下，两个模糊控制器的发令次数与反调次数也明显下降。发令次数下降幅度分别是 29 个、45 个，反调次数下降幅度是 14 个、31 个。

(3)模糊控制器与变论域模糊控制器相比，CPS 考核率相差很小，但是从控制命令次数上来看，特别是反调次数，由图 4-8(b)可知，变论域模糊控制器反调次数的下降幅度很大，主要是由于变论域模糊控制器是一个动态收敛的逼近器，它能够通过论域的实时收缩增加规则，更精确地找到 PI 控制参数来提高控制器性能，这里体现于松弛目的。同时在研究仿真中也发现，变论域模糊控制器在功率跟踪曲线上升上更为平缓，这对广东电网(以火电机组为主)来说，经济效益更大。

4.2.2.5 结论

CPS 标准下的 AGC 策略是电网节能调度的一个核心内容，设计最优 CPS 控制策略需要解决以下两个核心问题：①必须满足电网在复杂运行方式下的 CPS 考核合格率；②最大限度地减轻 AGC 机组的调节压力，降低频繁控制动作所带来的机组损耗及经济代价，即实现松弛控制。引入变论域模糊控制算法设计 CPS 控制具有以下优点。

(1) 变论域模糊控制器可看做一种新型的不依赖于数学模型的自适应控制器，特别适用于 CPS 标准下的 AGC 最优控制及动态优化控制问题，同时变论域模糊控制器的引入与模糊控制器和 PI 控制器比较而言，整个 CPS 控制器的鲁棒性与自适应性都有所增强。

(2) 基于 CPS 标准的 AGC 变论域模糊控制器减少了控制命令的发令次数与反调次数，从而降低了火电机组的单位煤耗和机组磨损，达到了降低能源消耗及节约发电成本的目的。

(3) 本节工作实际上也可以看作笔者前期工作(文献[6])的一种理论方法提升：应用有着松弛规则的变论域模糊控制器这种具体的方法对 CPS 指标和机组控制松弛程度进行折中，最后统计发现，完全可以以 CPS 考核率小幅下降为代价，换取 AGC 命令的大幅减少，这有效地协调了 CPS 考核水平与控制命令这一对矛盾。

本节提出的变论域模糊控制器主要通过函数形式的伸缩因子完成变论域，笔者未来的工作将思考以下方向：①用另外一种智能算法(如强化学习[8, 9]、遗传算法或神经网络等)代替伸缩因子的功能，与模糊控制结合起来，或许可获得不错的控制效果；②如果对模糊控制器增加一个输入，这个输入为控制命令数，来实现松弛控制，或许可以取得更佳的效果。

4.2.3 Q 学习控制与 Q(λ)学习控制

4.2.3.1 Q 学习控制

实际上，CPS 标准下的互联电网 AGC 系统应被看做一个“不确定的随机系统”，数学模型应被看做高斯–马尔可夫随机过程模型[10]更恰当；要深入地揭示其基础规律，最优随机控制理论是可行途径，基于最优随机控制理论的预测控制和基于马尔可夫决策理论的 Q 学习控制都是值得尝试的思路。文献[11]所提出的

Wedge-Shaped 控制规律[12]与模型预测控制方法相结合，实现了一种新型 CPS 优化控制策略，有效减少了机组反调次数。笔者在文献[6]引入自适应控制理论实现了对文献[14]提出的 CPS 控制器增益的自动调整，弥补了 PI 控制在适应性和鲁棒性上的不足，并可实现对 AGC 机组在松弛控制和收紧控制两个方向的自适应调整。随后笔者又在文献[14]提出了一种基于传统 PI 控制与 Q 学习控制混合的 CPS 自校正控制方法，提高了文献[6]控制策略的在线学习能力和动态优化能力。

在文献[14]基础上，下面进一步从理论上完善基于 Q 学习的最优 CPS 控制策略，并提出一种实用的半监督群体预学习方法，解决 Q 学习控制器在预学习贪婪试错阶段的系统镇定和快速收敛问题。对标准两区域互联系统及以南方电网为实例的仿真研究显示，该 Q 学习控制器能够快速自动地在线优化 CPS 控制系统的输出，显著增强 AGC 控制系统的鲁棒性和适应性的同时，提高了互联电网 CPS 考核合格率。

1) Q 学习算法

Q 学习以离散时间马尔可夫决策过程(discrete time Markov decision processes，DTMDP)模型为数学基础，与监督学习、统计模式识别和人工神经网络不同，其不需要精确的历史训练样本及系统先验知识，是一种基于值函数迭代的在线学习和动态最优技术[15]。Q 学习算法通过直接优化一个可迭代计算的状态-动作对值函数 $Q(s, a)$ 来在线寻求最优策略使得期望折扣报酬总和最大。Q 学习的值函数满足：

$$Q(s,a)=R(s,s',a)+\gamma\sum_{s'\in S}P(s'|s,a)\max_{a\in A}Q(s',a) \tag{4-14}$$

式中，s、s' 分别为当前状态和下一时刻的状态；γ 为折扣因子；$P(s'|s, a)$ 为状态 s 在控制动作 a 发生后转移到状态 s' 的概率；$R(s, s', a)$ 为环境由状态 s 经过动作 a 转移到状态 s' 后给出的立即强化信号。

Q 学习算法利用迭代计算的方法求取最优 Q 值函数的估计值，设 Q^k 代表最优值函数 Q^* 的第 k 次迭代值，控制器或智能体通过此次试探学习获得的经验即[s_k, a, r, s_{k+1}]样本，更新 Q 值迭代公式如下：

$$\begin{cases}Q^{k+1}(s_k,a_k)=Q^k(s_k,a_k)+\alpha[R(s_k,s_{k+1},a_k)+\gamma\max\limits_{a'\in A}Q^k(s_{k+1},a')-Q^k(s_k,a_k)]\\ Q^{k+1}(\tilde{s},\tilde{a})=Q^k(\tilde{s},\tilde{a}), \qquad \forall(\tilde{s},\tilde{a})\neq(s_k,a_k)\end{cases} \tag{4-15}$$

式中，$0<\alpha<1$，称为学习因子，α 指明了要给改善的更新部分的信任度。Q 值函数的实现主要采用 Lookup 表格的方法来表示，$Q(s, a)$ $(s\in S, a\in A)$ 代表 s 状态下执行动作 a 的 Q 值，表的大小等于 $S\times A$ 的笛卡儿积中元素的个数，表中 Q 值的

初始化可任意给定，一般初值都设为 0，且在训练中 Q 值不会下降且保持在 0 和最优值 Q^*区间内。

Q 学习算法中动作选择策略是控制算法的关键。强化学习面临着搜索和利用的权衡问题，定义控制器在当前状态下总是选择具有最高 Q 值的动作称为贪婪策略 π^*，如下：

$$\pi^*(s) = \arg\max_{a\in A} Q^k(s,a) \tag{4-16}$$

但是总是选择最高 Q 值的动作会导致智能体总是沿着相同的路径选择相同的动作，以至于未能充分搜索空间中的其他动作，从而收敛于局部最优。

这里采用一种基于概率分布选择动作的追踪算法[16]来构造动作选择策略。该策略在学习初始阶段，令控制器随机选择动作，即初始化使得各状态下任意可行动作被选择的概率相等。然后在学习过程中随着 Q 值函数表格的变化，各状态下动作概率分布按式(4-17)进行更新，有较高 Q 值的动作被赋予较高的概率，而且所有动作的概率都非零：

$$\begin{cases} P_s^{k+1}(a_{\rm g}) = P_s^k(a_{\rm g}) + \beta\left[1 - P_s^k(a_{\rm g})\right] \\ P_s^{k+1}(a) = P_s^k(a)(1-\beta), a \in A, a \neq a_{\rm g} \\ P_{\tilde{s}}^{k+1}(a) = P_{\tilde{s}}^k(a), a \in A, \tilde{s} \in S, \tilde{s} \neq s \end{cases} \tag{4-17}$$

式中，$0<\beta<1$，β 的大小决定了动作搜索的速度；$P_s^k(a)$ 为第 k 次迭代时状态 s 下选择动作 a 的概率；$a_{\rm g}$ 为由式(4-16)得到的贪婪动作策略。在经过足够迭代次数的探索和利用之后，Q^k 将会以概率 1 收敛于最优值函数 Q^*，最终得到一个 Q^* 矩阵表示的最优控制策略。

2) 基于 Q 学习的最优 CPS 控制原理

互联电网 AGC 系统中的 CPS 指标控制过程是一个动态多级决策问题，CPS 指标不仅是一个对互联电网的 AGC 长期性能的奖惩考核指标，也可以看作衡量一个电力系统控制品质好坏的重要“环境指标”。基于 Q 学习的控制系统通过试错与环境进行交互式学习，从长期的观点构造控制策略，以使从环境中获得的长期积累奖励值最大，与 CPS 控制的长期收益最大的特性十分吻合，因此，将 CPS 指标作为 Q 学习的奖励函数很合理。

这里提出的基于 Q 学习算法的互联电网动态最优 CPS 控制系统示意图如图 4-9 所示。由图 4-9 可知，任意区域电网 i 的 Q 学习控制器的输入为来自“ACE/ΔF/CPS 实时监测系统及长期历史数据库”当前系统环境的状态量(state)及计算出的奖励值(reward)，Q 学习控制器则实现在线学习并给出最优控制信号，控制动作为该区域电网调度端 AGC 总调节指令$\Delta P_{\text{ord-Q-}i}$。

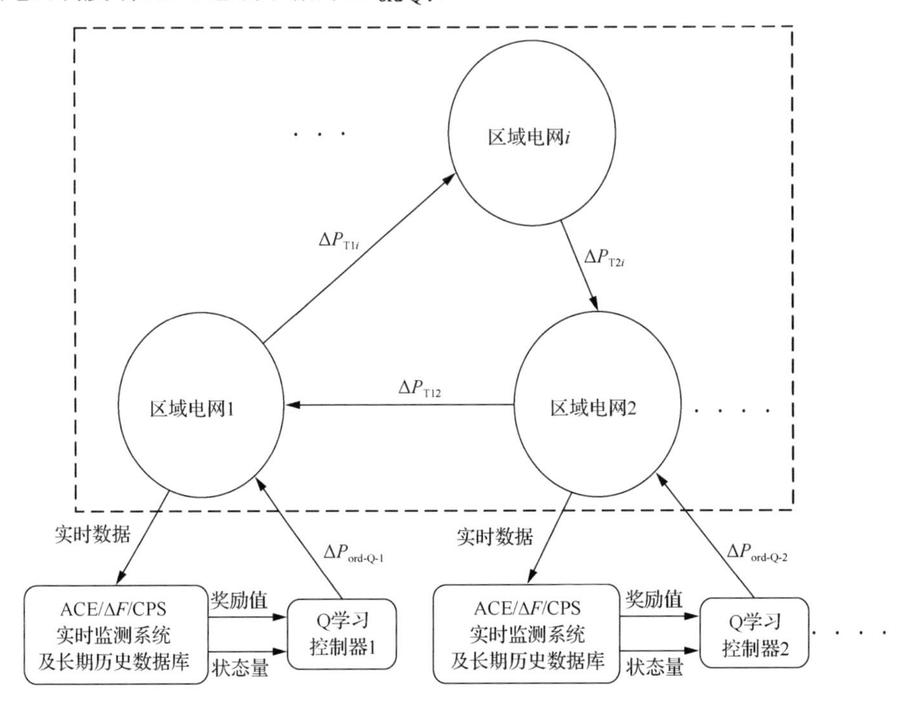

图 4-9　基于 Q 学习算法的互联电网最优 CPS 控制系统示意图

前面已经详细说明了 CPS 控制器设计的过程，其状态相图如图 2-1 所示，为方便说明问题，此处再次简单列出 CPS 标准的考核方法。

(1)若 CPS1 ≥ 200%， CPS2 为任意值，则 CPS 指标合格。

(2)若 100% ≤ CPS1 < 200%， CPS2 合格，则 CPS 指标合格。

(3)若 CPS1 ≤ 100%，则 CPS 指标不合格。

因此，可根据 CPS 考核标准来定义某区域电网 i 的奖励函数 R_i:

$$R_i(k)=\begin{cases}\sigma_i, & \text{CPS1}\geqslant 200\% \\ -\{\lambda_{1i}[\text{ACE}_i(k)-\text{ACE}_i^*]^2 \\ +\mu_{1i}[a_{\text{ord-}i}(k)-a_{\text{ord-}i}^*]^2\}, & 100\leqslant \text{CPS1}<200 \\ -\{\lambda_{2i}[\text{CPS1}_i(k)-\text{CPS1}_i^*]^2 \\ +\mu_{2i}[a_{\text{ord-}i}(k)-a_{\text{ord-}i}^*]^2\}, & \text{CPS1}_i(k)<100\end{cases} \tag{4-18}$$

式中，σ_i为任意正数，可取 0；$\text{CPS1}_i(k)$为 CPS1 在 k 时刻的瞬时值；$\text{ACE}_i(k)$为 ACE 在 k 时刻的瞬时值；$a_{\text{ord-}i}(k)$为 k 时刻的控制动作集 A 的指针；$a_{\text{ord-}i}^*$为功率控制动作为 0 时的指针，引入动作变化项是为了限制控制器输出功率指令频繁大幅度升降引起的系统振荡和经济代价；λ_{1i}、λ_{2i} 和 μ_{1i}、μ_{2i} 分别为区域电网 i 状态输入与控制动作的优化权值，其意义相当于线性二次型调节器(linear quadratic regulator，LQR)控制指标中的 Q 和 R 权值参数[17]；CPS1_i^* 为 CPS1 指标控制期望值，若追求 CPS 高合格率则可取为 200%，若对电网实施松弛控制则可选 CPS1 的日或月平均值；ACE_i^* 为 ACE 期望值，从提高 CPS2 指标、减少无意交换电量和避免 ACE 频繁过零的角度来讲，可取 ACE 调节死区值。

控制动作集合即一组离散的 AGC 功率调节指令 ΔP_{ord}，如何量化动作信号 ΔP_{ord} 值需视系统各类型机组容量而定，具体如何选取则可参考下面的仿真算例。

在确定了控制动作集和奖励函数后，即可进行 Q 学习控制器在线自学习和动态优化，其步骤如下。

(1)初始化各参数，令 $k=0$。

(2)观察当前状态 S_0。

(3)根据动作概率分布在控制动作集中选择动作 $a(k)$。

(4)观察下一时刻的状态 S_{kH}。

(5)由式(4-18)得到一个奖励函数信号 R_k。

(6)根据式(4-15)更新 Q 值矩阵。

(7)按照式(4-16)计算贪婪动作 $a_{\text{g}}(k)$。

(8)根据式(4-17)更新动作概率分布。

(9)$k=k+1$，返回步骤(3)。

3)Q 学习控制器的半监督群体预学习方法

事实上，根据以上步骤设计的 Q 学习控制器是无法直接投入真实环境中运行的，原因是 Q 学习初期阶段会进行大量盲目的试错学习，会导致控制系统不稳定。这不仅危害到实际系统的安全稳定性，还会导致 Q 学习算法由于无法寻找到系统稳定和动态优化的搜索路径而长期无法收敛。因此对 Q 学习控制器进行预学习必不可少[18]。

对于含有多个 Q 学习控制器的互联电网最优 CPS 控制问题，则存在一个群体预学习问题，因此本书提出了一种半监督群体预学习方法。

(1)搭建一个受控对象的数字仿真系统，用仿真系统代替真实环境，所有区域电网的 CPS 控制器均采用 PI 控制，并获得一个稳定的仿真环境。

(2)选择需要预学习的某一个 Q 学习控制器，与本区域原 PI 控制构成一种附加控制结构，如图 4-10 所示，并对前面“基于 Q 学习的最优 CPS 控制原理”所介绍的方法进行试错学习，直至控制系统收敛稳定。

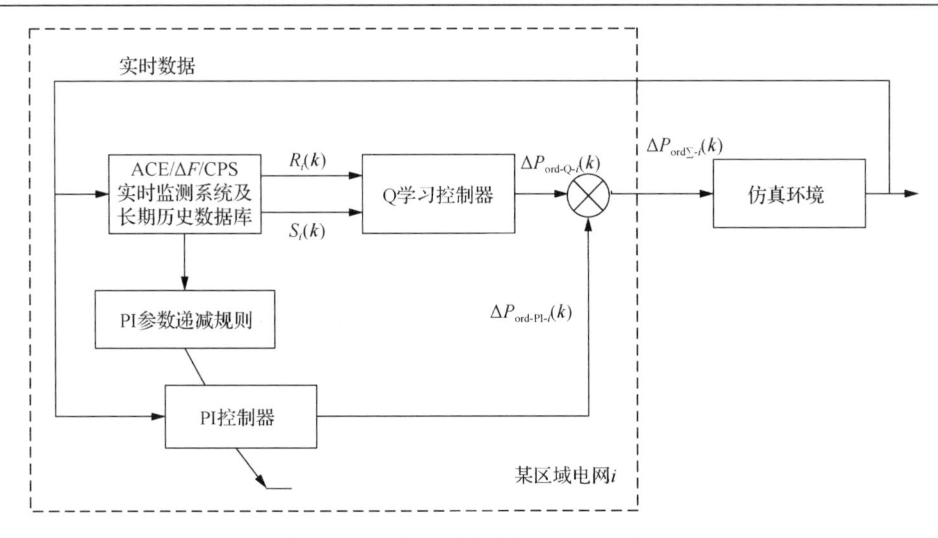

图 4-10　半监督群体预学习过程示意图

(3) 采用 PI 增益参数递减原则，逐步让 Q 学习控制器在线学习减少对 PI 镇定的依赖，最终获得一个纯 Q 学习控制器(PI 增益参数全为零)。

(4) 重复步骤(2)和步骤(3)，逐个获得整个互联电网所有区域电网纯 Q 学习控制器结构。

(5) 进行受控对象标称参数模型的群体预学习，获得满意结果后结束预学习过程。

(6) 预学习结束后，保留当前的 Q 值矩阵和 P 概率矩阵数值，即可将所有 Q 学习控制器投入真实环境运行。

由于在步骤(2)～(4)中需要 PI 控制器来进行辅助镇定和矫正控制，本书称此预学习方法为半监督群体预学习方法。

4) 标准两区域互联系统的仿真研究

以典型的 IEEE 两区域互联系统 LFC 模型作为研究对象，结构框图如图 3-19 所示，系统模型相关参数见表 3-2，系统基准容量取 5000MW。使用 Simulink 进行建模仿真研究，其中 Q 学习算法和控制器由 S-function 模块编写。算例中 Q 学习控制器以 CPS1 和 ACE 实时值作为状态输入，控制器输出动作离散集为 A={–500,–300,–100,–50,–20,–10,–5,0,5,10,20,50,100,300,500}，单位是 MW。学习步长一般取 AGC 系统控制周期，该标准算例中取 3s。

应用本节所提出的半监督群体预学习方法分别对 A 区域和 B 区域的 Q 学习控制器进行预学习。图 4-11 给出了 A 区域 Q 学习控制器的典型学习收敛过程，所选连续阶跃负荷扰动发生在 A 区域，扰动波形如图 4-11(a)所示。由图 4-11(b)可见，在经历 19000s 后 Q 学习控制器的输出已经非常接近负荷扰动。图 4-11(c)和(d)为 CPS1 和 CPS2 的 10min 平均值在学习过程的变化曲线，图中显示 CPS1 和 CPS2

考核指标也已经趋向一个稳定值，这说明 Q 学习控制器已逼近一个确定性最优 CPS 控制策略。在两区域的控制器均完成了预学习后，将 Q 学习控制器投入真实环境运行。

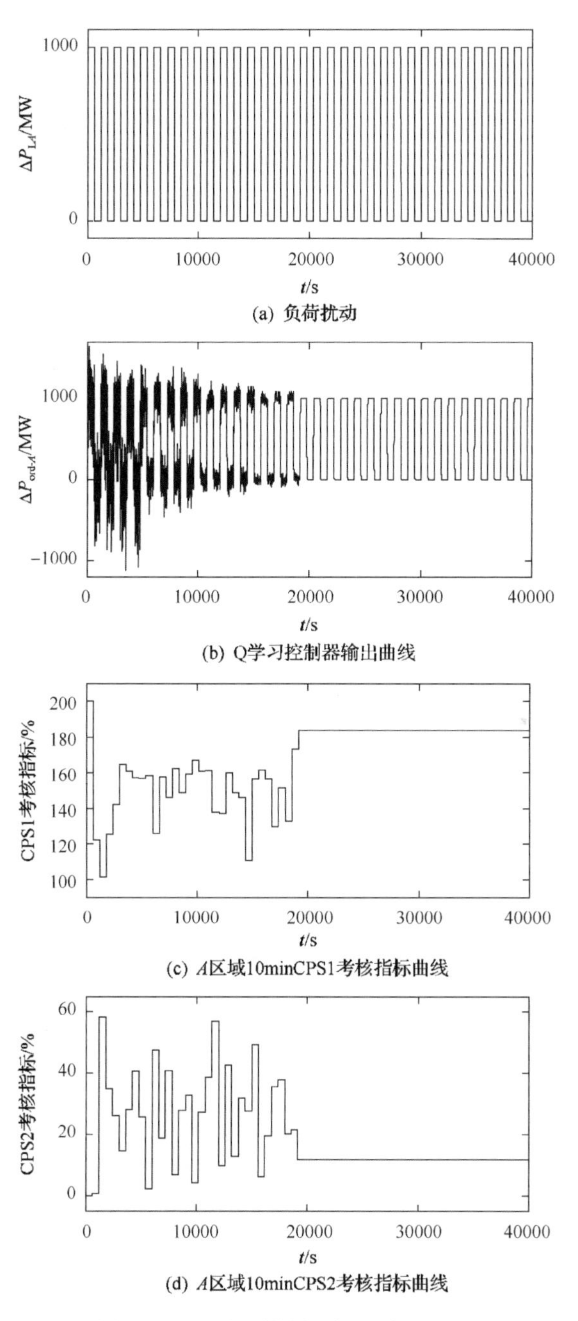

(a) 负荷扰动

(b) Q学习控制器输出曲线

(c) A区域10minCPS1考核指标曲线

(d) A区域10minCPS2考核指标曲线

图 4-11　Q 学习控制器的预学习过程

为了进一步说明不同奖励函数对 Q 学习控制器性能的影响，以下给出了奖励函数(4-18)中不同权值参数取值。

(1) Q 学习控制器 I：λ_1=1、λ_2=50、μ_1=1、μ_2=1。

(2) Q 学习控制器 II：λ_1=1、λ_2=50、μ_1=10、μ_2=10。

(3) Q 学习控制器III：λ_1=1、λ_2=50、μ_1=50、μ_2=50。

其中，*A* 区域和 *B* 区域两控制器的奖励函数采用相同权值系数。引入方波扰动模拟系统故障停机和甩负荷。仿真结果如图 4-12 所示。

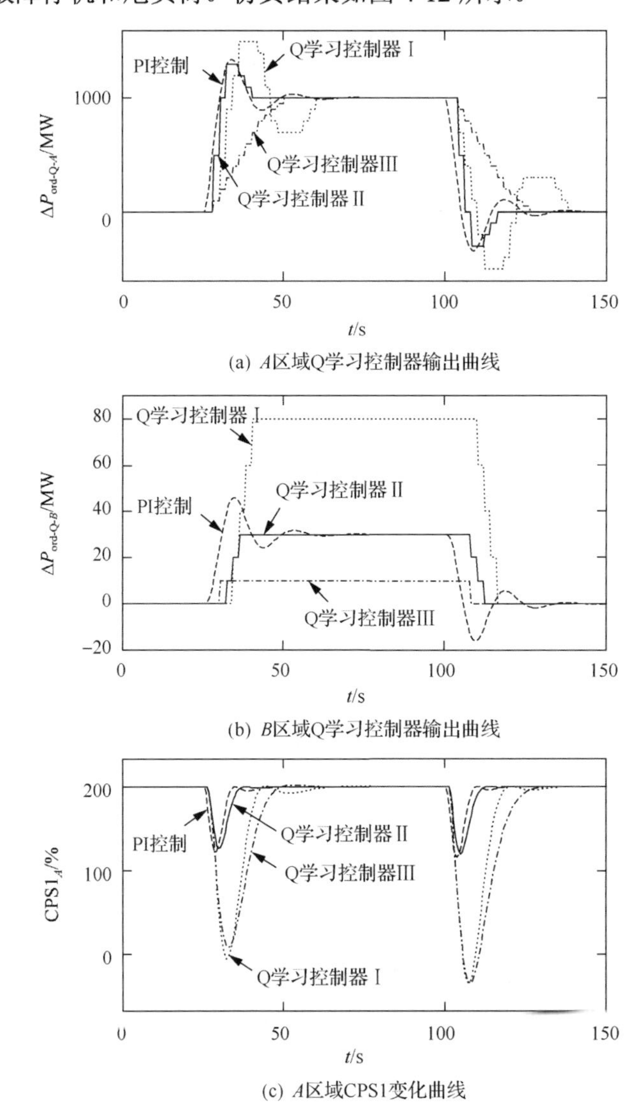

(a) *A*区域Q学习控制器输出曲线

(b) *B*区域Q学习控制器输出曲线

(c) *A*区域CPS1变化曲线

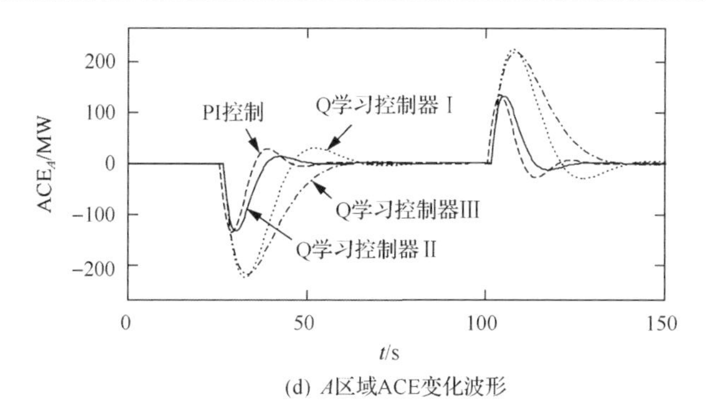

(d) A区域ACE变化波形

图 4-12　基于 Q 学习的最优 CPS 控制仿真试验

由仿真结果可知，不同奖励函数对 Q 学习控制器的优化结果影响十分显著，选择恰当的奖励函数可以获得与良好整定的 PI 控制器性能相当的控制效果。

另外，λ_1、λ_2 和 μ_1、μ_2 与 LQR 控制指标中的 Q 和 R 权值的意义十分类似，当权值比 λ/μ 降低时，控制输出被降低，AGC 系统的调节压力也随之下降，AGC 系统向“松弛”方向靠近；反之，则向“收紧”方向靠近。由于 Q 学习控制器是一个具有在线学习和动态优化能力的智能控制器，奖励函数可以在线修正。所以，它完全具备了让电网调度人员在线调整权值比 λ/μ，实现在线“收紧”和“松弛”控制 AGC 系统的功能。

5) 南方电网实例仿真研究

为结合实际电网进一步研究 Q 学习控制的适应性、鲁棒性，本书选择更为复杂的南方电网作为研究对象，所用仿真模型为广东省电力调度中心实际工程项目搭建的详细全过程动态仿真模型[6]。对比的 PI 控制器参数来源于南瑞集团提供的基于 PI 控制原理的实际 CPS 控制策略[13]。Q 学习控制器的学习步长，即 AGC 控制周期为 4s，输出动作离散集为 A={−1000,−600,−300,−100,−50,−20,−10,−5,0,5,10,20,50,100,300,600,1000}，单位是 MW，其奖励函数采用 Q 学习控制器 II 形式。

考虑到复杂电网 AGC 系统是一个典型的随机系统，为了验证所推荐的控制器在各种复杂扰动下的适应性和对系统模型参数摄动的鲁棒性，本书进行了以下仿真设计。

(1) 在广东电网和其他各省网加以采样时间为 15min、幅值不超过 1500MW (对应广东电网最大单一故障——直流单极闭锁) 的有限带宽白噪声负荷扰动。

(2) 对南方电网各省负荷频率响应系数分别加入 10%和 20%的白噪声参数扰动。

由于 Q 学习控制器追求长期收益最大，必须通过长期数据统计手段才能获得 Q 学习控制器的客观评价。以 10min 为 CPS 考核时段的指标进行一天 24h 的仿真，广东电网指标汇总表见表 4-4。其中，|ΔF|、|ACE|、CPS1 为考核值的 24h 平均值，CPS2、CPS 为 24h 内考核合格率百分数，CPS2 考核标准阈限值 L_{10} 取南方电网总

调度中心的推荐值288MW。

表 4-4　广东电网统计性试验 CPS 指标汇总(二)

指标	标称参数		10%白噪声扰动		20%白噪声扰动	
	PI 控制器	Q 学习控制器	PI 控制器	Q 学习控制器	PI 控制器	Q 学习控制器
$\lvert\Delta F\rvert$/Hz	0.0497	0.0485	0.0601	0.0513	0.0892	0.0716
|ACE|/MW	183.23	178.93	224.13	191.74	347.14	267.86
CPS1/%	146.90	151.28	120.02	137.93	90.68	107.85
CPS2/%	94.58	94.71	89.28	92.33	75.21	81.67
CPS/%	89.67	90.49	83.27	87.84	72.59	78.07

由表4-4可知，在标称参数下，良好整定的PI控制器与Q学习控制器的性能十分接近。但是，在系统模型参数出现扰动后，Q学习控制器在各个指标上均明显超过PI控制器。特别是随着负荷频率系数的参数扰动变化范围从0(对应表4-4中的标称参数)、10%增至20%，Q学习控制器与整定良好的PI控制器的CPS总合格率差距从0.82%、4.57%提升至5.48%，体现出Q学习控制器的强鲁棒性，充分体现了该控制器的在线学习能力和动态优化能力。

CPS标准下的AGC控制策略是电网“节能调度”的一个核心内容，设计适应性高、鲁棒性强的最优CPS控制策略需要解决以下两个核心问题：①必须满足电网在复杂运行方式下的CPS合格率；②最大限度地减轻AGC机组的调节压力，既实现松弛控制。

引入Q学习控制方法进行CPS控制有以下优点。

(1)CPS标准下的AGC最优控制是一个典型的随机优化控制问题，引入基于严格最优随机控制——马尔可夫决策理论的Q学习方法具有很高的可行性，应用科学的数理统计方法对南方电网进行实例研究显示，Q学习控制器具有很高的适应性和鲁棒性。

(2)CPS奖惩指标与Q学习中的奖励函数有很大的相似性，如图4-12所示，通过直接调节奖励函数中的权值比λ/μ，可以直观、有效地实现调度员对AGC系统的松弛程度的在线调整。

在研究中笔者也发现：①Q学习算法中的奖励函数信号来自于CPS指标，若引入更为广泛的节能和经济调度指标形成综合奖励函数信号，则可获得更佳的AGC控制效果；②Q学习控制器的控制动作离散集区间较大，较易形成过调，后续研究中应考虑采用模糊控制方法对输入输出信号进行模糊化处理。

4.2.3.2　Q(λ)学习控制

针对非马尔可夫环境下火电占优的互联电网AGC控制策略，引入随机最优控制中Q(λ)学习的“后向估计”原理，可有效解决火电机组大时滞环节带来的延时回报问题。以CPS1/CPS2滚动平均值为状态输入，将CPS评价指标与松弛目标根据线性加权原则转化为马尔可夫决策过程奖励函数，从长期的角度提出一种在线反馈学习结构的随机优化 CPS 控制，统计性试验表明，所提 CPS 控制具有较强的适应性和动态性能，在保证 CPS 合格率的基础上能有效减少调度端的平均发令次数和反调次数。同时，该策略提供了一种可通过修正松弛因子在线调整 AGC 系统的松弛度的方法，可降低发电成本及机组磨损，从而实现 CPS 松弛控制。

在文献[9]的基础上，本书针对火电机组二次调频中大滞后环节所带来的延时回报问题，应用具备多步预见能力的 Q(λ) 学习算法进一步提出一种非马尔可夫环境下火电占有的随机最优 CPS 控制策略。该在线回溯算法的关键思想在于显式地利用资格迹(eligibility trace，ET)对将来多步决策的在线强化信息进行高效的回溯操作，从长期的观点逼近最优策略以使期望积累折扣报酬总和最大。所提 Q(λ) 控制器以 CPS 指标的 1min 滚动平均值[19]为状态输入变量，通过线性加权原则将 AGC 性能指标与松弛目标融入马尔可夫决策过程(Markov decision process，MDP)奖励函数形成闭环反馈结构，并通过仿真算例详细讨论不同松弛因子和 MDP 奖励函数的意义及其对 CPS 控制品质的影响。

1) 非马尔可夫环境下火电占优的 AGC 过程

火力发电厂在电网 AGC 中占主导地位，国内各省电力调度中心大多采用南瑞集团的 CPS 控制策略[13]，其虽为 PI 连续控制结构，但调度端每隔 4s 向统调(统调指一个区域电网中各级调度调管的所有发电或变电设备，包括上级调度和下级调度调管的设备)AGC 下达一个功率调节指令，其 AGC 策略实际上为一种离散控制过程。对于广东这类火电高度占优的电网而言，由于火电机组发电调节响应滞后时间较长，单向与反向调节响应延时往往长达分钟级，CPS 状态相空间中[9]轨迹转移规律具有“记忆效应”，即调节过程中历史状态与决策对系统后续发展概率规律具有后效性，所以系统负荷频率响应为一个非马尔可夫链[10](非马尔可夫环境)，这类具有大滞后环节的控制对象一直是现代控制理论的研究难点。Q(λ) 充分考虑了随机过程的时间因素，λ-回报算法将值函数与资格迹相互融合，如图 4-13 所示，其后向估计机制将时间信度和值函数误差对所经历的“状态流”进行合理的回溯学习，能较好地克服二次调频过程的非马尔可夫特性[20]。因此，这里采用考虑历史轨迹和时间因素的 Q(λ) 学习算法研究非马尔可夫环境火电占优的最优 CPS 控制。

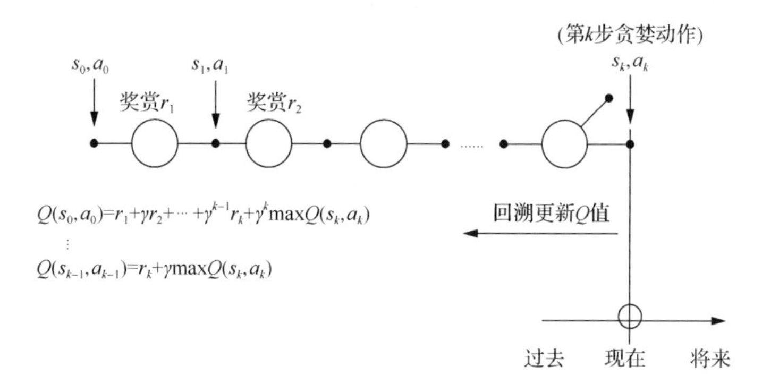

图 4-13　Q(λ) 方法后向估计回溯学习更新图

NERC提出CPS标准的本意是解决以往CPC准则带来的控制区的机组频繁调整，但国内厂网分开后，各省网调度方更偏向于追求CPS的高合格率，并未考虑发电房AGC机组的调节成本问题。文献[19]对火电机组参与AGC的额外能耗和经济支出进行了详细比较，AGC频繁调节过程中火电机组单位煤耗和机组磨损会显著增加，导致机组发电效益下降。笔者在深入反思后认为，调度端综合最优CPS控制策略需包含两个核心问题：首先，必须满足复杂运行方式下的CPS考核合格率，提高互联电网频率质量及减少联络线无意电量；其次，尽量放松对AGC电厂端的控制约束，降低发电成本及减少不必要的过调和反复调节，实现CPS松弛控制。

2) 多步回溯Q(λ)学习算法

多步回溯Q(λ)学习[21]为基于离散马尔可夫决策过程的经典Q学习[15]，结合了TD(λ)算法[22]多步回报的思想。与Q学习仅使用单步的经验追加更新Q值不同，金鹏等提出的Q(λ)值函数的回溯更新规则利用资格迹来获取控制器行为的频度和渐新度两种启发信息，从而可准确有效地反映过去多步状态与动作对后续决策的影响。资格迹[16]主要用于解决延时强化学习的时间信度分配问题，第k步迭代时刻的矩阵形式，即$e_k(s,a)$，是对过去所访问状态轨迹与动作信息的一种临时记录。对任何状态-动作对而言，资格迹都将以时效性按指数$(\gamma\lambda)^k$衰减，资格迹更新公式定义为

$$I_{xy}=\begin{cases}1, & x=y\\ 0, & \text{其他}\end{cases} \tag{4-19}$$

$$e_k(s,a)=I_{ssk}I_{aak}+\begin{cases}\gamma\lambda e_{k-1}(s,a), & Q_{k-1}(s_k,a_k)=\max\limits_{a}Q_{k-1}(s_k,a)\\ 0, & \text{其他}\end{cases} \tag{4-20}$$

式中，I_{xy}为迹特征函数[22]；γ为折扣因子，$0<\gamma<1$；λ为迹衰减系数，对于具有大滞后环节的AGC问题，系数λ越大衰减越慢，表明控制器能回溯到过去越远的信息，仿真比较显示λ在0.85～0.99范围内都有良好的回溯特性。

资格迹λ-回报算法的后向估计机理提供了一个逼近最优值函数Q^*的渐近机制，而这类对所有状态-动作对Q值的高效持续更新是以提高算法复杂度和增加计算量为代价的。设Q_k代表Q^*估计值的第k次迭代值，Q(λ)学习迭代更新公式如下：

$$\rho_k=R(s_k,s_{k+1},a_k)+\gamma\max_{a'}Q_k(s_{k+1},a')-Q_k(s_k,a_k) \tag{4-21}$$

$$\delta_k=R(s_k,s_{k+1},a_k)+\gamma\max_{a'}Q_k(s_{k+1},a')-Q_k(s_k,a'_k) \tag{4-22}$$

$$Q_{k+1}(s,a)=Q_k(s,a)+\alpha\delta_k e_k(s,a) \tag{4-23}$$

$$Q_{k+1}(s_k,a_k)=Q_{k+1}(s,a)+\alpha\rho_k \tag{4-24}$$

式中，$0<\alpha<1$，称为学习因子；$R(s_k, s_{k+1}, a_k)$ 为第 k 步迭代时刻环境由状态 s_k 经动作 a_k 转移到 s_{k+1} 后的奖励函数值；a_g 为贪婪动作策略[16]，即当前状态下总是选择具有最高 Q 值的控制动作；$Q(s,a)$ 为 s 状态下执行动作 a 的 Q 值函数，其实现方式均采用 Lookup 查表法。经过足够迭代次数的试错后，Q 值函数将以概率 1 收敛于 Q^*矩阵表示的最优控制策略。

3) Q(λ)控制器的设计

基于随机统计特性指定的 CPS 考核指标为一个长期的、事后性评价标准，对控制品质的评价具有时间累积效应。为保证 AGC 的实时控制效果，以 CPS1/CPS2 指标的 1min 滚动平均值作为某区域电网 i 的 Q(λ)控制器的输入状态量，并将其作为对 CPS 状态相空间进行分区的依据。控制器输出为该区域电网调度所下达的最优 AGC 总调节指令变化量 $\Delta P_{\text{ord-Q-}i}$，学习步长即 AGC 调度控制周期。对于 Q(λ)控制器中各参数的选取，动作指令集合 A 和状态空间离散集 S 仍沿用了笔者在文献[9]中的设计方法。

根据 CPS 指标相轨迹移动规律[10]以及松弛控制过程中呈现的随机序贯决策特点，Q(λ)控制器将 AGC 系统的性能优化目标转换为一种奖励评价指标体系，从而通过线性加权和法将 CPS 目标和松弛控制目标转化为 MDP 综合奖励函数。对于文献[9]的 MDP 奖励函数，其优化控制目标考虑了最小功率调节量及调节次数和反调次数，因此尝试在如下 MDP 奖励函数(4-25)中加入反调次数(number of reverse，NR)指标。根据 CPS 考核特点定义第 i 区域的奖励函数 R_i 为如下分段函数形式：

$$R_i(k)=\begin{cases}\sigma_i, & \text{CPS1}_i \geqslant 200\\ -\left\{\eta_{1i}[\text{ACE}_i(k)-\text{ACE}_i^*]^2+\mu_{1i}[a_{\text{ord-}i}(k)-a_{\text{ord-}i}^*]^2+v_{1i}n_{\text{NR}}\right\}, & 100\leqslant \text{CPS1}_i(k)<200\\ -\left\{\eta_{2i}[\text{CPS1}_i(k)-\text{CPS1}_i^*]^2+\mu_{2i}[a_{\text{ord-}i}(k)-a_{\text{ord-}i}^*]^2+v_{2i}n_{\text{NR}}\right\}, & \text{CPS1}_i(k)<100\end{cases} \tag{4-25}$$

式中，σ_i 为任意非负数；$\text{CPS1}_i(k)$ 和 $\text{ACE}_i(k)$ 分别为第 i 区域 CPS1 与 ACE 在第 k 步迭代时刻的 1min 滚动平均值状态输入(CPS2 通常由 ACE 的平均值指标来体现)；CPS1_i^* 为第 i 区域 CPS1 指标的控制期望值，若对电网实施松弛控制则应取 CPS1 的历史日或月平均值；ACE_i^* 为 CPS2 控制期望值，可取 ACE 调节死区值；$a_{\text{ord-}i}(k)$ 为 k 时刻动作集 A 的指针，而 $a_{\text{ord-}i}^*$ 为功率动作指令为 0 时的指令；η_{1i}、η_{2i} 和 μ_{1i}、μ_{2i} 分别为 i 区域的状态输入与控制动作的优化权值；n_{NR} 表示第 k 步的控制动

作是否为反调指令，若该指令为反调控制，则 $n_{NR}=1$，反之 $n_{NR}=0$；v_{1i}、v_{2i} 为相应的权重系数。由分析可知，ACE 与 CPS1 指标在量纲上存在差异，为使奖励函数(4-25)各分段上保持一致性从而保证学习过程中奖惩的公平性，令参数 μ_{1i}/μ_{2i}、η_{2i}/η_{1i}、v_{1i}/v_{2i} 权值比均为定值，该定值与频率偏差系数 B_i 和控制目标值 ε_1 有关。式(4-25)中各权值参数与现行二次型调节器[23]性能指标函数中 Q、R 权值意义十分类似，对于存在 m 个区域的互联系统，各 Q(λ)控制器动作指令的权值矢量 $\mu=(\mu_1,\mu_2,\cdots,\mu_i,\cdots,\mu_m)$，称该矢量为松弛因子。

上述基于 Q(λ)学习的随机最优 CPS 控制算法流程可完整描述如下。

> 对所有(s, a)，初始化各参数及当前状态，令 k=0。
> 重复
> (1)由贪婪动作策略选择并执行调度动作 a_k。
> (2)观察下一时刻的状态 s_{k+1}，即 CPS1/CPS2 滚动指标。
> (3)由式(4-25)获得一个短期的奖励信号 R_k。
> (4)根据式(4-21)计算值函数误差 ρ_k。
> (5)按照式(4-22)估计值函数误差 δ_k。
> (6)对于所有状态-动作对(s，a)，执行：①更新资格迹矩阵，即 $e(s,a)\leftarrow\gamma\lambda e(s,a)$；②根据式(4-23)更新 Q 值函数表格。
> (7)按照式(4-24)更新值函数 $Q_{k+1}(s_k,a_k)$。
> (8)更新资格迹元素，令 $e(s_k,a_k)\leftarrow e(s_k,a_k)+1$。
> (9)令 k=k+1，返回步骤(1)。
> 结束

4.2.4 R 与 R(λ)学习控制

4.2.4.1 R 学习

和折扣型的 Q 学习算法相同，R 学习同样利用动作值函数来进行求解。R 学习所用的动作值函数记为 $R(s,a)$，它所代表的含义为在状态 s 下选择行为 a，后续策略保持为 π 的平均调整值，定义式如下：

$$R^{\pi}(s,a)=r(s,a)-\rho^{\pi}+\sum_{s'}P_{ss'}(a)\max_{a\in A(s')}R^{\pi}(s',a) \tag{4-26}$$

式中，ρ^{π} 为策略 π 的平均报酬，即平均性能指标，求解的目标就是寻找使得 ρ^{π} 最大的策略，这个策略就是最优策略。

R 学习的迭代包括两个部分，对动作值函数的迭代和对平均性能指标的迭代。其算法流程介绍如下。

(1) 令时间步 $t=0$，初始化所有的 $R(s,a)$，如设置为 0，设当前状态 s 为初始状态。

(2) 根据动作值函数 $R(s,a)$，按照一定的策略选择动作 a。

(3) 执行动作 a，观测报酬函数 $r(s,a)$，进入下一状态 s'，并更新 $R(s,a)$ 及 ρ。

(Ⅰ) 按照以下规律更新 $R(s,a)$：

$$R(s,a) \leftarrow R(s,a) + \alpha[r(s,a) - \rho + \max_{a} R(s',a) - R(s,a)] \tag{4-27}$$

(Ⅱ) 更新平均性能指标 ρ，一般说来有以下几种方法。

①仅在贪婪动作时更新 ρ，即 $R(s,a) == \max_{a} R(s,a)$ 时，更新公式如下：

$$\rho \leftarrow \rho + \beta[r(s,a) - \rho + \max_{a} R(s',a) - \max_{a} R(s,a)] \tag{4-28}$$

②在每个动作后都更新 ρ，更新公式如下：

$$\rho \leftarrow \rho + \beta[r(s,a) - \rho + \max_{a} R(s',a) - R(s,a)] \tag{4-29}$$

③仅在连续选择贪婪动作时更新 ρ，更新公式如下，设 t_{g} 为 t 时间步内执行贪婪动作的次数，当 $(t+1)_{\mathrm{g}} \neq t_{\mathrm{g}}$ 时，更新 ρ 如下：

$$\rho \leftarrow \frac{(\rho_t t_{\mathrm{g}}) + R(s,a)}{(t+1)_{\mathrm{g}}} \tag{4-30}$$

(4) $s \rightarrow s'$，返回步骤 (2)。

对迭代公式中的参数说明如下。

(1) α 为动作值函数的迭代学习率，$0 \leqslant \alpha \leqslant 1$。从仿真结果来看，$\alpha$ 一般越大越好，一般取大于 0.9。

(2) β 为平均报酬的迭代学习率，$0 \leqslant \beta \leqslant 1$。$\beta$ 一般越小越好。β 越大，ρ 调整越频繁，而 ρ 的频繁调整会降低 R 学习的收敛速度。同样地，确定奖励函数时也应注意，最好不要让奖励值过大，因为过大的奖励值也可能导致 ρ 的频繁调整。

CPS 指标考察 AGC 的长期平均性能，而基于平均报酬模型的 R 学习算法追求长期的平均奖赏值最大，R 学习的目标与 CPS 指标的考察要求相吻合。因此，基于 R 学习的 CPS 控制器是合理的。为追求较高的 CPS 指标，本书将以 CPS 指标作为 R 控制器输入，构造 R 学习的奖励函数，这样，为得到较大的奖赏值，R 学习就会以追求长期最优的 CPS 平均指标为目标，从而得到较优的控制效果。

CPS 指标包括 CPS1 及 CPS2 指标，而 CPS2 指标又与 ACE 值直接相关，因此，CPS 控制器的奖励函数可由 ACE 值及 CPS1 值与目标值的差的绝对值确定，其定义如下：

$$R=\begin{cases}0, & \text{CPS1}\geqslant 200\% \\ -\lambda_2\,|\,\text{ACE}-\text{ACE}^*\,|, & 100\%\leqslant \text{CPS1}<200\% \\ -\lambda_1\left|\text{CPS1}-\text{CPS1}^*\right|, & \text{CPS1}<100\%\end{cases} \tag{4-31}$$

式中，ACE^* 及 CPS1^* 为 ACE 及 CPS1 的理想值。当 CPS1 大于 200%时，无论 CPS2 指标合格与否，CPS 指标都合格，所以在 CPS1≥200%时，奖励函数中给最大的奖励值 0。而当 100%≤CPS1＜200%时，CPS1 指标合格，若此时 CPS2 指标合格，则 CPS 指标合格。因此，为保证 CPS2 指标合格，对偏离 ACE 理想值 ACE^* 较大的 ACE 值给予较大的惩罚，从而让 ACE 值向理想值 ACE^* 靠拢，ACE^* 值可取为 0。当 CPS1＜100%时，CPS 指标不合格，所以对偏离 CPS1 理想值 CPS1^* 较大的 CPS1 指标给予较大的惩罚。CPS1^* 可取为 200%。由于 CPS 及 ACE 值在量纲上存在差别，引入参数 λ_1 及 λ_2 以平衡对 CPS1 和 ACE 值奖励的权重，经大量仿真试验及计算分析后可知，当 λ_1/λ_2 为 50 时，评价奖励函数能较好地平衡 CPS1 及 ACE 值奖励的权重，取 λ_2 为 1，且 λ_1/λ_2 为 50。

CPS 控制器的动作集 A 为控制器的输出动作，即 AGC 的功率调节指令。一般可根据系统容量确定动作集。

评价奖励函数主要针对 CPS 指标而言，因此可以根据不同的 CPS1 指标及 ACE 值来确定 R 控制器的状态集 S。根据广东省电力调度中心 CPS 指标划分标准，将 CPS1 指标划分成 6 个状态：(−∞,0)、[0,100%)、[100%,150%)、[150%,180%)、[180%,200%)、[200%,+∞)，再将 ACE 分成正负两个状态，由此二维输入可以确定状态集 S 一共有 12 个状态。

R 学习算法对动作选择策略比较敏感，所以合适的动作选择策略能提高 R 学习的收敛速度及算法的稳定性。常用的动作选择策略方法有以下几种。

(1)利用玻尔兹曼分布来构造动作选择策略。在各状态下动作概率分布按照式(4-32)进行更新：

$$P_k(s,a_i)=\frac{\mathrm{e}^{R_k(s,a_i)}/T}{\sum\limits_{a\in A}\mathrm{e}^{R_k(s,a)}/T} \tag{4-32}$$

式中，T 为温度因子，温度越高，动作选择的随机性越大。可以推导出，当 T 趋近于∞时，各动作被选择的概率相等；而当 T 趋近于 0 时，动作值最大的动作以概率 1 被选择。

(2)伪随机方法。给定状态 s，具有最高 R 值的动作被选择的概率为 P_s，如果具有最高值的动作没有被选中，则 R 学习在所有可能的动作中随机地选择一个。

(3) 伪耗进方法。给定状态 s，具有最高值的动作被选择的概率为 P_s，如果具有最高值的动作没有被选中，则 R 学习执行上一次相同状态下被选中的动作。

经仿真研究，使用玻尔兹曼分布来构造动作选择策略时收敛速度较快，但动作值函数一直迭代，$R(s,a) \leftarrow R(s,a) + \alpha[r(s,a) - \rho + \max\limits_{a} R(s',a) - R(s,a)]$，$R(s,a)$ 值逐渐变大，而 $R(s,a)$ 呈指数上升，因此这种方法容易导致计算机内存溢出。而伪随机方法及伪耗进方法会导致 R 学习收敛速度变慢。因此，这里采用一种基于概率分布选择动作的追踪算法来构造动作选择策略。在该策略下，初始状态各动作被选择的概率相等，但随着动作值函数的不断迭代，越高的 R 值的动作被选择的概率越大，所以 R 算法最终将收敛于 R^*矩阵代表的偏差最优策略。该策略概率迭代公式如下：

$$\begin{cases} P_{k+1}(s,a_{\rm g}) = P_k(s,a_{\rm g}) + \eta[1 - P_k(s,a_{\rm g})] \\ P_{k+1}(s,a) = P_k(\tilde{s},a)(1-\eta), a \neq a_{\rm g} \\ P_{k+1}(\tilde{s},a) = P_k(\tilde{s},a), \tilde{s} \in S, \tilde{s} \neq s \end{cases} \tag{4-33}$$

式中，“$\tilde{s}$”为状态集 s 中与当前状态不同的其他状态。

在每一个状态下，对应于 R 值最大的动作称为贪婪动作，记为 $a_{\rm g}$；$P_k(s,a)$ 为在当前状态 s 下，第 k 次迭代时动作 a 被选择的概率。$0<\eta<1$，η 越小，概率迭代速度越慢，R 学习算法探索程度越大。为保证 R 学习算法在每个状态都能搜索到最合适的动作，η 值不宜过大，仿真研究表明，η 在 0.05～0.3 范围内时 R 学习算法能较好地平衡动作搜索与经验强化问题。

确定好了基于 R 学习的 CPS 控制器(简称 R 学习控制器)的奖励函数、动作集、状态集，并构造了 R 学习控制器的动作选择策略后，R 学习控制器就可以投入运行了。R 学习控制器以“ACE/ΔF/CPS 实时监测系统及长期历史数据库”为输入，并根据状态集 S 确定控制器面临的状态(R 学习控制器当前的环境)，R 学习控制器根据面临的状态，由动作策略模块从动作集 A 中选择动作，发出 AGC 指令，同时，R 学习控制器根据奖励函数(4-31)对 R 学习的动作给出评价奖励值。

根据 R 学习算法及以上 R 学习控制器的设计过程，可以确定 R 学习控制器的更新迭代过程如下。

(1) 令时间步 t=0，初始化所有变量，$R(s,a)$=0，α=0.9，β=0.01，$P_k(s,a)=1/|A|$，设当前状态 s 为初始状态。

(2) 根据动作概率分布在控制动作集 A 中选择动作 $a(t)$。

(3) 观察下一时刻的状态 s_{t+1}。

(4) 由式(4-31)得到一个奖励函数信号 $R(t)$。

(5) 根据式(4-27)更新 R 矩阵。

(6) 根据式(4-28)更新平均报酬 ρ。

(7) 根据式(4-33)更新动作概率分布。

(8) $t = t + 1$，返回步骤(2)。

4.2.4.2 R(λ)学习控制

Q 学习算法是基于折扣报酬模型的强化学习算法，在折扣报酬模型中，将来的报酬按折扣率进行折扣，于是当阶段足够大时，早期所获报酬的作用越来越小，因此，折扣报酬模型注重考虑近期行为，而平均报酬模型注重长期的稳定行为，它是无限阶段随机动态系统最优控制中的常用模型[10]。为了改进 Q 学习算法，文献[24]提出了一种基于平均报酬模型的强化学习算法——R 学习算法，但 R 学习算法在每个时间步只对当前状态–动作对的动作值函数进行更新，导致收敛速度较慢。文献[25]将 R 学习算法与 TD(λ)算法相结合，提出了收敛性和稳定性更好的 R(λ)学习算法。在研究中发现，CPS 更注重长期的 AGC 平均性能指标，因此，基于平均报酬模型的 R(λ)学习算法更适合于 CPS 下电力系统的 AGC。

此外，强化学习在初始阶段会进行一段时间的盲目试错学习，所以强化学习控制器在投入应用前一般要搭建较精确的受控对象的数字仿真系统进行离线的预学习[26, 27]。但存在一个不可回避的事实，即当仿真系统模型与真实系统模型存在较大误差时，即使预学习良好收敛的控制器在投入实际系统时也会带来不可忍受的试错干扰。这成为强化学习算法在电力系统控制工程实际应用的主要障碍。

为了解决以上问题，这里提出了一种新颖的基于全过程 R(λ)学习原理的 CPS 控制器，它可以直接投入实际电网中在线模仿学习其他控制器的输出，模仿学习阶段完成后即可将控制器投入正常运行，无须搭建精确的仿真模型进行离线预学习，提高了控制器的学习效率及应用性。

1. 平均报酬模型强化学习一般原理

强化学习将智能体与环境之间的交互看成一个马尔可夫决策过程。MDP 根据准则函数分为折扣报酬模型 MDP、平均报酬模型 MDP 等，R(λ)学习算法是基于平均报酬模型 MDP 的强化学习算法。

平均报酬模型 MDP 计算的目标是获得平均期望报酬最大的最优策略。设在状态 s 下采取策略 π 的平均报酬为 $\rho^{\pi}(s)$，定义如下：

$$\rho^{\pi}(s) = \lim_{n\to\infty} \frac{1}{n} \sum_{t=0}^{n-1} E\left[r_t^{\pi}(s) \right] \tag{4-34}$$

式中，$r_t^{\pi}(s)$表示在时间步 t 从状态 s 出发执行策略 π，若均有 $\rho^{\pi^*}(s) \geqslant \rho^{\pi}(s)$，则 π^*为增益最优策略。增益最优策略不一定是最优策略，因为平均报酬忽略了近期报酬和远期报酬的相对重要性，在平均报酬相同的多个增益最优策略中，要得到使系统以最短时间或步数完成任务的最优策略，还要求解偏差最优策略，通常采用平均校准报酬和来表达策略 π 的值：

$$V^{\pi}(s) = \lim_{n\to\infty} E\left[\sum_{t=0}^{n-1}(r_t^{\pi}(s) - \rho^{\pi}(s))\right] \tag{4-35}$$

式中，$V^{\pi}(s)$为偏差值函数，也称为相对值函数。

对任意状态 s 和策略 π，若均有 $V^{\pi^*}(s) \geqslant V^{\pi}(s)$，则称 π^*为偏差最优策略，求解平均报酬型 MDP 的目标就是找到一个偏差最优策略 π^*。

2. 基于改进的 R(λ)学习的 CPS 控制器设计

1) 标准 R(λ)学习算法原理

R(λ)学习算法利用动作值函数求解最优策略。它的动作值函数记为 $R^{\pi}(s,a)$，代表的含义为在状态 s 下选择行为 a，后续策略保持为 π 的平均调整值，R(λ)学习算法动作值函数定义式如下：

$$R^{\pi}(s,a) = r(s,a) - \rho^{\pi}(s) + \sum_{s'} P_{ss'}(a) \max_{a\in A(s')} R^{\pi}(s',a) \tag{4-36}$$

式中，s 和 s'分别为当前状态和下一时刻的状态；$P_{ss'}(a)$为执行动作 a 后，状态 s 转移到状态 s'的概率；$r(s,a)$为在状态 s 下，执行动作 a 时获得的即时奖励值。

R(λ)学习算法是利用 $R^{\pi}(s,a)$来求取最优策略的，使用的是迭代的方法，其中包括对动作值函数的迭代和平均性能指标的迭代。

首先定义平均报酬模型的即时差分误差：

$$\delta_k' = r(s_k, s_{k+1}, a_k) + \max_{a'} R_k(s_{k+1}, a') - \max_{a''} R_k(s_k, a'') - \rho_k \tag{4-37}$$

$$\delta_k'' = r(s_k, s_{k+1}, a_k) + \max_{a'} R_k(s_{k+1}, a') - R_k(s_k, a_k) - \rho_k \tag{4-38}$$

则动作值函数的迭代公式为

$$R_{k+1}(s_k, a_k) = R_k(s_k, a_k) + \alpha(\delta_k'' + e_k(s,a)\delta_k') \tag{4-39}$$

式中，$0<\alpha<1$ 为动作值函数的更新学习率，它控制着动作值的更新速度，本书中 α 取为 0.1；$e(s,a)$为资格迹，其定义如下：

$$e_k(s,a)=\begin{cases}\lambda e_{k-1}(s,a)+1, & s=s_k,\ a=a_k\\ \lambda e_{k-1}(s,a), & 其他\end{cases} \tag{4-40}$$

式中，$0<\lambda<1$ 为迹衰退因子，代表着控制器能回溯到过去信息的远近，同样地，本书 λ 取为 0.8。

平均性能指标的迭代方式 ρ 采用最常见的迭代方式：

$$\rho_{k+1}=\rho_k+\beta\delta_k',\qquad R_k(s_k,a_k)\equiv\max_a R_k(s_k,a) \tag{4-41}$$

式中，$0<\beta<1$ 为 ρ 的更新学习率，仿真时取 0.001。

本书采用的是基于概率分布的动作选择策略，在初始阶段，各个动作被选择的概率是一样的，但随着动作值函数的不断迭代，最终将以概率 1 收敛于 R^*的最优策略上。该策略的迭代公式为

$$\begin{cases}P_{k+1}(s,a_{\mathrm{g}})=P_k(s,a_{\mathrm{g}})+\eta(1-P_k(s,a_{\mathrm{g}}))\\ P_{k+1}(s,a)=P_k(s,a)(1-\eta), & a\neq a_{\mathrm{g}}\\ P_{k+1}(\tilde{s},a)=P_k(\tilde{s},a), & \tilde{s}\in S,\tilde{s}\neq s\end{cases} \tag{4-42}$$

式中，a_{g} 为在每一个状态下，对应于 R 值最大的动作(称为贪婪动作)；$P_k(s,a)$ 为在当前状态 s 下，第 k 次迭代时动作 a 被选择的概率；$0<\eta<1$，η 越小，概率迭代速度越慢，R(λ)学习算法探索程度越大，为保证 R(λ)学习算法在每个状态下都能搜索到最合适的动作，η 不宜过大，仿真研究表明，η 在 0.05～0.3 范围内，R(λ)学习算法能较好地平衡动作搜索与经验强化问题，本书取为 0.1。

2)基于标准 R(λ)学习的 CPS 控制器设计

CPS 指标考察 AGC 的长期平均性能，而基于平均报酬模型的 R(λ)学习算法追求长期的平均奖励值最大。因此，本书将 CPS 指标作为 R(λ)控制器输入，以追求长期最优的 CPS 平均指标。

R(λ)控制器根据输入来确定状态集 S，因此可以根据不同的 CPS1 值及区域控制偏差 ACE 来确定 R(λ)控制器的状态集 S。本书根据广东省电力调度中心 CPS 指标划分标准，将 CPS1 值划分成 6 个状态：(–∞,0)、[0,100%)、[100%,150%)、[150%,180%)、[180%,200%)、[200%,+∞)，再将 ACE 分成正负两个状态，由此二维输入可以确定状态集 S 共 12 个状态。动作集 A 为控制器的输出动作，即 AGC 的功率调节指令。可根据系统容量确定动作集。本书中，A={–300,–100,–50,–20,–5,0,5,20,50,100,300}，单位为 MW。评价奖励函数由 ACE 值及 CPS1 值与目标值的差的绝对值决定，其定义如下：

$$R(k)=\begin{cases}-\lambda_1\left|\text{CPS1}-\text{CPS1}^*\right|, & \text{CPS1}\geqslant 200+\mu \\ 0, & 200\%\leqslant \text{CPS1}<200\%+\mu \\ -\lambda_2\left|\text{ACE}-\text{ACE}^*\right|, & 100\%\leqslant \text{CPS1}<200\% \\ -\lambda_1\left|\text{CPS1}-\text{CPS1}^*\right|, & \text{CPS1}<100\%\end{cases} \tag{4-43}$$

式中，μ 为支援因子，代表允许支援程度的大小，μ 越大表示允许支援的程度越大，本书取为 5%；ACE^* 和 CPS1^* 分别为 ACE 与 CPS1 的理想值，ACE^* 取为零，CPS1^* 取为 200%；由于 CPS1 及 ACE 值在量纲上存在差别，引入参数 λ_1 和 λ_2 以平衡对 CPS1 和 ACE 值奖励的权重，经大量仿真试验及计算分析后可知，当 λ_1/λ_2 为 50 时，评价奖励函数能较好地平衡 CPS1 和 ACE 值奖励的权重，所以本书取 λ_2 为 1，且 λ_1/λ_2 为 50。

评价奖励函数主要针对 CPS 指标而言，当 CPS1＞200%＋μ 时，CPS 指标合格，所以在 200%≤CPS1＜200%＋μ 时，奖励函数中给最大的奖励值 0。加入 CPS1＜200%＋μ 这一条件是为了在互联电网下协调 R(λ) 控制器的输出，防止一个区域控制器为了追求过高的 CPS1，对另一个区域产生过大的支援。100%≤CPS1＜200% 时，为保证 CPS2 值合格，对较大的 ACE 值给予较大的惩罚。当 CPS1＜100%时，CPS 指标不合格，所以对较低的 CPS1 值给予较大的惩罚。

确定了状态集 S、动作集 A 及奖励函数后，根据 R(λ) 学习算法的迭代公式就可以确定 R(λ) 控制器的迭代步骤。

(1) 初始化各参数，并令 $k=0$。

(2) 观察当前状态 s_0。

(3) 根据动作概率分布在控制动作集中选择动作 a_k。

(4) 执行动作 a_k，观察下一时刻的状态 s_{k+1}。

(5) 由式(4-43)得到一个奖励函数信号 R_k。

(6) 根据式(4-37)、式(4-38)计算 δ'、δ''。

(7) 对所有状态–动作对进行更新：

$$\begin{cases}e_{k+1}(s,a)=\lambda e_k(s,a)\\ R_{k+1}(s,a)=R_k(s,a)+ae_{k+1}(s,a)\delta_k'\end{cases} \tag{4-44}$$

(8) 对当前状态–动作对进行更新；

$$\begin{cases}e_{k+1}(s_k,a_k)=\lambda e_{k+1}(s_k,a_k)+1\\ R_{k+1}(s_k,a_k)=R_{k+1}(s_k,a_k)+a\delta_k''\end{cases} \tag{4-45}$$

(9) 若 a_k 为贪婪动作，按式(4-41)更新 ρ。

(10) 根据式(4-42)更新动作概率分布。

(11) $k=k+1$，返回步骤(3)。

3) 改进的 R(λ)学习算法原理

强化学习不需要关于环境的任何先验知识，但强化学习在初始阶段会进行一段时间的盲目的试错学习，以逐渐逼近最优的控制策略。如前所述，为解决此问题，在强化学习控制器投入真实环境中运行前，必须搭建较精确的受控对象的数字仿真系统进行离线的预学习，所以标准的强化学习方法无法实现真正意义上的全过程在线学习和动态优化。

本书将对标准的 R(λ)学习进行改进，将整个 R(λ)学习过程分为模仿学习阶段和正常投入阶段两个阶段：在模仿学习阶段，R(λ)控制器在线模仿学习 PI 控制器的输出，模仿学习结束后再投入正常使用，实现了全过程 R(λ)在线学习。

在模仿学习阶段(图 4-14)将 PI 结构的 CPS 控制器投入真实环境中运行，此时 R(λ)控制器观察 PI 控制器输出的动作 $\Delta P_{\text{ord-PI}}$，并将 $\Delta P_{\text{ord-PI}}$ 与 R(λ)控制器动作集 A 中的动作 a 相对应。由于 PI 控制器的动作 $\Delta P_{\text{ord-PI}}$ 为连续变化量，而 R(λ)控制器动作集 A 中的动作 a 为离散量，需采取一定的对应法则将 $\Delta P_{\text{ord-PI}}$ 与动作 a 相对应。本书将 $\Delta P_{\text{ord-PI}}$ 的动作值空间划分成几个区间，各区间以 R(λ)控制器动作集 A 中相邻动作值的平均值为端点并与动作 a 一一对应。设动作集 A 中的 m 个动作从小到大依次记为 $a_1, a_2, \cdots, a_k, \cdots, a_{m-1}, a_m$，则 $\Delta P_{\text{ord-PI}}$ 与动作 a 的对应关系如下：

$$\begin{cases} \Delta P_{\text{ord-PI}} \to a_1, & \Delta P_{\text{ord-PI}} \leqslant \dfrac{a_1 + a_2}{2} \\ \Delta P_{\text{ord-PI}} \to a_k, & \dfrac{a_{k-1} + a_k}{2} < \Delta P_{\text{ord-PI}} \leqslant \dfrac{a_k + a_{k+1}}{2} \\ \Delta P_{\text{ord-PI}} \to a_m, & \Delta P_{\text{ord-PI}} > \dfrac{a_{m-1} + a_m}{2} \end{cases} \tag{4-46}$$

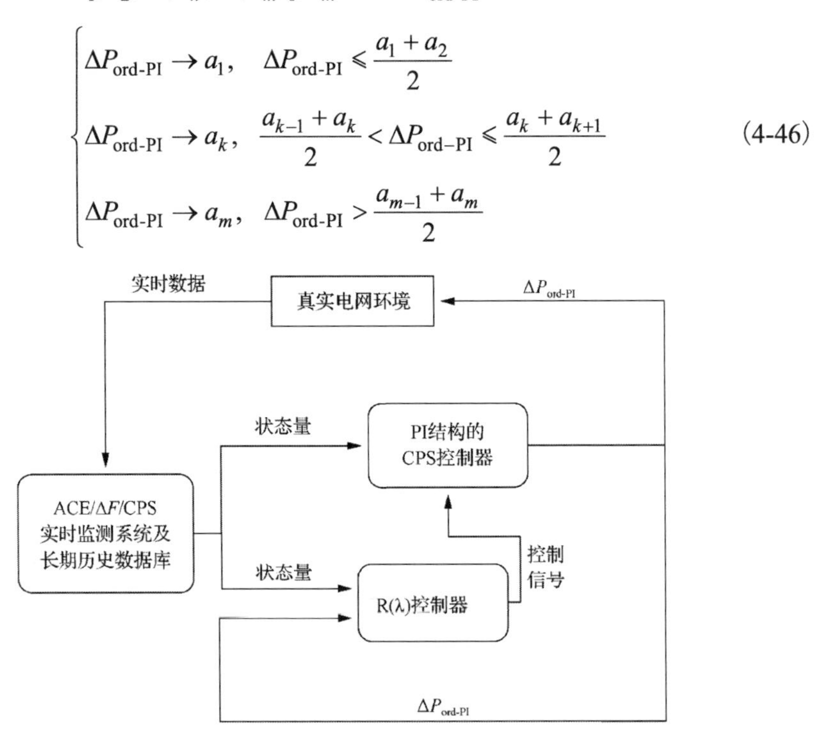

图 4-14　R(λ)控制器模仿学习阶段

在此阶段，R(λ)控制器不再根据状态量输出功率调节指令，它根据$\Delta P_{\text{ord-PI}}$对应的动作和当前的状态量来更新相应的动作值函数、平均性能指标和动作概率分布，并根据动作概率分布判断是否模仿学习到了合适的控制策略，若已经学习到合适的控制策略，则 R(λ)控制器发出控制信号，退出 PI 控制器，并正常投入 R(λ)控制器。

经过一段时间的模仿学习后，若对所有状态 s，前后两次迭代的概率分布相差较小，则说明 R(λ)控制器已经根据 PI 控制器的输出模仿学习到了较为合适的策略。

定义在状态 s 下，第 k 次迭代时，各动作的概率分布组成动作概率向量 $P_k(s)$，设前后两次动作概率向量之差为 $\Delta P_k(s)$，并设 γ_s 为向量 $\Delta P_k(s)$ 的无穷大范数，即

$$\begin{cases}\Delta P_k(s) = P_k(s) - P_{k-1}(s) \\ \gamma_s = \|\Delta P_k(s)\|_\infty\end{cases} \tag{4-47}$$

若对任意状态 s，$\gamma_s \leqslant \delta$，即可认为前后两次迭代的动作概率分布相差已较小，此时 R(λ)控制器不再盲目输出大量随机的控制指令，可投入真实电网环境中使用。所以 R(λ)控制器发出控制信号，将 PI 控制器投入使用，如图 4-15 所示。

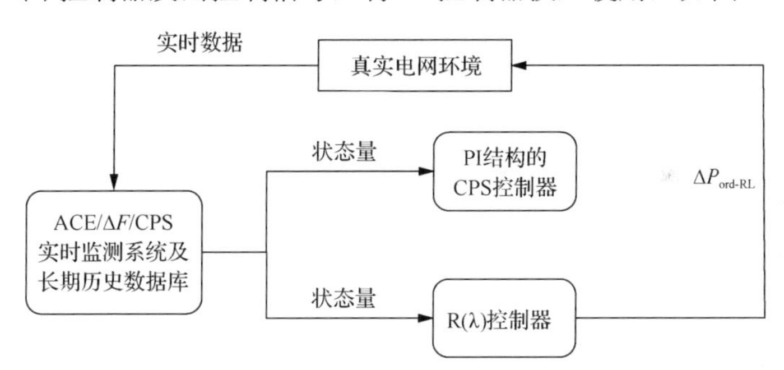

图 4-15　R(λ)控制器正常投入阶段

其中，δ 控制 R(λ)控制器模仿学习 PI 控制器的程度，δ 越小，R(λ)控制器模仿 PI 控制器的程度越大。研究表明，过小的 δ 会使得模仿学习时间过长；而过大的 δ 会使 R(λ)控制器模仿学习到的控制策略过于粗糙，导致 R(λ)控制器不宜投入正常使用。经研究，$0.0001 \leqslant \delta \leqslant 1$ 时，R(λ)控制器投入使用后都有较好的控制效果，本书取 δ 为 0.05。

改进的 R(λ)学习改变了控制器初期盲目试错的状况，提高了初期 R(λ)学习的效率；并且无须离线搭建较精确的受控对象的数字仿真系统，方便了 R(λ)控制器在实际电力系统的应用。另外，改进的 R(λ)控制器在投入实际使用后，还会不断进行独立的迭代学习，并更新动作值函数和控制策略。所以它会很快表现出其

随机最优控制的优点，而不会表现出 PI 控制器的控制特点。

4) 基于改进的 R(λ) 学习算法的 CPS 控制器设计

基于改进的 R(λ) 学习原理，本书设计了改进的 R(λ) 控制器。其状态集 S、动作集 A、奖励函数与标准 R(λ) 控制器相同，且根据式(4-46)可确定 $\Delta P_{\text{ord-PI}}$ 与 R(λ) 控制器动作集 A 中的动作 a 相对应的关系，如图 4-16 所示。

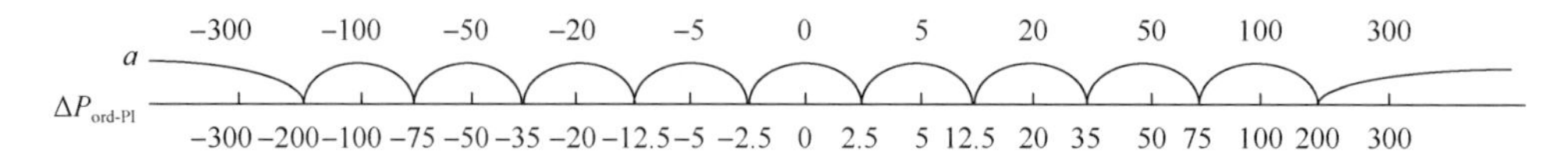

图 4-16　PI 控制器动作与 R(λ) 控制器动作对应图

改进的 R(λ) 控制器迭代步骤如下。

(1) 初始化各参数，并令 $k=0$。

(2) 观察当前状态 s_0。

(3) 观察 PI 控制器输出的功率值 $P_{\text{ord-PI}}(k)$。

(4) 观察下一时刻的状态 s_{k+1}。

(5) 观察 PI 控制器输出的功率值 $P_{\text{ord-PI}}(k+1)$。

(6) 由式(4-43)得到一个奖励函数信号 $R(k)$。

(7) 计算 PI 控制器前后两个状态输出的功率差值 $\Delta P_{\text{ord-PI}}$，并根据图 4-16 的对应关系确定 a_k。

(8) 按标准 R(λ) 控制器的步骤(6)～步骤(9)更新动作值函数、平均性能指标和动作概率分布。

(9) 由式(4-47)计算各状态 γ_s，并判断 $\gamma_s \leqslant \delta$ 是否成立。若不成立，则 $k=k+1$，返回步骤(3)；若成立，则模仿学习完毕，转步骤(10)。

(10) 发出控制信号，将 PI 控制器输出置零，并将 R(λ) 控制器投入正常使用。

微网的LFC考核的是微网内的功率不平衡量，以及由此产生的频率偏差大小。假定频率偏差输入值 $u=\Delta f$，设置奖励函数为

$$R_i(k)=\begin{cases}-\mu_1 u, & u \geqslant 0.05 \\ -\mu_2 u, & 0.01<u<0.05 \\ 0, & -0.01 \leqslant u \leqslant 0.01 \\ \mu_3 u, & -0.05<u<-0.01 \\ \mu_4 u, & u \leqslant -0.05\end{cases} \tag{4-48}$$

一般地，取 $\mu_1=\mu_4$，$\mu_2=\mu_3$。上述奖励函数的意思是：当频率偏差 Δf 为–0.01～0.01Hz(含一定的死区)时，这时系统无须调节，奖励值为 0；当 Δf 为–0.05～–0.01Hz 和 0.01～0.05Hz 时，奖励值为 $-\mu_2 u$；当 Δf 大于等于 0.05Hz 或小于等于–0.05Hz 时，奖励值为 $-\mu_1 u$。

根据以上介绍，现给出基于 R(λ)学习的 AGC 算法流程的完整描述。

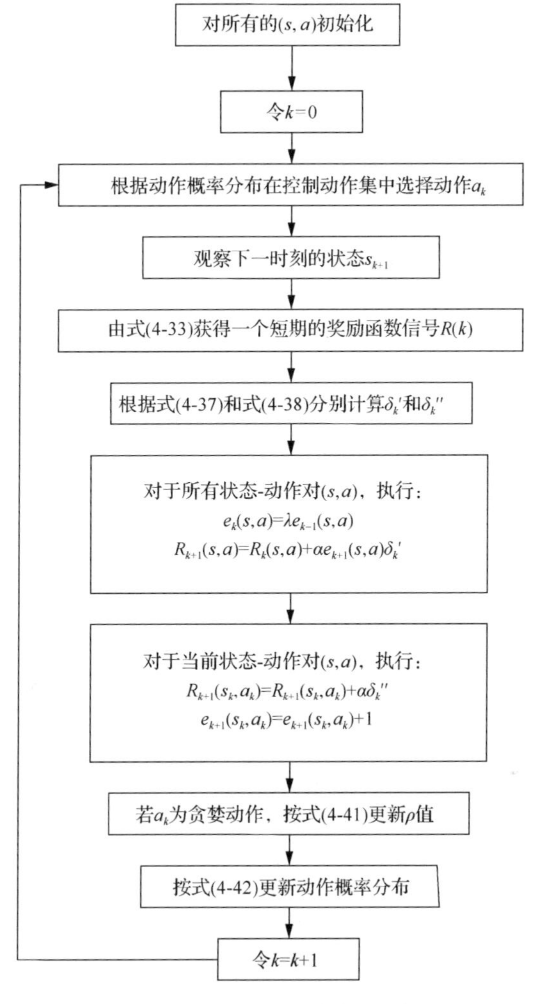

图 4-17　R(λ)学习算法流程图

3. 仿真算例

1)标准两区域互联系统的仿真研究

以典型的 IEEE 两区域互联系统 LFC 模型作为研究对象，结构框图见图 3-19，系统模型相关参数见表 3-2，系统基准容量取 5000MW。学习步长取 AGC 系统控制周期，一般为 1～16s，本算例中取 4s。

图 4-18 给出了改进的 R(λ)控制器典型的模仿学习过程。如图 4-18(a)所示，模仿学习阶段，PI 控制器跟踪随机的负荷扰动。此时改进的 R(λ)控制器观察 PI 控制器的输出，并迭代更新动作值函数、平均性能指标和动作概率分布。经过 5840s

的模仿学习后，对于所有的状态，前后两次迭代的动作概率分布相差都较小，此时，改进的 R(λ)控制器学习到了适当的策略，它发出控制信号退出 PI 控制器，并将改进的 R(λ)控制器投入正常使用。为测试改进的 R(λ)控制器正常投入阶段的性能，加入周期为 10min、幅值为 1000MW 的方波负荷扰动。由图 4-18 可以看出，正常投入阶段，改进的 R(λ)控制器可以较好地跟踪方波扰动，不再盲目地输出大量随机指令，且此阶段改进的 R(λ)控制器 10min CPS1 考核指标保持在 192 以上，10min ACE 值都小于 50MW。

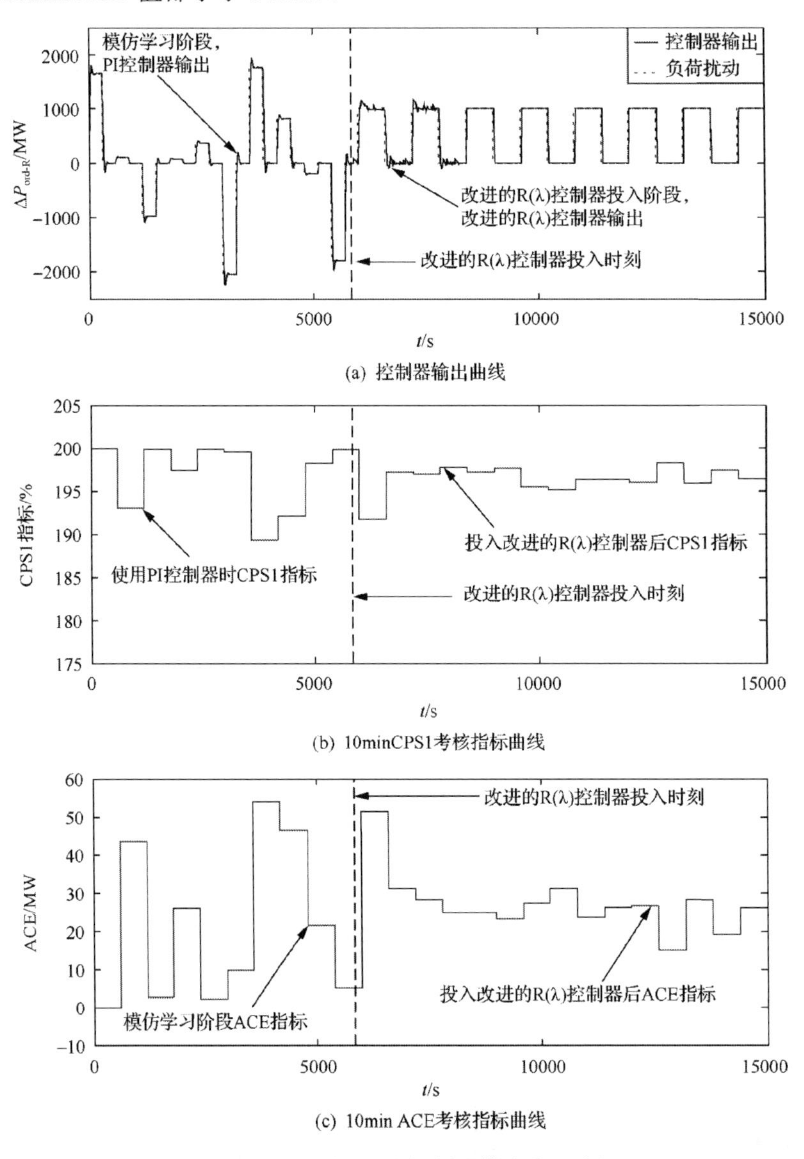

图 4-18　改进的 R(λ)控制器模仿学习过程

为进一步测试 R(λ)控制器的动态性能，本书设计了以下三种不同的强化学习控制器进行对照性仿真实验：①改进的 R(λ)控制器；②R(λ)控制器；③Q(λ)控制器。

A 和 *B* 两区域都加入周期为 10min、幅值为 1000MW 的方波负荷扰动。*A* 区域各控制器的输出、10min CPS1 平均值及 10min ACE 值见图 4-19。

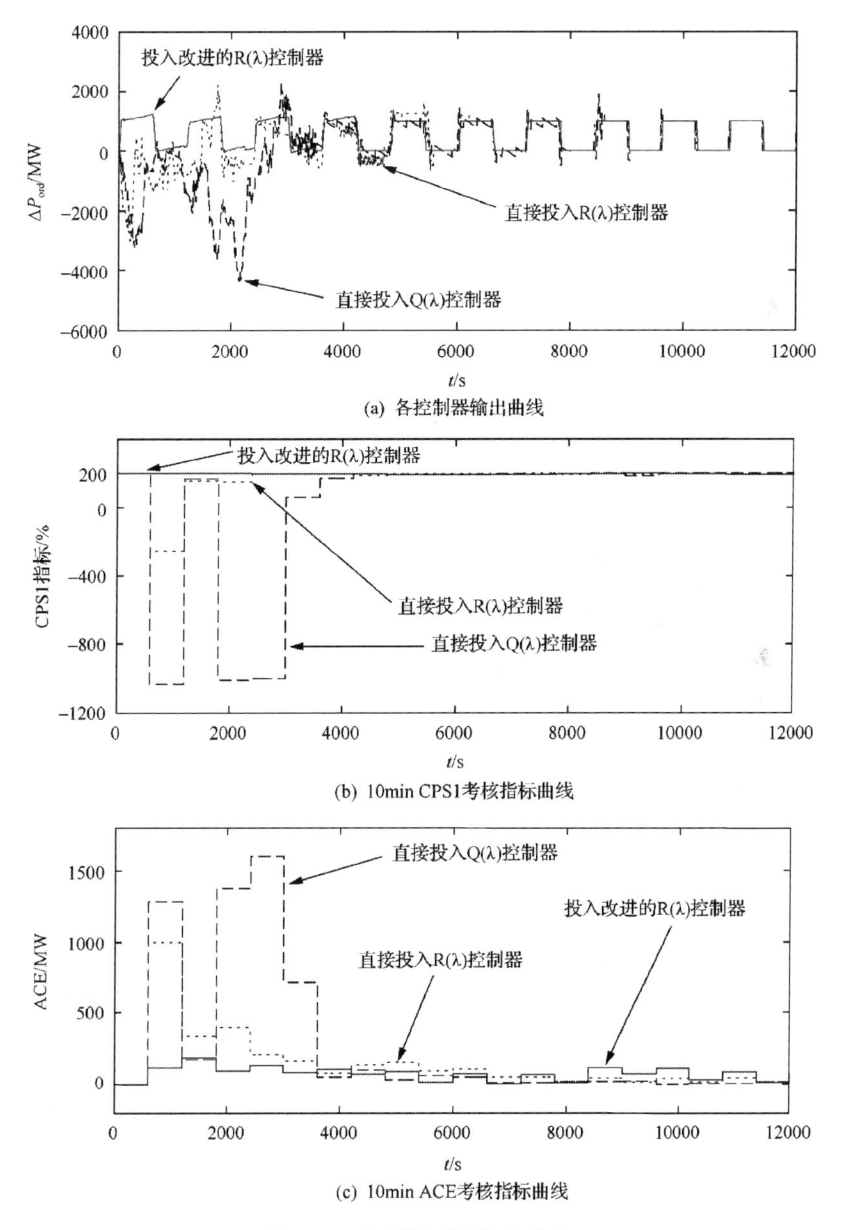

图 4-19　控制器对比仿真试验

由仿真结果可以看出，R(λ)控制器经过 6000s 的试错学习后收敛，收敛后10min CPS1 考核指标保持在 197%～200%，10min ACE 值保持在在 40MW 以下。Q(λ)控制器需经过 9600s 的试错学习后收敛，收敛后 10min CPS1 考核指标保持在 195%～198%，10min ACE 值保持在 50MW 以下。所以在 CPS 标准下，R(λ)控制器与比 Q(λ)控制器学习效率更高，收敛时间更短。

改进的 R(λ)控制器经模仿学习投入正常使用后，其输出能较好地跟踪负荷扰动，10min CPS1 考核指标保持在 194%～208%，10min ACE 值保持在 150MW 以下(对另一个区域的支援导致某些时段其值较大)。改进的 R(λ)控制器投入正常使用后表现出较好的适应性。

2)南方电网实例仿真研究

本书在南方电网整体框架下，以广东电网为研究对象，进一步研究了 R(λ)控制器在实际电网中的适应性和鲁棒性。仿真模型采用广东省电力调度中心实际工程项目搭建的详细全过程动态仿真模型[6]。为了研究 R(λ)控制器在各种复杂扰动下的适应性，本书进行了以下仿真设计：①在广东电网和其他各省网加以采样时间为 15min、幅值不超过 1500MW(对应广东电网最大单一故障——直流单极闭锁)的有限带宽白噪声负荷扰动；②对南方电网各省负荷频率响应系数加入白噪声参数扰动；③设计了 Q(λ)控制器、R(λ)控制器、改进的 R(λ)控制器三种控制器进行对照性仿真实验；

由于基于平均报酬模型的 R(λ)控制器注重长期的稳定行为，这里以 10min 为 CPS 考核时段的指标进行一天 24h 的仿真，广东电网指标汇总表见表 4-5。其中，$|\Delta F|$、|ACE|、CPS1 为考核值的 24h 平均值，CPS2、CPS 为 24h 内考核合格率百分数，CPS2 考核标准阈限值 L_{10} 取南方电网总调推荐值，为 288MW。

由于广东省火电占优势，而火电机组发电调节响应滞后时间较长，系统负荷频率响应为一个非马尔可夫链(非马尔可夫环境)。由表 4-5 可知，三种控制器的 CPS 合格率都较高，所以多步的强化学习算法在此种环境下都具有良好的适应性和鲁棒性。在标称参数和白噪声参数扰动下，R(λ)控制器比 Q(λ)控制器合格率分别提高了 1.23%和 1.08%，表现出了更强的适应性和鲁棒性。改进的 R(λ)控制器的优势主要体现在无须进行盲目的试错学习，其 CPS 合格率与 R(λ)控制器相近。

表 4-5　广东电网统计性试验 CPS 指标汇总(三)

指标	标称参数			白噪声参数		
	Q(λ)控制器	R(λ)控制器	改进的 R(λ)控制器	Q(λ)控制器	R(λ)控制器	改进的 R(λ)控制器
$\|\Delta F\|$/Hz	0.0265	0.0263	0.0260	0.0289	0.0275	0.0274
|ACE|/MW	113.88	110.36	105.36	143.96	141.67	140.79
CPS1/%	176.65	179.05	179.93	173.47	177.59	178.35
CPS2/%	97.44	98.13	98.70	93.05	94.36	94.47
CPS/%	93.06	94.29	94.63	92.36	93.44	93.89

4. 讨论

前面提出了一种全新的基于平均报酬模型的 R(λ)控制器，其创新之处在于以下几方面。

(1)基于平均报酬模型的 R(λ)控制器追求长期平均奖励值最大，这与 CPS 标准注重电力系统 AGC 考核时间段内的平均收益的目标相吻合，研究结果显示，在 CPS 考核标准下，R(λ)控制器比 Q(λ)控制器收敛时间更短，CPS 合格率更高。

(2)改进的 R(λ)控制器具有“全过程在线学习”的特点，没有了盲目的试错学习阶段，因此不必搭建高精度的数字仿真模型进行离线预学习，极大程度地方便了 R(λ)控制器在实际电力系统中的应用。模仿学习的出现对其他强化学习算法在电力系统的实际应用都有重要的参考价值。

(3)具有多步回溯功能的 R(λ)控制器与 Q(λ)控制器一样，在火电占优、机组时延大的非马尔可夫环境下也具有良好的适应性和鲁棒性。

4.3　基于单智能体技术的发电控制指令动态优化分配

4.3.1　基于 Q 学习的动态优化分配

为了方便说明问题，此处提出 CPS 指令分配问题的目标函数的基本形式：

$$E_T = \sum_{t=1}^{T} e(t) \tag{4-49}$$

首先确定 Q 学习算法的奖励函数，探讨不同的奖励函数形式下算法对 AGC 性能的影响。针对求解目的的不同，设计两种不同的目标函数。CPS 考核标准为：当 CPS1≥200%时，在该时间段内，ACE 对互联电网的频率质量有帮助，CPS2 可以为任意值，考核合格；当 CPS1≤100%时，CPS 考核不合格；当 100%≤CPS1≤200%时，重点考虑 ACE，因为在此区间内，若 CPS2 合格，则 CPS 考核合格。因此，对于式(4-50)，为获取最佳的 CPS 控制，应提高电网 CPS 考核合格率，式(4-49)中的方差设计为

$$e(t) = \begin{cases} \sigma, & \text{CPS1}(t) \geqslant 200\% \\ [\text{ACE}^* - \text{ACE}(t)]^2, & 100\% \leqslant \text{CPS1}(t) < 200\% \\ [\text{CPS1}^* - \text{CPS1}(t)]^2, & \text{CPS1}(t) < 100\% \end{cases} \tag{4-50}$$

式中，σ 为一个适当的非正数，在[−10,0]区间内；CPS1 为实时测量值；ACE 为区域控制偏差实时测量值；CPS1^*为 CPS1 的理想值(本书取 200%)，也可以是控

制目标值(年平均值或月平均值)；ACE*为 ACE 控制目标值；t 为离散时刻。

由于 CPS 控制器中已经把 CPS 的控制逻辑考虑在内了，对于式(4-51)，这里将着重考虑使机组出力与命令值累积方差最小，以使机组更好地执行调度中心下发的功率调节指令。同时，针对像广东电网这一类负荷重、水电资源缺乏、快速调节能力弱的电网，还应考虑让具有快速调节能力的机组留出一部分裕度应对下一次可能发生的负荷突增情况。因此，式(4-51)的奖励函数将引入裕度作为奖励，设计为

$$e(t)=\Delta P_{\text{error}}^2(t)-\kappa M_\Sigma=\left[\Delta P_{\text{order-}\Sigma}(t-1)-\sum\Delta P_{\text{G}i}(t)\right]^2-\kappa M_\Sigma(t) \tag{4-51}$$

式中，ΔP_{error} 为 CPS 指令和各机组调节出力总和之差；M_Σ为所有快速调节机组的可调节容量裕度百分比；κ 为控制功率差与裕度的权值，因为裕度与控制误差最小化是一对矛盾，所以 κ 前取负号。本书考虑的快速调节机组为水电机组，M_Σ的定义如下：

$$M_\Sigma(t)=\left\{\left[P_{\text{GH}}^{\max}-\sum_{n\in H}\Delta P_{\text{GH}n}(t)\right]\Big/P_{\text{GH}}^{\max}\right\}\times 100\% \tag{4-52}$$

式中，$P_{\text{GH}}^{\max}$ 为水电机组的总调节容量；$\Delta P_{\text{GH}n}$ 为第 n 台水电机组的水电出力；H 为水电机组的总台数。

强化学习方法的即时报酬 r 通常取正值，所以 r 取式(4-49)中 e 的相反数；最大化期望折扣报酬 R 等效于式(4-50)中 e 最小化累积方差 E。R 设计为

$$\begin{cases}\max R=\sum_{t=1}^{T}r(t)\\ r(t)=-e(t)\end{cases} \tag{4-53}$$

CPS 指令的动态优化分配问题可以用离散时间马尔可夫决策过程理论来解决。由于各机组的上升、下降速率及调节容量上下限的不同，本书用一个三维数组描述马尔可夫决策过程的状态空间 $S=(s_1,s_2,s_3)$。其中，s_1= CPS1(在式(4-50)中)或者$\Delta P_{\text{order-}\Sigma}$(在式(4-51)中)；$s_2=\Delta P_{\text{order-}\Sigma\text{-sign}}$，表示$\Delta P_{\text{order-}\Sigma}$的符号；$s_3=\Delta P_{\text{order-}\Sigma\text{-sl-si}}$，表示$\Delta P_{\text{order-}\Sigma}$曲线斜率的符号。例如，在某一状态下，$s_2$=1 表示调节指令是一个正的调节量，功率调节受调节上限的限制；s_3=−1 表示调节指令在减小，功率调节受下降调节速率限制，依次类推。很明显，对于算法 2，有状态空间分量 $s_1=\Delta P_{\text{order-}\Sigma}$的信息，不再需要 $s_2=\Delta P_{\text{order-}\Sigma\text{-sign}}$，因此可忽略 s_2，则式(4-51)的状态空间简化为一个 2 维的空间向量。

对于式(4-50)，将 CPS1、$\Delta P_{\text{order-}\Sigma\text{-sign}}$和$\Delta P_{\text{order-}\Sigma\text{-}s1\text{-si}}$ 作为状态输入，先将 CPS1

划分为若干不同区域：(–∞,–200)、[–200,0)、[0,100)、[100,150)、[150,200)、[200, +∞)共 7 个离散空间；再将$\Delta P_{\text{order-}\Sigma\text{-sign}}$离散化为[–1,1]，判断正、负调节指令是否满足上、下调节容量限制的约束；同样将$\Delta P_{\text{order-}\Sigma\text{-}s1\text{-si}}$离散化为[–1,1]，判断 CPS 调节指令更改方向是否满足机组出力上升及下降速率的约束。因此，整个输入状态空间被量化为 28 个不同状态。奖励函数的定义参考式(4-54)、式(4-55)。该算法中α取 0.1，β取 0.1，这样能够保证算法的搜索空间，从而提高算法收敛的稳定性。γ取 0.9，体现了下一个控制动作的奖励函数值对于折扣报酬总和的重要性。

对于式(4-51)，状态空间的分量s_1，即$\Delta P_{\text{order-}\Sigma}$，离散化为(–∞,–2000)、[–2000, –1500)、[–1500,–750)、[–750,0)、[0,500)、[500,1000)、[1 000,1500)、[1500,2000)、[2000,+∞)。奖励函数按式(4-53)定义。该算法的目标是保证目前控制周期内机组出力总和与 CPS 指令的累积方差最小，与以后状态无关，因此，γ取 0.0001。其他参数定义同式(4-50)。

算法决策集由分配因子向量组成，每台机组得到的发电指令均是总指令值与由分配优化算法计算得到的分配因子相乘得来的。

根据上述定义，基于离散马尔可夫决策过程模型的 Q 学习算法的学习步骤如下。

(1) 初始化各参数，令$k=0$。

(2) 观察当前状态s_k。

(3) 根据动作概率分布在有限控制动作集中选择并运行动作a_k。

(4) 观察下一个时刻的状态s_{k+1}。

(5) 由式(4-18)得到立即奖励值r_k。

(6) 根据式(4-15)更新Q值矩阵。

(7) 根据式(4-17)更新动作概率分布。

(8) $k=k+1$，返回步骤(3)，循环直至算法收敛或运行到给定学习步数或学习时间。

各种约束条件在算法中并不一定显现，因为这是一个与模型无关的算法，约束只是在建立仿真模型时考虑，这是 Q 学习算法的一大特点。

4.3.2　基于 Q(λ)学习的动态优化分配

4.3.2.1　资格迹

在实际问题中，一个动作的成功或失败需要一段时间以后才能知道，所以强化信号往往是一个动作序列中很早以前的某个动作所引起的响应，这种情况称为延时强化学习的信度分配问题。为了解决这种长时间延时强化学习的信度分配问题，强化学习系统的预报能力就显得很重要，所以有很好预报能力的强化学习算法将具有更强大的生命力，而资格迹为解决强化学习的时间信度分配问题提供了有效的方法。资格迹(eligibility traces，ET)的概念[16]最初是由克劳夫提出的，现已广泛应用于强化学习领域。苏顿在其 1984 年的博士毕业论文中比较系统地研究了这一问题[22]，在生理学中，外部刺激会对神经系统产生作用，这一点对学习是非常重要的，巴甫洛夫的条件反射理论就包括这一观点。而在这些理论中，刺激迹与本书称为资格迹的暂时状态表示非常相似。刺激迹可以联想一个动作，而资格迹仅用于信度分配，刺激迹用于信度分配的思想是由克劳夫首先提出来的。他指出，刺激到达一个神经元时，神经键在一定条件下就会有“资格”进行改变。实际上资格迹这一思想比较简单，当一个状态被访问时，它模拟了一个短期记忆过程，也就是随时间逐渐衰减的过程，这个迹标志着这个状态对于学习是有资格的。当迹不为零时，若一个不可预测的好或坏的事件发生了，那么该状态就要随机赋予一定的信度。

资格迹主要用于解决延时强化学习的信度分配问题，假设可以把过去所有的动作及刺激记录下来，那怎样把刚刚收到的强化信息分配给以前的行为？应该有一些启发信息来对过去的行为进行分配，可考虑两种启发信息，即频度(frequency)和渐新度(recency)。对于频度启发信息，可以根据记录过去行为所发生的次数来进行信度分配。如果是响应特定的刺激，一种动作产生一次，而另一种动作产生两次，那么根据频度启发信息，产生两次的动作很有可能产生最终的强化信号，相对来说应该赋予两倍的信度。而根据渐新度启发信息，应该根据动作产生的时效性来分配信度，所分配的信度应该是产生动作和产生强化信息的时间间隔的单调下降函数，即越早产生的动作，其所分配的信度就应该越小，而越晚产生的动作，其分配的信度就应该越大，而时间间隔为无穷时，信度应该为零。

为讨论问题方便，资格迹变量定义为 et(t)，其矩阵形式即 $e_t(s,a)$，值函数 $Q(s_t)$ 仍用 Lookup 表表示，使表中的每一个元素对应一个状态。这就等价于选择一个矢量 X 集合，该矢量只有一个元素为 1，其余元素均为 0，采用这种表示方法时，不会出现两个状态具有相同的表示。定义状态的特征函数如下：

$$I_t(k)=\begin{cases}1, & k=s_t\\ 0, & \text{其他}\end{cases} \tag{4-54}$$

值函数 $Q(s_t)$ 只是 Lookup 表中对应于状态 s 在学习阶段 t 的元素，则资格迹函数 et(t) 可由式(4-55)计算得到

$$\mathrm{et}_i(t)=\sum_{k=1}^{t}\lambda^{t-k}I_t(k) \tag{4-55}$$

实现这种思想的一种方法就是利用指数衰减函数 λ^k，k 表示执行动作与产生强化信号之间的时间间隔，资格迹函数(4-55)就是采用频度启发与指数衰减渐新度启发来完成的，λ 体现了渐新度启发信息；I 体现了频度启发信息，其中权值表示刺激与动作的映射关系。$\mathrm{et}_i(t)$ 表示第 i 个元素的资格，资格 $\mathrm{et}_i(t)$ 可以看成 t 时刻赋予对行为产生作用的单元权值的信度。频度启发利用所有过去时刻行为的信度之和来实现。如果 λ 接近 1，则赋予动作的信度衰减比较缓慢，而若 λ 接近 0，则信度衰减比较快。式(4-55)是采用指数衰减函数来实现频度及渐新度启发信息的，当然也可采用其他函数形式，但指数衰减的函数形式的主要优点是可以用迭代方式来实现求和。

总而言之，资格迹是所发生事件的一种临时记录，是状态的访问及动作的选取，资格迹使得存储参数与事件的联系成为学习的一种资格。可以从两个方面来看待资格迹，一种是理论化的估计，也称前向估计，如 TD(λ)方法[26]，前向估计对于理解和应用迹的方法计算问题将更有效，在这种估计里所注重的是在时序差分(temporal-difference，TD)算法和蒙特卡罗算法之间存在着相互的联系，当使用资格迹来改善 TD 算法时，它们共同产生了一组 TD 与移动立方体(marching cubes，MC)结合算法；另一种看待资格迹的方法是一种机制的估计，从这一个角度看，一条资格迹是对一个事件发生的一种暂时记忆，这类事件就如访问某种状态或采取某种行动一样，这种迹标志着与经受学习变化事件相关的记忆参数，因此，资格迹帮助沟通发生的事件和训练信息。“基于 Q(λ)学习的优化分配算法”部分将介绍的多步回溯 Q(λ)学习算法将资格迹在时间上的信度分配作为一个基本后向估计机制。

4.3.2.2　基于 Q(λ)学习的优化分配算法

多目标 CPS 指令动态最优分配以 CPS 控制为主，兼顾快速调节机组裕度和经济调度的原则，即指令的分配首先考虑机组出力总和与调度端 CPS 指令之间的差值，再考虑快调机组的可调容量裕度和 AGC 调节费用问题。奖励函数设计如下：

$$
\begin{cases}
R(k) = -\left[\Delta P_{\mathrm{error}}^2(k) - \mu_1 M_{\Sigma}(k) + \mu_2 C_{\Sigma}(k)\right] \\
\Delta P_{\mathrm{error}}(k) = \Delta P_{\mathrm{order}-\Sigma}(k-1) - \sum_{n=1}^{N} \Delta P_{\mathrm{G}n}(k)
\end{cases}
\tag{4-56}
$$

式中，k 为算法当前学习步数；在 Q(λ)学习中即时奖励值一般为正数，求其累积值最大化，而本书求功率差及费用最小化，因此所设计的奖励函数取负值；$\Delta P_{\mathrm{error}}$ 为 CPS 指令与各类机组调节出力和的差；M_{Σ}为所有快速调节机组的可调节容量裕度百分比；C_{Σ}为所有机组的总调节费用；μ_1 为控制功率差与裕度的权值，因为裕度与控制误差最小化是一对矛盾，所以 μ_1 前取负号；μ_2 为控制功率差与平均调节费用的权值；$\Delta P_{\text{error-}\Sigma}$为 CPS 指令值；$N$ 为机组总台数。

4.3.3 基于分层 Q(λ)学习的动态优化分配

强化学习常采用状态-动作对来表示行为策略，当问题规模较大时，学习的数量会随着状态变量的个数成指数级增长，不可避免地会出现耗时、维数灾难等问题。因此，经典强化学习不适合大规模问题的学习。

调度中心可调度的机组数量有几十至上百台，简单 Q 学习将不可能解决维数如此巨大的问题。解决 Q 学习存在问题的途径是应用分层强化学习(hierarchical reinforcement learning，HRL)将原任务分解为更小、更简单的子任务，形成任务分层结构，这样每层上的学习任务仅需在较小的空间中进行，从而大大减少了学习的数量和规模。

为了进一步解决分层 Q 学习(hierarchical Q learning，HQL)层与层之间联系松散、学习经验得不到充分利用，造成算法收敛速度慢的问题，本章提出一种改进的分层 Q 学习算法，在算法分层之间引入时变协调因子，起到分层结构内传递学习经验的作用，可更有效地解决多机 CPS 指令动态最优分配问题。

4.3.3.1 分层强化学习及 CPS 指令分层分配原理

比较典型的分层强化学习有 Parr 提出的马尔可夫决策过程的分层控制与学习(hierarchical control and learning for Markov decision process，HAM)方法[27]、Sutton 等提出的 Options 方法[28]、Dietterich 提出的方法[29]和 Hengst 提出的方法[30]。在分层强化学习中，由于每个子任务的参数比较少，学习中需要的试错也比较少，学习新问题的速度会更快。目前有三种方法可以实现这个目标，第一种是把分层作为一个固定的模块，这样可以大大加快最优化策略的计算；第二种是通过一个执行引擎来设计一个抽象的分层结构，它可以限制各种可能的学习策略，该方法称为分层最优化；第三种同样依靠设计好的执行引擎进行分层，在这种分层中每个子任务对应着自己的马尔可夫决策过程，最终目的是寻求一个对每个子任务都局部最优的策略[31]。

目前国内电网参与 AGC 的机组类型主要有燃煤机组、LNG 机组和水电机组，这些机组之间的调速、容量等方面的特性接近线性关系，而分配的难点在于三类机组的二次调频时延为非线性。因此，首先将网调(区域电网调度)可调用的机组按二次调频时延的大小进行初次粗略分类；分类后的机组又可按机组之间的时延、调速或容量等细分成若干层次的机群。这样机组之间的调度可形成有效的层次之分。

根据上述分配特点，本书采用固定模块的分层方法。算法第一层的学习任务是将 CPS 总指令首先对按调频时延划分的机组类别以一定的原则进行初次分配；第二层、第三层及往下各层的学习任务是将上层分配至该层的 CPS 指令合理分配至下一层机群或具体的机组，CPS 指令由上至下逐层分配，构成一个多层金字塔结构，如图 4-20 所示，$\Delta P_{\text{order-c}}$ 是分配至燃煤类机组的 CPS 指令，$\Delta P_{\text{order-c1}}$ 是分配至燃煤第 1 类机群的 CPS 指令。如此分层，n 可大大减小，并且当同类机组性能相近时，可按调速、容量等线性关系分配，不必使用 Q 学习，算法维数可进一步降低。

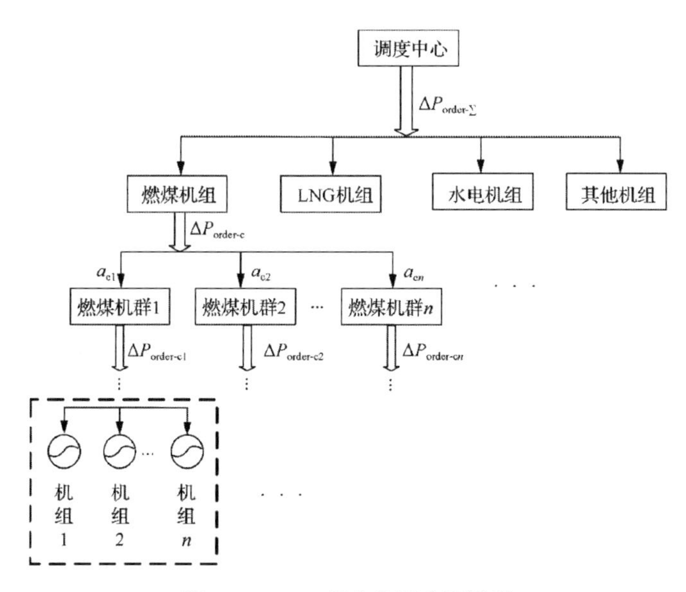

图 4-20　CPS 指令分层分配原理

每一层的 CPS 分配任务由指定专属的 Q 学习算法同时进行学习，整个分配过程由多个 Q 学习共同完成。Q 学习是离散马尔可夫决策过程中的一种不依赖于模型的方法，是一种基于值函数迭代的在线学习和动态最优技术。Q 学习通过优化一个迭代计算的状态-动作对值函数 $Q(s,a)$ 获得最优策略，使得期望折扣报酬总和最大。算法学习因子、折扣因子及贪婪因子数值和动作集的选取分别在 4.2.3 节或本节中介绍。

多目标 CPS 指令动态最优分配以 CPS 控制为主，兼顾快调裕度和经济调度的原则，即指令的分配首先考虑机组出力总和与调度端 CPS 指令之间的差值，再考虑快速调节机组的可调容量裕度和 AGC 调节费用问题。快速调节机组可调裕度的控制由第一层算法完成，同时第一层学习任务还将控制总的功率差及调节费用；往后各层算法的任务是控制该级别功率差和 AGC 调节费用。第一层算法奖励函数设计如下：

$$R_{H(t)} = -\left[\Delta P_{\text{error}-h}^{2}(t) - \mu_1 M_{\sum}(t) + \mu_2 C_{\Sigma}(t)\right] \tag{4-57}$$

在 Q 学习中即时奖励一般为正数，求其累积值最大化，而本书求功率差及费用最小化，因此所设计的奖励函数取负值。式(4-57)中 t 代表离散时刻；$\Delta P_{\text{error-}h}$ 为 CPS 指令与机组出力总和的差；M_{Σ}为快速调节机组总的可调容量裕度百分比；C_{Σ}为总调节费用；μ_1 为控制功率差与裕度的权值，并且因为裕度与控制误差最小化是一对矛盾，所以 μ_1 前取负号；μ_2 为控制功率差与平均调节费用的权值。

各子任务 Q 学习奖励函数设计如下：

$$\begin{cases} R_{S_n(t)} = -\left[\Delta P_{\text{error-}sn}^2(t) + \mu_2 C_{n-\Sigma}(t)\right] \\ \Delta P_{\text{error}-sn}(t) = \Delta P_{\text{order-}sn}(t-1) - \Delta P_{\text{G}n-\Sigma}(t) \end{cases} \tag{4-58}$$

式中，$\Delta P_{\text{error-}sn}$ 为第 n 类机群的功率差；$C_{n\text{-}\Sigma}$为第 n 类机群各机组的调节费用之和；μ_2 为控制功率差与调节费用的权值；$\Delta P_{\text{order-}sn}$ 为上一层算法分配至该层第 n 类机群的 CPS 指令值；$\Delta P_{\text{G}n\text{-}\Sigma}$为第 n 类机群的实际出力。

4.3.3.2 分层协调 Q 学习原理

为简洁说明问题，本书采用两层结构的分层 Q 学习方法进行研究，原理图如图 4-21 所示。分层 Q 学习上、下两层算法是同时学习的，如果上层算法的动作集有 n 个动作，下层 m 个子任务 Q 学习分别有各自的动作集，动作集中又有 l 个动作，算法在两个不同层面上的动作选择可能性共有 $C_n^1 \cdot (C_{l1}^1 \cdot \cdots \cdot C_{lm}^1)$ 种情况。Q 学习的收敛速度在很大程度上受状态-动作对空间的复杂度的影响。简单的分层结构的 Q 学习将花费大量的时间搜索最优策略。

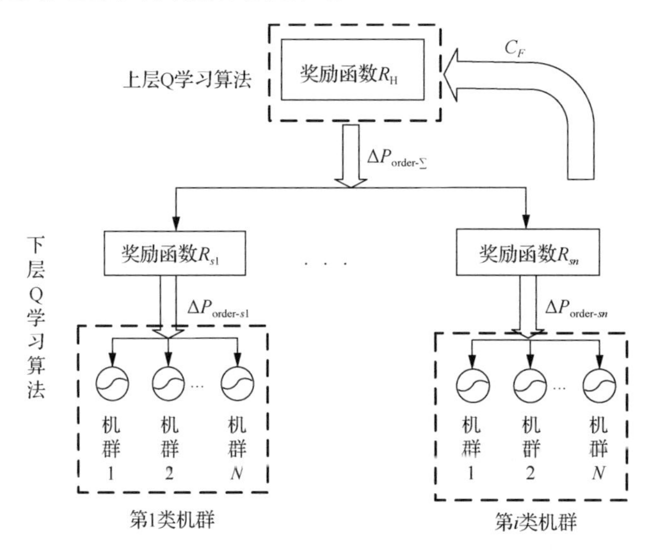

图 4-21 分层 Q 学习原理图

如果不能很好地协调上、下两层算法，仍采用原 Q 学习的迭代计算方法，当上层算法的试错行为是正确的动作，而下层算法的试错行为效果不好时，仍会对上层算法的策略做出不利的评估，算法将需要很长的时间来反复试错才能搜索到最优动作策略。并且简单的分层结构的 Q 学习算法上、下层算法之间无明显联系，各层学习经验得不到充分利用，直接导致学习效率低、收敛速度慢。为达到提高算法效率、加速算法收敛的目的，本书引入一个时变协调因子（coordination factor，C_F），它和第一层算法的奖励函数重新定义如下：

$$\begin{cases} R_{H(t)} = -C_F(t)\left[\Delta P_{\text{error-}h}^2(t) - \mu_1 M_\Sigma(t) + \mu_2 C_\Sigma(t)\right] \\ C_F(t) = 1\Big/\sum\limits_{n=1}^{N}\left|R_{S_n(t)}\right| \end{cases} \tag{4-59}$$

具有协调因子 C_F 的分层 Q 学习称为分层协调 Q 学习（hierarchical coordination Q-learning，HCQ）。C_F 为一个离散时间变量，是下层各 Q 学习算法的当前时刻即时奖励值的绝对值之和的倒数。下层算法在上一时刻的试错行为效果越不佳，下层算法各即时奖励值越小，其绝对值总和越大，C_F 值越小，作为负值的即时奖励值 $R_{H(t)}$ 越大，这相当于在该情况下减少对上层算法的试错行为的处罚。

C_F 在算法的层与层之间起到将下层的学习经验传递至上层的作用，在下层奖励值较小时，避免在该情况下做出对上层算法不利的评估，使算法错过正确策略，提高了算法对学习经验的使用效率。

同理，分层协调 Q(λ) 学习（hierarchical coordination Q(λ)-learning，HCQ(λ)）算法可参照 HCQ 算法进行设计。

4.3.3.3 南方电网实例仿真研究

1. 仿真模型

下面对南方电网实例的仿真研究是通过仿真研究应用 HCQ(λ) 算法的 AGC 系统在多机、火电占优的大时延电力系统中的动态特性。参考广东电网参与 AGC 的机组的调研数据，这里首先对广东电网统调可调度的 77 台机组按二次调频时延大小粗略地分成四类，再根据机组类型、容量、调速、二次调频时延及 AGC 调节费用等分为十个机群，如表 4-6 所示。表 4-6 中，T_s 是机组二次调频时延；标价为该机群的 AGC 调节费用；可调节容量上、下限以电网某稳定工况为基值。

表 4-6 广东电网 AGC 机组相关参数

机组类别编号	机群	T_s/s	ΔP_{Gn}^{max} /MW	ΔP_{Gn}^{min} /MW	UR_n，DR_n/(MW/min)	费用/(元/(10^3kW·h))
1 类	火电 1	90	2800	–2800	140	196.87
	火电 2	120	1912	–1912	71.7	298.00
	火电 3	60	2680	–2680	134	126.70
	火电 4	45	1788	–1788	70.5	127.04
2 类	火电 5	20	1028	–1028	128.5	253.40
	火电 6	8	688	–688	68.82	254.08
3 类	火电 7	40	720	–720	54	190.50
	火电 8	20	480	–480	28.8	190.56
4 类	水电 1	5	600	0	600	93.65
	水电 2	5	400	0	400	84.29

注：UR_n 为可调最大容量；DR_n 为可调最小容量，此列数据表示可调最大容量，此列数据的相反数就是可调最小容量。

2. 算法参数特性仿真

(1)协调因子对算法收敛性的研究。HCQ(λ)算法引入协调因子 C_F 的目的是传递层之间的学习经验，从而加快 HQ(λ)的收敛速度。这里通过实验仿真重点研究协调因子对算法收敛性的影响，μ_1 和 μ_2 取值为 0。仿真分别对不含协调因子的 HQ(λ)算法和 HCQ(λ)学习算法两种方法进行多次仿真，统计两种算法的平均收敛时间，如表 4-7 所示，两种方法的参数选择一致。

表 4-7 协调因子对算法收敛性比较

算法类型	平均收敛时间/s
HQ(λ)	362500
HCQ(λ)	144000

协调因子 C_F 使算法的平均收敛时间缩短了 60.28%，大大减少了预学习的耗时。

预学习阶段收敛时间的比较的意义在于：预学习时间的缩短可以使算法在在线学习时能够更快地更新搜索到最优策略，这对于实际 AGC 调度来讲，是由于电网环境的变化算法由前一个最优策略过渡至新的最优策略时所花的代价最小。

(2)奖励函数权值的研究。裕度权值参数的选取方法及其递增的突增负荷扰动仿真实验可参考第 3 章相关内容，本章 μ_1 取值为 1000。在节能降耗、国家大力推行电力市场改革的大背景下，AGC 辅助服务的费用问题是无法避免的，AGC 调节需考虑电网效益问题。因此，目标函数引入 AGC 调节费用一项。奖励函数中的参数 μ_2 是控制功率差与平均调节费用的权值，该权值越大越重视 AGC 调节费用。为了进一步说明不同权值对算法性能的影响，本书给出三种典型权值参数取值：①μ_2=0；②μ_2=1；③μ_2=10。其中 μ_2=0 表示不考虑调节费用。

在电网内加入一组时间为 3000s 的方波扰动，扰动由三个周期为 1000s，幅值分别是 500MW、1000MW、1500MW 的方波组成。表 4-8 是统计三种不同权值在相同负荷扰动下电网的 CPS1 平均值 E_{CPS1}(%)及 AGC 调节费用。

表 4-8　不同权值下电网调节费用比较

权值	E_{CPS1}/%	调节费用/元
μ_2=0	179.35	109276.05
μ_2=1	178.73	92533.96
μ_2=10	177.68	82726.32

如表 4-8 所示，当 μ_2=1 时，E_{CPS1} 比 μ_2=0 时降低了 0.62%，费用减少了 15.32%；当 μ_2=10 时，E_{CPS1} 比 μ_2=0 时降低了 1.67%，费用减少了 24.30%。权值 μ_2 越大，AGC 调节费用越低，同时 E_{CPS1} 也有所下降，但 E_{CPS1} 下降的幅度并不明显。这表明，广东电网在一定条件下的 AGC 调节有足够的能力应对大的负荷扰动，并且有较大的可节省的费用空间。如果持保守态度可选取较小的权值系数。

4.3.3.4　丰、枯水期 CPS 指令动态分配

前面已对算法的收敛速度和权值参数进行了分析讨论，以下将研究应用该算法的 AGC 系统的电网动态特性。机群的可调节容量、调节速率及二次调频时延如表 4-9 所示。两种算法参数选择一致，奖励函数中权值 μ_1 取值为 1000，μ_2 取值为 1。前面已经详细分析了 Q 学习算法与 Q(λ)学习算法在系统动态环境中的比较，这里不再赘述，只重点研究 HCQ(λ)算法与 HQ(λ)算法。

表 4-9　丰、枯水期广东电网仿真试验 CPS 指标对照表

季节	算法	$\|f\|$/Hz	|ACE|/MW	CPS1/%	CPS2/%	CPS/%	费用/万元
丰水期	HCQ(λ)	0.0309	131.96	173.64	100	100	188.98
	HQ(λ)	0.0308	132.03	173.42	100	100	194.61
	遗传算法	0.0323	139.00	160.86	100	100	196.87
枯水期	HCQ(λ)	0.0351	153.80	151.69	100	92.36	222.36
	HQ(λ)	0.0367	148.69	149.91	100	88.89	233.48
	遗传算法	0.0328	149.13	149.89	100	83.33	239.93

如表 4-9 所示，三种方法在丰水期内考核合格率均为 100%，说明广东电网在水电资源充沛的条件下 AGC 系统能够应付最大单一故障。在$|f|$、|ACE|、频率偏差、ACE、CPS1 平均值、调节费用等方面 HCQ(λ)算法、HQ(λ)算法均优于遗传算法，这有两方面的原因：①遗传算法结果的准确性与其建立的数学模型有极大

的关系，本书的功率分配涉及二次调频时延等非线性因素，这在数学建模时难以精确地建立，在一定程度上影响了遗传算法的准确性；②本书采用的遗传算法并非在线动态计算，其只能针对某一种或一系列典型负荷扰动来计算分配策略，而基于强化学习的优化分配算法能够根据不同的状态及时在线更新调整动作策略，能够很好地应对随机变化的负荷扰动。另外，HCQ(λ)算法的调节费用较 HQ(λ)算法节省了 2.89%。在丰水期对电网实施较为乐观的 CPS 控制，CPS 考核水平并无明显降低，但 AGC 调节费用能大幅减少。

枯水期三种方法的各项指标都有所下降，但调节费用方面增长较多，这是因为水电资源的减少，使两种强化学习算法转而选择表 4-6 中调速较快但费用较高的两类机组。具有在线学习能力的 Q(λ)学习算法仍然优于静态遗传算法。HQ(λ)算法的 CPS 合格率跌幅较大，达 11.11%，而 HCQ(λ)算法合格率为 92.36%，下降幅度并不大。在调节费用方面，HCQ(λ)算法比 HQ(λ)算法节省了 4.76%，优势进一步明显。HCQ(λ)算法在整体效果上优于 HQ(λ)算法。

综合两种电网运行方式下的仿真数据可以看出，没有协调因子的 HQ(λ)算法与 HCQ(λ)算法相比容易陷入局部最优，且在快速调节机组出力发生明显变化及随机扰动的情况下算法收敛速度慢，导致算法在搜索到最优动作策略之前需要比 HCQ(λ)算法付出更大的代价。

由上述分析可得出以下结论：电网规模的扩大，机组数量、类型的增加，调节目标的多样化，对算法智能化、实时性要求更高。本书所提出的 HCQ(λ)算法在互联电网 CPS 指令多目标动态最优分配的应用上效果显著。通过理论及仿真分析，该算法与其他方法相比具有如下优点。

(1) 将全网机组按照调频时延初次分类，使用了功率指令逐层分配的方法，算例证明该分类方法可行有效，并且降低了算法的维数，对涉及大电网多机组的动态规划问题有一定的参考意义。

(2) 协调因子的引入对提高分层强化学习算法在多目标及复杂环境下的学习效率及收敛速度有着显著的效果。

(3) 仿真研究表明，HCQ(λ)算法可在保持 AGC 系统 CPS 控制性能的前提下有效降低 AGC 调节费用，提高电网效益。

HCQ(λ)算法具有很强的在线学习能力，能够很好地适应运行环境的变化，提高整个 AGC 系统的控制适应性及鲁棒性。

4.4　基于人工情感 Q 学习算法的智能发电控制设计

4.4.1　人工情感

4.4.1.1　人工心理学的分类

Q 学习是机器学习中的一种，而机器学习又是人工智能的一个分支。然而，人工智能中的另一个较大分支是人工心理学，人工心理学则主要包括人工情感、人工意识、人工认知和人工情绪四个方面。

人工情感是人工心理学中目前研究得比较多的分支。考虑了人工心理学而设计的智能体，不仅仅包含以往的智能体逻辑思维部分(agent logical part，ALP)，还包含智能体情感部分(agent emotional part，AEP)。而此时智能体的输出，同时受到逻辑处理能力(类似人类的理性思维)和情感处理能力(类似人类的感性思维)的影响。具有人工情感的智能体除了具有传统智能体具有的自治性、反应性、社会性和进化性，还具有情感性。

4.4.1.2　人工情感量化器的设计

智能体具有情感后，可设计出情感机器，用来模拟和分析人类的情感，具有情感的机器称为情感机器。该智能体则通过环境和记忆中的情感因素共同决定当前输出的人工情感。而在面对工程问题时，一般需将人工情感进行量化，进行情感量化过程的量化器称为人工情感量化器，其示意图如图 4-22 所示。简化处理的人工情感量化器输出的是情感输出值η，作为其他函数的比例因子，该比例因子随智能体的情感更新而改变，作为工程问题，一般需将该比例因子限定在某个范围内。针对具体的电力系统中的智能发电控制问题，一般可限制在$\eta=[0,1]$。

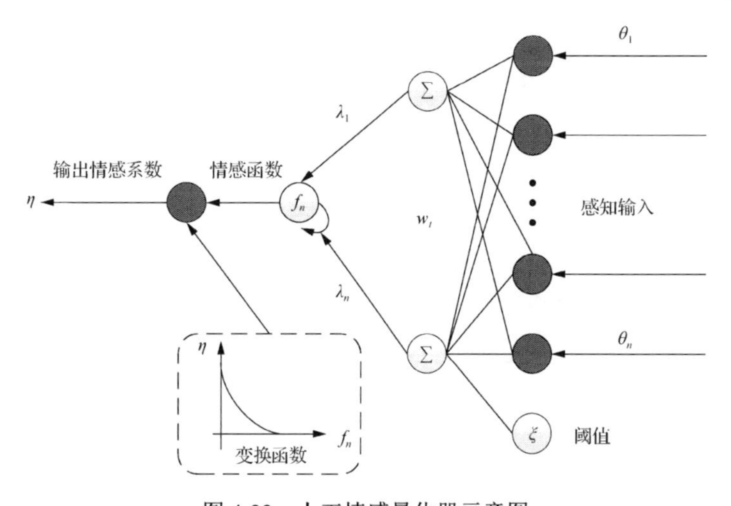

图 4-22　人工情感量化器示意图

而一种较为简单的人工情感 f_n 的计算方式可设计为

$$f_n = \sum_{i=1}^{n} \lambda_i = \sum_{i=1}^{n} \theta_i \omega_i \tag{4-60}$$

式中，θ_i 和 ω_i 分别为人工情感感知得到的信息和该信息的权重，而 λ_i 则为 θ_i 和 ω_i 的乘积，人工情感 f_n 的总输出为信息素的积和。

人工情感的输出转换有多种方式，较简单的三种处理方式为一次、二次和指数转换，其计算公式可分别表示如下：

$$\eta = a_\eta f_n + b_\eta \tag{4-61}$$

$$\eta = c_\eta f_n^2 + d_\eta f_n + e_\eta \tag{4-62}$$

$$\eta = g_\eta \mathrm{e}^{h_\eta f_n} + k_\eta \tag{4-63}$$

式中，a_η 和 b_η 为人工情感量化器的一次因子；c_η、d_η 和 e_η 为人工情感量化器的二次因子；g_η、h_η 和 k_η 为人工情感量化器的指数因子。

4.4.2 人工情感 Q 学习算法

在 Q 学习算法中，算法收敛过程存在一定的随机性。在概率矩阵选择动作值时，若某动作的概率过大(存在“过学习”)，其他动作概率很小，且未选择概率最大的动作，智能体则会随机地从动作集中选择一个动作进行试错。也正是这种试错给 Q 学习的收敛速度带来了影响。在试错少量的几个动作之后，就能预测到在该情况下选择其他动作带来的影响。

这里所提的人工情感 Q 学习算法是利用人工情感更新 Q 学习算法中特定值或参数的一种算法，也是人工智能中两大算法深度融合的算法，其在人工智能中的位置如图 4-23 所示。该算法示意如图 4-24 示。

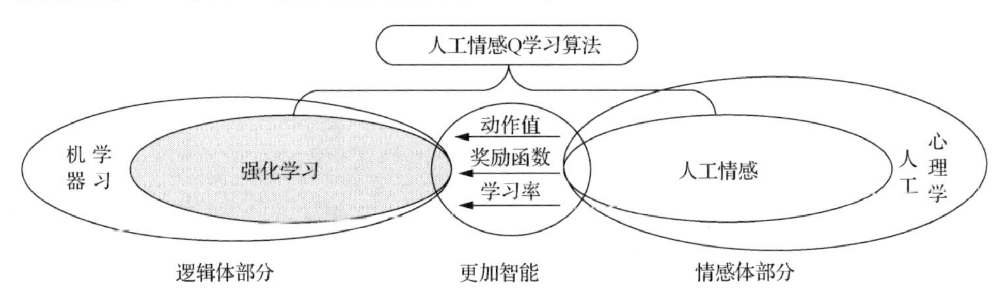

图 4-23 人工情感 Q 学习算法在人工智能中的位置

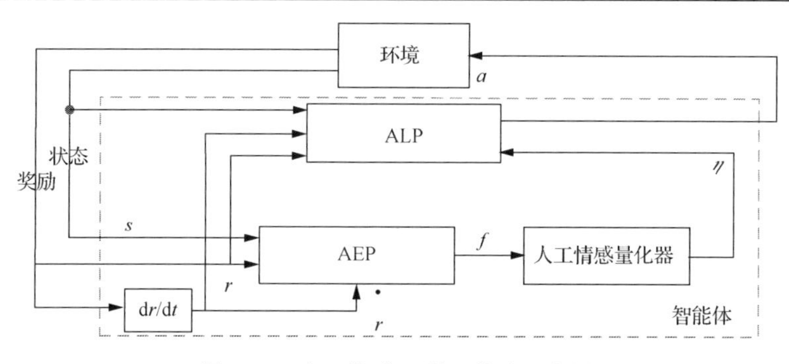

图 4-24　人工情感 Q 学习算法示意图

智能体包含两个部分，一是 ALP，二是 AEP。而采用人工情感更新 Q 学习算法中特定值的策略可大致分为三种，即将人工情感作用于动作值、学习率和奖励函数三种类型。

4.4.2.1　人工情感直接作用于输出动作

在 Q 学习算法中，Q 值矩阵是依据状态的数量来划分的，设计的状态数量一般与动作值的数量成正比。为了得到更准确的动作值，一般需将 Q 学习算法中的状态数量和动作值数量同时增多。然而，Q 值矩阵的“体积”不断增大，可能会引发维数灾难。

为减少维数灾难的发生，人工情感 Q 学习算法将得到的人工情感输出值直接对原有的动作值进行更改，有利于形成连续的动作，此时该智能体输出的动作为连续 Q 动作，即属于连续 Q 学习算法中的一种策略。此时的情感输出值 η 的范围一般可限定为 $0 \leqslant \eta \leqslant 1$。由于此时的智能体具有人工情感，其能输出连续的动作，从而弥补了 Q 学习算法中不能输出连续动作的不足，也减少了维数灾难发生的可能。且此改进措施并未改变动作值的最大值，因此基于人工情感改善动作值的人工情感 Q 学习算法的稳定性与 Q 学习算法的稳定性是相同的。

设计一种人工情感直接作用于输出动作的策略：

$$a \leftarrow \eta a \tag{4-64}$$

4.4.2.2　人工情感作用于学习率

将人工情感作用于学习率时，其作用在于加速其收敛速度，在不断的迭代过程中，使用人工情感的输出值更新 Q 学习算法的学习率 α，也称为广义的变学习率的 Q 学习算法。此时的人工情感作用于 Q 学习算法起到了类似爬山算子的作用。此时的情感输出值 η 的范围一般也是 $0 \leqslant \eta \leqslant 1$。基于赢-输则快速学习策略的分布式 Q 学习算法(win-or-lose-fast policy hill climbing，WoLF-PHC)正是变学习率的 Q 学习算法的一种具体形式，但该算法的变学习率的策略仅为两个不同学习率之间的变化，如在 0.01 和 0.04 两者之间不断变化的学习率。为更快地加速算法收敛过程，有必要设计一种时变的学习率。

设计一种人工情感作用于学习率的策略：

$$\alpha \leftarrow \eta\alpha \tag{4-65}$$

而在基于人工情感设计的变学习率的策略中，学习率一直随着人工情感量化器的输出而不断更新。此改进措施用于改善其收敛过程的速度，并且不改变整个算法的稳定性。

4.4.2.3 人工情感作用于奖励函数

将人工情感作用于奖励函数，在不断迭代过程中修正奖励函数，该算法优化难度大于将人工情感作用于动作值和学习率的优化。而奖励函数在 Q 学习算法中非常重要，奖励函数的设计将直接影响 Q 学习算法的收敛过程。这里所提将人工情感作用于奖励函数的算法，也称为变奖励函数的 Q 学习算法。此时人工情感不仅限于一个情感输出值η，而是对奖励函数的更新，即更新集合键值对＜状态变量集合，奖励值＞。

设计一种人工情感作用于奖励函数的策略，智能体在状态 s 下的奖励值为

$$R(s,s',a) \leftarrow \eta R(s,s',a) \tag{4-66}$$

人工情感 Q 学习算法的框架如图 4-25 所示。从图 4-25 中能看出，整体框架

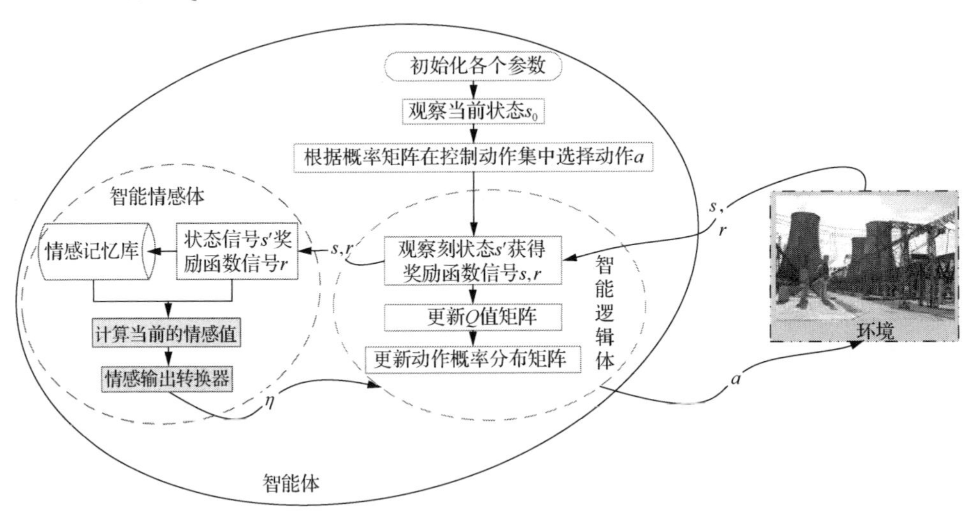

图 4-25 人工情感 Q 学习算法框架图

还是强化学习的整体框架，但智能体内部的决策机制融合了 ALP 和 AEP。情感体输出的量化值用于更新逻辑体内部参数。此过程为一个动态的不断更新的过程，逻辑体和情感体都在不断地更新。因此，人工情感 Q 学习算法可理解为一种在一定范围内时变的 Q 学习算法。

4.4.3 人工情感 Q(λ)学习算法的 SGC 控制器

Q(λ)学习算法是在 Q 学习算法的基础上改进的算法，即在原有 Q 学习算法的基础上引入参数 λ 和资格迹矩阵的算法。人工情感 Q(λ)学习算法则是在原有 Q(λ)学习算法的基础上引入人工情感，并考虑到智能体中情感体存在的算法。人工情感 Q(λ)学习的三种策略和人工情感 Q 学习中的三种策略一致，此处略。

结合互联电网的 AGC 问题，综合人工情感 Q 学习和人工情感 Q(λ)学习算法，形成基于人工情感强化学习算法的 AGC 控制器的步骤如图 4-26 所示。人工情感 Q 学习算法和人工情感 Q(λ)学习算法的参数的推荐取值与推荐取值范围(通过大量仿真获得)如表 4-10 所示。

从图 4-26 中看出，共有三种情感量化方式与三种作用于逻辑体的方式，从而可形成九种不同的改善强化学习的控制策略，如表 4-11 所示。并从图 4-26 中可以看出，在智能体中的情感体和逻辑体的共同作用下，才能输出发电控制指令到互联电网环境中，类似于人类大脑左右脑的作用。

表 4-10　算法参数推荐取值表

参数	推荐取值	推荐取值范围
ω_i	0.8、0.2	[0.1，0.9]，[0.1，0.9]
δ	0.4	(0.4，–1]
α	0.9	[0.05，0.98]
β	0.5	(0，1)
γ	0.3	(0，1)
λ	0.9	(0.85，0.95)
η	0.1	(0，1)
a_η、b_η	0.5、0.4	(0.1，1)，(0.1，1)
c_η、d_η、e_η	0.01、0.01、0.01	(0，0.2)，(0，0.2)，(0，0.2)
g_η、h_η、k_η	0.4、–0.01、0.1	(0，1)，(–1，0)，(0，1)

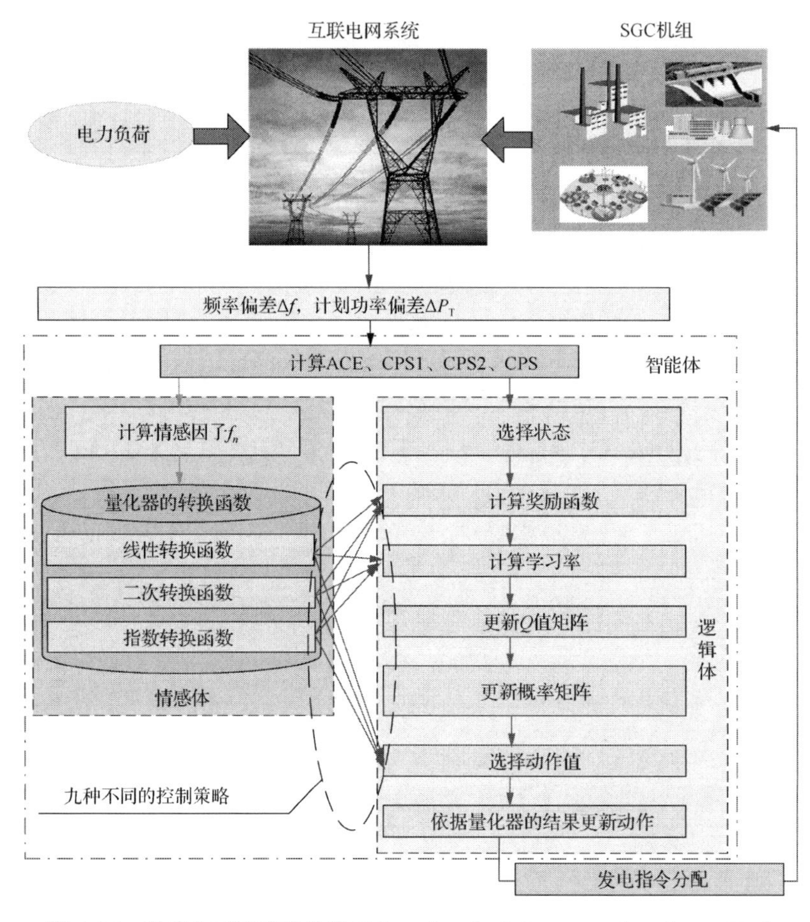

图 4-26　基于人工情感强化学习(emotional reinforcement learning，ERL)算法的智能发电控制器流程图

表 4-11　九种人工情感 Q 学习的控制策略

转换策略	作用方式	策略的简称	特性	优点
二次函数	输出动作	ERL-Ⅰ	连续动作值	更准确地控制策略
	学习率	ERL-Ⅱ	动态学习率	更快地收敛
	奖励函数	ERL-Ⅲ	动态奖励值	更高的学习效率
指数函数	输出动作	ERL-Ⅳ	连续动作值	更准确地控制策略
	学习率	ERL-Ⅴ	动态学习率	更快地收敛
	奖励函数	ERL-Ⅵ	动态奖励值	更高的学习效率
线性函数	输出动作	ERL-Ⅶ	连续动作值	更准确地控制策略
	学习率	ERL-Ⅷ	动态学习率	更快地收敛
	奖励函数	ERL-Ⅸ	动态奖励值	更高的学习效率

4.4.4　仿真算例

4.4.4.1　IEEE 标准两区域算例

在 A 和 B 两区域都采用 PI 控制、Q 学习、人工情感 Q 学习(二次函数作用于输出动作，ERL-Ⅰ)、人工情感 Q 学习(二次函数作用于学习率，ERL-Ⅱ)、人工情感 Q 学习(二次函数作用于奖励函数，ERL-Ⅲ)、人工情感 Q 学习(指数函数作用于输出动作，ERL-Ⅳ)、人工情感 Q 学习(指数函数作用于学习率，ERL-Ⅴ)、人工情感 Q 学习(指数函数作用于奖励函数，ERL-Ⅵ)、人工情感 Q 学习(线性函数作用于输出动作，ERL-Ⅶ)、人工情感 Q 学习(线性函数作用于学习率，ERL-Ⅷ)、人工情感Q学习(线性函数作用于奖励函数，ERL-Ⅸ)、R(λ)、Sarsa 和 Sarsa(λ)共 14 种算法进行数值仿真，仿真后得到的 CPS1 考核指标 10min 平均值、ACE 的 10min 平均值、频率偏差和功率输出在正弦扰动下的结果图如图 4-27 所示。其在正弦扰动和随机扰动两种情况下的仿真结果统计如表 4-12 所示。

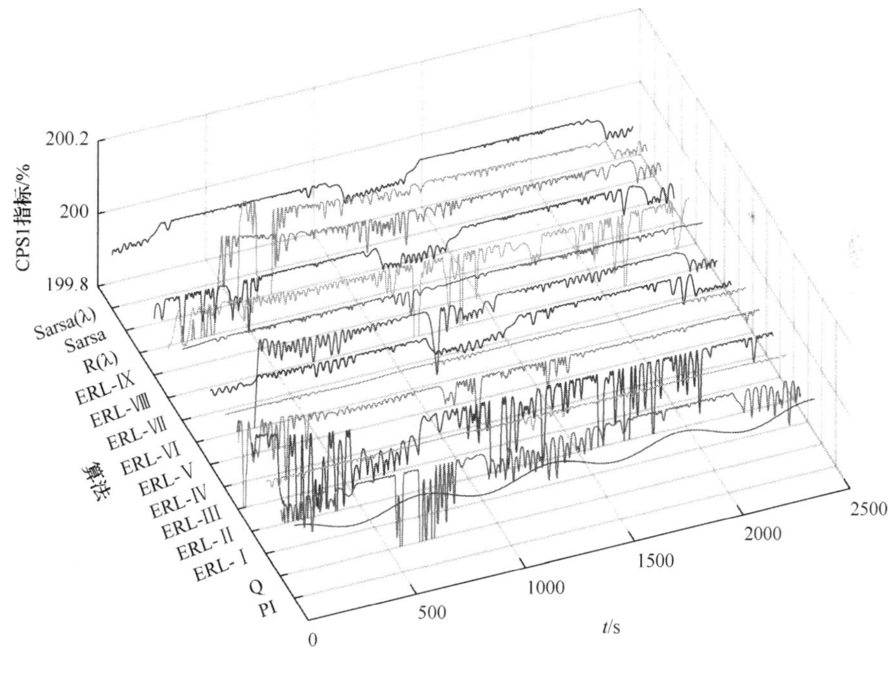

(a) CPS1考核指标10min平均值

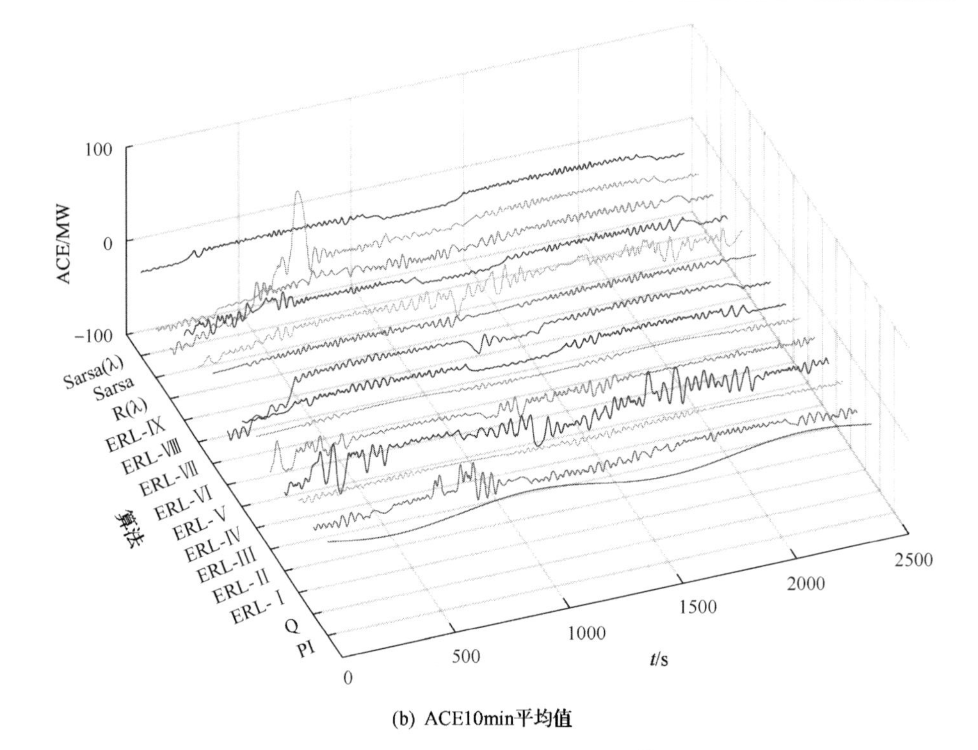

(b) ACE10min平均值

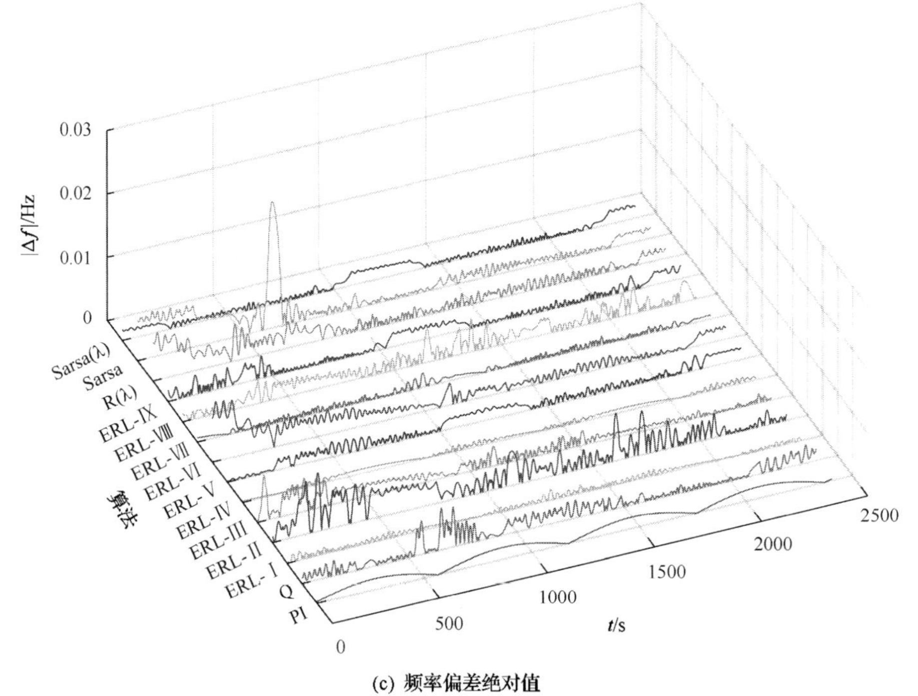

(c) 频率偏差绝对值

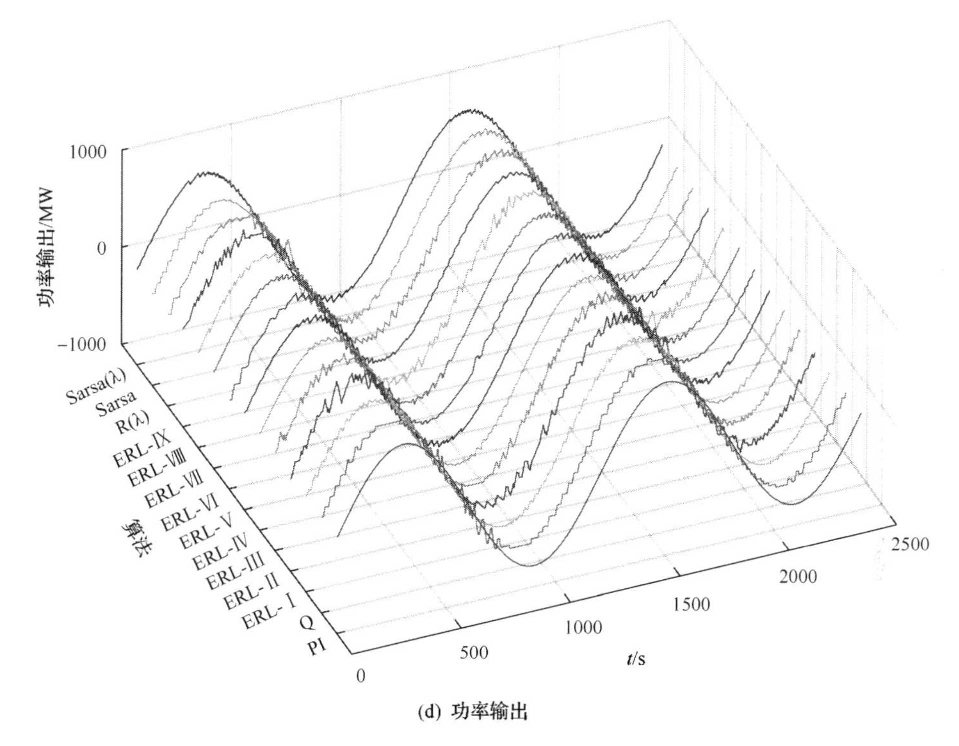

(d) 功率输出

图 4-27　两区域仿真结果

表 4-12　两区域仿真的结果统计表

扰动类型	算法	CPS1/%	CPS2/%	|ACE|/MW	|Δ*f*|/Hz	CPS/%
正弦	PI	199.98	100.00	4.9113	0.001153	100.00
	Q	199.98	100.00	5.0516	0.000848	100.00
	R(λ)	199.99	100.00	4.2089	0.000786	100.00
	Sarsa	199.99	100.00	4.1067	0.000797	100.00
	Sarsa(λ)	199.98	100.00	4.0047	0.000787	100.00
	ERL-Ⅰ	200.00	100.00	1.4139	0.000333	100.00
	ERL-Ⅱ	199.98	100.00	3.8440	0.000862	100.00
	ERL-Ⅲ	199.99	100.00	2.6166	0.000581	100.00
	ERL-Ⅳ	200.00	100.00	2.0396	0.000460	100.00
	ERL-Ⅴ	199.98	100.00	4.2360	0.000810	100.00
	ERL-Ⅵ	199.99	100.00	3.3012	0.000771	100.00
	ERL-Ⅶ	199.99	100.00	2.3176	0.000488	100.00
	ERL-Ⅷ	199.97	100.00	4.9871	0.001123	100.00
	ERL-Ⅸ	199.98	100.00	3.7281	0.000859	100.00

续表

扰动类型	算法	CPS1/%	CPS2/%	|ACE|/MW	|Δf|/Hz	CPS/%
随机	PI	199.98	100.00	5.3396	0.001018	100.00
	Q	199.99	100.00	3.2729	0.000769	100.00
	R(λ)	199.99	100.00	2.5444	0.000603	100.00
	Sarsa	199.99	100.00	1.7387	0.000736	100.00
	Sarsa(λ)	200.00	100.00	2.1701	0.000568	100.00
	ERL-Ⅰ	200.00	100.00	0.6489	0.000182	100.00
	ERL-Ⅱ	200.00	100.00	18.1769	0.000542	100.00
	ERL-Ⅲ	200.00	100.00	2.3581	0.000247	100.00
	ERL-Ⅳ	200.00	100.00	2.6016	0.000446	100.00
	ERL-Ⅴ	200.01	100.00	14.2661	0.000469	100.00
	ERL-Ⅵ	200.00	100.00	2.0789	0.000504	100.00
	ERL-Ⅶ	200.00	100.00	0.8825	0.000274	100.00
	ERL-Ⅷ	199.99	100.00	26.9057	0.000437	100.00
	ERL-Ⅸ	200.00	100.00	1.7235	0.000502	100.00

从图 4-27 和表 4-12 可以看出，人工情感 Q 学习比 Q 学习的控制效果好。从图 4-27 中看出，作用于输出动作的人工情感学习算法比强化学习算法的输出更加光滑，作用于学习率的人工情感学习算法比强化学习算法学习速率更快，作用于奖励函数的人工情感学习算法比强化学习算法更需要经验控制。

在其他学习算中，Sarsa(λ)和 R(λ)算法效果接近，都强于 Sarsa 算法的效果。这些算法的效果都优于 PI 控制算法。

4.4.4.2　以南方电网为背景的四区域算例

从表 4-13 中的 CPS 指标、ACE 和频率偏差绝对值$|\Delta f|$可以看出，人工情感 Q 学习算法的仿真结果优于 Q 学习算法的结果。

人工情感 Q 学习算法的控制性能优于其他算法，所以人工情感量化器的策略是有效可行的。人工情感 Q 学习算法控制的频率偏差更小，ACE 也更小，能适应多区域互联大系统。因此，基于人工情感 Q 学习算法的智能体比仅基于强化学习的智能体更加智能。

表 4-13　具有 0、10%和 20%噪声扰动下的仿真结果统计表

噪声百分比/%	算法	CPS1/%	CPS2/%	ACE/MW	|Δf|/Hz	CPS/%
0	PI	191.41	81.05	200.7485	0.027612	81.05
	Q	177.79	94.03	154.0899	0.046200	94.03
	R(λ)	201.99	87.21	234.6179	0.028967	94.46
	Sarsa	178.46	95.53	151.8444	0.045562	95.53
	Sarsa(λ)	187.62	92.78	149.3353	0.033593	94.20
	ERL-Ⅰ	196.97	100.00	67.8340	0.017239	100.00
	ERL-Ⅱ	185.32	95.83	128.2360	0.039482	95.83
	ERL-Ⅲ	194.36	98.57	92.2408	0.020530	98.57
	ERL-Ⅳ	195.29	100.00	71.4858	0.020814	100.00
	ERL-Ⅴ	193.82	91.69	139.0966	0.022589	94.38
	ERL-Ⅵ	202.35	95.44	100.2425	0.020234	100.00
	ERL-Ⅶ	192.51	98.29	86.9814	0.028083	98.15
	ERL-Ⅷ	189.49	92.94	140.0630	0.041667	94.38
	ERL-Ⅸ	202.39	97.18	110.1723	0.022810	99.07
10	PI	191.06	77.13	205.7547	0.028267	77.13
	Q	177.89	92.39	153.9791	0.046042	92.39
	R(λ)	178.30	93.39	152.5177	0.045756	93.39
	Sarsa	177.92	93.70	153.6907	0.046181	93.70
	Sarsa(λ)	178.05	93.58	153.677	0.045981	93.58
	ERL-Ⅰ	195.24	100.00	63.9583	0.017897	100.00
	ERL-Ⅱ	185.32	92.87	129.6828	0.038568	93.13
	ERL-Ⅲ	193.78	100.00	96.4025	0.021744	100.00
	ERL-Ⅳ	196.13	100.00	70.3140	0.018779	100.00
	ERL-Ⅴ	197.29	94.38	134.7554	0.030325	96.71
	ERL-Ⅵ	197.13	93.24	111.1909	0.018022	97.50
	ERL-Ⅶ	189.21	97.43	99.3898	0.028886	97.43
	ERL-Ⅷ	214.04	92.76	142.7518	0.029943	97.50
	ERL-Ⅸ	194.55	95.95	118.9428	0.023104	98.08
20	PI	190.53	71.44	214.2669	0.029252	72.62
	Q	178.11	92.20	153.5688	0.046020	92.20
	R(λ)	178.55	92.59	152.3895	0.045426	92.59
	Sarsa	178.05	92.84	154.1073	0.045980	92.84
	Sarsa(λ)	178.75	92.99	151.2604	0.045114	92.99
	ERL-Ⅰ	194.59	100.00	101.0811	0.019527	100.00
	ERL-Ⅱ	183.66	91.83	134.6681	0.040472	92.13
	ERL-Ⅲ	191.98	100.00	120.4560	0.024654	100.00
	ERL-Ⅳ	193.74	100.00	109.5012	0.022502	100.00
	ERL-Ⅴ	200.55	94.70	139.2029	0.036099	98.10
	ERL-Ⅵ	196.24	96.95	122.3921	0.029136	100.00
	ERL-Ⅶ	194.74	100.00	113.3126	0.020369	100.00
	ERL-Ⅷ	198.13	93.01	144.6103	0.028843	96.71
	ERL-Ⅸ	193.44	89.31	127.7830	0.023331	91.95

4.5 基于松弛深度学习算法的统一时间尺度的智能发电控制

4.5.1 统一时间尺度的智能发电控制

由于多时间尺度的发电调度和实时的发电控制存在耦合的问题，甚至会出现反调的情况(实际系统需要正调节，而控制算法却因为系统的迟滞性给出了负调节指令的一种现象)，有必要研究统一时间尺度的发电调度与控制的一体化调控算法，本书提出了松弛深度学习(relaxed deep learning，RDL)算法，并设计了基于RDL算法的实时经济发电调度与控制(real-time economic generation dispatch and control，REG)器。

4.5.1.1 统一时间尺度的智能发电控制框架

统一时间尺度的实时一体化调控框架图 4-28 所示。实时一体化调控框架中的控制器替代了传统“机组组合(unit commitment，UC)+经济调度(economic dispatch，ED)+自动发电控制(AGC)+发电指令分配(generation commands dispatch，GCD)”的结构，且该控制器为多输入多输出控制器，必须同时满足 AGC 机组各种约束。

基于所提实时一体化调控框架的控制器必须能够对系统特征进行全面学习，以保证在没有机组组合优化的前提下，也能指示机组的启停状态。因此，该控制器不仅需要学习控制系统的功率特性和频率特性，还需要学习各个 AGC 机组的发电和约束特性。

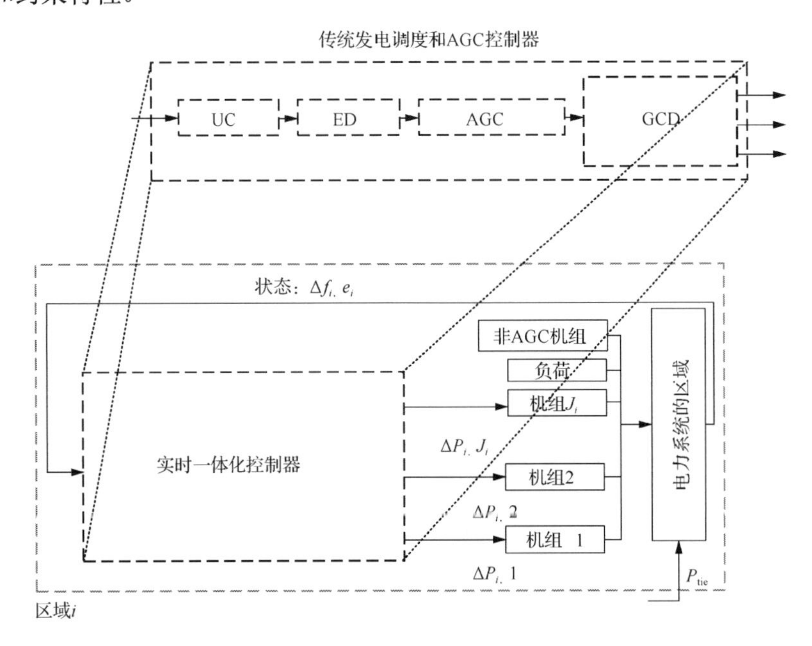

图 4-28 实时一体化调控框架

4.5.1.2 基于 RDL 算法的统一时间尺度发电调度与控制一体化控制器

为了在学习系统的功率特性和频率特性的同时学习各个 AGC 机组的发电和约束特性，本书设计了由两个深度学习构成的学习结构，并且设计了松弛算子对机组约束进行控制，即 RDL 算法。

RDL 算法即同时考虑 UC+ED+AGC+GCD 的“一体化”算法。基于 RDL 算法的实时发电与调度控制器以频率偏差和区域控制偏差作为输入，以对机组的发电指令作为输出，无须另外的调度指令。为对比组合式算法和一体化算法 RDL 算法的输入输出情况，将其列出，如表 4-14 所示。这里设计的 RDL 算法流程图如图 4-29 所示。

表 4-14 组合式算法和一体化算法(RDL 算法)的输入输出表

算法	具体算法	调频情况	算法类型	时间尺度/s	输入	输出
组合式算法	UC	三次	优化	86400	$PD_{i,t}$	$U_{i,j,t}, P_{j,t}$
	ED	二次	优化	900	PD_i	$P_{i,j}$
	AGC	二次	控制	4	$e_i, \Delta f_i$	ΔP_i
	GCD	二次	优化	4	ΔP_i	$\Delta P_{i,j}$
一体化	RDL	二次和三次	一体化	4	$\Delta f_i, e_i, A$ (DNN1) $\Delta f'_{i,(t+1)}$ (DNN2)	$\Delta F'_{i,(t+1)}$ (DNN1) $\Delta P_{i,j}$ (DNN2)

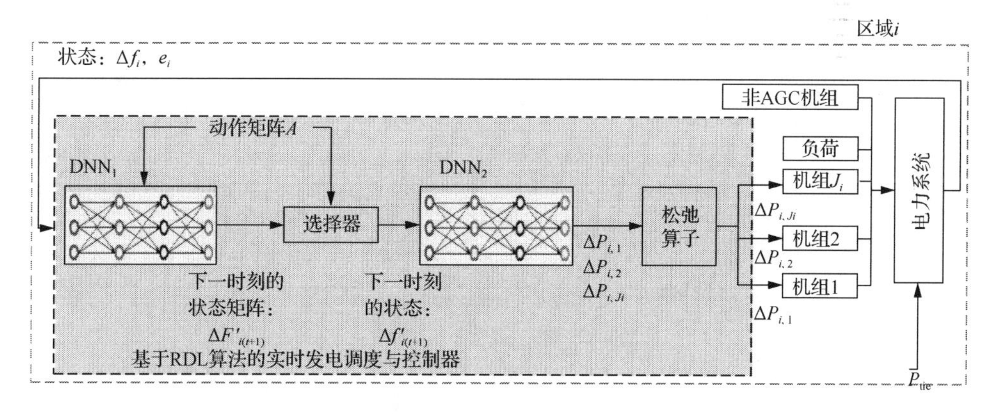

图 4-29 RDL 算法流程图

从图 4-29 中看出，RDL 算法中设计了两个深度学习的网络，分别用来预测系统的频率偏差(图中的“DNN_1”)和发电指令的分配(图中的“DNN_2”)。通过输入当前状态、ACE 值与动作，以及 DNN_1 的预测，输出区域的总发电功率指令。

这些指令通过松弛算子进行松弛操作，并判断松弛前后的误差，若误差较大，则调整松弛算子。再经过 DNN_2 的预测之后进行松弛操作，最后输出给各个发电机组。其中的选择器则从下一时刻状态矩阵中选择最优状态对应的下一时刻的状态值。

图 4-29 中的深度神经网络(deep neural network，DNN)过程依赖于受限玻尔兹曼机，将多个受限玻尔兹曼机堆叠，在训练深度神经网络时，并无监督的逐层贪心训练方法(逐层进行训练)。在离线训练完成之后，可采用有监督的学习对网络进行边训练边利用。

图 4-29 中的 DNN_1 与 DNN_2 类型相同，但其输入与输出的变量不同。

最后列出 RDL 算法步骤，如图 4-30 所示。从图 4-30 中能看出，利用经过离线训练的深度神经网络与松弛算子进行计算，能免去长时间尺度的“机组组合”和“经济调度”的调度。松弛前发电指令为 ΔP_{Gj}，松弛后发电指令为 $\Delta P'_{Gj}$，利用松弛算子对发电指令的调节为

$$\begin{cases} r_{rj} = \dfrac{\sum \Delta P'_{Gj}}{\sum \Delta P_{Gj}} \\ \Delta P'_{Gj} \leftarrow r_{rj} \Delta P'_{Gj} \end{cases} \tag{4-67}$$

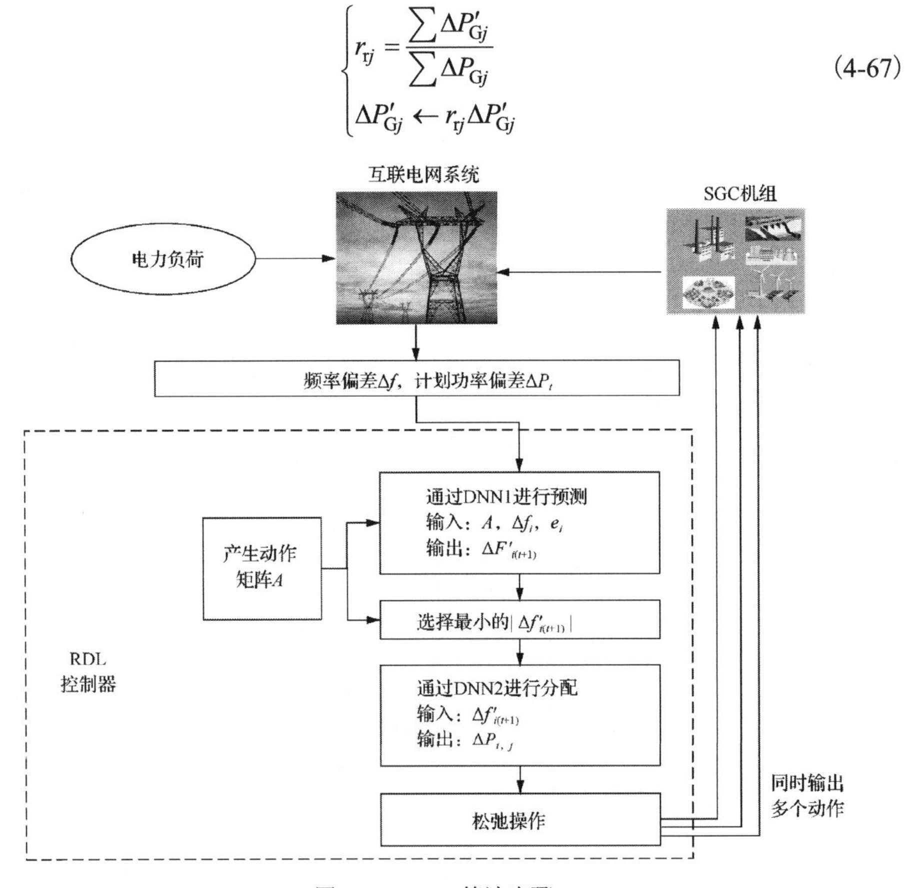

图 4-30 RDL 算法步骤

4.5.2　统一时间尺度的仿真算例

在一体化仿真计算中所用到的对比算法如表 4-15 所示，其中 SAA 为模拟退火算法(simulated annealing algorithm，SAA)，MVO 为多元优化(multi-verse optimizer，MVO)算法，RANN 为松弛人工神经网络(relaxed artificial neural network，RANN)算法，其是将松弛深度学习中的深度学习替换为人工神经网络的一种简化的算法。

表 4-15 所示的仿真中所用到的算法的参数如表 4-16 所示。

每种算法的组合仿真 24h(1 天)，所有算法均在 IEEE 的 10 机 39 节点算例和以海南电网为背景的算例中运行。因此，从表 4-15 可以看出仿真中设定的总仿真时间为 2×(5×5×8×6+2)÷365，即 6.586 年。

表 4-15　一体化仿真所用的算法表

UC 优化算法	ED 优化算法	AGC 算法	GCD 优化算法
SAA	SAA	PID	SAA
MVO	MVO	SMC	MVO
GA	GA	ADRC	GA
GWO	GWO	FOPID	GWO
PSO	PSO	FLC	PSO
		Q	固定比例
		Q(λ)	
		R(λ)	
RANN			
RDL			

表 4-16　发电调度与控制一体化算例中其他算法的参数

算法	参数	值
PID	比例 K_P	–0.006031543250
	积分 K_I	0.0004325
SMC	开关点 k_P	±0.1Hz
	输出值 k_v	±150MW

续表

算法	参数	值
ADRC	状态观测器	$A=\begin{bmatrix}0 & 0.0001 & 0 & 0\\ 0 & 0 & 0.0001 & 0\\ 0 & 0 & 0 & 0.0001\\ 0 & 0 & 0 & 0\end{bmatrix}$
		$B=\begin{bmatrix}0 & 0\\ 0 & 0\\ 0.0001 & 0.0001\\ 0 & 0\end{bmatrix}$
		$C=\Lambda\begin{pmatrix}0.1 & 0.1 & 0.1 & 0.1\end{pmatrix}$
		$D=0_{4\times 2}$
	k_4	1
	k_1	15
	k_2	5.5
	k_3	20
FOPID	μ	200
	比例 K_{P}	-1
	积分 K_{I}	0.4325
	λ	1.3
FLC	输入 Δf	–0.2～0.2Hz，21 个分隔
	输入 $\int\Delta f$	–1～1Hz，21 个分隔
	输出 441 网格	[–150，150]（MW）
Q	α,β,γ	$\alpha=0.1,\beta=0.05,\gamma=0.9$
	动作矩阵 A	{–300,–240,–180,–120,–60,0,60,120,180,240,300}
Q(λ)	$\alpha,\beta,\gamma,A,\lambda$	$\lambda=0.9$，其他参数与 Q 学习参数一致
R(λ)	$\alpha,\beta,\gamma,A,\lambda,R_0$	$R_0=0$，其他参数与 Q(λ)学习参数一致
UC 优化算法：GA，SAA，MVO，GWO，PSO	最大迭代次数	50
	种群数目	10
ED 优化算法：GA，SAA，MVO，GWO，PSO	最大迭代次数	30
	种群数目	10
GCD 优化算法：GA，SAA，MVO，GWO，PSO，固定比例	最大迭代次数	5
	种群数目	10

4.5.2.1　IEEE 的 10 机 39 节点算例

以 IEEE 的 10 机 39 节点的电力系统为基础，将其分为三个区域，在其中添加了三种不同的新能源电源或用电负荷，分别为风电、光伏发电(photovoltaic power，PV)、电动汽车(electric vehicle，EV)充电，其电网图如图 4-31 所示。图 4-31 中的 10 机(区域 1 为 30、37、39；区域 2 为 31、32、33、34、35；区域 3 为 36、38)的参数如表 4-17 所示。计算机组组合问题时参数如表 4-18 所示。

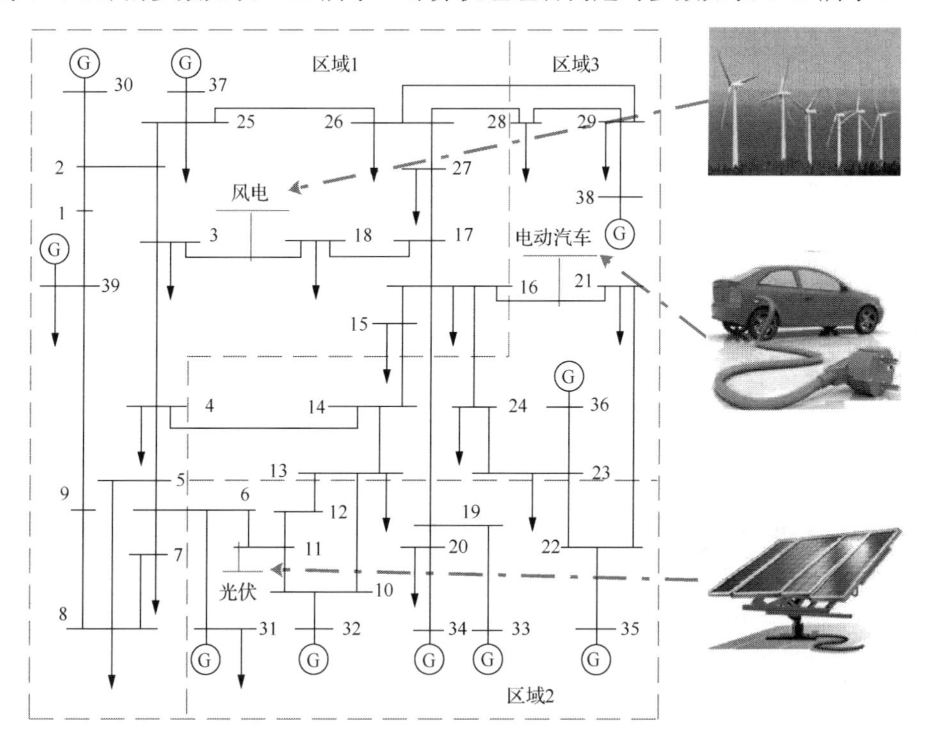

图 4-31　以 10 机 39 节点为基础的三区域电网图

表 4-17　10 机组参数表

区域	1	1	1	2	2	2	2	2	3	3
机组编号	30	37	39	31	32	33	34	35	36	38
机组最小连续开机时间/h	8	8	5	5	6	3	3	1	1	1
机组最小连续关机时间/h	8	8	5	5	6	3	3	1	1	1
爬坡约束值/(MW/h)	200	200	200	200	200	200	200	200	200	200
机组最大出力/MW	455	455	130	130	162	80	85	55	55	55

续表

区域	1	1	1	2	2	2	2	2	3	3
机组编号	30	37	39	31	32	33	34	35	36	38
机组最小出力/MW	150	150	20	20	25	20	25	10	10	10
比例因子 a	1000	970	700	680	450	370	480	660	665	670
比例因子 b	16.19	17.26	16.6	16.5	19.7	22.26	27.74	25.92	27.27	27.79
比例因子 c	0.00048	0.00031	0.002	0.00211	0.00398	0.00712	0.00079	0.00413	0.00222	0.00173
热启动成本 (t/(10^{3}kW · h))	4500	5000	550	560	900	170	260	30	30	30
冷启动成本 (t/(10^{3}kW · h))	9000	10000	1100	1120	1800	340	520	60	60	60
冷启动时间/h	5	5	4	4	4	2	2	0	0	0
ED 成本系数 a_i	0.675	0.45	0.563	0.563	0.45	0.563	0.563	0.337	0.315	0.287
ED 成本系数 b_i	360	240	299	299	240	299	299	181	168	145
ED 成本系数 c_i	11250	7510	9390	9390	7510	9390	9390	5530	5250	5270
ED 排放系数 α_i	3.375	1.125	1.689	1.576	1.17	1.576	1.576	0.674	0.63	0.574
ED 排放系数 β_i	1800	600	897	837	624	837	837	362	404	290
ED 排放系数 γ_i	56250	18770	28170	26290	19530	26290	26290	11060	13800	10540

表 4-18　机组组合问题参数表

UC 问题的负荷时段/h	1	2	3	4	5	6	7	8	9	10	11	12
UC 问题的负荷值/WM	700	750	850	950	1000	1100	1150	1200	1300	1400	1450	1500
UC 问题的旋转备用/WM	70`1	75	85	95	100	110	115	120	130	140	145	150
UC 问题的负荷时段/h	13	14	15	16	17	18	19	20	21	22	23	24
UC 问题的负荷值/WM	1400	1300	1200	1050	1000	1100	1200	1400	1300	1100	900	800
UC 问题的旋转备用/WM	140	130	120	105	100	110	120	140	130	110	90	80

依据文献设计典型的光伏发电、风电、EV 充电及负荷的功率曲线如图 4-32 所示。图 4-32(c) 为五种类型的 1000 个 EV 用户，每种类型均有 20%的用户，图中曲线为该五种不同类型用户的 EV 充电曲线的叠加曲线。

仿真方法为：①针对一体化的统一时间尺度的松弛深度学习算法，每 4s 启动一次 RDL 算法的控制器，即 RDL 算法的计算时刻为 0s,4s,8s,…；②针对传统组合式算法，每天 0 时刻启动一次 UC 问题的算法，即其计算时刻为 0s，86400s，…，每 15min 启动一次 ED 问题的算法，即其计算时刻为 0s,900s,1800s,…，每 4s 启动一次 AGC 算法和 GCD 算法，即其两者的计算时刻为 0s,4s,8s,…。其中 RDL 算法中的深度神经网络隐含层配置为 4 层，每层 24 个神经元(经过大量实验测得该组参数较优)。RANN 算法和 RDL 算法的训练时间分别为 6.06h 和 15.55h。

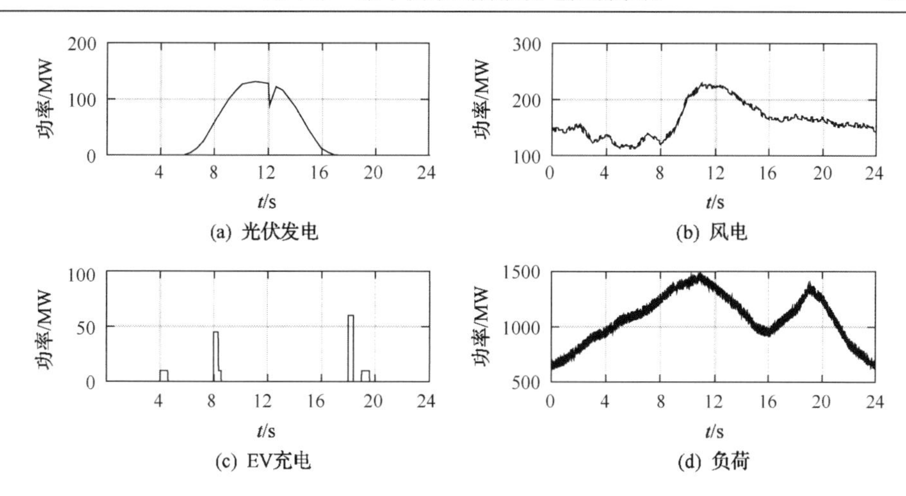

图 4-32　典型的功率曲线(光伏发电、风电、EV 充电及负荷)

通过数值仿真得到的仿真结果如图 4-33 和表 4-19 所示。

表 4-19　仿真结果统计(三区域电力系统，统一时间尺度)

算法	Δf /Hz			
	最小值	平均值	最大值	
RDL	0.000848	0.085750	0.168365	
RANN	0.001032	0.584760	1.156371	
UC+ED+AGC+GCD	0.000001	0.466465	1.185286	
算法	ACE/MW			
	最小值	平均值	最大值	
RDL	3.54	618.38	993.98	
RANN	4.30	2631.53	4934.50	
UC+ED+AGC+GCD	0.01	2133.34	5030.13	
算法	计算时间/s			
	UC	ED	AGC	GCD
RDL		0.039		
RANN		0.048		
UC+ED+AGC+GCD	882.875	0.185	0.001	0.092
算法	成本/美元			
	发电成本	碳排放成本	总成本	
RDL	221032618.10	8022181171.73	4121606894.92	
RANN	307624628.24	10948407885.92	5628016257.08	
UC+ED+AGC+GCD	262686896.71	9211402522.83	4737044709.77	
算法	调节次数/次			
	顺调次数	反调次数		
RDL	37968	19000		
RANN	82890	47010		
UC+ED+AGC+GCD	76351	47025		

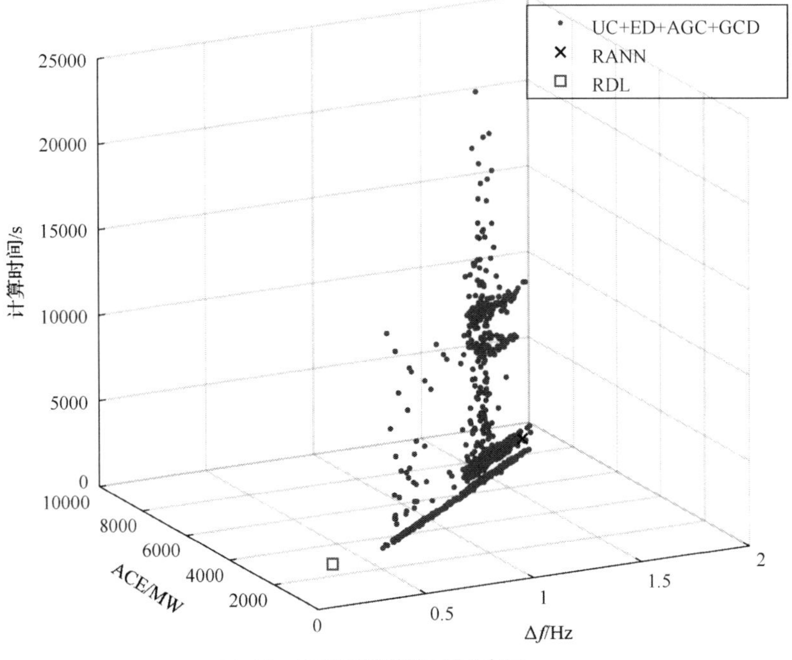

(a) Δf、ACE和计算时间三维分布图

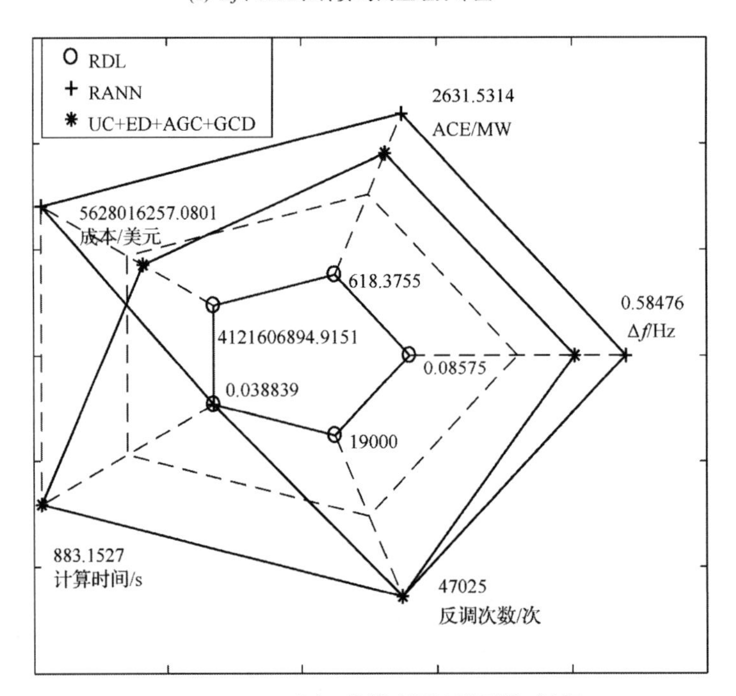

(b) Δf、ACE、成本、计算时间和反调次数对比图

图 4-33　仿真结果图(三区域电力系统，统一时间尺度)

在图 4-33(a)中，最显著的对比是，RDL 算法所用的计算时间比 UC+ED+AGC+GCD 组合式算法的计算时间少得多。从图 4-33(b)和表 4-19 中能看出，RDL 算法结果的 Δf 最小、ACE 最小、所用计算时间最少、总成本最少且反调次数最少。因此，与 UC+ED+AGC+GCD 组合式算法和 RANN 算法相比，RDL 算法的性能最优。

从仿真结果能得出如下结论。

(1) RDL 算法中的深度神经网络能对系统状态进行较为准确的评估，且 RDL 算法的计算时间较短，能在一个控制周期内完成计算。

(2) 作为一个多输入多输出的控制器，RDL 算法能有效地学习多时间尺度的实时经济发电调度控制模型，并对系统进行评估，能同时输出多台发电机的发电功率指令。

(3) RDL 算法能有效地解决 UC+ED+AGC+GCD 组合式算法带来的难以协调的优化和控制一体化的调控问题。

(4) 该 IEEE 的 10 机 39 节点的算例为一个独立的集中式的算例，仿真结果验证了 RDL 算法在集中式算例中的有效调控能力。

4.5.2.2　海南电网算例

仿真算例中可调的二次调频机组有 8 台，仿真方法与 IEEE 的 10 机 39 节点算例的仿真方法相同。其中，RDL 算法中的深度神经网络隐含层配置为 3 层，每层 20 个神经元(经过大量实验测得该组参数较优)。RANN 算法和 RDL 算法的训练时间分别为 2.27h 和 482h。仿真结果如图 4-34 和表 4-20 所示。

表 4-20　基于 RDL 算法的海南电网仿真结果

算法	Δf/Hz		
	最小值	平均值	最大值
RDL	0.000009	0.063423	0.121840
RANN	0.000013	0.239390	0.283320
UC+ED+AGC+GCD	0.000001	0.260590	0.323400

算法	ACE/MW		
	最小值	平均值	最大值
RDL	0.00	164.03	1875.80
RANN	0.00	570.67	1932.000
UC+ED+AGC+GCD	0.23	2110.30	2234.20

续表

算法	Δ*f*/Hz			
	UC	ED	AGC	GCD
RDL	0.160710			
RANN	0.026026			
UC+ED+AGC+GCD	584.6900	0.172220	0.001	0.092

算法	成本/美元		
	发电成本	碳排放成本	总成本
RDL	37802000	1734000000	885910000
RANN	458950000	18380000000	9419600000
UC+ED+AGC+GCD	459220000	18402000000	9430500000

算法	调节次数/次	
	调节次数	反调次数
RDL	5152	2584
RANN	172710	85003
UC+ED+AGC+GCD	43208	15728

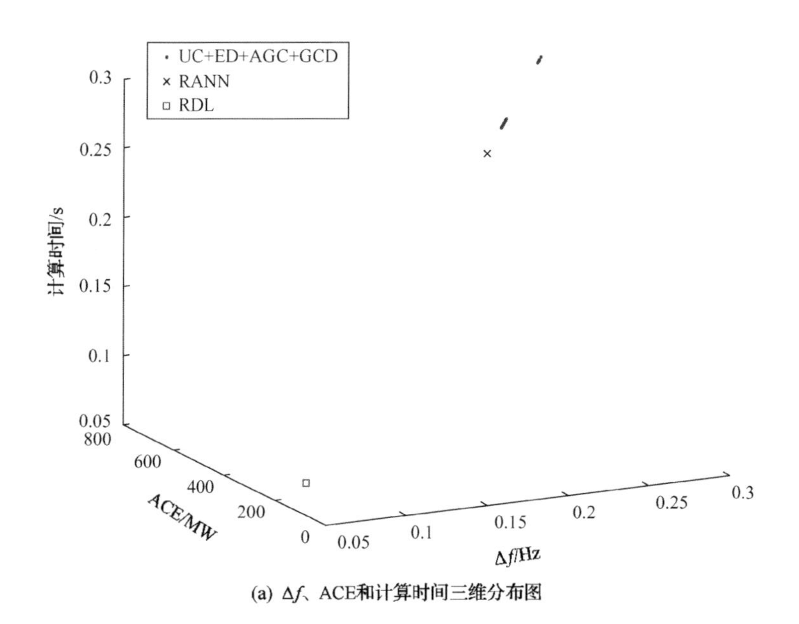

(a) Δ*f*、ACE和计算时间三维分布图

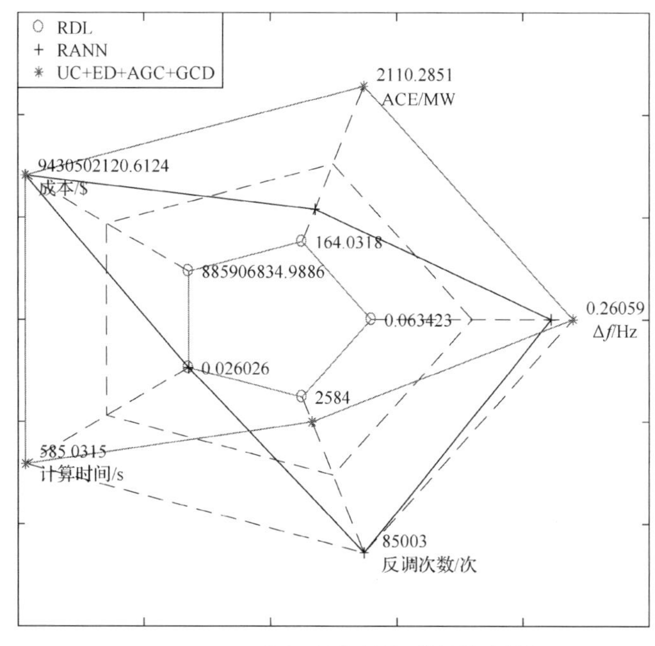

(b) Δf、ACE、成本、计算时间和反调次数对比图

图 4-34　基于 RDL 算法的海南电网仿真结果图

从图 4-34 和表 4-20 可以看出，除 RDL 算法的计算时间比 RANN 算法多以外，其他指标均比 RANN 算法和 UC+ED+AGC+GCD 组合式算法低，因此能得出如下结论。

(1) 与 RANN 算法和 UC+ED+AGC+GCD 组合式算法对比，RDL 算法能对该电网发电控制和调度操作进行有效的学习，并能对系统进行实时控制，且能取代多时间尺度(如 UC 和 ED)的调度优化策略。

(2) 从工程算例来看，RDL 算法能有效解决 UC+ED+AGC+GCD 组合式算法带来的难以协调的优化和控制一体化调控问题。

(3) 海南电网的算例是非独立区域的算例，该算法中的海南电网与南方电网中四大电网中的广东电网相连，该算例中一体化调控的 RDL 算法的可行性和有效性说明了 RDL 算法可以用在互联大电网中的区域电网中；因此 RDL 算法能够进行不断的试点，不断地从整个电网获取数据，不断地进行训练，能一步一步拓展到整个大规模互联的电力系统中。

4.6　基于深度强化森林算法的智能发电控制

4.6.1　深度强化森林算法框架

深度森林算法[32]能够利用较少的系统信息对系统所处的情况进行分类判断。

为防止电力系统在大扰动的情况下发电控制问题的紧急情况发生，并将系统的频率控制在正常可控的范围内，本书采用深度森林算法作为预防策略，将正常频率控制问题分解为接近紧急情况和非接近紧急情况两种情况，并在这两种情况下分别采用不同参数的强化学习算法进行控制，从而提出了深度强化森林(deep reinforcement forest，DRF)算法。

4.6.1.1　深度森林算法

1. 随机森林算法

随机森林算法是重要的机器集成学习算法之一，其基础是 Breiman 在 1996 年提出的 Bagging 集成算法[33]和 Ho 在 1998 年提出的随机子空间方法[34]。随机森林模型是一个由一组决策树分类器$\{h(X,\Theta_k)，k=1,2,\cdots,N\}$组成的集成分类模型。其中参数$\Theta_k$是与第$k$棵决策树独立同分布的随机向量，表示该棵决策树的生长过程。随机森林算法的具体分类过程如图 4-35 所示。

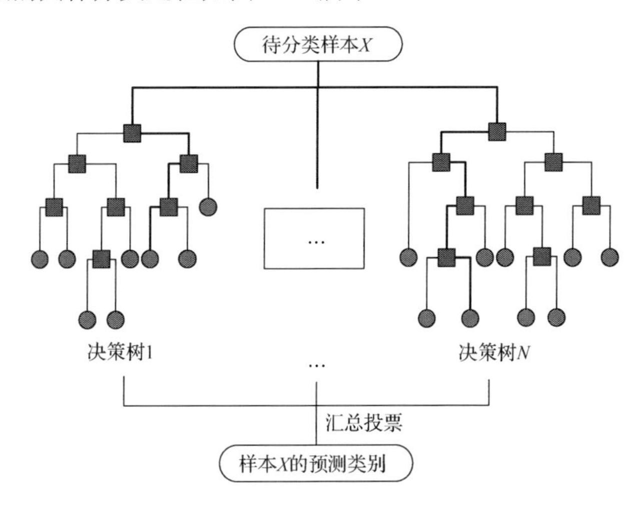

图 4-35　随机森林算法分类过程

当向随机森林模型输入待分类样本X后，样本X将会进入所有经过训练产生的决策树，从而进行分类。各棵决策树将依据样本的特征属性独自确定样本X的类型。当所有决策树得出各自的分类结果之后，随机森林模型进行汇总投票。获得票数最高的类别将被确定为样本X的预测分类类别。因此，随机森林的分类决策如式(4-68)所示[35]：

$$H(x)=\arg\max_{Y}\sum_{i=1}^{N}I(h_i(x)=Y) \tag{4-68}$$

式中，$H(x)$为随机森林的分类决策；$h_i(x)$为第i个决策树分类模型；Y为目标变量；

I 为度量函数。式(4-68)体现了随机森林算法的多数投票决策方式。

作为一种基于决策树的集成算法，随机森林模型在构造的过程中构造不同的训练集对各决策树进行训练，从而增加了各分类器之间的差异程度，并使随机森林算法具有超越单个决策树算法的分类效果。为体现随机森林模型的随机性，训练集的构造包含以下两个关键过程。

(1)随机选取样本数据过程：随机森林算法对原始训练数据集进行随机有放回抽样，构造出样本容量大小与原始数据集相一致的子数据集，不同子数据集中的样本可以重复，同一个子数据集中的样本也可以重复，每一个子数据集对应产生一棵决策树。

(2)随机选取待选特征过程：随机森林模型中每一棵决策树的分裂过程只利用了所有的待选特征中的一部分特征。随机森林算法先从所有的待选特征中随机选取一定数量的特征，之后再通过决策树生成算法[36-38]，在随机选取出的特征中选取最优的特征进行分裂。

随机森林模型在构造过程中所体现的随机性和不完整性，解决了单个决策树分类精度不高，易出现过拟合等问题，提高了算法的泛化能力[39]。

深度森林算法中随机森林的决策树一般采用分类回归树(classification and regression tree，CART)。CART 是由 Breiman 等提出的一种典型二叉决策树，能够有效地处理大数据样本，解决非线性分类问题。因此，CART 适合解决分类机理不明确的分类问题[40]。

决策树生成算法的核心在于如何选取每个节点上需要进行测试的属性，与如何根据不同的数据度量方法对数据纯度进行划分。CART 以 Gini 指数作为属性度量标准，Gini 指数越小，则划分效果越精确。Gini 指数定义如式(4-69)所示：

$$\text{Gini} = 1 - \sum_{i=1}^{c} \left[p(i|t) \right]^2 \tag{4-69}$$

式中，$p(i|t)$ 为测试变量 t 属于类 i 的样本的概率；c 为样本的个数。当 Gini=0 时，所有的样例同属于一类。

若属性满足一定纯度，决策树生成算法则将样本划分在左子树，否则将样本划分到右子树。CART 生成算法根据 Gini 指数最小的原则来选择分裂属性规则。假设训练集 C 中的属性 A 将 C 划分为 C_1 与 C_2，则给定划分 C 的 Gini 指数为

$$\text{Gini}_{\text{A}}(C) = \frac{|C_1|}{|C|}\text{Gini}(C_1) + \frac{|C_2|}{|C|}\text{Gini}(C_2) \tag{4-70}$$

决策树的生长深度受条件限制，不能无限制地生长下去。

2. 多粒度扫描阶段

对于序列数据样本而言，预测算法可有效地处理样本特性，并且把握样本中各个特征的顺序关系，有利于提高预测的精确度[40, 41]。为提高深度森林算法中级联森林阶段的预测效果，深度森林算法设置了多粒度扫描阶段来对样本特征进行提取，尽可能地挖掘序列数据特征的顺序关系。

图 4-36 是深度森林算法中多粒度扫描过程的示意图。

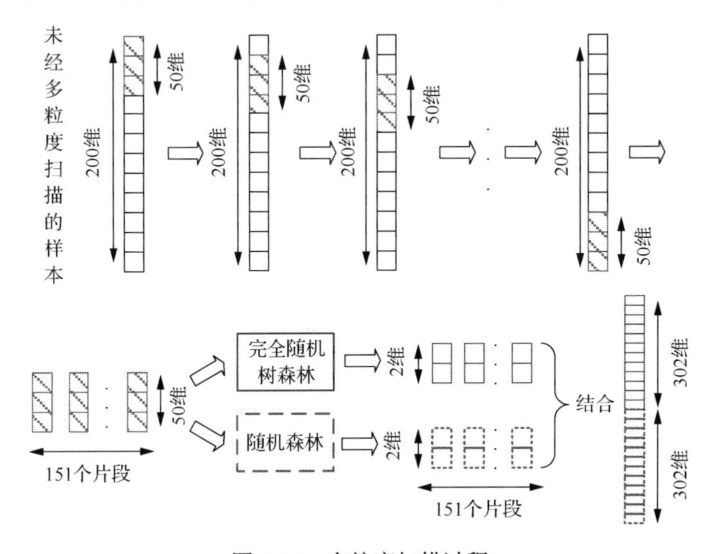

图 4-36　多粒度扫描过程

图 4-36 中假定存在一个未经多粒度扫描的具有 200 维特征向量的样本。深度森林算法希望解决二分类问题。则其多粒度扫描的具体步骤如下：首先，设置一个 50 维的向量窗口在原始特征向量上进行滑动取值，步长默认取 1，则可获得 151 个 50 维向量。然后，将所得的向量分别经两种不同类型的森林模型进行分类处理，分别得到 151 个 2 维的分类向量。最后，再将所有分类向量按顺序拼接组成一个 604 维的特征向量，作为级联森林的输入。

3. 级联森林阶段

深度森林算法通过设置级联森林阶段来体现其深度学习的过程。级联森林阶段的每一级都由多个不同类型的森林模型组成。深度森林算法利用级联森林阶段对数据特性逐层进行处理，加强了算法的表征学习能力，有利于提高预测精准度。

图 4-37 是深度森林算法中级联森林阶段的示意图。

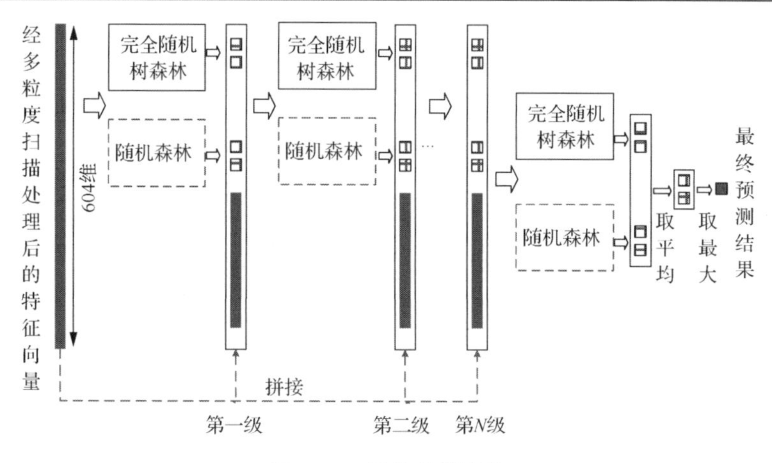

图 4-37　级联森林阶段

图 4-37 中级联森林采用经图 4-36 中多粒度扫描过程处理后所得的 604 维特征向量作为输入。首先，特征向量经过两个不同类型的森林模型分类处理后，得到两个 2 维类别向量。深度森林理论认为这两个 2 维类别向量能够有效地反映样本的特性，并将其称为增强特征向量。其次，增强特征向量将与 604 维的原始特征向量相拼接组成 608 维的特征向量。再次，将具有增强特征的 608 维特征向量作为下一级的输入向量。依此方法直至进行到级联森林的最后一级。最后，对最后一级产生的类别向量取平均值，再取其中最大值所对应的类别作为样本的分类结果。

在级联森林阶段处理过程中，为了降低过拟合风险，每个森林产生的类别向量均经过 k 折交叉验证(k-fold cross validation)产生。每个样本都将作为训练数据训练 k–1 次，从而产生 k–1 个类别向量。然后，对其取平均值作为下一级的增强特征向量。深度森林算法默认采用 3 折交叉验证。

4.6.1.2　深度强化森林算法

在强化学习算法中，为了获得更高的控制性能，状态和动作都需要增加，然而，随着动作和状态数量的增加，计算机内存也会增加，这样会导致维数灾难的产生。为了在获得更高的控制性能的同时不引起维数灾难，且能预防电力系统发电控制问题的紧急情况的发生，本书设计了深度强化森林算法。如图 4-38 所示，深度强化森林算法包含了一个历史状态和动作的记录器、深度森林和强化学习框架。为了减少计算机内存，Q 值矩阵和概率矩阵分别被分割为 n_s 个 Q 值矩阵和概率矩阵。

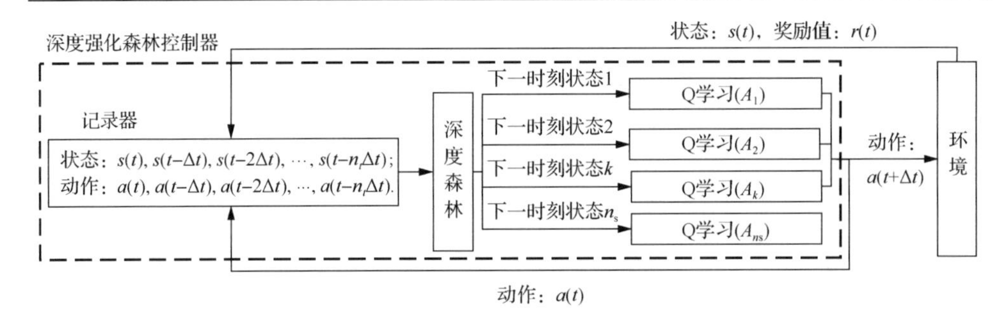

图 4-38　深度强化森林算法的框架

因此 Q 值矩阵 Q 和概率矩阵 P 的计算内存减少到了原来的 $\frac{1}{n_{\mathrm{s}}}$，即

$$\eta=\frac{\sum_{i=1}^{n}\left(\frac{n_{\mathrm{q}}}{n_{\mathrm{s}}}\right)^{2}}{n_{\mathrm{q}}^{2}}=\frac{n_{\mathrm{s}}\left(\frac{n_{\mathrm{q}}}{n_{\mathrm{s}}}\right)^{2}}{n_{\mathrm{q}}^{2}}=\frac{1}{n_{\mathrm{s}}} \tag{4-71}$$

式中，假定 Q 值矩阵 Q 和概率矩阵 P 均为 $n_{\mathrm{q}}\times n_{\mathrm{q}}$ 的矩阵，它们均被分割为 $\frac{n_{\mathrm{q}}}{n_{\mathrm{s}}}\times\frac{n_{\mathrm{q}}}{n_{\mathrm{s}}}$ 的矩阵。

在强化学习的框架中，立即奖励值被用来表征系统的当前状态。然而实际的电力系统是一个具有大迟滞的环节，历史的状态和动作也应该被用来表征系统的当前状态。因此，基于深度强化森林控制器中的深度森林的输入是历史的状态和动作，其输出是深度森林预测的系统的下一时刻的状态。所以，深度强化森林算法具有以下特性。

(1) Q 值矩阵、概率矩阵和动作矩阵都被分解，从而减少了计算内存，因此减少了维数灾难的发生。

(2) 与强化学习算法相比，以相同的内存来计算，则计算精度会增加。

(3) 因系统的历史状态和动作加入了预测下一时刻状态的输入信息中，深度强化森林算法对系统的预测能力得到了增强。

4.6.1.3　发电控制中的预防控制策略

一般来讲，电力系统中频率控制分为三个区间，即一次调频区间、二次调频区间和紧急控制区间，如图 4-39 所示。

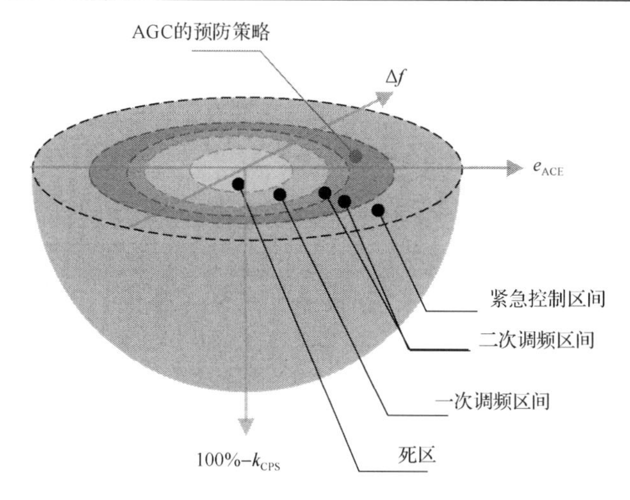

图 4-39　电力系统中频率控制分区情况

在一次调频区间，由发电机自动调节电力系统的频率，称为频率的一次调节。在二次调频区间，电力系统的频率由 AGC 控制器进行调节，此时的控制器一般由控制算法构成。紧急控制区间也称为三次调频区间，一般由长时间尺度的 ED 和 UC 组成。每个区间的频率是有范围的，而其区域控制误差的范围和控制性能指标的范围则由不同的系统决定。

死区的频率偏差的范围是 $f_0-\Delta f_1$ 到 $f_0+\Delta f_1$，其中本书的 Δf_1 设定为 0.05 Hz。死区的控制性能指标的范围是 $k_{\text{CPS(1)}}$ 到 100%，其中 $k_{\text{CPS(1)}}$ 在本书中设定为 99%。

一次调频区间的频率偏差范围是 $f_0-\Delta f_2$ 到 $f_0+\Delta f_2$，其中本书的 Δf_2 设定为 0.2Hz。一次调频区间的控制性能指标的范围是从 $k_{\text{CPS(2)}}$ 到 $k_{\text{CPS(1)}}$，在本书中 $k_{\text{CPS(2)}}$ 设定为 95%。

二次调频区间的频率偏差范围是 $f_0-\Delta f_3$ 到 $f_0+\Delta f_3$，其中本书 Δf_3 设定为 1Hz。二次调频的控制性能指标的范围是从 $k_{\text{CPS(3)}}$ 到 $k_{\text{CPS(2)}}$，在本书中 $k_{\text{CPS(3)}}$ 设定为 85%。

UC 和 ED 的频率偏差范围是 $f_0-\Delta f_4$ 到 $f_0+\Delta f_4$，其中本书 Δf_4 设定为 ∞ Hz。UC 和 ED 的控制性能指标的范围是从 $k_{\text{CPS(4)}}$ 到 $k_{\text{CPS(3)}}$，在本书中 $k_{\text{CPS(4)}}$ 设定为 0。

为减少互联电网中频率紧急情况发生的概率，本书提出了频率控制的预防控制策略。且设定了从 $f_0-\Delta f_3$ 到 $f_0-\Delta f_{\text{e}}$ 和从 $f_0+\Delta f_{\text{e}}$ 到 $f_0+\Delta f_3$ 的预防控制策略的频率控制范围。预防控制策略的目的是控制系统的频率偏差到正常范围，即 $\Delta f\to 0$ 且，$|\Delta f|<\Delta f_{\text{e}}$，其中的 Δf_{e} 在本书中设定为 0.4Hz。

4.6.1.4 基于深度强化森林的智能发电控制器设计

在基于深度强化森林算法的频率控制预防策略中，Q 值矩阵被分为三个子矩阵，即 $n_s = 3$ 。因此，系统的下一时刻状态的分类也为三类：其中频率值在 $(-\infty,-0.2]$ 的为第一类，用 RL-I 来表示；频率值在 $(-0.2,0.2]$ 的为第二类，即 RL-Ⅱ；频率值在 $(0.2,\infty)$ 的为第三类，即 RL-Ⅲ。本书的控制周期设定为 4s，历史的状态和动作的数量均设定为 11 个。

针对电力系统中的智能发电控制问题，Δf_t 为状态 S_t，发电功率指令 ΔP_G 为 t 时刻的动作值，且立即奖励值的奖励函数可设计为

$$R_t = R(s,s',a) = \begin{cases} 10, & |\Delta f_t| \leqslant 0.05\text{Hz} \\ -1000\Delta f_t^2 - |e_{\text{ACE}}|^2, & \text{其他} \end{cases} \tag{4-72}$$

4.6.1.5 深度强化森林算法的训练过程

Q 学习算法和深度强化森林算法均为需要数据训练的算法。一般来讲，数据越多则训练结果的误差越小，而且数据的质量越高，则训练结果的误差越小。

然而，对于深度强化森林算法而言，其训练过程则需要高质量的数据和低质量的数据。在 Q 学习算法中，低质量的数据随着迭代过程不断更新而被抛弃(图 4-40(a))，而本书中的深度强化森林算法的低质量的数据不被抛弃，只有这样，所有质量的数据才能覆盖深度强化森林算法所需的所有解的范围(图 4-40(b))。

因此，对于深度强化森林算法而言，数据量越多则训练结果的误差越小。其原因在于：①无论高质量还是低质量的数据，数据量越多则状态空间被搜索和学习的空间越完备；②数据量越多，深度强化森林算法越能预测系统下一时刻的状态。

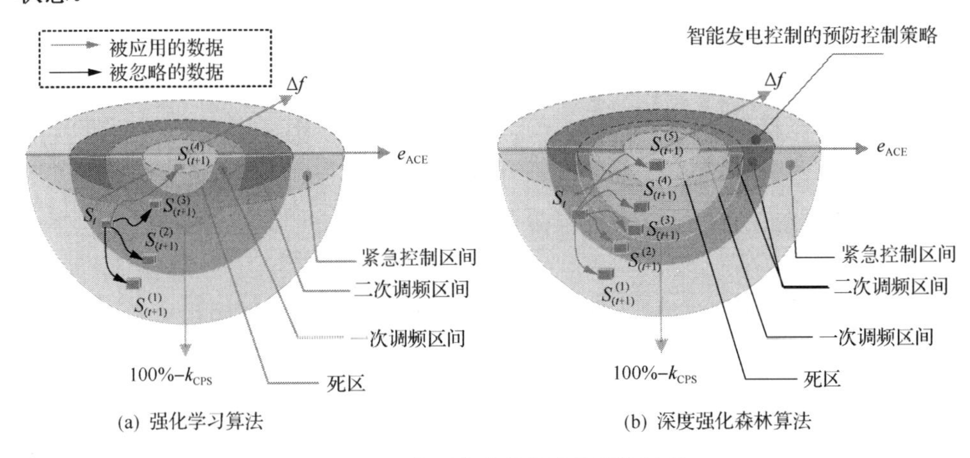

(a) 强化学习算法　(b) 深度强化森林算法

图 4-40 深度强化森林算法的训练过程

因此，深度强化森林算法的流程图如图 4-41 所示。若深度森林算法分类的结果是 k，则下一时刻状态选择 k，从而其他 Q 学习模块均不输出，仅第 k 个 Q 学习模块输出发电指令到 SGC 机组中。

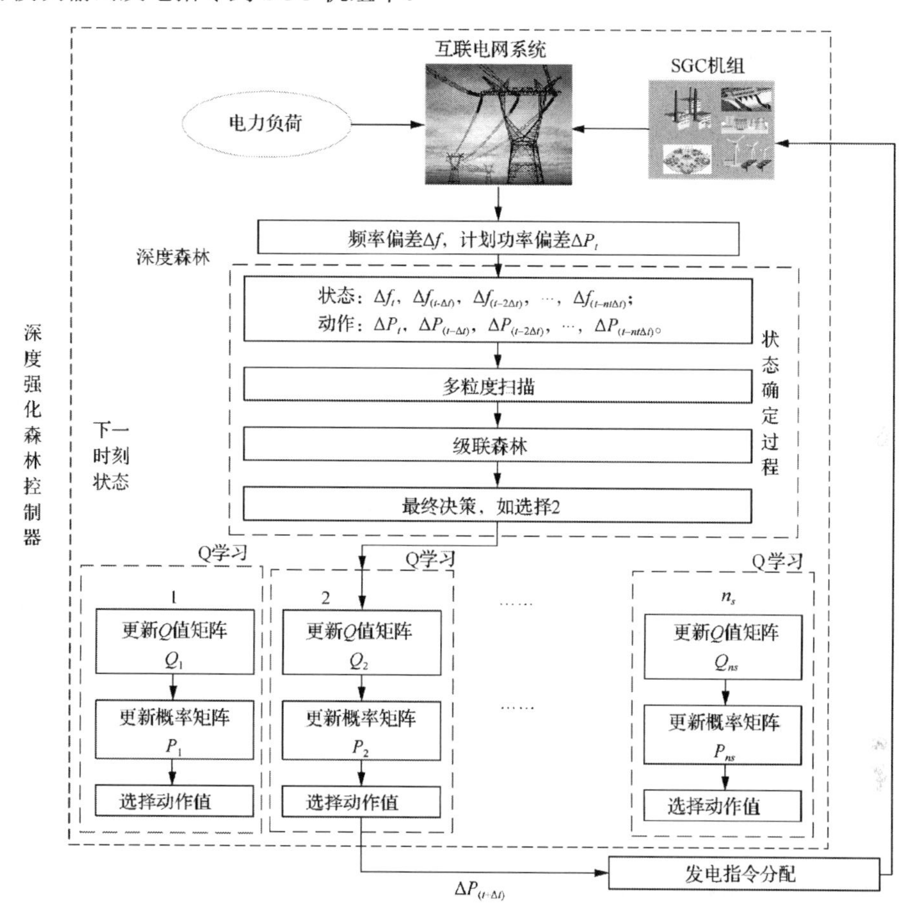

图 4-41　深度强化森林算法流程图

从图 4-41 中能看出，当系统的状态被分为 n_s 个时，系统中含有 n_s 个 Q 学习的子模块和一个深度森林算法模块。针对智能发电控制问题，可将状态的类型分为三类，形成三个 Q 学习算法的模块，具体参数见 4.6.2 节。

4.6.2　两区域、三区域和四区域仿真算例

该算例是针对深度强化森林算法进行的仿真，分别在三个系统中加入了大扰动。深度强化森林算法中的多粒度扫描和级联森林数量分别设定为 2 个和 8 个。每个森林中的决策树的数量设定为 500 棵。特性信息向量的维度设定为 2 倍的 n_{t}，即 $d=2n_{\mathrm{t}}=20$。三个滑窗大小分别设定为 $\{\lfloor d/8\rfloor,\lfloor d/4\rfloor,\lfloor d/2\rfloor\}$，即 $\{2,5,10\}$。

决策树的最大深度设定为 100 级。状态分类 n_s 设定为 3，即深度强化森林算法中的是否紧急状态分为三类，且设定为 RL-Ⅰ、RL-Ⅱ和 RL-Ⅲ三类，覆盖了 $-\infty \sim \infty$ 的范围，具体变量在三个系统中的参数见表 4-21。这些强化学习算法中的学习率 α、概率分布常数 β 和折扣因子 γ 分别设定为 0.1、0.05 和 0.9。且这些强化学习算法中的动作数量为 11。

表 4-21　RL-Ⅰ、RL-Ⅱ和 RL-Ⅲ三个强化学习算法中的状态范围和动作矩阵

系统	状态范围或动作矩阵	值
两区域、三区域、四区域的系统	状态范围(RL-Ⅰ)	Δf(Hz):(−∞,−1.00,−0.92,−0.84,−0.76,−0.68,−0.60, −0.52,−0.44,−0.36,−0.28,−0.20] k_{CPS}(%):[0,70,80,82,84,86,88,90,92,93,94,95] $\lvert ACE\rvert$(MV): 两区域:(−0.01,−0.02,−0.03,−0.04,−0.05,−0.06, −0.07,−0.08,−0.09,−0.10,−0.11) 三区域:(−333,−633,−933,−1233,−1533,−1833, −2133,−2433,−2733,−3033,−3333) 四区域:(−567,−623,−680,−737,−793,−850, −907,−963,−1020,−1077,−1133)
两区域、三区域、四区域的系统	状态范围(RL-Ⅱ)	Δf(Hz):(−0.20,−0.16,−0.13,−0.09,−0.05 −0.02,0.02,0.05,0.09,0.1,0.16,0.20] k_{CPS}(%):[95,96,97,98,99.5,99.5,99,98,97,96,95] $\lvert ACE\rvert$(MV): 两区域:(0.01,0.01,0.01,0.00,0.00 0.00,−0.00,−0.00,−0.01,−0.01,−0.01) 三区域:(333,267,200,133,67,0, −67,−133,−200,−267,−333) 四区域:(567,453,340,227,113,0, −113,−227,−340,−453,−567)
两区域、三区域、四区域的系统	状态范围(RL-Ⅲ)	Δf(Hz):(0.20,0.28,0.36,0.44,0.52,0.60, 0.68,0.76,0.84,0.92,1.00,∞] k_{CPS}(%):[95,94,93,92,90,88,86,84,82,80,70,0] $\lvert ACE\rvert$(MV): 两区域:(0.11,0.10,0.09,0.08,0.07, 0.06,0.05,0.04,0.03,0.02,0.01) 三区域:(3333,3033,2733,2433,2133, 1833,1533,1233,933,633,333) 四区域:(1133,1077,1020,963,907, 850,793,737,680,623,567)
两区域系统	动作矩阵(RL-Ⅰ)	{0.010,0.019,0.028,0.037,0.046,0.055,0.064,0.073,0.082,0.091,0.100}(p.u.)
两区域系统	动作矩阵(RL-Ⅱ)	{−0.010,−0.008,−0.006,−0.004,−0.002,0.000,0.002,0.004,0.006,0.008,0.010}(p.u.)
两区域系统	动作矩阵(RL-Ⅲ)	{−0.100,−0.091,−0.082,−0.073,−0.064,−0.055,−0.046,−0.037,−0.028,−0.019,−0.010}(p.u.)
三区域系统	动作矩阵(RL-Ⅰ)	{300,570,840,1110,1380,1650,1920,2190,2460,2730,3000}(MW)
三区域系统	动作矩阵(RL-Ⅱ)	{−300,−240,−180,−120,−60,0,60,120,180,240,300}(MW)
三区域系统	动作矩阵(RL-Ⅲ)	{−3000,−2730,−2460,−2190,−1920,−1650,−1380,−1110,−840,−570,−300}(MW)
四区域系统	动作矩阵(RL-Ⅰ)	{−510,−408,−306,−204,−102,0,102,204,306,408,510}(MW)
四区域系统	动作矩阵(RL-Ⅱ)	{−1020,−969,−918,−867,−816,−765,−714,−663,−612,−561,−510}(MW)
四区域系统	动作矩阵(RL-Ⅲ)	{510,561,612,663,714,765,816,867,918,969,1020}(MW)

在该算例中，深度强化森林算法与其他多种算法进行了对比，如 PID、滑膜控制(sliding mode control，SMC)算法、自抗扰控制(automatic disturbance rejection controller，ADRC)算法、分数阶 PID(fractional order PID，FOPID)算法、模糊逻辑控制(fuzzy logic control，FLC)算法、人工神经网络(artificial neural network，ANN)、Q 学习算法、Q(λ)学习算法和 R(λ)学习算法，这些算法的参数如表 4-22 所示。

表 4-22 参与对比的其他算法的参数

<table>
<tr><th>算法</th><th>参数</th><th>两区域</th><th>三区域</th><th>以南方电网为背景的四区域</th></tr>
<tr><td rowspan="2">PID</td><td>比例 k_P</td><td>−0.88</td><td>−402.63</td><td>−2527.60</td></tr>
<tr><td>积分 k_I</td><td>−0.10</td><td>−747.86</td><td>−559.42</td></tr>
<tr><td rowspan="2">SMC</td><td>开关点 k_P</td><td colspan="3">±0.3 Hz</td></tr>
<tr><td>输出值 k_v</td><td>±1(p.u.)</td><td>±45000(MW)</td><td>±40000(MW)</td></tr>
<tr><td rowspan="8">ADRC</td><td rowspan="4">状态观测器</td><td colspan="3">$A=\begin{bmatrix}0 & 0.0001 & 0 & 0\\ 0 & 0 & 0.0001 & 0\\ 0 & 0 & 0 & 0.0001\\ 0 & 0 & 0 & 0\end{bmatrix}$</td></tr>
<tr><td colspan="3">$B=\begin{bmatrix}0 & 0\\ 0 & 0\\ 0.0001 & 0.0001\\ 0 & 0\end{bmatrix}$</td></tr>
<tr><td colspan="3">$C=\Lambda\begin{pmatrix}0.1 & 0.1 & 0.1 & 0.1\end{pmatrix}$</td></tr>
<tr><td colspan="3">$D=0_{4\times 2}$</td></tr>
<tr><td>k_4</td><td colspan="3">1</td></tr>
<tr><td>k_1</td><td>−1040</td><td>−668.11</td><td>−851.95</td></tr>
<tr><td>k_2</td><td>1</td><td>734.67</td><td>161.64</td></tr>
<tr><td>k_3</td><td>10</td><td>−374.53</td><td>428.63</td></tr>
<tr><td rowspan="4">FOPID</td><td>μ</td><td colspan="3">200</td></tr>
<tr><td>比例 k_P</td><td>5.90</td><td>−90463</td><td>−75354.75</td></tr>
<tr><td>积分 k_I</td><td>−6.8</td><td>14420</td><td>31554.58</td></tr>
<tr><td>λ</td><td colspan="3">0.0094</td></tr>
<tr><td rowspan="3">FLC</td><td>输入 Δf</td><td colspan="3">从−0.2～0.2Hz，21 个分隔</td></tr>
<tr><td>输入 $\int\Delta f$</td><td colspan="3">从−1～1Hz，21 个分隔</td></tr>
<tr><td>输出 441 网格</td><td>[−2.56,2.56] (p.u.)</td><td>[−91285,91285] (MW)</td><td>[−58527,58527] (MW)</td></tr>
<tr><td>ANN</td><td colspan="4">隐含单元数为 8，训练次数为 20</td></tr>
<tr><td rowspan="2">Q</td><td>α,β,γ</td><td colspan="3">$\alpha=0.1,\beta=0.05,\gamma=0.9$</td></tr>
<tr><td>动作矩阵 A</td><td>$\underbrace{-3,-2.8125,\cdots,3}_{33}$</td><td colspan="2">$\underbrace{-3000,-2812.5,\cdots,3000}_{33}$</td></tr>
<tr><td>Q(λ)</td><td>$\alpha,\beta,\gamma,A,\lambda$</td><td colspan="3">$\lambda=0.9$，其他参数与 Q 学习参数一致</td></tr>
<tr><td>R(λ)</td><td>$\alpha,\beta,\gamma,A,\lambda,R_0$</td><td colspan="3">$R_0=0$，其他参数与 Q(λ)学习参数一致</td></tr>
</table>

深度强化森林算法分别在 IEEE 标准两区域、三区域和四区域电力系统中的区域 A 中进行应用，框架图如图 4-42 所示。其中四区域电力系统以南方电网为背景，即区域 A，广东电网；区域 B，广西电网；区域 C，贵州电网；区域 D，云南电网。

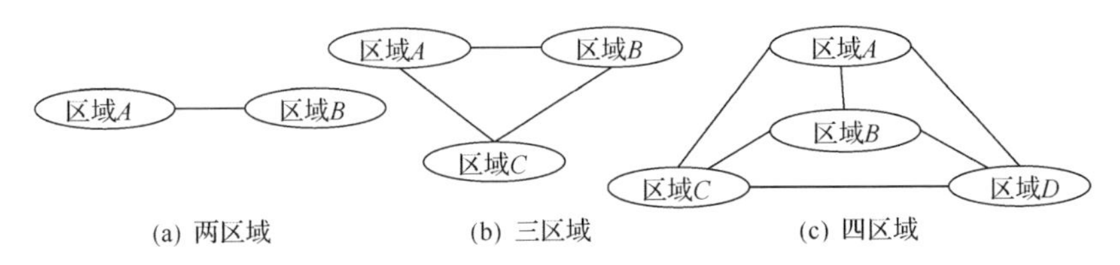

图 4-42　两区域、三区域和四区域电力系统框架

这三个电力系统的参数如表 4-23 所示。每个电力系统分别在两种工况下进行仿真，分别为工况 1 和工况 2，两种工况的负荷曲线如图 4-43 所示。

表 4-23　紧急预防控制的三个模型参数

模型	参数	值	参数	值
两区域	T_g	0.03(s)	T_t	0.3(s)
	T_p	20(s)	T_{AB}	0.545(s)
	R	2.4(Hz/p.u.)	K_p	120(Hz/p.u.)
	α_{AB}	–1	B_A, B_B	0.425(p.u./Hz)
三区域	R	2.4(Hz/MW)	T_{gA}, T_{gB}, T_{gC}	0.08(s)
	T_{tA}, T_{tB}, T_{tC}	0.28(s)	T_{pA}, T_{pB}, T_{pC}	20(s)
	K_{pA}, K_{pB}, K_{pC}	0.000120(Hz/MW)	T_{AB}, T_{BC}	0.06(s)
	T_{CA}	0.08(s)	B_A, B_B, B_C	0.425(MW/0.1Hz)
以南方电网为背景的四区域	R_A	1/2227(Hz/MW)	R_B	1/645(Hz/MW)
	R_C	1/886(Hz/MW)	R_D	1/900(Hz/MW)
	发电机 A、B、C 和 D		$\frac{5s+1}{0.8s^2+10.08s+1}$	
	$T_{pA}, T_{pB}, T_{pC}, T_{pD}$	20(s)	$T_{tA}, T_{tB}, T_{tC}, T_{tD}$	0.3(s)
	K_{pA}	0.000325(Hz/MW)	K_{pB}	0.00285(Hz/MW)
	K_{pC}	0.002667(Hz/MW)	K_{pD}	0.0025(Hz/MW)
	T_{AB}	157(s)	T_{BC}	78(s)
	T_{BD}	15(s)	T_{CD}	78(s)
	B_A	3742(MW/0.1Hz)	B_B	824(MW/0.1Hz)
	B_C	1077(MW/0.1Hz)	B_D	1072(MW/0.1Hz)

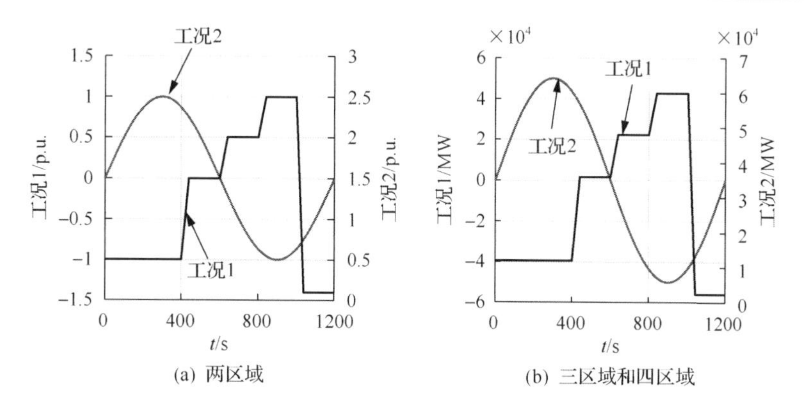

图 4-43　两种工况的负荷情况

仿真结果如图 4-44 和表 4-24 所示。

从结果图中能看出以下三方面内容。

(1)基于深度强化森林算法得到的频率偏差小于 0.2Hz，其他算法在工况 1 工况或在工况 2 工况下超过 0.2Hz。

(2)与其他九种算法进行对比，基于深度强化森林算法得到了最高的控制性能，即其获得的频率偏差 Δf 小、区域控制偏差 $|ACE|$ 小且控制性能标准 k_{CPS} 指标高。

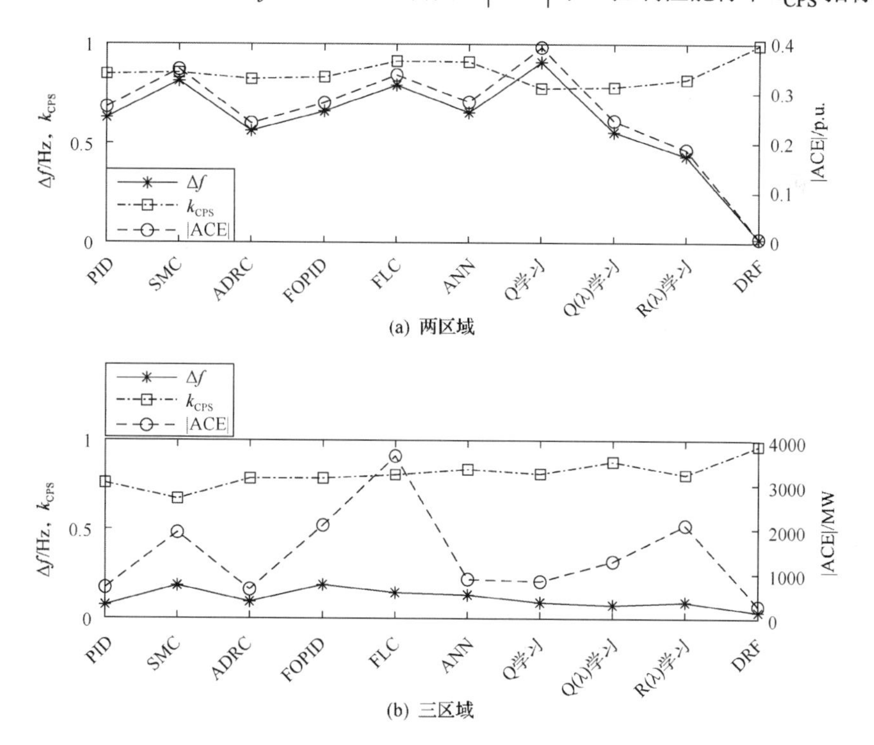

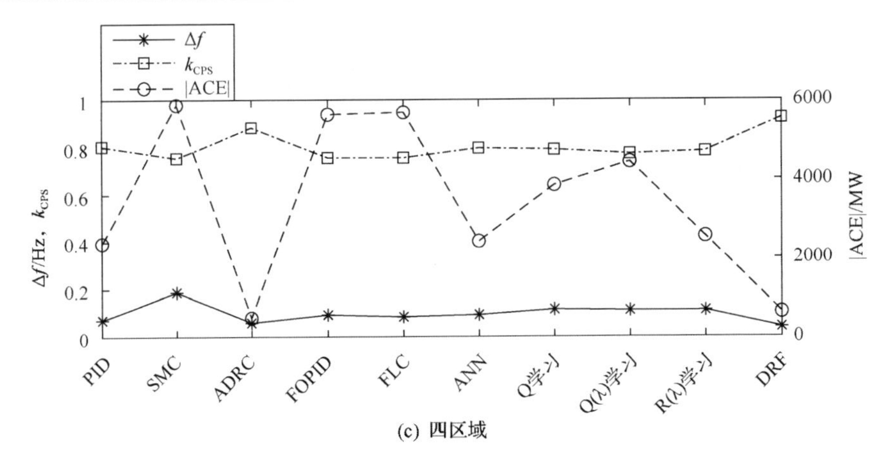

(c) 四区域

图 4-44 基于深度强化森林算法的紧急预防控制的仿真结果

表 4-24 基于深度强化森林算法的紧急预防控制的仿真结果表

系统	算法	$\overline{\lvert\Delta f\rvert}$（工况 1）	$\overline{\lvert ACE\rvert}$（工况 1）	$\overline{\lvert\Delta f\rvert}$（工况 2）	$\overline{\lvert ACE\rvert}$（工况 2）
两区域（Δf/Hz，|ACE| /p.u.）	PID	0.4402	0.3194	0.9086	0.6558
	SMC	0.7055	0.5547	0.9620	0.7905
	ADRC	0.3685	0.3129	0.7573	0.6436
	FOPID	0.3809	0.3236	0.9398	0.7988
	FLC	0.7542	0.6411	0.8323	0.7075
	ANN	0.6950	0.5907	0.6285	0.5105
	Q	0.8409	0.7073	0.9836	0.8340
	Q（λ）	0.4951	0.4151	0.6296	0.5233
	R（λ）	0.4090	0.3461	0.4655	0.3939
	DRF	0.0174	0.0130	0.0179	0.0138
三区域（Δf/Hz，ACE/MW）	PID	0.2211	5.3971	0.2273	5.5073
	SMC	0.4376	10.3238	0.6555	19.1440
	ADRC	0.2164	5.2573	0.3484	4.8952
	FOPID	0.3222	14.2014	0.7886	20.6965
	FLC	0.4256	28.1547	0.4132	33.6083
	ANN	0.3105	7.1471	0.4774	6.9887
	Q 学习	0.1841	1.6952	0.3541	12.1563
	Q（λ）学习	0.1783	15.1310	0.2695	6.4873
	R（λ）学习	0.1660	9.6337	0.3709	25.7720
	DRF	0.0982	1.9353	0.1137	2.6839

续表

系统	算法	$\overline{\lvert\Delta f\rvert}$（工况1）	$\overline{\lvert ACE\rvert}$（工况1）	$\overline{\lvert\Delta f\rvert}$（工况2）	$\overline{\lvert ACE\rvert}$（工况2）
四区域（Δf/Hz，ACE/MW）	PID	0.2520	4919.5232	0.3149	4664.3320
	SMC	0.6683	8893.8670	0.7922	15004.8684
	ADRC	0.2278	1097.8442	0.2452	1012.1249
	FOPID	0.3667	9143.8822	0.3681	13685.0758
	FLC	0.3713	9238.6920	0.2930	13805.4781
	ANN	0.3857	5054.5625	0.3411	4737.4196
	Q学习	0.2953	5259.8170	0.6051	10392.4286
	Q(λ)学习	0.2713	1816.7169	0.5987	16238.8134
	R(λ)学习	0.3825	8032.2047	0.4935	2416.0707
	DRF	0.1617	2234.2976	0.1629	430.2902

(3)因为深度强化森林算法中的深度森林能表征系统的状态，所以深度强化森林算法能有效地为互联大电网中的AGC提供紧急情况的预防策略。

参 考 文 献

[1] 李洪兴. Fuzzy控制的本质与一类高精度Fuzzy控制器的设计[J]. 控制理论与应用, 1997, 14(6): 868-876.

[2] 李洪兴. 变论域自适应模糊控制器[J]. 中国科学(E辑), 1999, 29(1): 32-42.

[3] 张巍巍, 王京, 王慧, 等. 混沌系统的变论域模糊控制算法研究[J]. 物理学报, 2011, 60(1): 111-119.

[4] 高宗和, 滕贤亮, 张小白. 互联电网CPS标准下的自动发电控制策略[J]. 电力系统自动化, 2005, 29(19): 40-44.

[5] 李洪兴. 非线性系统的变论域稳定自适应模糊控制[J]. 中国科学(E辑). 2002, 32(2): 211-223.

[6] 余涛, 陈亮, 蔡广林. 基于CPS统计信息自学习机理的AGC自适应控制[J]. 中国电机工程学报 2008, 28(10): 82-87.

[7] 于文俊. 变论域模糊控制算法在电力系统中的应用[D]. 广州: 华南理工大学, 2011.

[8] 李红梅, 严正.具有先验知识的Q学习算法在AGC的应用[J]. 电力系统自动化, 2008, 32(23): 36-40.

[9] 余涛, 周斌, 陈家荣. 基于Q学习的互联电网动态最优CPS控制[J]. 中国电机工程学报, 2009(19): 13-19.

[10] 胡奇英. 马尔可夫决策过程引论[M]. 西安: 西安电子科技大学出版社, 2000.

[11] Atic N, Feliachi A, Rerkpreedapong D. CPS1 and CPS2 compliant wedge-shaped model predictive load frequency control[C]. Power Engineering Society General Meeting, Denven, 2004:855-860.

[12] Jaleeli N, Vanslyck L S. Tie-line bias prioritized energy control[J]. IEEE Transactions on Power Systems, 1995, 10(1): 51-59.

[13] 高宗和, 滕贤亮, 涂力群. 互联电网AGC分层控制与CPS控制策略[J]. 电力系统自动化, 2004, 28(1): 78-81.

[14] Yu T, Zhou B. A novel self-tuning CPS controller based on Q-learning method[C]. Power and Energy Society General Meeting - Conversion and Delivery of Electrical Energy in the 21 Century, Pittsburgh, 2008:1-6.

[15] Watkins C J C H, Dayan P. Q-learning[J]. Machine Learning, 1992, 8(3-4): 279-292.

[16] Sutton R, Barto A. Reinforcement Learning:An Introduction[M]. Cambridge: MIT Press, 1992.

[17] 张采, 周孝信, 蒋林, 等. 学习方法整定电力系统非线性控制器参数[J]. 中国电机工程学报, 2000, 20(4): 1-5.

[18] Ahamed T P I, Rao P S N, Sastry P S. A reinforcement learning approach to automatic generation control[J]. Electric Power Systems Research, 2002, 63(1):9-26.

[19] Bakken B H, Faanes H H. Technical and economic aspects of using a long submarine HVDC connection for frequency control[J]. IEEE Transactions on Power Systems, 1997, 12(3):1252-1258.

[20] Kaelbling L P. Recent Advances in Reinforcement Learning[M]. Berlin: Springer, 2008.

[21] Peng J, Williams R J. Incremental multi-step Q-learning[J]. Machine Learning Proceedings, 1994, 22(1-3):226-232.

[22] 张汝波. 强化学习理论及应用[M]. 哈尔滨: 哈尔滨工程大学出版社, 2001.

[23] 洪铖. 最优控制理论与应用[M]. 北京: 高等教育出版社, 2006.

[24] Schwartz A. A reinforcement learning method for maximizing undiscounted rewards[C]. Proceedings of the Tenth International Conference on Machine Learning, Amherst, MA, USA, 1993: 1-8.

[25] 胡光华, 吴沧浦. 平均报酬模型的多步强化学习算法[J]. 控制理论与应用, 2000, 17(5): 660-664.

[26] 高阳, 陈世福, 陆鑫. 强化学习研究综述[J]. 自动化学报, 2004, 30(1): 86-100.

[27] Parr R E. Hierarchical Control and Learning for Markov Decision Processes[M]. Berkeley: University of California, 1998.

[28] Sutton R S, Precup D, Singh S. Between MDPs and semi-MDPs: A framework for temporal abstraction in reinforcement learning[J]. Artificial Intelligence, 1999, 112(1-2):181-211.

[29] Dietterich T G. Hierarchical reinforcement learning with the MAXQ value function decomposition[J]. Journal of Artificial Intelligence Research, 1999, 13(1):227-303.

[30] Hengst B. Discovering Hierarchy in Reinforcement Learning[M]. Sydney: University of New South Wales, 2003.

[31] 庞士焕, 朱相冰, 张琦, 等. 基于 MAXQ 方法的分层强化学习[J]. 计算机技术与发展, 2009, 19(4): 154-156.

[32] Zhou Z H, Feng J. Deep forest: Towards an alternative to deep neural networks[J]. arxiv preprint arxiv: 1702. 08835, 2017.

[33] Breiman L. Bagging predictors[J]. Machine Learning, 1996, 24(2): 123-140.

[34] Ho T K. The random subspace method for constructing decision forests[J]. IEEE Transactions on Pattern Analysis and Machine Intelligence, 1998, 20(8): 832-844.

[35] 吴潇雨, 和敬涵, 张沛, 等. 基于灰色投影改进随机森林算法的电力系统短期负荷预测[J]. 电力系统自动化, 2015, 39(12): 50-55.

[36] Quinlan J R. Induction of decision trees[J]. Machine Learning, 1986, 1(1): 81-106.

[37] Quinlan J R. C4.5: Programs for Machine Learning[M]. San Mateo: Morgan Kaufmann Publishers Inc. 1993.

[38] Breiman L, Friedman J, Olshen R, et al. Classification and Regression Trees[M]. New York: Chapman & Hall, 1984.

[39] 王德文, 孙志伟. 电力用户侧大数据分析与并行负荷预测[J]. 中国电机工程学报, 2015, 35(3): 527-537.

[40] Cho K, Merriënboer B V, Gulcehre C, et al. Learning phrase representations using RNN Encode-decoder for statistical machine translation[C]. Proceedings of the 2014 Conference on Empirical Methods in Natural Language Processing (EMNLP), Doha, 2014: 1724-1734.

[41] Graves A, Mohamed A R, Hinton G. Speech recognition with deep recurrent neural networks[C]. IEEE International Conference on Acoustics, Speech and Signal Processing, Vancouver 2013: 6645-6649.

第5章　分散自治式的智能发电控制

本章介绍按照最新“分散自治，集中协调”思想构建的分散决策式智能发电系统架构及其多智能体算法，介绍基于博弈论框架的多智能体强化学习算法，如相关均衡、狼爬山、深度强化学习等算法在智能发电控制系统中的应用。

AGC 是 EMS 中的核心环节，自诞生至今仍保持着“调度中心—各个发电厂/机组”的集中控制结构[1]。当 AGC 控制器跟踪到一个总的发电指令时，实际电网调度人员往往采用按可调容量平均分配法把功率指令分配到各台机组[2]。笔者之前也对 AGC 功率分配优化进行了一系列研究，采用 Q 学习[3]、多步回溯 Q(λ) 方法[4]及改进分层 Q 学习方法[5]，有效地解决了 AGC 功率的随机动态优化分配问题。然而，上述所有方法都采用集中控制的方式，需要实时采集所有机组的运行数据，传输的信息量较大。同时，当机组的规模增加时，上述方法的收敛时间将大大提升，难以满足 AGC 的实时控制需求，优化效果也欠佳。

为了解决数据海量、通信瓶颈和协调互动问题，智能电网 EMS 的发展趋势是“分散自治”，传统集中式的 EMS 正逐步向分散、整合、灵活并且开放的分布式 EMS 转变，转变为分布式/集中式的一种混合结构[6]。作为 EMS 核心组成部分的 AGC 也必须顺应这种变化趋势进行结构和策略的变革。此外，随着能源互联网的提出和发展，未来电网将发展成为一个由能量网络、信息网络和交通网络组成的信息物理系统[7]，这也为今后 AGC 的分散协调控制奠定了基础。因此，有必要研究相关的分散控制方法来解决未来智能电网 AGC 自治和协同的需要。

分散控制系统的基本问题之一是使所有智能体达到一致性。在一个多智能体网络中，当所有个体与相邻个体之间通过信息交流，对所关心的变量取值达到共识时，就称它们达到了一致[8]。近年来，协同一致性理论已在航天飞行[9]、生物科学[10]和自动控制[11]等领域获得了深入的应用研究。Mo-Yuen Chow 等学者将“领导者-跟随者”的一致性算法最先运用到电力系统的经济调度问题中。与传统的 AGC 功率分配优化算法相比，一致性算法的核心在于分散自治，每个智能体只需要实时获取本地与相邻智能体的信息，信息传输量小，优化时间较短，也可以获得较为理想的收敛值。

5.1　多智能体系统功能、架构与目标

与单智能体系统最大的不同是，多智能体系统实现了智能体之间的交互，使

得每个智能体在自主决策控制过程更符合真实系统，可天然地实现任务分解和并行计算，然而其交互数学过程更为复杂。图 5-1 给出了智能发电控制的分层多智能体系统框架。具体来讲，每个区域电网的发电控制过程主要划分为 3 个过程。

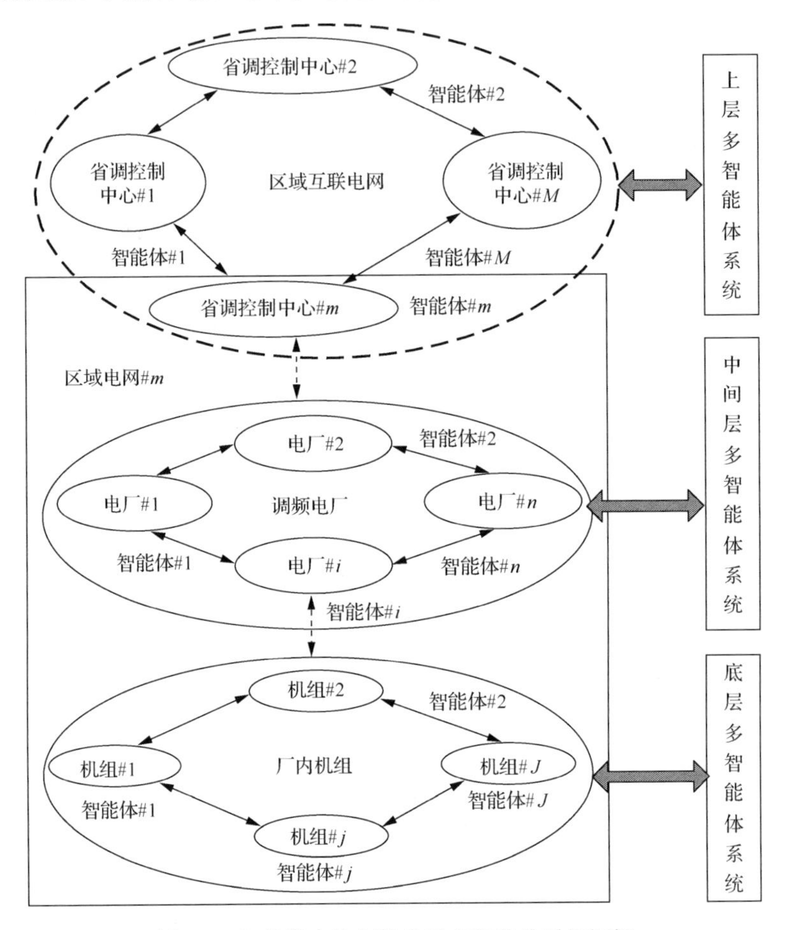

图 5-1　智能发电控制的分层多智能体系统框架

(1) 中调控制中心之间的多智能体交互与决策过程，利用区域电网之间的短时协同控制来提高整个互联系统的控制性能指标，其中每个区域电网在交互之后都会对其总功率指令进行决策确定，以发布到下一层的调频电厂。

(2) 区域内调频电厂之间的多智能体交互与决策过程，利用电厂之间的协同控制来实现不同特性电厂的最优功率指令分配，以满足平衡功率扰动的经济性和快速性。

(3) 底层电厂内部不同机组之间的多智能体交互与决策过程，利用机组之间的协同控制来实现不同工况下机组的最优功率指令分配，以满足电厂指令响应的安全性和经济性。

5.2　基于多智能体技术的智能发电控制

5.2.1　基于相关均衡博弈的智能发电协同控制

5.2.1.1　基于相关均衡博弈的总功率计算控制器

本章利用博弈论相关均衡思想解决智能发电控制系统多区域二次调频过程中存在的区域协调问题。首先对智能发电控制多区域均衡控制进行必要性介绍，然后提出一种基于相关均衡强化学习算法的多区域协调控制方法。接着以动态过程品质为控制目标，详细阐述基于该方法的多区域 SGC 控制器的设计：包括奖励函数、均衡选择函数、控制框架的设计等。并在 IEEE 三区域标准模型和南方电网四区域模型上进行算例仿真验证。仿真结果表明，本章所提出的算法能有效地应用于多区域智能发电控制系统的二次调频控制，从而证明了该方法的适用性和有效性。

1. 奖励函数的设计

奖励函数的定义对智能发电控制系统的控制目标非常重要。因为 Q 值矩阵的更新正是通过奖励函数的逐次迭代来实现的，而系统控制性能是建立在 Q 值矩阵最优策略的选取上来实现在线优化的。对于智能发电控制系统，主要的控制目标有：①减少智能发电控制系统中存在的过调与反调现象；②提高智能发电控制系统的实时控制性能；③为满足经济性，最小化系统中所有机组的功率调节总量。

基于这两个控制目标，可定义如式(5-1)所示的分段奖励函数：

$$R_i(k)=\begin{cases}\sigma_i-\mu_{1i}[a_{\text{ord-}i}(k)-a^*_{\text{ord-}i}]^2-\nu_{1i}N_{\text{R}}, & \text{CPS1}_i(k)\geqslant 200\\ -\{\eta_{1i}[\max(|\text{ACE}_i(k)|-\text{ACE}^*_i,0)]^2 & \\ +\mu_{1i}[a_{\text{ord-}i}(k)-a^*_{\text{ord-}i}]^2+\nu_{1i}N_{\text{R}}\}, & 100\leqslant \text{CPS1}_i(k)<200\\ -\{\eta_{2i}[\text{CPS1}_i(k)-\text{CPS1}^*_i]^2 & \\ +\mu_{2i}[a_{\text{ord-}i}(k)-a^*_{\text{ord-}i}]^2+\nu_{2i}N_{\text{R}}\}, & \text{CPS1}_i(k)<100\end{cases}\tag{5-1}$$

式中，σ_i 为任意的非负数，本节设为 0。CPS1^*_i 设置为 200，表征智能发电控制系统 CPS1 指标的理想值。因为 CPS1 指标过高或者过低都是系统频率偏差或者联络线偏差不为零导致的。ACE 的 1min 滚动值可以作为系统控制过程的 CPS2 指标。ACE^*_i 为智能发电控制系统的控制死区值。ACE 死区的设置是为了阻止 ACE 频繁地出现过零波动，从而减少不必要的功率交换，减少系统调节成本。因此，如果 ACE 一直在其死区范围内波动，那么控制器所接收到的奖励函数会保持不变。

$a_{\text{ord-}i}(k)$为 SGC 控制器在第 k 步所选择的动作值。式(5-1)中对所选择动作的奖励函数分量是为了降低智能发电控制调节机组的运行成本，以及防止每台调频机组功率输出的大幅波动。N_R 的数值为 1 或者 0，表明第 k 次迭代的控制信号是否为反调信号。另外，η_{1i}、η_{2i}、μ_{1i}、μ_{2i} 和 v_{1i}、v_{2i} 为各控制目标的权重。

NERC 规定，当 CPS1≥200%时，CPS 指标的考核通过；当 100%≤CPS1<200%时，CPS 指标的考核主要看 CPS2。如果 CPS2 通过，则 CPS 指标通过。否则，CPS 指标不通过该时段的考核。当 CPS1<100%时，CPS 指标的考核直接不通过。因此，式(5-1)的物理意义为：当 CPS1≥200%时，控制器获得最大的奖励；其次为系统指标在 100%≤CPS1<200%时，奖励函数主要由 ACE 组成；当 CPS1<100%时，奖励函数最小，主要由 CPS1 统计指标构成，旨在快速提高系统的控制性能。

2. 智能发电控制多区域均衡控制

文献[12]提出了智能发电控制市场化模型的纳什均衡控制方法。在该方法内，每个控制区域独立采集 ACE、CPS1 等系统变量，进而根据其他区域机组信息进行均衡决策。然而，该方法完全忽略了整个电网是一个整体的事实，每个区域电网单独地进行控制与博弈所达到的系统最优可能并不是全局最优。因此，本书在这个前提下提出了一种多区域电网合作博弈的智能发电均衡控制。该方法先采集各个区域电网的状态信息，通过离线/在线学习，寻求区域合作来达到系统的动态均衡点。所达到的动态均衡点通过对均衡点的选择来促使系统逐步靠近全局最优。

文献[12]提到：在智能发电控制过程中，各个区域之间存在一种相互竞争的关系。在博弈的过程中，其结果缓慢趋于各类均衡点，各区域的最终控制结果会形成一个静态均衡点。然而，根据博弈论知识可知[13]：多区域博弈会形成多个静态均衡点。因此，均衡点的选择对控制的最终效果至关重要[14]。

另外，文献[12]中假设各个区域之间是完全竞争的关系。从单个控制区域来看，它们确实是一种完全竞争的关系，因为每个区域都希望以最小的调节成本达到本区域负荷的平衡，同时最小化废气排放。事实上，完全竞争博弈所形成的均衡点可能严重偏离博弈的最优结果，如囚徒困境博弈[15](表 5-1)。任意一个囚徒理智地选择任意一个竞争性纳什均衡点，所达到的结果都不如非均衡点(–1, –1)。这主要是因为此博弈中两个囚犯被看成是一种竞争的关系。如果这两个囚犯被看成是一个合作博弈的关系，那么他们无疑会选择协作博弈相关均衡点(–1, –1)。这种合作的关系同样可以解释电力系统多区域二次调频的过程[12]。从电力系统整体来看，同时动作不仅会浪费调节能源，也会使系统处于一个缓慢震荡的过程。因此，如果各个区域之间采取合作博弈，可以预见，从电网整体上而言，可以获得更好的系统控制性能、减少系统调节成本等。

表 5-1 囚徒困境博弈

条件	乙：坦白	乙：抵赖
甲：坦白	(–8,–8)	(0,–10)
甲：抵赖	(–10,0)	(–1,–1)

因此，此处先假设各个区域电网是一种合作博弈的关系。在此基础上，通过采集各个区域的信息，本书提出了利用相关均衡来求取合作博弈的均衡点，由此建立了两种均衡选择函数来唯一选择均衡点，从而使控制目标达到最优。

3. CE-Q(λ)算法

根据博弈论理论[15]，可以通过寻求博弈方的相关均衡(correlated equilibrium, CE)来达到系统的合作博弈均衡点。在获得控制目标(本节仅考虑控制过程动态品质)对应的 Q 值矩阵之后，本书提出了一种新颖的基于资格迹的 CE-Q(λ)算法。这种学习算法在学习控制过程中不断寻求合作博弈均衡点，基于此均衡点来更新 Q 值矩阵。因此，其 Q 值矩阵包含了控制过程中各区域的合作博弈信息。本节从相关均衡基本概念出发，详细介绍所提出的 CE-Q(λ)学习算法。

1) 相关均衡

在单局博弈中[16]，相关均衡定义了各个博弈方应该遵循的博弈规则，即如果某一策略 π 对于所有智能体 i、所有动作 a_i、$a_{-i}\in A_i(\pi(a_i)>0)$，式(5-2)均成立，那么这一策略即相关均衡动态平衡点[16,17]。各博弈方没有动力不遵循该相关均衡策略。这是因为各个博弈方如果不按照相关均衡点选择动作，则会直接导致奖励减少，这有悖于自身的长期优化目标。相关均衡策略数学描述为

$$\sum_{a_{-i}\in A_{-i}}\pi(a_{-i}\mid a_i)R_i(a_{-i},a_i)\geqslant\sum_{a_{-i}\in A_{-i}}\pi(a_{-i}\mid a_i)R_i(a_{-i},a_i') \tag{5-2}$$

式中，$A_{-i}=\prod_{j\neq i}A_j$；$R_i$ 为智能体 i 的立即奖励函数；π 为均衡策略，且

$$\pi\left(a_i\right)=\sum_{a_{-i}\in A_{-i}}\pi\left(a_{-i},a_i\right) \tag{5-3}$$

$$\pi\left(a_{-i}\mid a_i\right)=\pi\left(a_{-i},a_i\right)/\pi\left(a_i\right) \tag{5-4}$$

由于奖励函数 R 已知，策略 π 未知，可以看出式(5-2)为线性方程式。因此，相关均衡的解为一个非空凸集。

在定义了单局博弈中的相关均衡后，即可对马尔可夫决策中动态博弈的相关均衡进行定义[18]：给定马尔可夫动态博弈 T_γ，如果所有的博弈方可通过执行某第三方策略来最大化自身长期奖励，那么该策略即一个相关均衡策略。可见，相关

均衡策略可通过计算任一博弈方的长期奖励来获取。如果 T^{π} 为某博弈方的状态转移矩阵，$T_{ss'}^{\pi}$ 为该博弈方执行策略 π 从状态 s 到状态 s' 的概率，那么 $T_{ss'}^{\pi}$ 可数学表示为

$$T_{ss'}^{\pi} = \sum_{a\in A(s)} \pi_s(a) P[s' \mid s,a] \tag{5-5}$$

那么，该博弈方在某状态的长期奖励可通过持续执行该状态转移矩阵来计算，数学表示为在状态 s 下的状态值函数 $V_i^{\pi}(s)$，即

$$V_i^{\pi}(s) = (1-\gamma)\sum_{t=0}^{\infty}\sum_{s'\in S}\gamma^t \left(T_{ss'}^{\pi}\right)^t \sum_{a\in A(s')} \pi_{s'}(a) R_i[s',a] \tag{5-6}$$

式中，γ 为折扣因子，物理意义为将来所获得的奖励与现在得到奖励的重要度差别；T 为状态转移矩阵；s 为系统的运行状态，$s\in S$，S 为系统的状态集；s' 为下一时刻的状态；a 为系统的执行动作，$a\in A$，A 为动作集；$A(s')$ 为下一时刻的状态 s' 下的动作集。

同理，该博弈方在某状态下执行某动作后的长期奖励也可通过式(5-5)所示的状态转移矩阵来计算，即

$$\begin{aligned} Q_i^{\pi}(s,a) = (1-\gamma)\Bigg\{ & R_i(s,a) + \gamma \sum_{s'\in S} P[s' \mid s,a] \\ & \times \left[\sum_{t=0}^{\infty}\sum_{s''\in S}\gamma^t \left(T_{s's''}^{\pi}\right)^t \left| \sum_{a\in A(s'')} \pi_{s''}(a) R_i(s'',a) \right] \right\} \end{aligned} \tag{5-7}$$

由于式(5-6)和式(5-7)满足马尔可夫性[17]，它们可进一步简化为如下形式：

$$V_i(s) = \sum_{a\in A(s)} \pi_s(a) Q_i(s,a) \tag{5-8}$$

$$Q_i(s,a) = (1-\gamma) R_i(s,a) + \gamma \sum_{s'\in S} P[s' \mid s,a] V_i(s') \tag{5-9}$$

在形成各博弈方关于任意状态 s 和任意状态-动作对 (s,a) 的长期奖励之后，即可类似于单局博弈定义马尔可夫环境下动态博弈的相关均衡：给定马尔可夫模型 T_{γ}，如果某一策略 π 对于所有博弈方 i，所有动作 a_i、$a_{-i}\in A_i$（$\pi(a_i)>0$）式(5-10)均成立，这一策略即相关均衡动态平衡点。同样，各博弈方没有动力不遵循该相关均衡策略。相关均衡动态平衡点的数学描述为

$$\sum_{a_{-i}\in A_{-i}} \pi_s(a_{-i},a_i)Q_i^{\pi}[s,(a_{-i},a_i)] \geqslant \sum_{a_{-i}\in A_{-i}} \pi_s(a_{-i},a_i)Q_i^{\pi}[s,(a_{-i},a_i')] \tag{5-10}$$

相关均衡可以通过线性规划简易求取。对于具有 n 个智能体、各智能体有 m 个动作的马尔可夫对策，其状态-动作对总共有 m^n 个，式(5-10)的线性约束共有 $nm(m-1)$个。可以证明，对于任意马尔可夫对策至少存在一个相关均衡点[19]。当均衡点有多个时，就需要给定均衡选择函数 f 以确定满足选择条件的唯一均衡点。下面将详细介绍关于均衡选择函数的设计法则。

2) CE-Q(λ)学习

相关均衡 Q 学习算法(CE-Q)最先由 Greenwald 提出。该方法在博弈论、机器学习、无线电传输等领域已有广泛研究[20]。CE-Q 以离散时间马尔可夫决策过程为数学基础，是一种基于值函数迭代的在线学习和动态优化技术。

本章在标准 CE-Q 的基础上，结合 Sarsa(λ)资格迹提出一种多步回溯的 CE-Q(λ)算法。资格迹详细地记录各联合动作策略发生的频率，并依此对各策略的迭代 Q 值进行更新，主要用于解决延时强化学习算法的时间信度分配问题。常用的资格迹算法有三种[21]：Sarsa(λ)、Watkin's Q(λ)和 Peng's Q(λ)。

Watkin's Q(λ)算法是单智能体强化学习中最常用的算法，主要思想是迭代 Q 值的更新一直向前追溯直至非贪婪动作策略的采用。因此，在预学习阶段中此算法由于探索的必要必定大量采用非贪婪策略，资格迹常常频繁地被切断。这也是文献[22]和文献[23]采用 Peng's Q(λ)的主要原因，这一改进也付出了计算量翻倍的代价。由于电力系统 AGC 的延时性，不可避免地需要研究各种资格迹的适应性问题。CE-Q 通过相关均衡求取联合动作策略，不直接涉及贪婪动作策略的选取；同时，均衡过程的求取涉及大规模线性规划问题，频繁的求解过程也相当费时。因此，本书选取相对简单的 Sarsa(λ)资格迹更新算法。

Sarsa(λ)资格迹[21,24]描述为各智能体在每一次迭代过程中，所有状态-动作对 $(s,\boldsymbol{a})$ 所对应的资格迹都以 $\gamma\lambda^k$ 的指数形式衰减，同时对于刚访问的状态-动作对则单位递增，数学表示如下：

$$e_{k+1}(s,\vec{\boldsymbol{a}}) = \begin{cases} \gamma\lambda e_k(s,\vec{\boldsymbol{a}})+1, & s=s_k \cup \vec{\boldsymbol{a}}=\vec{\boldsymbol{a}}_k \\ \gamma\lambda e_k(s,\vec{\boldsymbol{a}}), & \text{其他} \end{cases} \tag{5-11}$$

式中，$e_k(s,\boldsymbol{a})$ 为第 k 次迭代后的资格迹；γ 为折扣因子，$0\leqslant\gamma\leqslant 1$；$\lambda$ 为衰减因子，$0\leqslant\lambda\leqslant 1$。

CE-Q(λ)学习利用 Sarsa(λ)资格迹来重新分配立即奖励，准确评估如式(5-9)所示的 Q 值函数误差值，表示为

$$\delta_{ik} = (1-\gamma)R_i(s_{k-1},s_k,\vec{\boldsymbol{a}}_{k-1}) + \gamma V_{ik}(s_k) - Q_{i(k-1)}(s_{k-1},\vec{\boldsymbol{a}}_{k-1}) \tag{5-12}$$

式中，$R_i(s_{k-1}, s_k, \vec{a}_k)$ 为第 i 博弈方从状态 s_{k-1} 到状态 s_k 在所选择的整个动作向量下的立即奖励函数；δ_{ik} 为第 i 博弈方在第 k 次迭代的 Q 值误差估计值。

如此一来，任意博弈方在任何状态 s 和动作 a 下的 Q 值函数可定义为

$$Q_{ik}(s,\vec{a}) = Q_{i(k-1)}(s,\vec{a}) + \alpha\delta_{ik}e_{ik}(s,\vec{a}) \tag{5-13}$$

式(5-13)所表达的物理意义为：博弈方在当前状态下，同时采取最优相关均衡策略，所获得的长期立即奖励期望值即对应的 Q 值。

在每一次迭代中，根据线性规划求解式(5-10)可获得一个最优相关均衡解。该均衡解表明了每个博弈方合作的意愿度，并通过资格迹分配到相关状态-动作对的 Q 值中。各博弈方根据相关均衡策略执行最优均衡策略，从而最大化自身的长期奖励。

CE-Q(λ)学习的物理意义为：对所有可能发生的联合动作策略赋予一定的概率，在概率不为 0 的动作策略中，每一个博弈方对应的 Q 值都相对较大[20]。因此，CE-Q(λ)本身具有概率选择机制来平衡利用与探索。从这个意义上讲，CE-Q(λ)是收敛的，这与严格的数学证明结果相一致。

4. 基于 CE-Q(λ)学习的多区域 SGC 控制器的设计

CPS 标准下的互联电网智能发电控制过程可以描述为一个马尔可夫随机过程，且该随机过程可通过强化学习理论获得最优解[25]。在实际电网中，某控制区域可能无法单独使某些状态参数控制在允许范围以内。以南方电网为例，夏季峰荷处广东电网 ACE 实时值并不能控制在允许范围以内，这是由于此时广东电网并无快速响应机组可调，且其他控制区域对简单的协调控制也不能实现。

下面利用 CE-Q(λ)学习来解决多区域电网之间的协调控制问题。在每一个控制周期，CE-Q(λ)控制器观测当前电网的运行状态，更新状态值函数 V 和状态动作值函数 Q。随后，基于相关均衡选择最优控制动作，从而达到各区域之间的协调控制。因此，基于 CE-Q(λ)算法的智能发电控制最优协调控制器设计包括奖励函数的定义、均衡选择函数的设计和控制参数的选择。最后详细描述多区域智能发电均衡控制框架。

1)奖励函数

强化学习算法已经广泛应用于倒立摆、电脑游戏、Backgammon 等复杂的控制问题[16,26]。其应用如此广泛的主要原因是此算法是一种与模型无关的智能算法。强化学习算法通过将各种系统的各类控制目标都转化为一种奖励评价函数，来达到对系统的建模。也就是说，奖励函数的形式决定了系统的控制性能。

CE-Q(λ)控制器的奖励函数决定了智能发电控制策略的控制目标，会直接影响相关均衡的求解和 Q 值函数的收敛速度。同时，算法的控制性能也取决于奖励

函数的设计。这里考虑智能发电控制系统的控制目标有三点[14,22,23]：①电力系统任意运行方式下，提高所有区域的 CPS 动态品质；②减少调频机组在二次调频过程中的磨损程度和调节成本；③可行的控制框架使该方法能用于实际电力系统。

结合这三点控制目标，本书提出了一种新颖的奖励函数。该函数不同于之前设计的奖励函数(5-1)，是所有控制目标的加权和，具有如下数学形式：

$$
R_i(s_{k-1},s_k,\vec{a}_{k-1})=\begin{cases}\sigma_i-\mu_{1i}\Delta P_i(k)^2, & \text{CPS1}_i(k)\geqslant 200\\ -\eta_{1i}\left[|\text{ACE}_i(k)|-|\text{ACE}_i(k-1)|\right]-\mu_{1i}\Delta P_i(k)^2, & 100\leqslant \text{CPS1}_i(k)<200\\ -\eta_{2i}\left[|\text{CPS1}_i(k)-200|-|\text{CPS1}_i(k-1)-200|\right] & \\ -\mu_{2i}\Delta P_i(k)^2, & \text{CPS1}_i(k)<100\end{cases}
\tag{5-14}
$$

式中，σ_i 为区域 i 历史奖励最大值，初始为 0。在前面已经表明 CPS1 和 ACE 在 1min 的滚动平均值可以用来表示系统的 CPS1 和 CPS2 指标，因此 $\text{ACE}_i(k)$ 和 $\text{CPS1}_i(k)$ 即表示区域 i 的 ACE 和 CPS1 在第 k 次迭代的平均值；$\Delta P_i(k)$ 为区域电网 i 第 k 步的功率调节值。这一奖励分量是为了限制控制器输出功率指令频繁大幅度升降调节而引起的系统振荡和经济代价。η_{1i}、η_{2i}、μ_{1i} 和 μ_{2i} 为区域 i 的权重，用于消除各变量的量纲差别。式(5-14)中功率波动 $\Delta P_i(k)^2$ 是为了减少控制指令，从而减少机组的调节成本。另外，为使式(5-14)中各个分量相对的大小处于同一范围内，权重比值 η_{1i}/η_{2i} 和 μ_{1i}/μ_{2i} 在控制过程中需要各保持为一个常数。根据文献[22]和文献[23]中关于奖励函数的设计准则，由于各区域 CPS1 和 ACE 的数值都不一样，这些权重系数需要根据区域的负荷特性和发电机的装机容量而合理地设置。

这里所提出的奖励函数不同于单智能体强化学习算法的奖励函数[27,28](5-1)，是一种基于式(5-1)的改进奖励函数。表 5-2 列举了奖励函数(5-1)在 IEEE 标准两区域模型中采用单智能体 Q(λ)学习在预学习阶段过程中的部分系统性能指标和立即奖励值。可清晰地看出，AGC 控制器在第 k 步、第 k+1 步连续两次采用非优动作，直接导致该区域 ACE 与 CPS1 实时值更不理想，即使控制器第 k+2 步采用了最优动作，这里所设计的奖励函数并不能立即有效区分这一最优动作。特别是当采用多智能体算法，状态、动作维度成倍增加时，奖励函数的不合理设计将会直接导致控制器在预学习阶段不收敛。因此，多区域控制算法中奖励函数的设计需要融合最优动作的识别能力。经研究发现，奖励函数中采用 ACE 和 CPS1 前后时刻的实时差分能有效识别各区域的最优动作，并在收敛速度上相比单智能体 Q(λ)学习算法有较大提升。这两种算法的收敛速度会在后面的算例中加以详细分析。

表 5-2　Q(λ)控制器在预学习阶段的系统性能指标

参数	ACE	CPS1	奖励值	Q 值
k	–475	–45.4	-1.13×10^6	-3.38×10^5
k+1	–902	–357	-4.07×10^6	-1.22×10^6
k+2	–1285.5	–930.5	-8.26×10^6	-3.39×10^6

2) 均衡选择函数

前面在智能发电控制多区域均衡规则中提到各博弈方之间的动态博弈会形成多个合作博弈均衡点。这些均衡点都能使各博弈方满足当前的既定策略。然而，对整个系统来讲，这些均衡点的效益并不一样。因此，需要人为地引导各博弈方达到系统效益最优的合作均衡点。对所提出的算法来讲，均衡选择函数对算法的收敛性和系统动态控制性能的提升有较大影响[17]。

在相关均衡理论中，有四种不同的均衡选择函数[19]：uCE-Q、eCE-Q、pCE-Q和 dCE-Q。后三类均衡选择函数都是最大化某一区域电网的报酬值，在追求整个系统收益最大化的 SGC 控制器中并不具有实用性，在前期仿真研究中也得到了验证。均衡选择函数 uCE-Q 公平对待每个区域电网的奖励值，物理意义为最大化所有控制区域的立即奖励之和，这在智能发电稳态控制时是很有必要的。然而，当某区域电网由于故障等，其 ACE 或 CPS 实时值严重偏离正常范围时，uCE-Q 所求取的均衡策略在严格的数学意义上讲并不是最优策略。因为此时 SGC 控制器依旧遵循稳态运行时的既定策略来寻求最优均衡动作，并没有对故障发生后电网的变化进行有效的协调。从工程控制角度上讲，此时应该对故障区域电网的恢复问题予以更多的关注，而不是片面地追求区域电网之间策略的公平。因此，为保证所提算法在电力系统的不同运行方式下都能有效地求取到最优均衡策略，这里提出一种新颖的时变均衡因子。该均衡因子将电力系统实时运行状态整合到均衡选择函数中。该均衡因子的物理意义为均衡策略中各个区域内电网实时状态的重要度。基于此，式(5-10)所描述的最优均衡策略可以改写为如下线性规划模型[14]：

$$
\begin{aligned}
&f\left[\pi_i^*(s_k,a)\right]=\max_{\pi_i^*\in\pi_i^{\mathrm{CE}}}\sum_{i=1}^{N}\zeta_i\cdot\sum_{a\in A(s_k)}\pi_i^*(s_k,a)Q_{i(k-1)}(s_k,a)\\
&\text{s.t.}\begin{cases}\displaystyle\sum_{a_{-i}\in A_{-i}(s_k)}\pi_i^*(s_k,a)\left[Q_{i(k-1)}(s_k,a)-Q_{i(k-1)}(s_k,(a_{-i},a_i'))\right]\geqslant 0\\ \displaystyle\sum_{a\subset A(s_k)}\pi_i^*(s_k,a)=1,\ \ 0\leqslant\pi_i^*(s_k,a)\leqslant 1\\ A_{-i}=\prod_{j\neq i}A_j,\ \ a_{-i}=\prod_{j\neq i}a_j,\ \ a=(a_{-i},a_i)\end{cases}
\end{aligned}
\tag{5-15}
$$

式中，ζ_i 为区域电网 i 的均衡因子；f 定义了系统的控制目标，即最大化所有区域的折扣奖励之和；相关均衡最优策略还需要遵循相关均衡的不等式约束。从式(5-15)可以看出，Q 值函数的第 k–1 次迭代可用于区域电网 i 最优相关均衡策略的求取。

这里设计了两种完全不同的均衡因子 ζ_{CPS1} 和 ζ_{ACE}，用来描述互联电网内各个控制区域的实时状态在均衡选择函数中的相对重要度。如果某控制区域具有较差的 CPS1 或 ACE 实时值，那么式(5-15)中关于该区域的 Q 值会相应地放大。如此获得的最优均衡策略无疑会偏重于协调控制该区域，从而提高该区域的控制性能。可以看出，均衡因子能很好地从均衡策略集 π_i^{CE} 中辨识系统当前最优的合作均衡策略，来达到系统最优的控制效果。ζ_{CPS1} 和 ζ_{ACE} 定义如下[14]：

$$\zeta_{i\text{CPS1}} = \exp\left[\frac{|\text{CPS1}_i(k)-200|}{\sum_{i=1}^{N}|\text{CPS1}_i(k)-200|}\right] \tag{5-16}$$

$$\zeta_{i\text{ACE}} = \exp\left[\frac{|\text{ACE}_i(k)|}{\sum_{i=1}^{N}|\text{ACE}_i(k)|}\right] \tag{5-17}$$

需要说明的是，这里所提出的均衡选择函数中区域电网均衡因子最大为 exp(1/1)=2.718，最小为 exp(0/1)=1。可知，故障区域状态-动作值一般可被放大 2 倍，不会造成过多关注故障区域电网而忽视其他电网正常运行的情况。这对于电力系统的故障恢复运行有非常积极的作用。

在式(5-15)所描述的最优相关均衡模型中，$\pi_i^*(s_k,a)$ 为未知变量，其他变量如 Q 和 ζ 都可间接获得。因此，对每个控制区域而言，系统状态下的最优相关均衡策略可利用线性规划来求解式(5-15)～式(5-17)。如果系统在每个状态下的最优均衡策略都已获得，即可形成所有控制区域的最优动作矩阵 π_i^*。最优动作矩阵 π_i^* 是一个概率分布矩阵，它的维度取决于系统状态和动作的离散度。

在每一次迭代过程中，各控制区域根据当前系统状态下的最优动作概率矩阵，随机采样一个可执行动作，随后在系统中执行该动作从而达到系统的最优均衡控制。这里以一个简单的例子来说明该控制过程。如果有两个控制区域 A 和 B，各有两个可执行动作 $\{a_{\text{H}},a_{\text{D}}\}$ 和 $\{a_{\text{L}},a_{\text{G}}\}$[20]，对于某个系统状态，两个控制区域对于联合动作 $(a_{\text{H}},a_{\text{L}})$ 的累计奖励为(4,4)，对于联合动作 $(a_{\text{H}},a_{\text{G}})$ 的累计奖励为(5,1)，对于 $(a_{\text{D}},a_{\text{L}})$ 的累计奖励为(1,5)，对于 $(a_{\text{D}},a_{\text{G}})$ 的累计奖励为(0,0)。因此，可根据相关均衡不等式(5-10)求取关于联合动作分布的多个相关均衡点，这里有 5 个：{0,1,0,0}、{0,0,1,0}、{1/4,1/4,1/4,1/4}、{0,1/2,1/2,0}和{1/3,1/3,1/3,0}。然后利用式(5-15)即可获得最优的联合动作分布 π^*={1/3,1/3,1/3,0}。因此，对于这两个控制区域来讲，其联合动作策略 $(a_{\text{H}},a_{\text{L}})$、$(a_{\text{H}}, a_{\text{G}})$、$(a_{\text{D}},a_{\text{L}})$ 各将会以 1/3 的概率抽取。

3) 基于 CE-Q(λ) 的智能发电控制框架

为便于 CE-Q(λ) 学习算法在智能发电控制系统中的实现，这里将智能发电控制框架建模为一个多智能体的控制系统。该系统中各个子功能建模为一个智能体。这些智能体能自主地与环境交互从而达到自身控制目标的学习。

为进一步简化多智能体控制系统的设计过程，这里基于 JADE(Java agent development environment)[29]多智能体平台搭建 CE-Q(λ) 算法的控制过程。JADE 是国际上执行效率最高、最稳定的多智能体设计平台，在 JADE 官网可下载该平台的开源代码[30]。

在 JADE 平台上，本书所搭建的基于 CE-Q(λ) 学习的智能发电控制框架如图 5-2 所示。经实际仿真证明，该控制框架能成功用于 SGC 控制器寻求多区域最优合作均衡策略。如图 5-2 所示，多智能体智能发电控制框架主要包括电力系统 LFC 模型和 JADE 平台。电力系统 LFC 模型包括各类发电机组、电力系统模型和反馈响应部分。而 JADE 平台主要包括四个部分：JADE 多智能体管理平台、状态输入模块、控制输入模块和 CE-Q(λ) 算法实现模块。JADE 多智能体管理平台是 JADE 平台固有的管理系统，用于智能体管理服务、信息传输服务和黄页查询等。状态输入模块主要负责数据的收集、智能体的相互交流和对电力系统实时状态信息的备份。CE-Q(λ) 算法实现模块是智能发电控制系统均衡控制的核心部分。该模块主要负责的内容如下。

(1) 根据各个区域的状态信息，如 CPS1/CPS2/ACE 实时滚动值，对当前整个电网状态进行状态估计。

(2) 观测其他控制区域的联合动作。

(3) 检测当前电网的数据信息是否更新。

(4) 根据 CE-Q(λ) 算法计算当前系统状态下的均衡策略集。

(5) 根据调频机组的参与情况，在均衡策略集中选择相关均衡最优策略。

CE-Q(λ) 算法智能体是智能发电控制框架的核心部分。它通过对系统状态的估计、Q 值矩阵的更新、最优均衡策略的求取以及最优动作的选择来获得本区域的最优控制指令。该智能体两区域控制示意图如图 5-3 所示。

控制输出模块则为根据 CE-Q(λ) 算法模块所得到的最优控制动作产生的对应控制信号，并将此控制指令传输到远端各台 AGC 发电机组。本书搭建的多智能体智能发电控制框架在求解最优合作均衡策略中表现出了高度的灵活性。另外，信息交互模块主要负责各个区域部分信息的共享。这些共享的信息包括系统状态信息、控制指令和 Q 值函数。可见，其他区域的信息也会对本控制区域的最优策略产生影响。总体来讲，基于 CE-Q(λ) 学习的智能发电控制流程如图 5-4 所示。需要说明的是，该控制流程并没有表明学习结束的阶段。这是因为此算法是一种在线学习算法，只要系统处于运行状态，那么该算法的迭代过程就将一直执行。

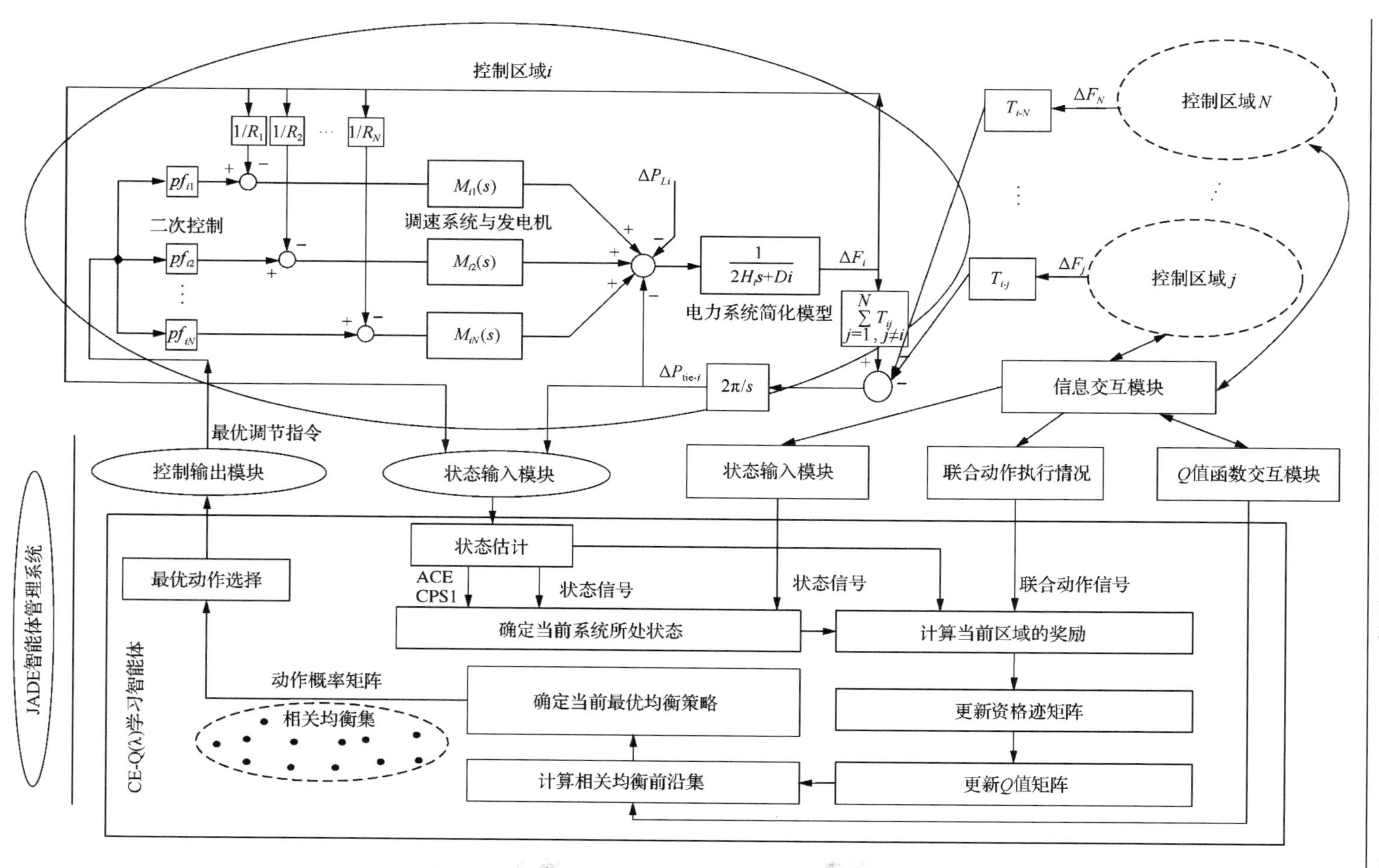

图 5-2　基于JADE平台的多智能体智能发电控制框架

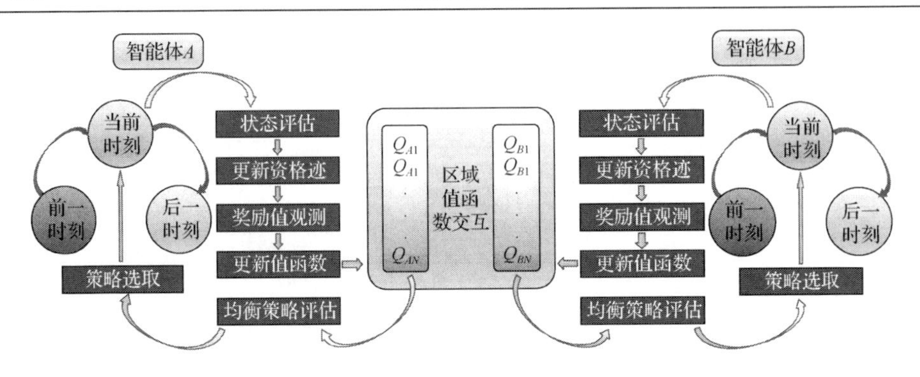

图 5-3　CE-Q(λ)算法两区域控制示意图

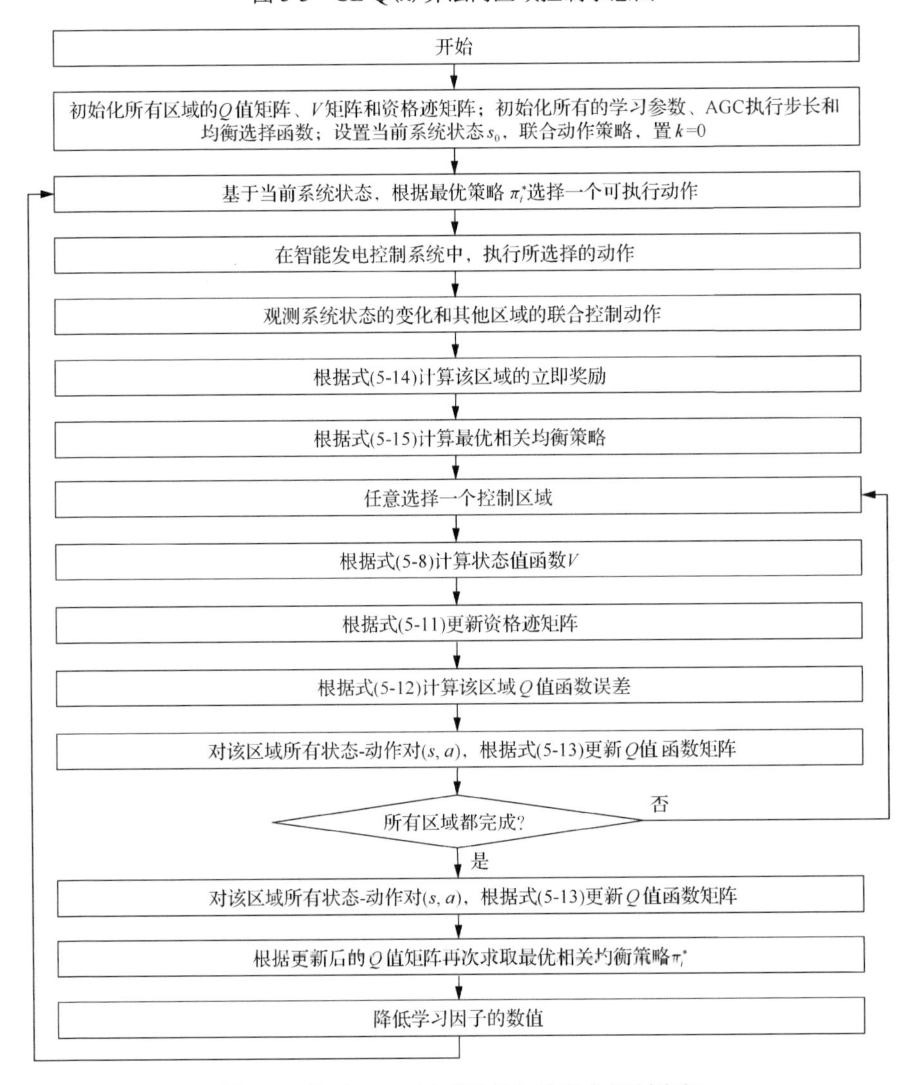

图 5-4　基于 CE-Q(λ)算法的智能发电控制流程

5. 算例分析

本章所提出的智能发电控制框架和 CE-Q(λ)算法的实时控制效果将通过 IEEE 三区域模型和南方电网四区域模型来评估。

1)IEEE 三区域模型

这里主要评估 CE-Q(λ)算法在 IEEE 三区域传统非标称模型中的控制性能。模型参数取自文献[31]。这里设置智能发电控制采样间隔为 3s。CE-Q(λ)算法在运行初期虽然不需要任何的先验知识，但是在投入在线运行之前，还需要经历一个不断试错的过程来形成稳定的 Q 值矩阵。这个试错过程需要“无限次”采样所有的状态-动作对，来优化 Q 值函数和 V 值函数[21]。

这里以周期为 10min 的正弦负荷扰动为例来说明该算法预学习的过程[32]，其中区域 A 的预学习过程如图 5-5 所示。可清晰地看出，区域 A 的状态指标，如 CPS1、ACE 和$|\Delta F|$在 10min 内的平均值逐渐趋于稳定。这说明该区域内的 CE-Q(λ)算法在该扰动下能逐渐收敛于最优的控制策略。预学习过程结束的准则为 Q 值函数的泛函收敛，即 Q 值函数需要满足不等式约束$\|Q_{ik}(s,\vec{a})-Q_{i(k-1)}(s,\vec{a})\|_2\leqslant\varsigma$(这里 ς 为任意给定的小数)。区域 A 的 Q 值函数的泛函在预学习过程的变化情况如图 5-6 所示。可以清楚地看出，Q 值函数最终趋于收敛。Q 值函数收敛后，只要各个控制区域获取了相同的系统状态信息，每个控制区域所求取的最优相关均衡策略理论上来讲是同一个均衡策略。

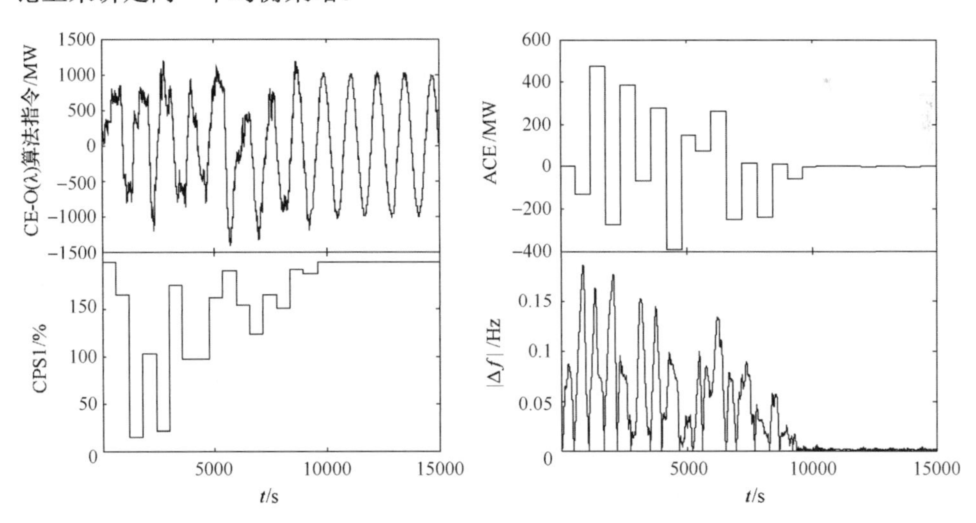

图 5-5　CE-Q(λ)算法在 IEEE 三区域模型中的预学习过程

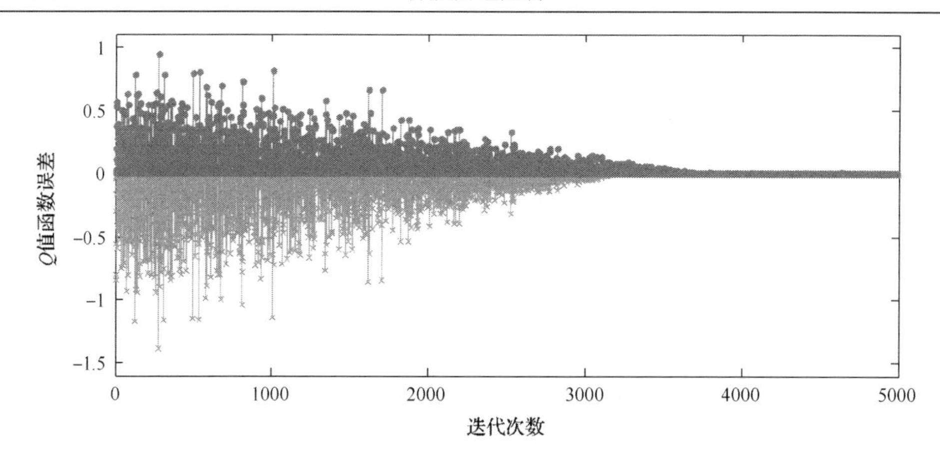

图 5-6　CE-Q(λ)算法在区域 A 中的收敛过程

根据平均采样理论[21]，算法的预学习过程需要经历各种类型的负荷扰动，来达到对控制器内所有状态-动作对足够多的采样。通过这些采样，系统的实时控制策略可被准确地评估，从而实现在线优化的控制效果。Q 值矩阵收敛也即意味着预学习过程的完成，此时每个状态下 Q 值矩阵将以 1 的概率收敛到某均衡策略。在预学习完成后，各个控制区域所有的控制参数、Q 值与 V 值函数信息、资格迹信息和各状态下的最优均衡策略都需要及时存储。利用这些信息，CE-Q(λ)学习即可应用到系统的实时运行控制中。同时，该智能发电控制策略在系统的运行中，通过与真实系统的信息交互，还可实现控制策略的在线优化，也即达到系统参数和均衡策略随系统运行方式的改变而改变的目的。

这里，控制区域 A 用幅值为 300MW 的阶跃负荷扰动来检验 CE-Q(λ)控制器的动态性能，如图 5-7～图 5-9 所示。为说明该控制器的优越性，其控制效果与传统的参数经过优化的 PI 控制器[33,34]和第 3 章描述的 Q(λ)控制器[22]进行对比。均衡选择函数选为 $\zeta_i=\zeta_{\mathrm{ACE}}$。奖励函数中的权重因子设置为 $\eta_1=1$，$\eta_2=10$，$\mu_1=\mu_2=10$。可清晰地看出，CE-Q(λ)控制器无论从 ACE 指标，还是从系统的频率响应来看，都具有最优的控制效果。这是由于 CE-Q(λ)控制器给各发电机组提供了最平滑的控制曲线，如图 5-8 所示。换句话讲，CE-Q(λ)控制器给机组较少的控制指令，实现系统几乎无超调的控制效果。从图 5-8 可看出，CE-Q(λ)控制器使系统的响应速度位于 PI 控制器和 Q(λ)控制器之间。PI 控制器使所有机组都运行在一个频繁反调的环境中，从而使系统稳定时间过长。而 Q(λ)控制器控制的系统虽然表现为无超调，但是系统的响应速度过慢，稳定时间也过长。而 CE-Q(λ)控制器的控制效果则位于两者之间，具有很好的控制效果。同时，3G 机组的响应速度明显快于 1C 机组和 2C 机组(1、2、3 是机组编号；G(gas)代表气；C(coal)代表煤)，这是由于 3G 机组是气电机组，具有相当小的时间常数。另外，可看出不同的控制算法在系统扰动后 10min 内具有相同的响应特性。这是因为无论什么算法，在扰动后的这段时间内都使机组最大化其出力来平衡系统扰动。因此机组在扰动初期有同样的出力曲线，从而导致在不同控制器时系统具有相同的响应特性。

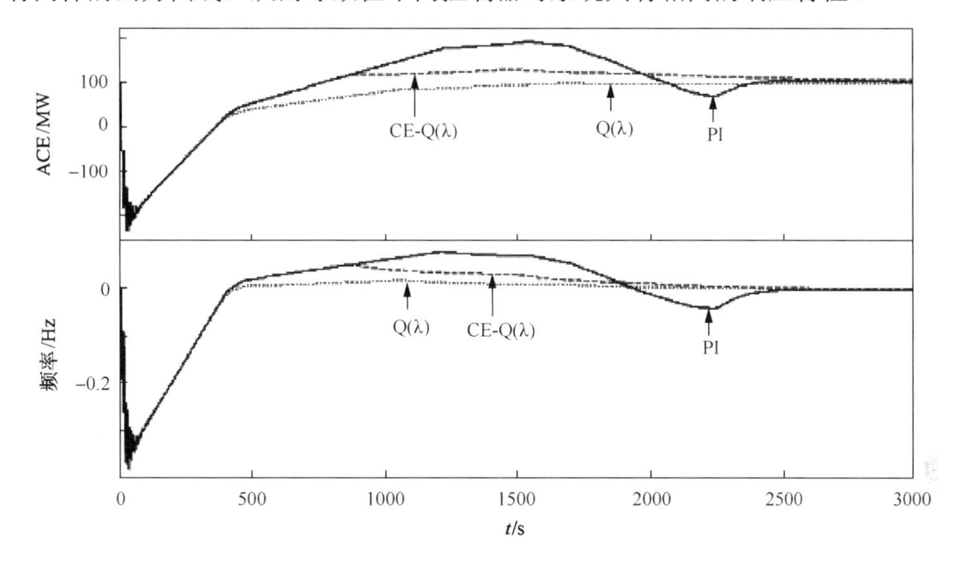

图 5-7　CE-Q(λ)算法在区域 A 中的实时控制效果(ACE、频率)

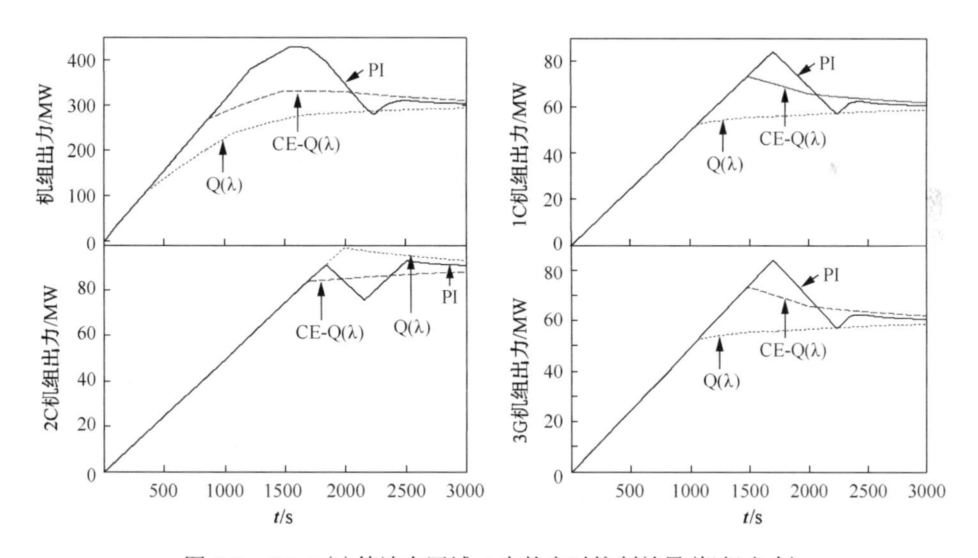

图 5-8　CE-Q(λ)算法在区域 A 中的实时控制效果(机组出力)

图 5-9 为系统在发生扰动后三种控制器控制下，三区域联络线的变化情况。可看出，CE-Q(λ)控制器使系统的联络线最先恢复稳定状态。而 PI 控制器会引起联络线功率的振荡，Q(λ)控制器会使联络线功率稳定时间过长，在 3000s 内还未达到联络线功率稳定，从而影响整个电力系统的经济运行。

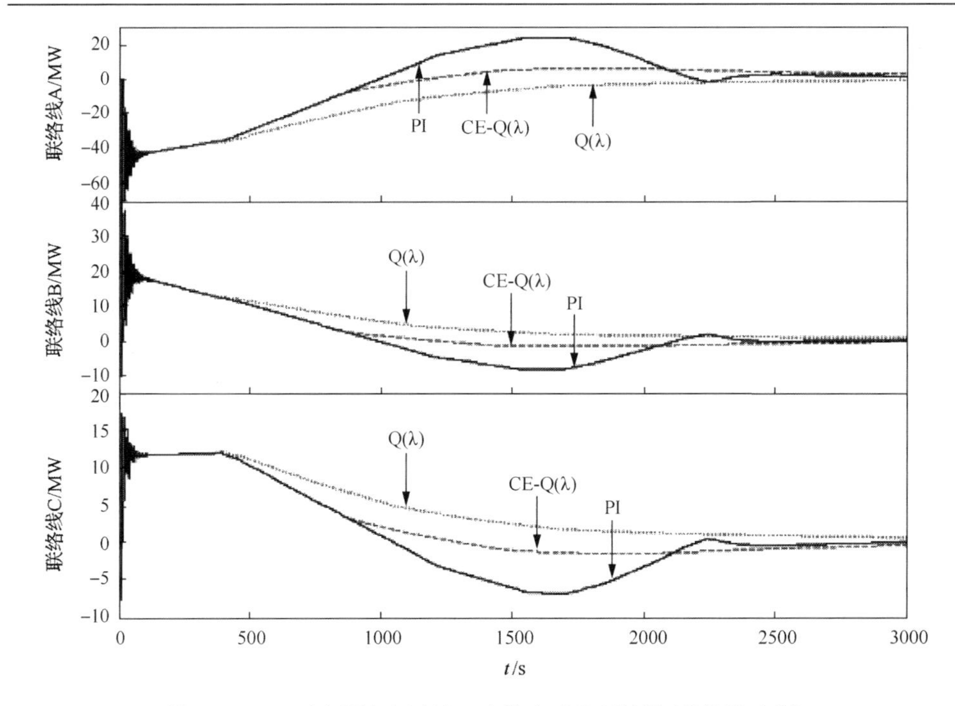

图 5-9　CE-Q(λ)算法在区域 A 中的实时控制效果(联络线功率)

为进一步验证所提出的 CE-Q(λ)控制器的控制效果，表 5-3 列举了区域 A 内 Q(λ)控制器与 CE-Q(λ)控制器的预学习收敛时间和部分控制性能指标。此时系统负荷扰动、机组典型时延和爬坡速率限制(generation rate constraint，GRC)和文献[31]相同。表 5-3 中，Q(λ)1 和 CE-Q(λ)1 采用文献[22]，也即式(5-1)所示的奖励函数。而 Q(λ)2 和 CE-Q(λ)2 采用的是本章所提出的奖励函数(5-14)。T_c 为算法预学习过程的收敛时间；$|\Delta F|$和 CPS1 为 24h 平均值；$|E_{\text{AVE-min}}|$为表征 CPS2 指标的数据，代表 24h 内采样的|ACE|的平均值。可看出，当机组的时间常数变大或 GRC 变小时，CE-Q(λ)和 Q(λ)算法都需要经历更多的预学习阶段来形成稳定的 Q 值矩阵，进而学习到每个状态下的最优策略。这是由于机组的时间常数变大意味着智能发电控制问题的马尔可夫性变弱。要解决好此问题，需要衰减因子和折扣因子都相对较大，来使立即奖励函数分配给算法中已经执行过的更多的状态-动作对。因此，需要更多的迭代次数来使 Q 值矩阵收敛，反映在表 5-3 为收敛时间随 GRC 的减小而增大。另外，也可看出，Q(λ)2 和 CE-Q(λ)2 相对 Q(λ)1 和 CE-Q(λ)1 具有更快的收敛速度和更好的控制效果。这是因为所提出的奖励函数是基于控制效果的实时差分而设计的，能有效地识别各个控制策略的控制性能，从而学习到相对最优策略。因此，CE-Q(λ)控制器能有效解决智能发电控制问题所存在的大时延问题，能用于智能发电控制实际系统的控制。

表 5-3　CE-Q(λ)控制器对不同时延机组的控制性能的统计

机组		机组 1	机组 2	机组 3	机组 4
T_s/s		8	20	30	45
GRC/(p.u./min)		10%	8%	5%	3%
T_c/s	Q(λ)1	6979.86	8288.242	11753.54	19339.23
	Q(λ)2	6572.017	7432.41	9413.231	16141.27
	CE-Q(λ)1	8307.402	10862.12	16263.53	22853.8
	CE-Q(λ)2	7874.924	9414.143	12738.93	19185.03
$\|\Delta F\|$/Hz	Q(λ)1	0.010719	0.018877	0.021913	0.027035
	Q(λ)2	0.010055	0.017739	0.020774	0.025707
	CE-Q(λ)1	0.007494	0.013091	0.018687	0.021344
	CE-Q(λ)2	0.00645	0.011478	0.017644	0.020205
$\|E_{\text{AVE-min}}\|$/MW	Q(λ)1	21.68804	32.99054	35.66414	42.13098
	Q(λ)2	20.32711	31.65856	33.36696	39.65042
	CE-Q(λ)1	14.60348	18.79244	28.01976	37.16985
	CE-Q(λ)2	13.7541	18.03959	26.23414	35.46145
CPS1/%	Q(λ)1	194.8433	191.5021	188.8705	184.3762
	Q(λ)2	195.0995	192.1624	189.2451	184.9183
	CE-Q(λ)1	195.7796	194.311	190.0532	186.2488
	CE-Q(λ)2	196.2428	195.1784	190.6742	187.4217

2)南方电网四区域模型

为验证 CE-Q(λ)算法能用于实际的智能发电控制系统，对比分析该算法的控制性能，这里以文献[35]所搭建的南方电网四区域模型为基础研究模型。该模型总共分为四个控制区域广东、广西、云南和贵州，之间通过联络线高压直流-高压交流(high voltage direct current-high voltage alternating current，HVDC-HVAC)实现互连。该模型的搭建过程、详细的系统运行数据和系统参数可参考文献[35]。各台发电机组的实时输出取决于经济调度和二次调频参考信号之和。另外，本模型中还考虑了随机负荷模型和白噪声参数扰动，来使系统运行在一个不断变化的运行方式之中。

前面在 CE-Q(λ)算法中提出了两种均衡选择函数。这两种均衡选择函数只是均衡因子不同，分别选择为 ACE、CPS1 的变化量。均衡因子对系统的动态性能和各个区域之间的区域最优均衡策略有较大影响。因此，这里选择这两种均衡因子 ζ_{ACE}(式(5-17))和 ζ_{CPS1}(式(5-16))来实现智能发电控制系统的最优均衡控制。通过观察式(5-16)可知，均衡因子 ζ_{CPS1} 通过采集各个区域 CPS1 的实时值来实现各区域的最优控制。当某区域 CPS1 值较小时，该区域 Q 值函数将被放大，意味着均衡策略的求取将偏重于控制该区域，也即该区域的机组相对于其他区域的机组会实行收紧控制，而其他区域的机组则为松弛控制。因此 CPS1 指标较小的区域会以较快的速度实现 CPS1 指标的恢复。同理，均衡因子 ζ_{ACE} 会使各控制器所求取的最优均衡策略偏重于 ACE 较低的区域快速调节，实现 ACE 指标的快速稳定。

为充分对比各均衡因子的控制效果，这里考虑六种控制算法：①由南瑞集团开发的基于 PI 算法的 AGC 实时控制系统；②文献[22]所提出的 Q(λ)控制器；③文献[23]所提出的 R(λ)控制器；④无均衡因子的 CE-Q(λ)Ⅰ控制算法，也即各区域均衡因子都置为 1；⑤均衡因子为 ζ_{CPS1} 的 CE-Q(λ)Ⅱ控制算法；⑥均衡因子为 ζ_{ACE} 的 CE-Q(λ)Ⅲ控制算法。以广东电网为研究对象，图 5-10 显示了阶跃负荷扰动下，以上各控制器的实时控制效果。可知 CE-Q(λ)Ⅲ具有较快的系统动态响应，但是相对于 CE-Q(λ)Ⅱ和 CE-Q(λ)Ⅰ，其伴随着较大的超调量，也即均衡选择函数中均衡因子 ζ_{ACE} 能使发电机组更快地响应负荷扰动。而 CE-Q(λ)Ⅱ以 ζ_{CPS1} 为均衡因子，由于 CPS1 指标的变化没有 ACE 剧烈，系统动态响应没有 CE-Q(λ)Ⅲ那么快，但是同时相对于 CE-Q(λ)Ⅰ也会对负荷扰动区域给予重视，因此，系统动态响应快于 CE-Q(λ)Ⅰ算法。另外，如果系统调度员所期望的系统响应位于 CE-Q(λ)Ⅱ和 CE-Q(λ)Ⅲ的系统响应之间，则可通过两个均衡因子 ζ_{ACE} 和 ζ_{CPS1} 的线性组合来实现区域的均衡控制。另外，对比 CE-Q(λ)、Q(λ)学习、R(λ)学习算法可知，基于多区域均衡控制的算法具有更好的系统响应特性，因此该算法能用于实际系统的发电控制。

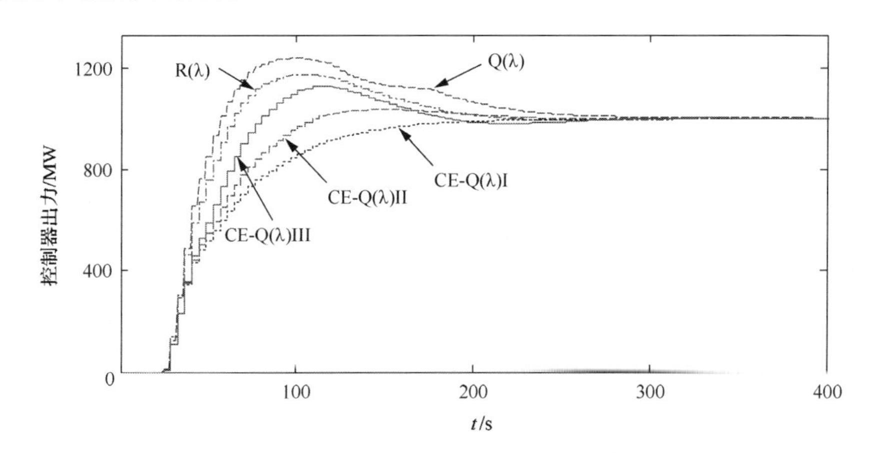

图 5-10 CE-Q(λ)算法在区域 A 中的实时控制效果

如文献[3]、文献[22]～文献[24]、文献[27]、文献[28]和文献[36]所述，控制算法在智能发电控制系统的控制性能不仅需要实时的动态响应来描述，还需要长期的控制性能统计来描述。这里，长期是指系统离线运行时间为 30 天，每天的系统负荷由 96 个基础负荷和随机负荷构成。这些负荷通过程序预先设定。在这 30 天，系统控制性能的统计见表 5-4，表中各系统运行指标以 10min 为采样间隔。$|\Delta F|$和|ACE|指标是对应的实时指标的绝对值然后进行平均获得的。CPS1、CPS2 和 CPS 的统计时长为 30 天。调度中心所统计的顺调与反调次数可用来评估机组在这一段时间内参与二次调节的成本与机组磨损情况，可用于评估各台机组的调节是松弛控制还是收紧控制。

由于各个区域的频率偏差系数、机组特性、负荷特性等不一样，需要根据实际来设计各个区域奖励函数的权重因子。通过大量仿真分析，可得出各个区域的权重因子如下：

广东：$\eta_{1i}=1, \eta_{2i}=35$，$\mu_{1i}=\mu_{2i}=10$

广西：$\eta_{1i}=1, \eta_{2i}=40$，$\mu_{1i}=\mu_{2i}=20$

云南：$\eta_{1i}=1, \eta_{2i}=40$，$\mu_{1i}=\mu_{2i}=15$

贵州：$\eta_{1i}=1, \eta_{2i}=50$，$\mu_{1i}=\mu_{2i}=15$

表 5-4 列举了在评估期间，上述六种算法在频率自然响应系数从 0 变化到 10%的控制性能对比，可得出以下结论。

(1) 基于 CE-Q(λ)算法的智能发电控制系统能更好地适应系统运行方式的变化，特别是在频率自然响应系数在 10%时。这说明 CE-Q(λ)算法确实具有在线学习的性能，其自适应特性明显强于南瑞集团所设计的 PI 控制系统。

(2) 对比单智能体控制算法 Q(λ)和 R(λ)，多智能体均衡强化学习算法 CE-Q(λ)能实现多区域之间的均衡控制。其所得的策略综合考虑了其他区域的实时指标和联合动作，因此能有效提高整个系统的 CPS 等统计指标，最大化整个系统的效益。各个区域最优均衡策略的求取融入了所有其他区域的 Q 值(也即合作的意愿度)。因此，当系统出现扰动时，所得出的合作均衡策略就为该状态下合作度最高的联合动作。在系统指标上就反映为所有区域内 CPS、ACE、ΔF 等系统统计指标具有更优异的性能。

(3) CE-Q(λ)学习融入了均衡因子，该因子表征了各系统之间所需要的控制的相对程度，这表明了该控制器能随系统运行方式的变化而自我调节控制的松紧度。同时，系统调度员可通过所提出的两种均衡因子的线性组合来解决多区域之间的控制协调问题。表 5-4 中 CE-Q(λ) II 和 CE-Q(λ) III控制器具有相对于 CE-Q(λ) I 控制器更好的控制性能，但是不可避免地会增大所有机组的顺调与反调次数。

表 5-4　CE-Q(λ)控制器对不同时延机组的控制性能的统计

区域	Metrics	标称参数						10%白噪声扰动					
		南瑞集团PI	Q(λ)	R(λ)	CE-Q(λ) Ⅰ	CE-Q(λ) Ⅱ	CE-Q(λ) Ⅲ	南瑞集团PI	Q(λ)	R(λ)	CE-Q(λ) Ⅰ	CE-Q(λ) Ⅱ	CE-Q(λ) Ⅲ
广东	$\|\Delta F\|$/Hz	0.0282	0.0273	0.0265	0.0261	0.0259	0.0256	0.0561	0.0365	0.0353	0.0351	0.0346	0.0341
	$\|ACE\|$/MW	151.89	148.63	140.28	137.59	133.25	131.46	233.17	185.75	175.64	171.62	167.69	160.16
	CPS1/%	183.33	185.67	190.32	191.04	191.76	192.23	142.05	176.03	184.21	186.61	188.26	190.02
	CPS2/%	97.85	98.50	98.75	98.85	98.99	99.37	90.83	95.89	96.53	97.05	97.49	97.78
	CPS/%	94.51	95.29	96.02	96.56	96.93	97.58	85.79	93.76	94.17	94.94	95.21	95.62
	顺调次数	294	251	245	238	240	244	338	271	269	257	259	266
	反调次数	78	63.3	61.9	56.3	57.2	60.8	91.5	73.5	72.2	62.5	64.7	70.6
广西	$\|\Delta F\|$/Hz	0.0294	0.0285	0.0282	0.0281	0.0276	0.0261	0.0579	0.0394	0.0391	0.0389	0.0382	0.0365
	$\|ACE\|$/MW	155.79	150.41	148.95	147.76	144.05	140.14	237.82	195.26	193.24	192.17	186.46	175.76
	CPS1/%	182.42	183.75	185.63	186.85	188.43	189.52	141.26	171.18	173.16	174.03	178.62	185.07
	CPS2/%	97.05	97.46	97.79	97.94	98.16	98.74	86.58	91.64	93.02	93.51	94.02	96.13
	CPS/%	94.19	94.86	95.02	95.37	95.67	96.13	83.75	89.06	89.94	90.23	91.73	94.48
	顺调次数	301	277	265	249	253	259	356	298	285	274	279	283
	反调次数	82.3	70.6	65.8	58.1	60.4	64.3	100.2	82.8	74.6	69.8	71.6	73.8
云南	$\|\Delta F\|$/Hz	0.0280	0.0272	0.0261	0.0256	0.0243	0.0238	0.0497	0.0395	0.0367	0.0351	0.0334	0.0314
	$\|ACE\|$/MW	149.46	146.57	140.75	135.46	133.51	130.82	230.81	192.40	180.26	169.54	165.14	152.67
	CPS1/%	187.64	188.16	191.24	191.41	191.63	192.45	152.80	170.52	177.42	181.63	188.25	190.71
	CPS2/%	96.52	96.62	97.41	98.55	98.82	98.94	88.73	91.47	94.03	95.56	97.46	98.42
	CPS%	93.78	93.86	96.12	96.98	97.05	97.46	84.48	88.56	92.45	94.02	95.14	95.65
	顺调次数	290	257	250	242	246	249	345	287	273	265	268	275
	反调次数	76.8	64.6	63.8	57.3	58.9	61.5	95.1	77.6	70.2	63.4	65.7	69.6
贵州	$\|\Delta F\|$/Hz	0.025	0.0245	0.0242	0.0241	0.0237	0.0231	0.0548	0.0387	0.0369	0.0353	0.0334	0.0325
	$\|ACE\|$/MW	158.46	153.26	151.98	151.42	148.84	147.24	234.07	189.16	176.82	166.25	163.46	155.62
	CPS1/%	189.76	190.15	192.20	193.22	194.63	194.88	147.26	163.57	174.29	180.14	185.64	188.44
	CPS2/%	96.84	97.16	97.41	97.72	97.89	98.12	86.63	87.24	90.26	92.46	93.75	94.25
	CPS/%	94.02	94.53	95.36	96.42	97.51	97.86	83.41	84.29	88.49	91.38	93.71	94.15
	顺调次数	295	255	249	241	243	248	351	294	283	271	274	279
	反调次数	78.2	64.5	62.3	58.6	58.9	61.4	93.6	80	74.1	67.3	70.2	71.4

(4) CE-Q(λ)算法是基于多智能体框架来设计的，因此具有多智能体系统具有的许多优点，如扩展性强、执行效率高等。

Q 值函数的每一次更新以及各个区域均衡策略的更新都是通过求解各个区域的均衡选择函数来迭代实现的。因此，各个区域的 *Q* 值矩阵是该区域对外界电网合作博弈的反映。如果某状态-动作对具有较大的值，这意味着在该状态下，此动作对其他区域而言重要度较高，也即该动作会以较大的概率被选择为最优动作。

由于 CPS2 指标中 ACE 的限值没有考虑频率变化的情况，近年来 NERC 提出了一种包含频率分量的 BAAL 指标，如式(2-10)所示，CPS2 指标正逐步被 BAAL 所替代。因此为验证本章所提出方法同样适用于未来电网在 BAAL 指标下的智能发电控制，这里进行了为期一个月的真实系统离线仿真。不同控制算法下各控制区域的 BAAL 统计数据见表 5-5。同样可看出，所有区域内，CE-Q(λ)Ⅲ控制器在 BAAL 指标上具有最好的控制效果。此控制结果有力地证明了本书所提出的控制算法和控制框架的有效性。由于广东电网存在较多的快速调节机组，广东区域的 BAAL 指标明显好于其他区域的 BAAL 指标。

表 5-5　CE-Q(λ)控制器对不同时延机组的控制性能的统计

区域	PI	Q(λ)	CE-Q(λ)Ⅰ	CE-Q(λ)Ⅱ	CE-Q(λ)Ⅲ
广东	90.13%	92.08%	97.16%	97.91%	98.80%
广西	88.51%	92.05%	94.69%	95.48%	96.23%
云南	89.06%	92.11%	95.52%	96.43%	97.75%
贵州	87.97%	90.72%	93.68%	95.02%	95.94%

根据仿真结果，本章所提出的控制框架和控制算法主要有以下三个优点：①由于控制框架和控制算法是基于 JADE 多智能体控制平台的，该控制框架具有非常好的灵活性、拓展性来实现实时的智能发电控制；②本控制框架能很好地处理未来电力系统具有的强随机性和时延性；③能实现多区域的均衡控制，并且最优策略能随着系统运行方式的改变而改变。

本书提出了一种基于多智能体的智能发电在线控制框架。该控制框架根据每一次控制的实时性能反馈修正控制策略，从而达到多区域协作的最优均衡控制。最优均衡控制是控制器根据状态值函数 *V*、状态动作值函数 *Q* 和均衡选择函数来决定的。由于该控制框架基于 CPS 标准，该框架着眼于未来多区域互联电网的长期最优协作均衡控制。其中强化 Q 学习的引入是为了最大化控制目标的长期积累值。

因此，本书先论述了多区域均衡控制中所形成的纳什均衡点的天然非最优性，提出了可用合作博弈思想来弥补纳什均衡控制的缺陷，也即利用相关均衡思想来实现智能发电控制；然后，融入资格迹提出了一种新颖的 CE-Q(λ)均衡控制算法，并详细地设计了基于 JADE 多智能体平台的控制框架，包括均衡选择函数的设计、奖励函数的定义和均衡因子的取舍规则，该控制框架能处理未来智能电网所面临的强随机性、高不确定性和电力系统运行方式的变化；最后，该算法成功地应用于 IEEE 三区域模型和南方电网四区域模型。控制结果表明，该算法无论在 CPS 标准下还是 BAAL 指标下都能实现相对最优化的控制效果，直接验证了本章所提出的算法的有效性和实用性。

5.2.1.2 基于分层相关均衡博弈的功率动态分配

自 NERC 提出 CPS[37]标准后，CPS 考核合格率就成为评价 AGC 性能的重要指标[38,39]。然而，随着越来越多的风电、光伏发电等可再生能源并入电网，传统应用 PI 控制结构[40-42]的 AGC 策略已难以满足具有更强随机性的大规模互联电网对 CPS 性能的要求。为此，国内外有不少学者把模糊控制[43]、人工神经网络[44]、微分博弈[45]、强化学习[22]等适应性和灵活性更强的智能算法引入 AGC 控制器的设计，克服了以往控制策略的不足。

当 AGC 控制器在电网当前状态下跟踪到一个总的发电指令时，如何把总指令最优地分配到各台 AGC 机组就成为一个需要解决的问题。实际电网调度人员往往采用按可调容量平均分配法把 CPS 指令分配到各台机组，并没有考虑到各机组间的其他非线性约束，难以满足复杂工况下的 CPS 性能要求。文献[46]利用了煤耗在线监测系统，采用动态规划算法解决了 AGC 电厂负荷优化分配问题。本书作者所在的课题组一直以来采用单智能体强化学习算法对 CPS 指令的动态优化分配进行了一系列研究。文献[4]中引入了具有多步回溯功能的 Q(λ)学习算法，有效地加快了算法的寻优速度。根据调频时延，笔者对机组采用聚类分层的方法，有效避免了维数灾难问题[5,47]。这些基于单智能体的动态优化方法虽然可以满足电网 CPS 的考核标准，但其算法的寻优速度和在线学习能力依然存在较大的提升空间。在跟踪区域电网的总负荷扰动时，多智能体 CE-Q 算法相对于单智能体算法具有更高的适应性和鲁棒性[48]。同时，AGC 系统的分层控制也符合智能电网的发展趋势[49]。因此，本书首先对所有机组进行聚类分层，并将 CE-Q 算法应用在每一层的功率分配过程中，提出了一种多智能体分层相关均衡(hierarchically correlated equilibrium Q，HCEQ)算法。

1. CPS 动态指令分配模型

如图 5-11 所示[5]，AGC 闭环控制分为两个过程：CPS 控制和 CPS 指令分配。在电网发生负荷扰动 ΔP_{L} 后，CPS 控制器计算出一个 AGC 总发电指令 $\Delta P_{\text{order-}\Sigma}$，然后 CPS 指令动态优化分配器根据所采集的数据状态将总指令 $\Delta P_{\text{order-}\Sigma}$ 分配到每台调节机组 $\Delta P_{\text{order-}i}$，最后每台机组实际输出功率 $\Delta P_{\mathrm{G}i}$。其中，本书设置每个 AGC 周期为 8s。

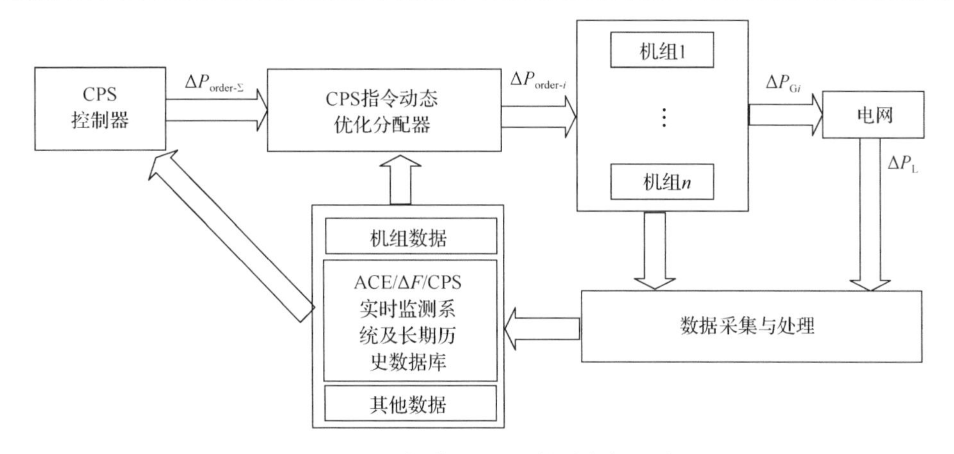

图 5-11　CPS 标准下 AGC 的动态优化过程

本书在 CPS 指令分配的过程中考虑了功率偏差、水电裕度和调节成本三个目标，其数学模型具体描述如下：

$$
\begin{cases}
\min f = \sum_{t=1}^{T}\sum_{i=1}^{n}\Delta P_{\text{error-}i}^{2}(t) + \mu_2\sum_{t=1}^{T}\sum_{i=1}^{n}C_i[\Delta P_{\text{G}i}(t)] \\
\qquad + \mu_1\sum_{t=1}^{T}\{[P_{\text{GH}}^{\max} - \sum_{i\in H}\Delta P_{\text{GH}_i}(t)] / P_{\text{GH}}^{\max}\}\times 100\% \\
\text{s.t}\quad \Delta P_{\text{order-}i}(t) = \Delta P_{\text{order-}\Sigma}(t)\times a_i \\
\qquad \sum_{i=1}^{n} a_i = 1, 0 \leqslant a_i \leqslant 1 \\
\qquad P_{\text{rate}i}^{-} \leqslant \Delta P_{\text{order-}i}(t) - \Delta P_{\text{order-}i}(t-1) \leqslant P_{\text{rate}i}^{+} \\
\qquad \Delta P_{\text{G}i}^{\min} \leqslant \Delta P_{\text{G}i}(t) \leqslant \Delta P_{\text{G}i}^{\max}
\end{cases}
\tag{5-18}
$$

式中，t 为离散时刻；$\Delta P_{\text{error-}i}$ 为第 i 台机组接收的 CPS 指令与该机组实际出力的差；f 为在时间段 T 内的累积目标函数值；C_i 为第 i 台机组的调节成本系数；μ_1 为水电裕度系数，应使具有快速调节能力的水电机组保留有一定的裕度，以应对复杂随机的负荷变化场景；μ_2 为调节成本的权重系数，保证让调节成本较低的机组承担更多的负荷扰动比例；$P_{\text{GH}}^{\max}$ 为水电机组的最大可调容量；H 为水电机组集合；h 为水电机组；$P_{\text{order-}\Sigma}$ 为 AGC 系统 CPS 指令值；$P_{\text{order-}i}$ 为分配到第 i 台机组的调节指令；a_i 为第 i 台机组的分配因子；$P_{\text{rate}i}^{+}$ 为第 i 台机组的上升调节速率限制；$P_{\text{rate}i}^{-}$ 为第 i 台机组的下降调节速率限制；$P_{\text{G}i}$ 为第 i 台机组的实际调节出力；$\Delta P_{\text{G}i}^{\max}$、$\Delta P_{\text{G}i}^{\min}$ 分别为第 i 台机组的最大和最小调节容量。

2. 基于 HCEQ 的 CPS 指令分配算法

1) CE-Q 学习算法

CE-Q 是基于马尔可夫过程模型的一种多智能体学习控制技术[50]，通常在相关均衡策略约束下进行 Q 值的迭代来学习最优控制策略。其中，AGC 机群或机组即算法中的智能体，每个智能体都有一个 Q 值矩阵，用来评价在各场景下的各个控制变量的优劣。

CE-Q 算法的过程主要包括：更新所有智能体当前状态 s（当前场景）下的 Q 值；在给定均衡目标函数下通过线性规划求解相关均衡；执行最优联合动作 a（控制变量），并观察系统响应，返回奖励值与当前状态，具体见图 5-12。

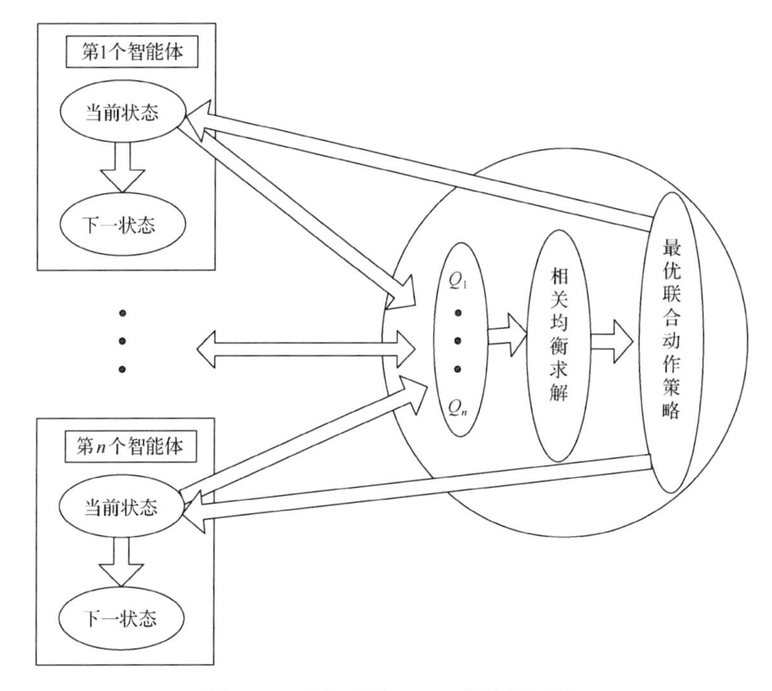

图 5-12　多智能体 CE-Q 算法原理图

在引入资格迹[51]后，对于所有智能体 $i\in N$，所有状态 $s\in S$ 和动作 $a\in A(s)$，智能体 i 的值函数 $V_i^{t+1}(s)$ 和 $Q_i^{t+1}(s,a)$ 更新如下[52]：

$$V_i^{t+1}(s)=\sum_{a\in A(s)}\pi_s{}^t(a)Q_i^t(s,a) \tag{5-19}$$

$$\delta_i^{t+1}=(1-\gamma)R_i^t(s,a)+\gamma V_i^{t+1}(s')-Q_i^t(s,a) \tag{5-20}$$

$$e_t(s,a)=\begin{cases}\gamma\lambda e_{t-1}(s,a)+1, & (s,a)=(s_t,a_t)\\ \gamma\lambda e_{t-1}(s,a), & \text{其他}\end{cases} \tag{5-21}$$

$$Q_i^{t+1}(s,a)=Q_i^t(s,a)+\alpha\delta_i^{t+1}e_t(s,a) \tag{5-22}$$

式中，π 为均衡策略(动作概率)；R_i^t 为第 t 次迭代时智能体 i 的立即奖励函数；γ 为折扣因子；λ 为衰减因子；α 为学习因子；γ、λ、α 的取值范围都是[0,1]，本章算例分别取为 0.3、0.5、0.3。

马尔可夫决策过程中，如果每个智能体在所有智能体的动作概率分布基础上最大化自己的奖励值，则由此所形成的动态平衡即相关均衡[16]。因此，在 CPS 指令分配的过程中，每个机群或机组都会根据更新后的 Q 值调整动作概率矩阵，最后得到相关均衡解。CE-Q 算法的核心内容之一是在相关均衡策略下通过线性规划求解得到最优的联合动作概率矩阵。参照文献[20]提出的一种常用均衡选择函数 μCE-Q(utilitarian CE-Q)，即公平“对待”各个机群或机组的目标奖励值，物理意义为最大化所有智能体的目标之和，本书提出的 CE-Q 算法需要求解的线性规划问题可描述如下：

$$\begin{cases} f=\max\sum\limits_{i\in N}\sum\limits_{a\in A(s)}\pi_s(a)Q_i(s,a) \\ \text{s.t.}\quad \sum\limits_{a_{-i}\in A_{-i}(s)}\pi_s(a_{-i},a_i)Q_i\left[s,(a_{-i},a_i)\right]\geqslant\sum\limits_{a_{-i}\in A_{-i}(s)}\pi_s(a_{-i},a_i)Q_i[s,(a_{-i},a_i')] \\ \qquad \sum\limits_{a\in A(s)}\pi_s(a)=1,\ 0\leqslant\pi_s(a)\leqslant 1,\ i\in N,\ s\in S \end{cases} \tag{5-23}$$

式中，$-i$ 表示除智能体 i 外其他智能体的集合。

2)基于 HCEQ 学习的指令优化分配算法

(1)分层控制框架。与文献[5]和[47]一样，本书提出的分层控制框架如图 4-20 所示。相对于机组的调节速率、可调容量等其他特性，CPS 指令分配的难点主要在于机组的二次调频时延。因此，本书首先把二次调频时延相差不大的机组进行归类分群，分类后的机群再按机组之间的其他调节特性细分成若干层的机群。

当某个机群得到一个总的指令时，在使用 CE-Q 算法后，机群里面的每个机组或小机群就会得到一个分配因子。其中，分配因子即算法的控制变量，每个机群或机组得到的分配功率即等于总 CPS 指令与其分配因子的乘积。如图 4-20 中的燃煤机群分别有分配因子 a_{c1}、a_{c2}、…、a_{cn}，其中各个燃煤机组得到的发电功率指令如下：

$$\begin{aligned} &(\Delta P_{\text{order}-c1},\Delta P_{\text{order}-c2},\cdots,\Delta P_{\text{order}-cn})=\Delta P_{\text{order}-c}\cdot(a_{c1},a_{c2},\cdots,a_{cn}) \\ &a_{c1}+a_{c2}+\cdots+a_{cn}=1 \end{aligned} \tag{5-24}$$

由于每次分配指令时，所有机组或机群的分配因子之和等于 1，在只需要给两个机组或机群分配指令时，当得到其中一个最优的分配因子后，即可得到另外一个最优分配因子。在这种情况下，使用Q(λ)学习算法即可。此外，在同类机组性能相近时，按调速、容量等线性关系分配功率即可。

⑵平衡机组与动作设计。由于式(5-18)的第二个约束条件，在每次指令分配过程中，假定分配的智能体有K个，则CE-Q算法只需对其中的K–1个智能体进行学习，而第K个智能体的分配因子为

$$a_K = 1 - \sum_{i=1}^{K-1} a_i \tag{5-25}$$

本书定义第K个智能体对应的机组或机群为平衡机组，并选用可调容量最大的机组或机群作为平衡机组。

对于需要学习的K–1个智能体，每个智能体的动作空间设计为：$A_1=A_2=\cdots=A_{K-1}=[0,0.1,0.2,0.3,0.4,0.5,0.6,0.7,0.8,0.9,1]$。同时，为满足式(5-18)的第二个约束条件，当$K$–1个智能体的参与因子大于1时，其对应的联合动作概率应设为0，具体描述如下：

$$\text{s.t. } \pi_s\left(a_1,\cdots,a_{K-1}\right)=0,\ a_1+a_2+\cdots+a_{K-1}>1 \tag{5-26}$$

⑶奖励函数设计。由于在强化学习中算法追求的是最大化奖励的累积值，奖励函数值实质上就是各个智能体优化目标的一个表现形式，而式(5-18)描述的目标是最小化所述的三个目标。因此，对于K–1个参与学习的智能体，本书CE-Q算法的奖励函数设计如下：

$$R_i\left(t\right)=\begin{cases}-\Delta P_{e_i}^2(t)+\mu_1[P_{\mathrm{G}i}^{\max}-\Delta P_{\mathrm{G}i}(t)]/P_{\mathrm{G}i}^{\max}-\mu_2 C_i[\Delta P_{\mathrm{G}i}(t)]+\dfrac{1}{K-1}R_b(t), & i\in H\\ -\Delta P_{e_i}^2(t)-\mu_2 C_i[\Delta P_{\mathrm{G}i}(t)]+\dfrac{1}{K-1}R_b(t), & i\notin H\end{cases} \tag{5-27}$$

式中，$R_b(t)$为平衡机组的目标函数：

$$R_b\left(t\right)=\begin{cases}-\Delta P_{eb}^2(t)+\mu_1[P_{\mathrm{G}b}^{\max}-\Delta P_{\mathrm{G}b}(t)]/P_{\mathrm{G}b}^{\max}-\mu_2 C_b[\Delta P_{\mathrm{G}b}(t)], & b\in H\\ -\Delta P_{eb}^2(t)-\mu_2 C_b[\Delta P_{\mathrm{G}b}(t)], & b\notin H\end{cases} \tag{5-28}$$

⑷CE-Q算法流程。根据前面所述，CE-Q算法流程如下。

初始化，初始化Q、V值，初始状态s，初始联合动作a，折扣因子γ，学习因子α，衰减因子λ。

步骤1，根据联合动作a执行第i个智能体的动作a_i。

步骤2，观察其他机组的联合动作a_{-i}和当前状态s_{k+1}。

步骤 3，由式(5-27)和式(5-28)计算立即奖励值 $R_i(k)$。

步骤 4，由式(5-19)~式(5-22)求更新值函数 $Q_i(s_k, a_k)$。

步骤 5，由式(5-23)和式(5-26)求解线性规划问题，获得最优相关均衡策略 π_s^*。

步骤 6，根据 π_s^* 选择联合动作 a。

步骤 7，k=k+1，当 k>$k_{\max}$ 时，算法结束，否则转到步骤 1。

5.2.2 基于自博弈的智能发电协同控制

5.2.1 节提出了一种基于相关均衡的分散式多智能体(multi agent，MA)学习多智能体的分散式多智能体相关均衡(decentralized correlated equilibrium Q(λ)，DCEQ(λ))算法以解决互联电网 AGC 协调控制问题，取得了较为满意的控制效果。然而，当智能体个数增加时，DCEQ(λ)算法搜索 MA 均衡解的时间呈几何数增加，限制了其在更大规模的电网系统里的广泛应用，以及控制性能的提升。因此，基于 WoLF-PHC 和资格迹，本书提出了狼爬山算法。IEEE 两区域互联系统 LFC 模型及南方电网模型的两个实例研究已经证明了此算法的有效性。由于狼爬山学习率随环境适应性地变化，与其他智能发电控制方法相比，狼爬山算法的收敛速率高。

1. 狼爬山算法

1) Q(λ)学习算法

狼爬山算法是基于经典 Q 学习算法的框架体系。Q 学习算法是由 Watkins 提出的具有普遍性的强化学习算法[1]，其中状态-动作对由值函数 $Q(s,a)$ 进行评估。最优目标值函数 $V^{\pi^*}(s)$ 及策略 $\pi^*(s)$ 为

$$V^{\pi^*}(s) = \max_{a\in A} Q(s,a) \tag{5-29}$$

$$\pi^*(s) = \arg\max_{a\in A} Q(s,a) \tag{5-30}$$

式中，A 为动作集。

资格迹详细地记录了各联合动作策略发生的频率，并依此对各动作策略的迭代 Q 值进行更新。在每次迭代过程中，联合状态与动作会被记录到资格迹中，对于学习过程中多步历史决策给予奖励和惩罚。Q 值函数与资格迹以二维状态-动作对的形式被记录下来。资格迹将历史决策过程的频度及渐新度联系在一起，以获得 AGC 控制器的最优 Q 值函数。Q 值函数的多步信息更新机制通过资格迹的后向评估来获得。常用的资格迹算法有 4 种：Watkin's Q(λ)[53]、TD(λ)[54]、Sarsa(λ)[55]和 Peng's Q(λ)[56]。由于计算量的限制，这里选择基于 Sarsa(λ)的资格迹：

$$e_{k+1}(s,a) = \begin{cases} \gamma\lambda e_k(s,a)+1, & (s,a)=(s_k,a_k) \\ \gamma\lambda e_k(s,a), & \text{其他} \end{cases} \tag{5-31}$$

式中，$e_k(s,a)$为在状态 s、动作 a 下第 k 步迭代的资格迹；γ 为折扣因子；λ 为迹衰减因子。Q(λ)值函数的回溯更新规则利用资格迹来获取控制器行为的频度和渐新度两种启发信息。当前值函数误差的评估分别由式(5-32)和式(5-33)计算：

$$\rho_k = R(s_k, s_{k+1}, a_k) + \gamma Q_k(s_{k+1}, a_g) - Q_k(s_k, a_k) \tag{5-32}$$

$$\delta_k = R(s_k, s_{k+1}, a_k) + \gamma Q_k(s_{k+1}, a_g) - Q_k(s_k, a_g) \tag{5-33}$$

式中，$R(s_k,s_{k+1},a_k)$为在选定的动作 a_k 下，状态从 s_k 到 s_{k+1} 的智能体奖励函数；a_g 为贪婪动作策略；ρ_k 为智能体在第 k 步迭代过程中的 Q 值函数误差；δ_k 为 Q 值函数误差的评估。Q 值函数更新为

$$Q_{k+1}(s,a) = Q_k(s,a) + \alpha\delta_k e_k(s,a) \tag{5-34}$$

$$Q_{k+1}(s_k,a_k) = Q_{k+1}(s_k,a_k) + \alpha\rho_k \tag{5-35}$$

式中，α 为 Q 学习率。随着充分的试错迭代，状态值函数 $Q_k(s,a)$能收敛到由具有概率 1 的 Q^*矩阵表示的最优联合动作策略。

2)狼爬山算法原理

许多学者已经对具有启发式方法的 WoLF 原理在对手问题上的应用进行了深入研究，输时加快学习速度，赢时降低学习速度。与和其他智能体当前策略相反的平均策略相比，如果一个游戏者更喜欢当前策略，或者当前的期望奖励比博弈的均衡值大，那么游戏者便赢了。然而文献[57]对 WoLF 原理的游戏者所需要的知识给出了严格的要求，这也限制了 WoLF 原理的普适性。

本书所提出的爬山策略(policy hill-climbing，PHC)算法是 WoLF 原理的扩展，以使其更具普适性，根据爬山策略算法，Q 学习能获得混合策略并保存 Q 值。由于 PHC 具有理性及收敛特性，当其他智能体选择固定策略时，它能获得最优解。文献[5]已经证明通过合适的探索策略 Q 值会收敛到最优值 Q^*，并且通过贪婪策略 Q^*，U 能获得最优解。虽然此方法是理性的并且能获得混合策略，但是它的收敛特性不明显。

Bowling 和 Veloso 于 2002 年提出了具有变学习率 φ 的 WoLF-PHC 算法，该算法同时满足理性和收敛特性。两个学习参数 φ_{lose} 和 φ_{win} 用来表明智能体的赢与输。WoLF-PHC 算法基于虚拟博弈，它能通过近似均衡的平均贪婪策取代未知的均衡策略。

对于一个已知的智能体，基于混合策略集 $U(s_k,a_k)$，它会在状态 s_k 过渡到 s_{k+1} 且具有奖励函数 R 的情况下执行探索动作 a_k, Q 值函数将根据式(5-34)和式(5-35)进行更新，$U(s_k,a_k)$的更新律为

$$U(s_k,a_k) \leftarrow U(s_k,a_k) + \begin{cases} -\varphi_{s_k a_k}, & a_k \neq \arg\max_{a_{k+1}} Q(s_k,a_{k+1}) \\ \sum \varphi_{s_k a_{k+1}}, & \text{其他} \end{cases} \tag{5-36}$$

$$\varphi_{s_k a_k} = \min\left[U(s_k,a_k), +\varphi_i / (|A_i| - 1)\right] \tag{5-37}$$

式中，φ_i 为变学习率，且 $\varphi_{\text{lose}} > \varphi_{\text{win}}$。如果平均混合策略值比当前的策略值低，则智能体赢，选择 φ_{win}，否则选择 φ_{lose}。它的更新律为

$$\varphi_i = \begin{cases} \varphi_{\text{win}}, & \sum\limits_{a_i \in A} U(s_k,a_i) Q(s_k,a_i) > \sum\limits_{a_i \in A} \tilde{U}(s_k,a_i) Q(s_k,a_i) \\ \varphi_{\text{lose}}, & \text{其他} \end{cases} \tag{5-38}$$

式中，$\tilde{U}(s_k, a_i)$ 为平均混合策略。

执行动作 a_k 后，对状态 s_k 下所有动作的混合策略表进行更新：

$$\tilde{U}(s_k,a_i) \leftarrow \tilde{U}(s_k,a_i) + [U(s_k,a_i) - \tilde{U}(s_k,a_i)] / \text{visit}(s_k),\ \ a_i \in A \tag{5-39}$$

式中，visit(s_k)为从初始状态到当前状态所经历的 s_k 次数。

2. 基于多智能体强化学习的智能发电控制设计

1) 奖励函数的选择

本书中，SGC 控制器所追求的是 CPS 控制长期收益最大和尽可能避免频繁大幅度升降调节功率两个目标，奖励函数中需综合考虑这两种指标的线性加权和。某区域电网 i 的奖励函数 R_i 详见 5.2.1 节及文献[58]。对于狼爬山算法，动作区间模糊化能加快算法收敛速度，避免不必要的学习，动作模糊化规则参见 5.2.1 节：

$$R_i(s_{k-1},s_k,a_{k-1}) = \begin{cases} \sigma_i - \mu_{1i}\Delta P_i(k)^2, & \text{CPS1}_i(k) \geqslant 200 \\ -\eta_{1i}\left[|\text{ACE}_i(k)| - |\text{ACE}_i(k-1)|\right] - \mu_{1i}\Delta P_i(k)^2, & 100 \leqslant \text{CPS1}_i(k) < 200 \\ -\eta_{2i}\left[|\text{CPS1}_i(k) - 200| - |\text{CPS1}_i(k-1) - 200|\right] - \mu_{2i}\Delta P_i(k)^2, & \text{CPS1}_i(k) < 100 \end{cases} \tag{5-40}$$

2) 参数设置

控制系统的设计需要对 4 个参数 λ、γ、α、和 φ 进行合理的设置[22,55-57]。资格迹衰减因子 λ 设置为 $0<\lambda<1$，其作用是在状态-动作对间分配信誉。对于长时延系统，它影响收敛速度及非马尔可夫效果。一般来说，回溯法中 λ 能被看做时间标度因素。对于 Q 值函数误差来说，小的 λ 意味着很少的信誉被赋予到历史状态-

动作对，而大的 λ 表明分配到了更多的信誉。

折扣因子 γ 设置为 $0<\gamma<1$，为 Q 值函数将来的奖励提供折扣。在以热电厂为主导的LFC过程中，由于最新的奖励最重要，应该选取近似于1的值。实验证明 $0.6<\gamma<0.95$ 具有更好的效果，这里选取 $\gamma=0.9$。

Q学习率 α 设置为 $0<\alpha<1$，对 Q 值函数的收敛速率，即算法稳定性进行权衡。大的 α 可以加快学习速度，而小的 α 能提高系统的稳定性。在预学习过程中，选择 α 的初始值为0.1以获得总体的探索，然后为了逐渐提高系统的稳定性，它将以线性方式减少。

变学习率 φ 设置为 $0<\varphi<1$，根据动作值的最大化得到一个最优策略。$\varphi=1$ 算法将退化为Q学习，因为在每次迭代过程中都会执行动作最大化。为了加快收敛速度，随机博弈采取 $\varphi_{\text{lose}}/\varphi_{\text{win}}=4$ 的贪婪策略。试错过程已经证实 $\varphi_{\text{win}}=0.01$ 会得到一个稳定的控制特性。

3）狼爬山算法流程

狼爬山算法流程如图5-13所示，嵌入了狼爬山算法的SGC控制器具有如下特性：①某一区域的控制策略仅在本区域有效；②在所有区域不能同时更新值函数 $Q_{k+1}(s,a)$，因此对于所获得的最优策略不可避免地产生了时延。

对所有(s, a)，初始化各参数及当前状态s_0，令$k=0$。
重复
(1) 由贪婪动作策略选择并执行调度动作a_k。
(2) 观察下一时刻的状态s_{k+1}，即CPS1/CPS2滚动指标。
(3) 由式(5-40)获得一个短期的奖励函数信号$R(k)$。
(4) 根据式(5-32)计算值函数误差ρ_k。
(5) 按照式(5-33)估计值函数误差δ_k。
(6) 对于所有状态-动作对(s, a)，执行：①更新资格迹矩阵$e_{k+1}(s, a)\leftarrow\gamma\lambda e_k(s, a)$；②根据式(5-18)更新$Q$值函数表格。
(7) 根据式(5-36)和式(5-37)更新混合策略$U(s_k, a_k)$。
(8) 按照式(5-35)更新值函数$Q_{k+1}(s_k, a_k)$。
(9) 根据式(5-31)更新资格迹元素$e(s_k, a_k)\leftarrow e(s_k, a_k)+1$。
(10) 根据式(5-38)更新变学习率φ。
(11) 根据式(5-39)更新平均混合策略表。
(12) 令$\text{visit}(s_k)\leftarrow\text{visit}(s_k)+1$。
(13) 令$k=k+1$，返回步骤(1)。
结束

图5-13　基于狼爬山算法的第 i 个智能体的智能发电控制执行流程

3. 算例研究

1) 两区域 LFC 电力系统

本书所提出的多智能体智能发电控制策略已经在两区域LFC电力系统中进行了测试[59]，系统参数设置可参见文献[60]。智能发电控制的运行周期是 4s，并且在二次调频里具有 20s 时延 T_s。对于狼爬山算法来说，在最终的在线运行之前通过离线试错而进行充分的预学习是必要的，包括在 CPS 状态空间里的大量的探索以优化 Q 值函数和状态值函数[61]。图 5-14 给出了由一个连续 10min 正弦扰动而产生的每个区域的预学习。能够发现狼爬山算法收敛到两个区域都具有合格 CPS1（CPS1 的 10min 平均值）和 $E_{\text{AVE-10-min}}$（ACE 的 10min 平均值）的最优策略。

然而使用一个 2 范数的 Q 值矩阵 $\|Q_{ik}(s,a)-Q_{i(k-1)}(s,a)\|_2\leqslant\varsigma$（$\varsigma$ 为已知常量）作为最优策略预学习的终止标准。图 5-15 展示了预学习期间 A 区域 Q 值函数差分的收敛结果。与 DCEQ(λ) 相比，狼爬山算法收敛速度提高了 40%。

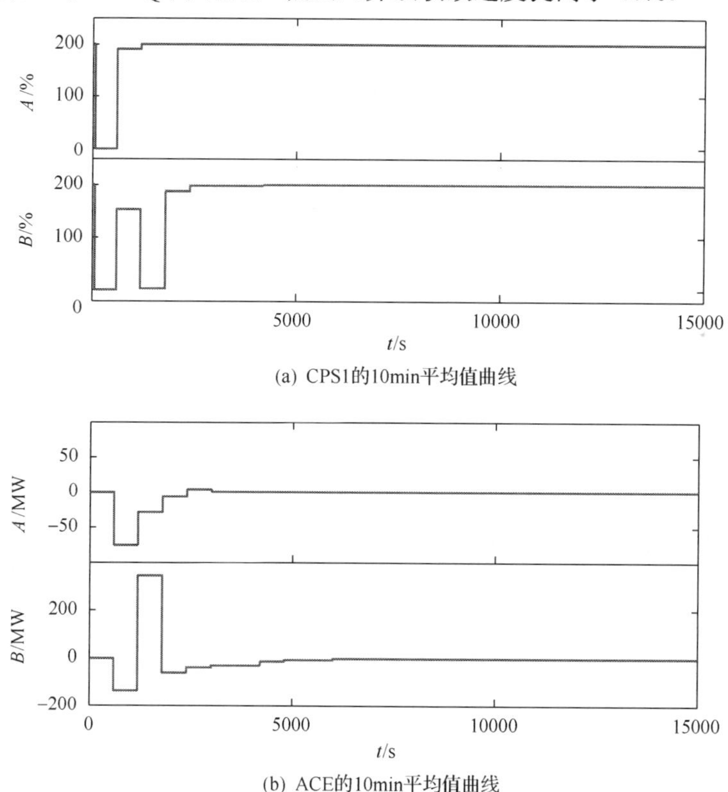

(a) CPS1的10min平均值曲线

(b) ACE的10min平均值曲线

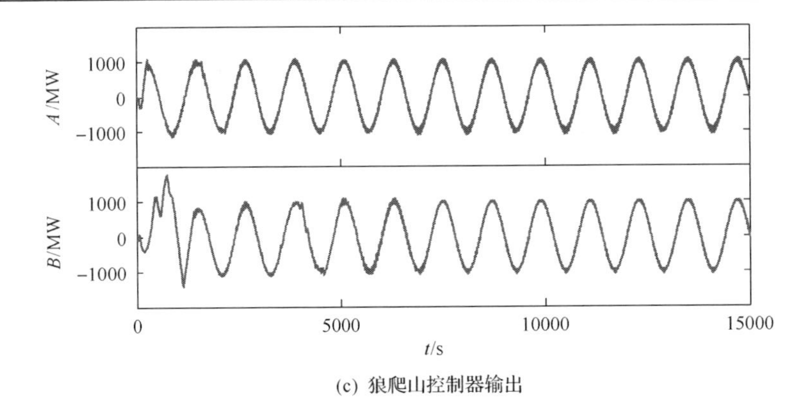

(c) 狼爬山控制器输出

图 5-14　两区域所获得的狼爬山算法的预学习

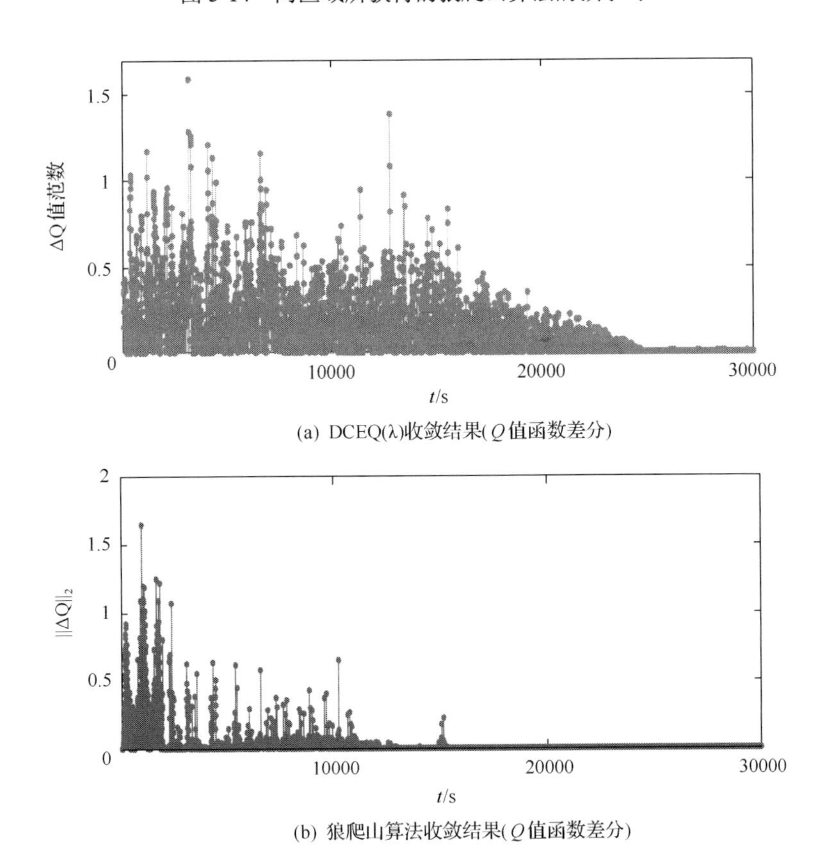

(a) DCEQ(λ)收敛结果(Q值函数差分)

(b) 狼爬山算法收敛结果(Q值函数差分)

图 5-15　预学习期间 A 区域 Q 值函数差分的收敛结果

表 5-6 列出了 A 区域不同的非马尔可夫环境下每个算法的控制性能，选取具有不同二次调频时延 T_s 及不同 GRC 的八个火电机组进行测试。T_c 是预学习的平均收敛时间。$|\Delta f|$和 CPS1 是预学习之后 24h 的平均值，$|E_{\text{AVE-min}}|$(CPS2)表示 1min

ACE 绝对值的平均值。由表 5-6 可以看出随着 T_s 的变大 T_c 明显地增长，因此需要更多的迭代次数以获得最优策略。然而，当 T_s 增加或 GRC 较少时，CPS 指标仅轻微地弱化，因此火电占优的非马尔可夫 LFC 问题可以有效地得到解决。

表 5-6　不同时延下的统计特性

参数			机组 1	机组 2	机组 3	机组 4	机组 5	机组 6	机组 7	机组 8
T_s/s			8	20	20	30	30	45	45	60
GRC/(p.u./min)			10%	10%	8%	8%	5%	5%	3%	3%
区域 A	T_c/s	Q(λ)学习	7650	8261	9084	10553	12882	16035	21196	28269
		DCEQ(λ)	8631	9340	10318	12072	13962	17458	21027	28086
		狼爬山	5178	5804	6490	7743	8977	11174	13316	17551
	|Δ*f*|/Hz	Q(λ)学习	0.011 3	0.013 8	0.019 9	0.021 7	0.023 1	0.025 2	0.028 5	0.032 8
		DCEQ(λ)	0.006 8	0.008 6	0.012 1	0.013 4	0.018 6	0.020 6	0.021 3	0.025 0
		狼爬山	0.006 1	0.007 0	0.009 9	0.011 1	0.016 1	0.018 1	0.018 8	0.022 6
	$\|E_{AVE\text{-}min}\|$/MW	Q(λ)学习	22.47	27.76	34.18	35.21	36.95	39.13	43.65	48.39
		DCEQ(λ)	14.25	18.20	18.69	19.50	27.18	29.56	36.74	41.45
		狼爬山	12.17	15.57	16.07	16.82	23.48	25.59	31.85	35.96
	CPS1/%	Q(λ)学习	197.69	196.35	194.30	192.81	191.63	189.15	187.07	183.36
		DCEQ(λ)	199.11	198.52	198.03	197.02	193.46	191.90	190.16	186.76
		狼爬山	199.26	198.75	198.34	197.40	193.86	192.35	190.65	187.25
区域 B	T_c/s	Q(λ)学习	7162	7768	8296	9674	11429	14452	19095	25932
		DCEQ(λ)	8012	8778	9265	11202	13018	16922	19148	26100
		狼爬山	5007	5596	5999	7271	8470	10933	12258	16524
	|Δ*f*|/Hz	Q(λ)学习	0.010 7	0.014 2	0.019 4	0.021 2	0.022 3	0.024 6	0.027 4	0.032 0
		DCEQ(λ)	0.006 2	0.008 4	0.011 7	0.013 4	0.017 5	0.019 6	0.020 6	0.025 0
		狼爬山	0.005 1	0.006 0	0.008 0	0.009 7	0.012 0	0.013 2	0.014 7	0.017 5
	$\|E_{AVE\text{-}min}\|$/MW	Q(λ)学习	20.13	25.72	31.54	32.98	33.49	35.92	41.17	46.28
		DCEQ(λ)	13.19	15.84	16.83	18.18	26.15	28.45	35.79	40.46
		狼爬山	11.07	13.25	13.99	15.09	21.65	23.51	29.52	33.36
	CPS/%	Q(λ)学习	197.94	197.18	194.77	193.54	191.92	189.86	187.32	184.20
		DCEQ(λ)	199.34	199.04	198.42	197.32	194.01	192.82	190.88	188.40
		狼爬山	199.48	199.26	198.72	197.69	194.40	193.27	191.37	188.91

2) 南方电网模型

这里采用的南方电网四省区互联 LFC 模型可参见文献[22]、[23]、[62]。通过超过 30 天的扰动统计试验对 MA-SGC 的长期性能进行评估。分别对四种控制器，即 Q(λ)学习、R(λ)学习、DCEQ(λ)和狼爬山进行测试。表 5-7 和表 5-8 分别列出了在标称参数和 10%白噪声参数下所获得的统计结果，本书通过 CPS 标准和频率偏差 Δf 来评估智能发电控制性能，具体如下：①如果 CPS1≥200%，且 CPS2 为任意值，则 CPS 指标合格；②如果 100%≤CPS1<200%，且 CPS2≥90%，则 CPS 指标合格；③如果 CPS1<100%，则 CPS 指标不合格。

表 5-7　标称参数下南方电网模型统计试验结果

区域	指标	Q(λ)学习	R(λ)学习	DCEQ(λ)	狼爬山
广东	$\|\Delta f\|$/Hz	0.0273	0.0265	0.0256	0.0232
	T_c/s	12877	12065	14480	9186
	|ACE|/MW	148.63	140.28	131.46	120.17
	CPS1/%	185.67	190.32	192.23	194.91
	CPS2/%	98.50	98.75	99.37	99.62
	CPS/%	95.29	96.02	97.58	98.33
	顺调次数	251	245	244	237
	反调次数	63.3	61.9	60.8	59.2
广西	$\|\Delta f\|$/Hz	0.0285	0.0282	0.0261	0.0241
	T_c/s	11243	10209	13052	7430
	|ACE|/MW	150.41	148.95	140.14	128.14
	CPS1/%	183.75	185.63	189.52	192.18
	CPS2/%	97.46	97.79	98.74	99.06
	CPS/%	94.86	95.02	96.13	96.94
	顺调次数	277	265	259	246
	反调次数	70.6	65.8	64.3	62.5
云南	$\|\Delta f\|$/Hz	0.0272	0.0261	0.0238	0.0209
	T_c/s	11019	10101	12896	7105
	|ACE|/MW	146.57	140.75	130.82	118.50
	CPS1/%	188.16	191.24	192.45	195.16
	CPS2/%	96.62	97.41	98.94	99.26
	CPS/%	93.86	96.12	97.46	98.29
	顺调次数	257	250	249	233
	反调次数	64.6	63.8	61.5	59.0
贵州	$\|\Delta f\|$/Hz	0.0245	0.0242	0.0231	0.0200
	T_c/s	10842	9848	12522	6917
	|ACE|/MW	153.26	151.98	147.24	134.55
	CPS1/%	190.15	192.20	194.88	197.65
	CPS2/%	97.16	97.41	98.12	98.42
	CPS/%	94.53	95.36	97.86	98.63
	顺调次数	255	249	248	232
	反调次数	64.5	62.3	61.4	58.9

表 5-8　10%白噪声参数下南方电网模型统计试验结果

区域	指标	Q(λ)学习	R(λ)学习	DCEQ(λ)	狼爬山
广东	$\lvert\Delta f\rvert$/Hz	0.0365	0.0353	0.0341	0.0323
	|ACE|/MW	185.75	175.64	160.16	153.28
	CPS1/%	176.03	184.21	190.02	196.45
	CPS2/%	95.89	96.53	97.78	99.12
	CPS/%	93.76	94.17	95.62	97.53
	顺调次数	271	269	266	261
	反调次数	73.5	72.2	70.6	68.3
广西	$\lvert\Delta f\rvert$/Hz	0.0394	0.0391	0.0365	0.0338
	|ACE|/MW	195.26	193.24	175.76	168.11
	CPS1/%	171.18	173.16	185.07	191.35
	CPS2/%	91.64	93.02	96.13	97.51
	CPS/%	89.06	89.94	94.48	96.43
	顺调次数	298	285	283	271
	反调次数	82.8	74.6	73.8	70.4
云南	$\lvert\Delta f\rvert$/Hz	0.0395	0.0367	0.0314	0.0293
	|ACE|/MW	192.40	180.26	152.67	146.10
	CPS1/%	170.52	177.42	190.71	197.19
	CPS2/%	91.47	94.03	98.42	99.84
	CPS/%	88.56	92.45	95.65	97.61
	顺调次数	287	273	275	260
	反调次数	77.6	70.2	69.6	67.0
贵州	$\lvert\Delta f\rvert$/Hz	0.0387	0.0369	0.0325	0.0315
	|ACE|/MW	189.16	176.82	155.62	148.88
	CPS1/%	163.57	174.29	188.44	194.87
	CPS2/%	87.24	90.26	94.25	95.55
	CPS/%	84.29	88.49	94.15	96.09
	顺调次数	294	283	279	266
	反调次数	80	74.1	71.4	68.3

在正常稳定运行情况下，为维持系统频率稳定，频率偏差 Δf 必须控制在 ±(0.05～0.2) Hz 范围内。

为了设计变学习率以实现智能发电控制多区域协同控制协调，多智能体智能发电控制提供了平均策略值。根据 T_c、CPS 值、顺调次数、反调次数，从表 5-7 和表 5-8 能够发现，狼爬山与其他算法相比具有更优的控制性能。

3）讨论

对于狼爬山算法，每个区域智能体不会减少与其他智能体之间的信息交换，而是时时刻刻感知到其他智能体的动作引起的状态变化。控制系统是多智能体系统，每个区域都嵌入了狼爬山算法，与 CE-Q 算法相比，每个算法中都只有一个智能体，其他智能体动作会对当前的状态及下一时刻状态产生影响，这也就是智能体联合动作，而智能体会随着状态的变化而随时变化学习率，这也就是狼爬山比 Q 学习优越的地方。事实上，minimax-Q、Nash-Q、friend-or-foe Q 和 DCEQ(λ) 等 MA 学习算法本质上都是多智能体之间的博弈，都可以归纳为纳什均衡博弈。但不同于静态博弈场景，对于属于动态博弈的控制过程，纳什均衡解在每个控制时间间隔的搜索速度并不一定都能满足控制实时性要求。本书所提出的狼爬山方法通过平均策略取代 MA 动态博弈的均衡点求解，因此从博弈论的观点来看，狼爬山方法可以看做一种高效、独立的自我博弈，降低了与其他智能体之间实时信息交换和联合控制策略的求解难度。总体来说，本节主要贡献如下：①基于 WoLF-PHC 和资格迹开发了一种新颖的狼爬山算法，能有效求解随机博弈在非马尔可夫环境的应用问题；②通过随机动态博弈的一种合适的赢输标准，引入变学习率及平均策略以提高狼爬山算法动态性能；③基于 IEEE 两区域互联系统 LFC 模型及南方电网模型，对多种智能算法进行了智能发电控制协调的仿真实例研究。仿真结果表明，与其他智能算法相比，狼爬山算法具有快速收敛的特性及高学习效率，在多区域强随机互联复杂电网环境下具有高度适应性和鲁棒性。

5.3　基于深度强化学习的智能发电控制

5.3.1　深度强化学习算法

Q 学习需要一系列的训练样本来最优化 Q 值函数。训练样本至少需要具有四个元素 $\langle s,s',a,r\rangle$。这里，$s,s'\in S$，且 $a\in A$，$r=g(s,s',a)$。每个训练样本的物理意义为：如果观测当前状态为 s，采取动作 a，那么所达到的下一状态为 s'，并获得立即奖励 r。然而，为达到某一特定的状态 s'，利用仿真模型在状态集 S 和动作集 A 内随机地采样状态-动作对并不是获取训练样本比较好的办法。这是因为：①系统状态变量 x 所包含的信息通常不可能包含系统所有的动态信息，为达到下一状态 s' 需要人为地设定许多系统中其他变量的动态信息；②随机采样也意味着在系统状态空间无关紧要的区域浪费了许多计算资源。

综合以上这两点，采用如下方法来获得训练样本：对系统施加一系列的动作，然后逐一观测系统所达到的状态和奖励。所得到的采样样本即训练样本。

基于以上考虑，可知 Q 学习需要具有训练样本形式的系统运行数据来达到控制器的在线优化学习。而深度学习算法恰能提供在线学习的机制。

深度学习网络[63]的一个关键点是通过算法来自动选取特征，通过挖掘数据集之间的关系，可以更准确地找到主要特征，并且通过增加网络的层数以及复杂度可以从数据中提取更多的与数据的结构和内容有关的特征。深度学习网络的核心特点是逐层抽象特征，高层将低层特征作为输入，提取更为抽象的高层特征信息，以此来学习数据集的潜在分布模型。深度学习在大范围内分为三类：一是生成型的深度模型，即通过数据来学习联合概率密度分布 $P(X,Y)$，然后得到条件概率分布 $P(Y|X)$ 作为预测模型，如基于受限玻尔兹曼机(restricted Boltzmann machine，RBM)和深度信念网络(deep belief network，DBN)；二是区分型模型，即由数据直接学习条件概率分布 $P(Y|X)$ 作为预测的模型，如多层卷积神经网络(convolutional neural networks，CNN)；三是前两种的混合模型，将上述两种模型结构以一定的方式组合起来使用。

DBN[63]是含有许多隐层的概率生成网络模型，每一层从下面一层的隐层中提取高阶关联特征。DBN 的最上面两层网络组成了一个无向图，而它的下面两层则组成了一个有向的信念网络。Hinton 等针对深度网络提出了一个无监督的、快速的学习算法，即贪婪学习算法。贪婪学习算法的一个重要特征是它可以逐层贪婪地进行网络训练，在重复几次之后就可以学习到一个深度的层次模型。这个学习过程同时提供了一个可以进行高效近似推理的方式，即只需要一个自底向上的网络传播就可以推断出最顶层网络的隐藏变量值。DBN 的最主要组成部分就是一个无向图模型，称为 RBM。RBM 以及它的指数级推广模型已经成功地应用在协同滤波、信息和图像检索、时间序列模型中。本节对 DBN 的基本组成单元 RBM 进行简单的技术概述。

一个 RBM 是一个马尔可夫随机场的特殊情形，由可视层和隐层两层网络构成，可视层二值随机单元 $v\in\{0,1\}^D$ 被连接在隐藏层二值随机单元 $h\in\{0,1\}^F$ 之上，如图 5-16 所示。

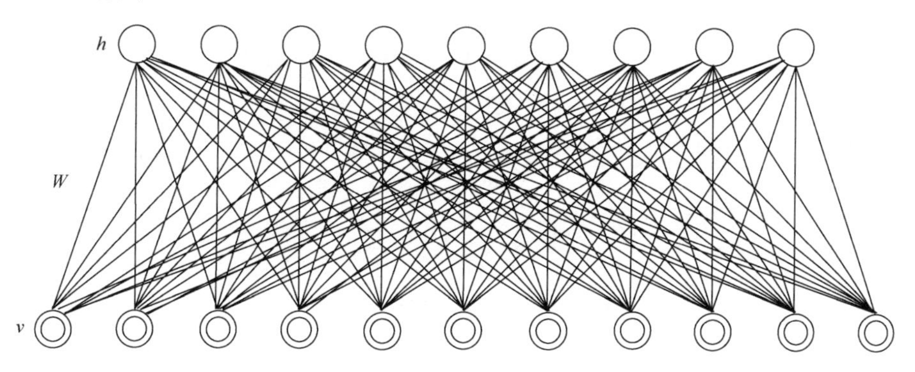

图 5-16　RBM

状态$\{v,h\}$的能量为

$$\begin{aligned}E(v,h;\theta)&=-v^{\mathrm{T}}Wh-b^{\mathrm{T}}v-a^{\mathrm{T}}h\\&=-\sum_{i=1}^{D}\sum_{j=1}^{F}W_{ij}v_ih_j-\sum_{i=1}^{D}b_iv_i-\sum_{j=1}^{F}a_jh_j\end{aligned}\tag{5-41}$$

式中，$\theta=\{W,b,a\}$为模型参数；W_{ij}为可视单元i和隐藏单元j之间的对称相互作用项；b_i和a_j为偏置项。

可见层中神经单元与隐层中神经单元的联合概率分布定义为

$$P(v,h;\theta)=\frac{1}{Z(\theta)}\exp\left[-E(v,h;\theta)\right]\tag{5-42}$$

$$Z(\theta)=\sum_{v}\sum_{h}\exp\left[-E(v,h;\theta)\right]\tag{5-43}$$

$Z(\theta)$是配分函数或者规范化常熟。模型参数下可视向量v的概率为

$$P(v;\theta)=\frac{1}{Z(\theta)}\sum_{h}\exp\left[-E(v,h;\theta)\right]\tag{5-44}$$

由于 RBM 的特殊二分结构，隐藏单元可以直接显式地边缘化：

$$\begin{aligned}P(v;\theta)&=\frac{1}{Z(\theta)}\sum_{h}\exp\left(v^{\mathrm{T}}Wh+b^{\mathrm{T}}v+a^{\mathrm{T}}h\right)\\&=\frac{1}{Z(\theta)}\exp\left(b^{\mathrm{T}}v\right)\prod_{j=1}^{F}\sum_{h_j\in\{0,1\}}\exp\left(a_jh_j+\sum_{i=1}^{D}W_{ij}v_ih_j\right)\\&=\frac{1}{Z(\theta)}\exp\left(b^{\mathrm{T}}v\right)\prod_{j=1}^{F}\left[1+\exp\left(a_jh_j+\sum_{i=1}^{D}W_{ij}v_i\right)\right]\end{aligned}\tag{5-45}$$

可视向量v以及隐藏变量h的条件分布概率可以从式(5-46)轻松求得

$$P(h|v;\theta)=\prod_{j}p(h_j|v),\ P(v|h;\theta)=\prod_{i}p(v_i|h)\tag{5-46}$$

给出逻辑回归函数：

$$p(h_j=1|v)=g\left(\sum_{i}W_{ij}v_i+a_j\right)\tag{5-47}$$

$$p\left(v_i=1\middle|h\right)=g\left(\sum_j W_{ij}h_j+b_i\right) \tag{5-48}$$

式中，$g(x)=1/\left[1+\exp(-x)\right]$为逻辑回归函数，用似然函数对模型参数求导数可以得到

$$\frac{\partial \lg P(v;\theta)}{\partial W}=E_{P_{\text{data}}}[vh^{\mathrm{T}}]-E_{P_{\text{Model}}}[vh^{\mathrm{T}}] \tag{5-49}$$

$$\frac{\partial \lg P(v;\theta)}{\partial a}=E_{P_{\text{data}}}[h]-E_{P_{\text{Model}}}[h] \tag{5-50}$$

$$\frac{\partial \lg P(v;\theta)}{\partial b}=E_{P_{\text{data}}}[v]-E_{P_{\text{Model}}}[v] \tag{5-51}$$

$E_{P_{\text{data}}}[\cdot]$表示数据模型$P_{\text{data}}(h,v;\theta)=P(h|v;\theta)P_{\text{data}}(v)$的期望，$P_{\text{data}}(v)=\left[\sum_n \delta(v-v_n)\right]/N$表示经验分布，$E_{P_{\text{Model}}}[\cdot]$表示模型期望。在本模型中准确地求得最大似然将不可行，原因在于准确地求得期望$E_{P_{\text{Model}}}[\cdot]$花费的时间是可视单元或者隐藏单元二者中数量最小的指数级。在实际中，通常使用对比散度(contrastive divergence，CD)来估计最大似然：

$$\Delta W=\alpha\left(E_{P_{\text{data}}}[vh^{\mathrm{T}}]-E_{P_T}[vh^{\mathrm{T}}]\right) \tag{5-52}$$

式中，α为学习速率；P_T表示执行一个 Gibbs 采样可以高效地从给定的可视单元状态中得到隐藏单元的状态，反之也可以从给定的隐藏单元状态中得到可视单元的状态。如果设置$T=\infty$则变为学习最精确的最大似然。CD-K 算法描述见算法 1。k值越大，求得的值越准确，但需要消耗的时间也越多，在很多应用场景中，CD 设置为$T=1$(CD1)被证明有很好的效果。

算法 1：CD-K 算法

输入：$\text{RBM}(V_1,L,V_m,H_1,L,H_n)$，车辆训练数据集 S。

输出：梯度近似值Δw_{ij}、Δb_j、Δc_i，其中$i=1,L,n$，$j=1,L,m$。

1. 对$i=1,\cdots,n$和$j=1,L,m$，$\Delta w_{ij}=\Delta b_j=\Delta a_i=0$。
2. for all $v\in S$：
3. 　　$v^{(0)}\leftarrow v$
4. 　　for $i=0,L,k-1$ do
5. 　　　　for $i=1,\cdots,n$ do sample $h_i^{(t)}\sim p\left(h_i\middle|v^{(t)}\right)$; end for

```
6.          for j=1,…,m do sample v_j^(t+1) ~ p(v_j|v^(t)); end for
7.      end for
8.      for i=1,…,n , j=1,…,m do
9.          Δw_ij ← Δw_ij + p(H_i = 1|v^(0)) * v_j^(0) - p(H_i = 1|v^(k)) * v_j^(k)
10.         Δb_j ← Δb_j + v_j^(0) - v_j^(k)
11.         Δc_i ← Δc_i + p(H_i = 1|v^(0)) - p(H_i = 1|v^(k))
12.  end for
13.end for
```

在 RBM 结构的基础上，如果增加隐层的层数，便能获得深度玻尔兹曼机，如图 5-17(a)所示。当在接近可视层的地方采用贝叶斯网络模型(有向图)时，在最顶部使用 RBM，得到的就是 DBN，如图 5-17(b)所示。

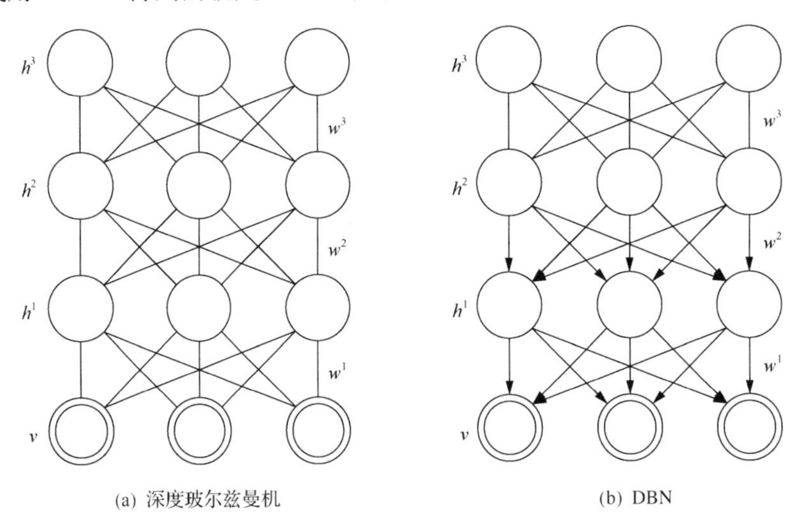

(a) 深度玻尔兹曼机　　(b) DBN

图 5-17　深度学习网络的结构

5.3.2　基于深度强化学习的控制器的训练与互博弈

在多智能体系统中，多个智能体的博弈即多个控制器之间的博弈，但多个智能体之间并非直接交互，而是通过环境间接作用。由于系统的资源有限，多个智能体相互制约，从而达到动态平衡和控制的效果。

通过不断地博弈迭代，这些智能体中的 Q 值矩阵不断被更新，从而得到了各自的最优解。并且这些最优解是动态过程的最优解，随着系统的扰动和系统参数的变化，这些最优解在不断地被更新，此过程称为智能体之间的互相博弈的过程，如图 5-18 所示。

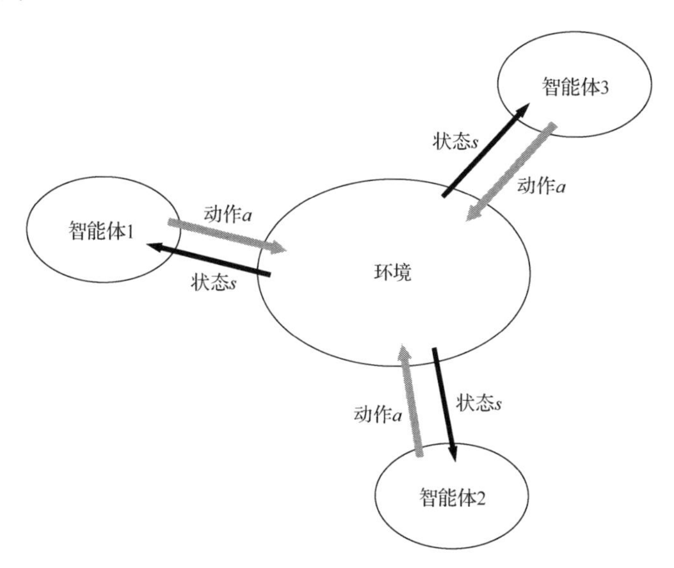

图 5-18　多个深度强化学习算法控制器的博弈过程图

从电力系统的角度看，这种博弈的过程属于一种在线的合作博弈的过程。当系统中仅存在两者博弈时，其过程可以描述为图 5-19。

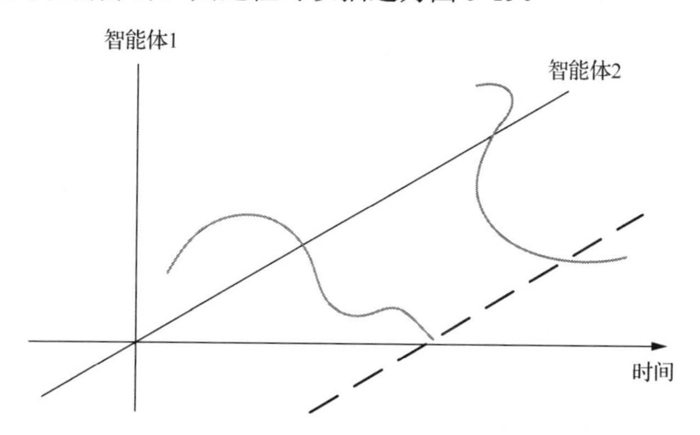

图 5-19　发电控制智能体之间的动态合作博弈过程图

5.3.3　深度强化学习算法的 SGC 控制器设计

设计基于深度强化学习的 SGC 控制器的流程图如图 5-20 所示。

从图 5-20 中能看出：①此深度强化学习算法属于在线的学习过程，通过不断地更新，深度强化学习算法中的 Q 值不断变化；②智能体之间通过环境的反应不断地进行交互，相互合作并博弈。

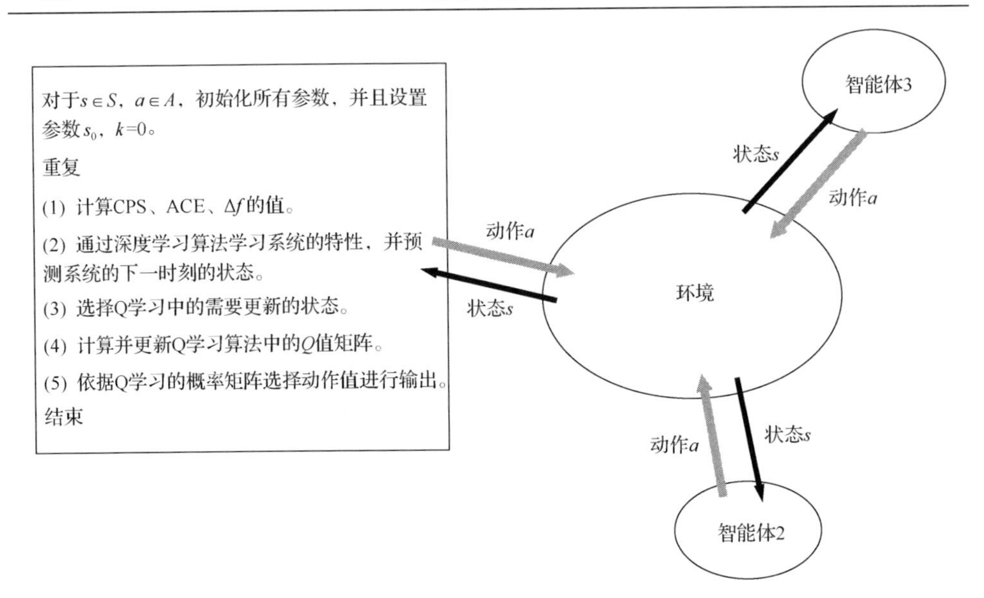

图 5-20　基于深度强化学习的 SGC 控制器的流程图

5.3.4　深度强化学习算法的算例

1. IEEE 标准两区域算例

深度 Q 学习(deep Q-learning，DQL)算法、Q 学习算法和 Q(λ)学习算法中的 Q 值矩阵和 P 矩阵的状态划分为 13 个，如表 5-9 所示。这些算法的动作区间取值为：{–50,–40,–30,–20,–10,0,10,20,30,40,50}，单位为 MW。

表 5-9　两区域 DQL 算法、Q 学习算法和 Q(λ)学习算法的状态划分表

状态	ACE 或 CPS1 划分区间	状态	ACE 或 CPS1 划分区间
1	k_{CPS1}>200%或|ACE|<1	8	–10≤|ACE|<–1
2	1<|ACE|≤10	9	–20≤|ACE|<–10
3	10<|ACE|≤20	10	–30≤|ACE|<–20
4	20<|ACE|≤30	11	–40≤|ACE|<–30
5	30<|ACE|≤40	12	–50≤|ACE|<–40
6	40<|ACE|≤50	13	–50>|ACE|
7	50<|ACE|		

分别采用四种算法进行仿真，将 DQL 算法和其他三种算法进行对比(PID、Q 学习算法和 Q(λ)学习算法)，仿真结果如表 5-10 和图 5-21 所示。

表 5-10 和图 5-22 中的 PID、QL、Q(λ)和 DQL 分别代表 PID、Q 学习、Q(λ)学习和 DQL 算法。

表 5-10　DQL 算法的两区域仿真结果统计表

算法	CPS1/%	CPS2/%	ACE/MW	Δf/Hz	CPS%
PID	198.2047	100	47.11203	0.010437	100
QL	199.1111	100	29.06919	0.006803	100
Q(λ)	199.6047	100	19.95919	0.004785	100
DQL	199.7163	100	18.80404	0.004394	100

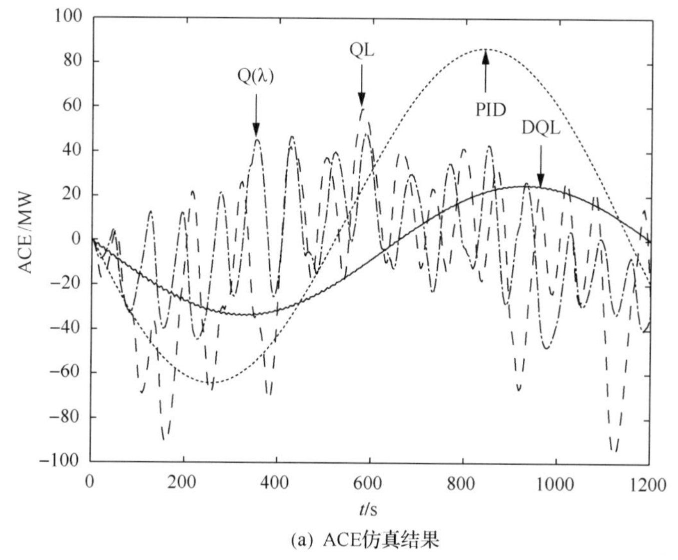

(a) ACE仿真结果

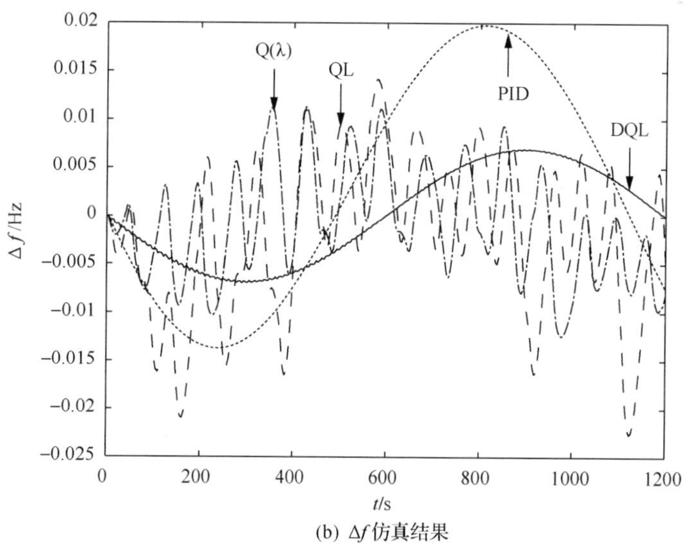

(b) Δf 仿真结果

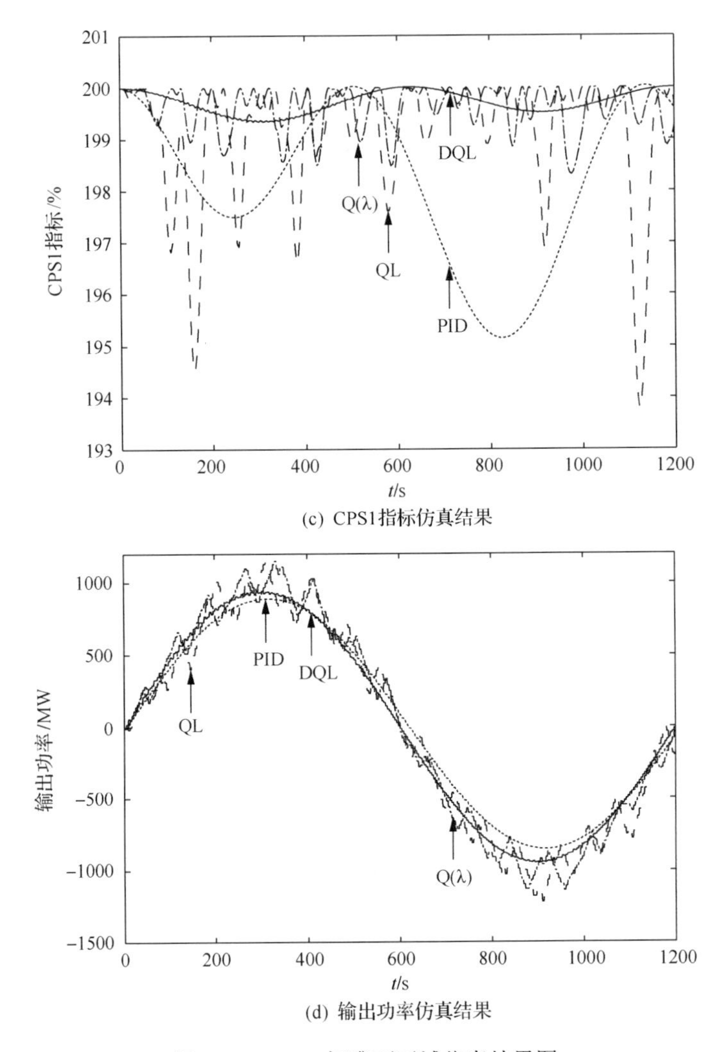

(c) CPS1指标仿真结果

(d) 输出功率仿真结果

图 5-21　IEEE 标准两区域仿真结果图

从表 5-10 可以看出，Q 学习、Q(λ)学习和 DQL 算法比 PID 的 ACE 小，且 DQL 最小。Q 学习、Q(λ)学习和 DQL 算法比 PID 的 ACE 分别小 38%、58%和 60%。Q 学习、Q(λ)学习和 DQL 算法比 PID 的 Δf 分别小 35%、54%和 58%。

从图 5-21 也可以看出，DQL 算法的曲线比其他三个算法的曲线光滑，ACE 较小，CPS 指标高。因此，从仿真结果能看出，DQL 算法的效果优于其他三个算法。

2. 以南方电网为背景的四区域算例

为验证 DQL 算法在复杂情况下的鲁棒性，这里在以南方电网为背景的四区域模型中进行大规模不同参数的数值仿真，在仿真中不仅变换外部扰动的类型和幅值，而且变换系统内部参数，来模拟系统本身的变化，如可调容量模拟丰水期和枯水期，汽轮机三个参数(T_{CH},T_{RH},T_{CO})、爬坡率(generation rate constraint，GRC)和二次调频时延参数等参数的变换。

所有参数的可选取值如表 5-11 所示。从表 5-11 可以看出选择不同系统内部和外部参数时，共有 3×3×6×4×2×3×6×3=23328 种组合，每种不同参数组合的模型需在线仿真 1200s，共 23328×1200s=27993600s，即 324 天。每种组合需测试 4 种算法(PID、Q 学习算法、Q(λ)学习算法和 DQL 算法)，共 324 天×4=1296 天。该算例仿真模型如图 5-22 所示，区域 1 为广东；区域 2 为云南；区域 3 为贵州；区域 4 为广西。三种外部扰动在噪声为 0 情况下的波形如图 5-23 所示。

表 5-11　四区域仿真模型参数取值表

类型	参数	类型或取值
外部负荷	不同的扰动	正弦波，方波，任意
	风电接入扰动噪声/%	0，10，20
系统内部	二次调频时延 T_s/s	8，20，30，45，60，120
	爬坡率/(p.u./min)	3，5，8，10
	可调容量/MW	1000，500
	汽轮机参数 T_{CH}/s	0.2，0.25，0.3
	汽轮机参数 T_{RH}/s	5，6，7，8，9，10
	汽轮机参数 T_{CO}/s	0.3，0.4，0.5

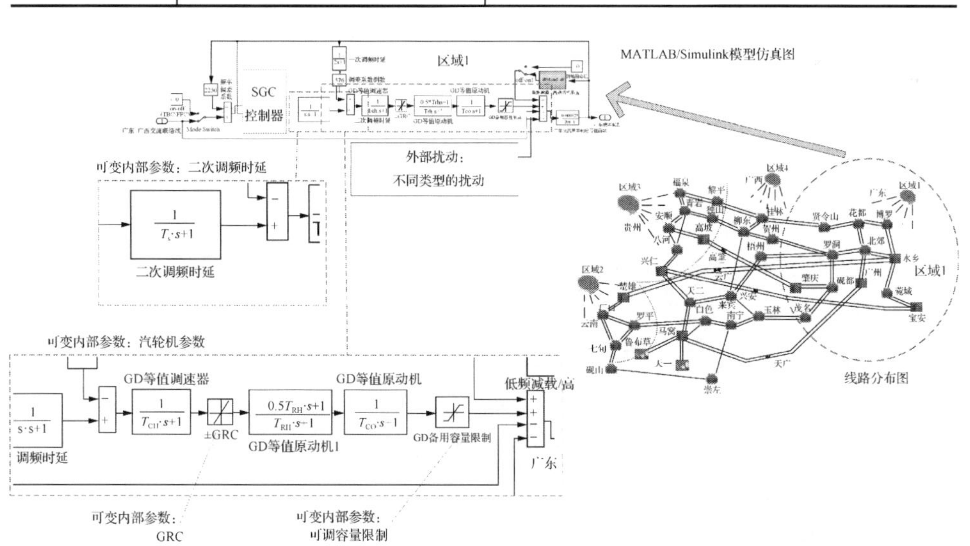

图 5-22　以南方电网为背景的变参数四区域仿真模型

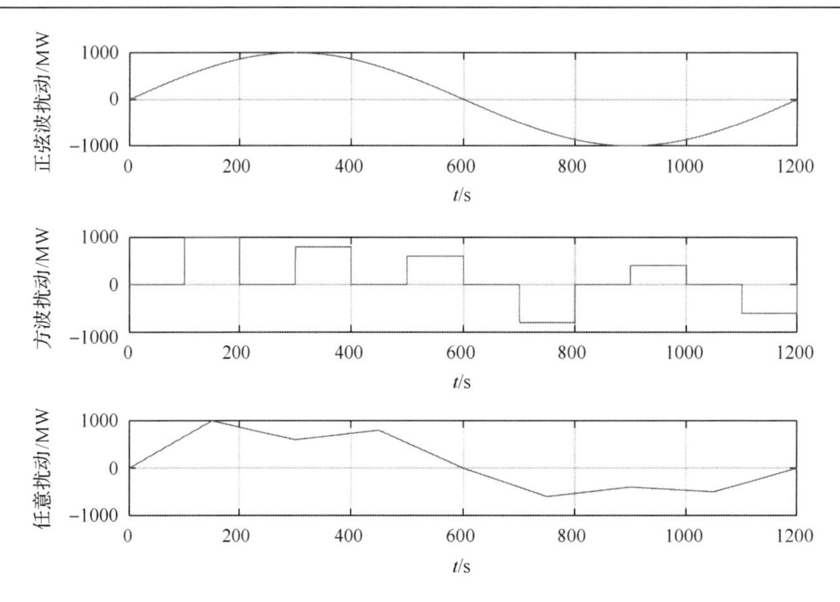

图 5-23 不同外部扰动曲线图

该算例中 DQL、Q 学习和 Q(λ)学习算法中的 Q 值矩阵和 P 矩阵的状态也划分为 13 个，如表 5-12 所示。这些算法的动作取值为{–500,–400,–300,–200,–100,0,100,200,300,400,500}。

表 5-12　四区域 DQL、Q 学习和 Q(λ)学习算法的状态划分表

状态	ACE 或 CPS1 划分区间	状态	ACE 或 CPS1 划分区间
1	k_{CPS1}>200%或|ACE|<10	8	$-100 \leqslant e_{ACE} < -10$
2	10<|ACE|≤100	9	–200≤|ACE|<–100
3	100<|ACE|≤200	10	–300≤|ACE|<–200
4	200<|ACE|≤300	11	–400≤|ACE|<–300
5	300<|ACE|≤400	12	–500≤|ACE|<–400
6	400<|ACE|≤500	13	–500>|ACE|
7	500<|ACE|		

本算例中的 Q 学习、Q(λ)学习算法在每种变参数的组合中单独训练。而 DQL 算法在某一种参数(参数如表 5-13 所示)下进行训练，在其他参数的情况下直接应用。

最后在模型中的四个区域都应用上述四种算法进行数值仿真，其结果统计如图 5-24～图 5-26 和表 5-14 所示，它们展示了不同扰动类型下其他不同参数组合的统计结果，其他不同参数组合的仿真结果与表 5-14 的趋势一致。

表 5-13　DQL 算法训练的四区域仿真模型参数表

参数	值	参数	值
扰动波形	任意波	可调容量/MW	1000
噪声/%	0	T_{CH}/s	0.25
T_s/s	30	T_{RH}/s	8
爬坡率/(p.u./min)	5	T_{CO}/s	0.3

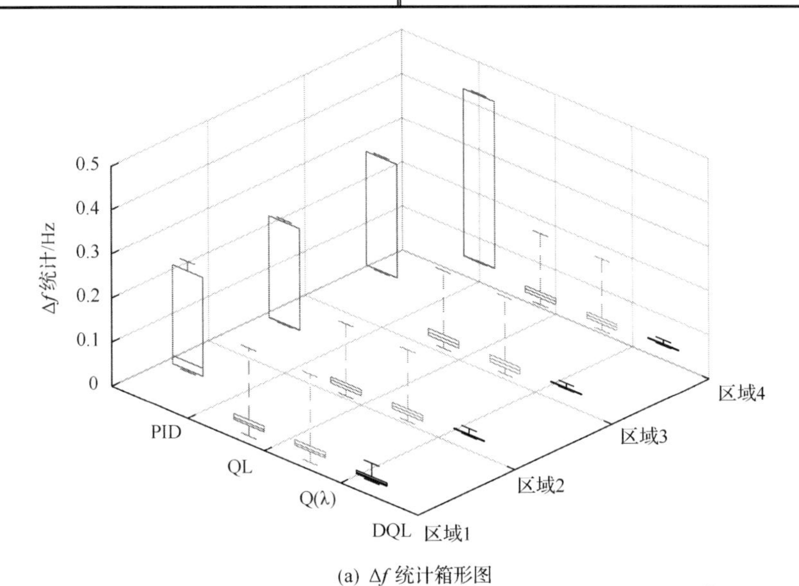

(a) Δf 统计箱形图

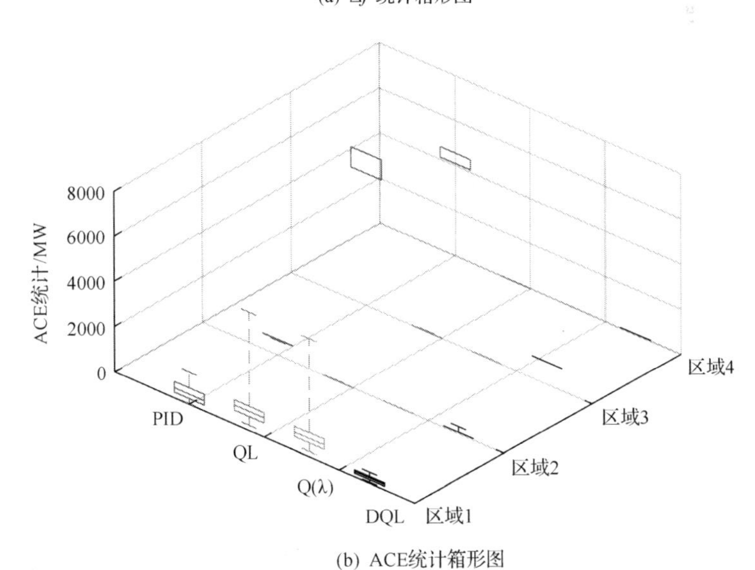

(b) ACE统计箱形图

图 5-24　DQL 算法的四区域仿真结果统计箱形图

表 5-14 深度 Q 学习算法的四区域仿真结果统计表(区域 4)

扰动类型	算法	CPS1/%	CPS2/%	ACE/MW	Δ*f*/Hz	CPS/%
总	PID	198.9899	100	5.65493	0.010614	65.35
	QL	199.7798	100	3.39168	0.041046	100
	Q(λ)	199.7919	100	3.34465	0.038534	100
	DQL	197.0658	100	37.20494	0.034987	100
方波	PID	198.6968	100	6.998723	0.013752	66.36
	QL	199.8872	100	3.436284	0.037363	100
	Q(λ)	199.8631	100	3.389566	0.036728	100
	DQL	196.8338	100	37.35304	0.035156	100
正弦波	PID	199.3101	100	4.367440	0.007574	56.70
	QL	199.896	100	3.345331	0.029233	100
	Q(λ)	199.9565	100	3.303047	0.025464	100
	DQL	197.3487	100	37.03655	0.034586	100
任意波形	PID	198.9628	100	5.598648	0.010516	72.97
	QL	199.5562	100	3.393425	0.056542	100
	Q(λ)	199.5563	100	3.341360	0.053409	100
	DQL	197.0151	100	37.22523	0.035218	100

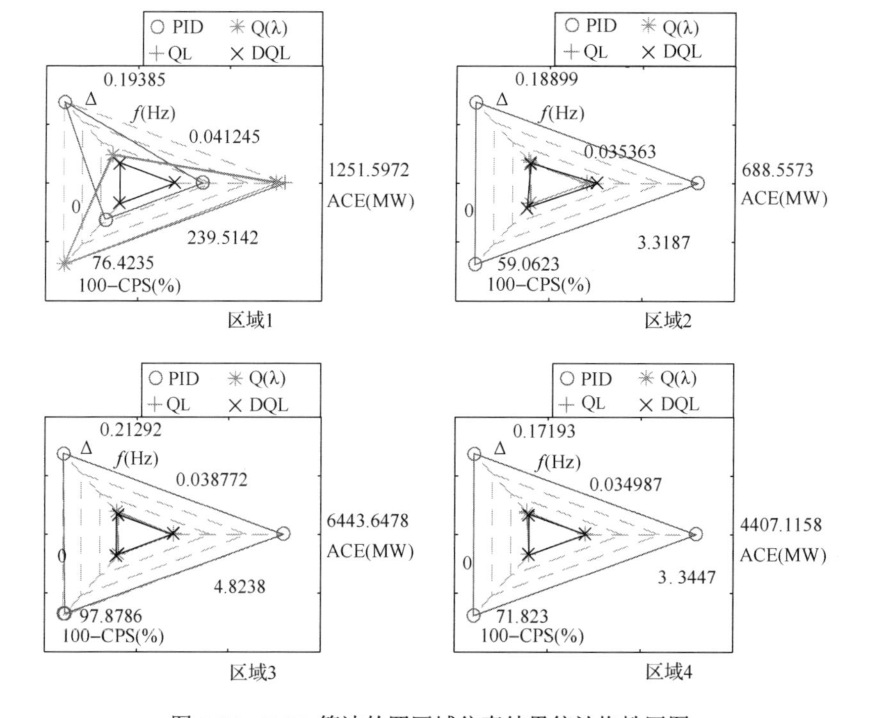

图 5-25 DQL 算法的四区域仿真结果统计蜘蛛网图

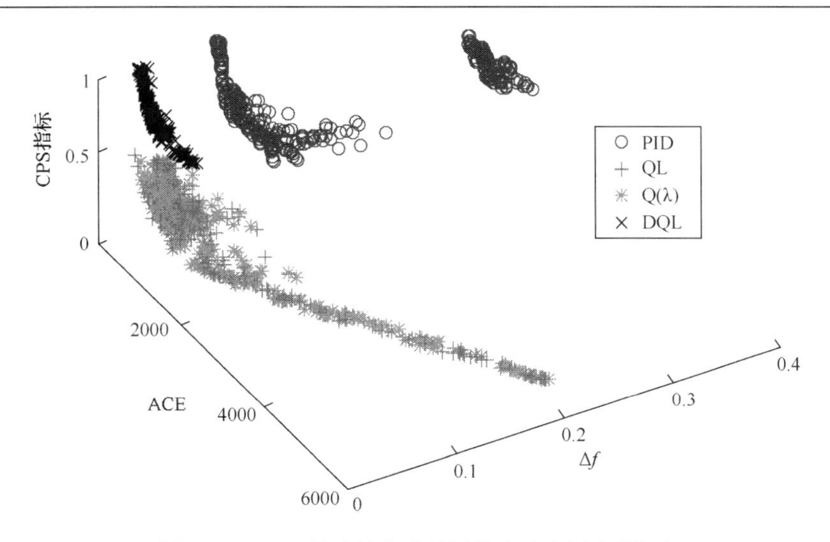

图 5-26　DQL 算法的仿真结果状态分布图(区域 1)

从表 5-14 可以看出如下内容。

(1) Q 学习和 Q(λ)学习算法与 DQL 算法的 CPS 指标均比传统 PID 算法的 CPS 指标高 34.65%。

(2) DQL 算法比 Q 学习和 Q(λ)算法的频率偏差分别小 14.76%和 9.20%。

(3) 在 CPS 指标为 100%的情况下，DQL 算法比 Q 学习和 Q(λ)算法的 CPS1 指标小。

从图 5-24(a)、图 5-24(b)和图 5-25 可以看出如下内容。

(1) 在系统参数和外部参数不断变化的过程中，PID 算法、Q 学习和 Q(λ)学习算法得到的 ACE 并非在每个区域都小。而 DQL 算法并非追求单一的 CPS 指标，而是在满足综合 CPS 指标的情况下，尽量使得 Δf 最小。

(2) 除区域 3 以外，ACE 以 DQL 算法为最小，CPS 指标以 DQL 算法为最大。图 5-26 的状态分布图是分别以 ACE、和 CPS 指标为 x、y 和 z 坐标轴绘出的区域 1 的性能分布图，从中可以看出，DQL 算法的控制性能优于其他三种算法的控制性能(DQL 算法的 CPS 高，且 ACE 低)。

因此，从该仿真结果可以看出，与 PID 算法、Q 学习和 Q(λ)学习算法对比，DQL 算法的控制性能更优、算法更稳定，由其设计的控制器鲁棒性更强。

参 考 文 献

[1] 刘维烈. 电力系统调频与自动发电控制[M]. 北京: 中国电力出版社, 2006: 137-138.

[2] 高宗和. 自动发电控制算法的几点改进[J]. 电力系统自动化, 2001, 25(22); 49-51.

[3] 余涛, 王宇名, 刘前进. 互联电网 CPS 调节指令动态最优分配 Q-学习算法[J].中国电机工程学报, 2010, 30(7): 62-69.

[4] 余涛, 王宇名, 甄卫国, 等. 基于多步回溯 Q 学习的自动发电控制指令动态优化分配算法[J]. 控制理论与应用, 2011, 28(1): 58-69.

[5] Yu T, Wang Y M, Ye W J, et al. Stochastic optimal generation command dispatch based on improved hierarchical reinforcement learning approach [J]. IET Generation, Transmission & Distribution, 2011, 5(8): 789-797.

[6] 张伯明, 孙宏斌, 吴文传. 3 维协调的新一代电网能量管理系统[J]. 电力系统自动化, 2007, 31(13): 1-6.

[7] 董朝阳, 赵俊华, 文福栓, 等. 从智能电网到能源互联网: 基本概念与研究框架[J]. 电力系统自动化, 2014, 38(15): 1-11.

[8] DeGroot M H. Reaching a consensus[J]. Journal of American Statistic Association, 1974, 69(345): 118-121.

[9] Beard R W, McLain T W, Goodrich M, et. al. Decentralized cooperative aerial surveillance using fixed-wing miniature UAVs [J]. Proceeding of the IEEE, 2006, 94(7): 1306-1324.

[10] Conradt L, Roper T J. Consensus decision making in animals[J]. Trends in Ecology & Evolution, 2005, 20(8): 449-456.

[11] Jadbabaie A, Lin J, Morse A. Coordination of groups of mobile autonomous agents using nearest neighbor rules [J]. IEEE Transactions on Automatic Control, 2003, 48(6): 988-1001.

[12] 王怀智. 智能发电控制的多目标优化策略及其均衡强化学习理论[D]. 广州: 华南理工大学, 2015.

[13] Myerson R B. Game Theory [M]. Cambridge: Harvard University Press, 1991.

[14] Yu T, Wang H Z, Zhou B, et al. Multi-agent correlated equilibrium Q(λ) learning for coordinated smart generation control of interconnected power grids[J]. IEEE Transactions on Power Systems, 2015, 30(4): 1669-1679.

[15] Nash J. The bargaining problem [J]. Econometric, 1950, 18(2): 155-162.

[16] Keiding H, Peleg B. Correlated equilibria of games with many players[J]. International Journal of Game Theory, 2000, 29(3): 375-389.

[17] Littman M. Markov games as a framework for multiagent reinforcement learning [J]. Proceedings of the Eleventh International Conference on Machine Learning, 1994: 157-163.

[18] Huang J W, Zhu Q Y. Distributed correlated Q-learning for dynamic transmission control of sensor networks [C]. IEEE International Conference on Acoustics Speech and Signal, Dallas, 2010: 1982-1985.

[19] Bassar T, Olsder G J. Dynamic Non-cooperative Game Theory [M]. London: SIAM Series in Classics in Applied Mathematics, 1999: 45-59.

[20] Greenwald A, Hall K, Zinkevich M. Correlated Q-learning [J]. Journal of Machine Learning Research, 2007, 1: 1-30.

[21] Sutton R. S. An Introduction to Reinforcement Learning [M]. Cambridge: The MIT Press, 1998.

[22] Yu T, Zhou B, Chan K W, et al. Stochastic optimal relaxed automatic generation control in Non-Markov environment based on multi- step Q(λ) learning [J]. IEEE Transactions on Power System, 2011, 26(3): 1272-1282.

[23] Yu T, Zhou B, Chan K W, et al. R(λ) imitation learning for automatic generation control of interconnected power grids [J]. Automatica, 2012, 48(9): 2130-2136.

[24] 余涛, 张水平. 在策略 SARSA 算法在互联电网 CPS 最优控制中的应用[J]. 电力系统保护与控制, 2013, 41(1): 212-215.

[25] Imthias T P, Nagendra P S, Sastry P S. A reinforcement learning approach to automatic generation control [J]. Electric Power Systems Research, 2002, 63(1): 9-26.

[26] Etingov P V, Zhou N, Makarov Y V, et al. Possible improvements of the ACE diversity interchange methodology [C]. Power and Energy Society General Meeting, Minneapolis, 2010: 25-29.

[27] 余涛, 周斌, 陈家荣. 基于 Q 学习的互联电网动态最优 CPS 控制[J]. 中国电机工程学报, 2009(19): 13-19.

[28] 余涛, 周斌. 基于强化学习的互联电网 CPS 自校正控制[J]. 电力系统保护与控制, 2009, 37(10): 33-38.

[29] Bellifemine F, Caire G, Greenwood D. Developing Multi-Agent Systems With JADE [M]. New York: Wiley, 2007.

[30] FIPA. The foundation for intelligent physical agents standards [EB/OL]. [2013-10-08]. http://www.fipa.org.

[31] Bevrani H. Robust Power System Frequency Control[M]. New York: Springer, 2010.

[32] Manichaikul Y. Industrial Electric Load Modeling [M]. Cambridge: The MIT Press, 1978.

[33] 高宗和, 滕贤亮, 张小白. 互联电网 CPS 标准下的自动发电控制策略[J]. 电力系统自动化, 2005, 29(19): 40-44.

[34] 高宗和, 滕贤亮, 张小白. 适应大规模风电接入的互联电网有功调度与控制方案[J]. 电力系统自动化, 2010, 34(17): 37-41.

[35] 南方电网总调系统运行部. 南方电网运行方式(2013)[R]. 中国南方电网有限公司, 2013.

[36] 余涛, 袁野. 基于平均报酬模型全过程 R(λ)学习的互联电网 CPS 最优控制[J]. 电力系统自动化, 2010, 34(21): 27-33.

[37] Jaleeli N. NERC's new control performance standards[J]. IEEE Transactions on Power Systems, 1999, 14(3): 1092-1099.

[38] 巴宇, 刘娆, 李卫东. CPS 及其考核在北美与国内的应用比较[J]. 电力系统自动化, 2012, 36(15): 63-72.

[39] 艾小猛, 廖诗武, 文劲宇. 多区域互联电网主要联络线 AGC 控制性能评价指标[J]. 电力系统自动化, 2013, 37(21): 111-117.

[40] 唐悦中, 张王俊. 基于 CPS 的 AGC 控制策略研究[J]. 电网技术, 2004, 28(21): 75-79.

[41] 高宗和, 滕贤亮, 涂力群. 互联电网 AGC 分层控制与 CPS 控制策略[J]. 电力系统自动化, 2004, 28(1): 78-81.

[42] 李滨, 韦化, 农蔚涛. 基于现代内点理论的互联电网控制性能评价标准下的 AGC 控制策略[J]. 中国电机工程学报, 2008, 28(25): 56-61.

[43] Chown G A, Hartman R C. Design and experience with a fuzzy logic controller for automatic generation control (AGC) [J]. IEEE Transactins on Power Systems, 1998, 13(3): 965-970.

[44] Zeynelgil H L, Demiroren A, Sengor N S. The application of ANN technique to automatic generation control for multi-area power system [J]. International Journal of Electrical Power & Energy Systems, 2002, 24(5): 345-354.

[45] 叶荣, 陈皓勇, 卢润戈. 基于微分博弈理论的两区域自动发电控制协调方法[J]. 电力系统自动化, 2013, 37(18): 48-54.

[46] 向德军, 陈根军, 顾全, 等. 基于实测煤耗的 AGC 电厂负荷优化分配[J]. 电力系统自动化, 2013, 37(17): 125-129.

[47] 余涛, 王宇名, 叶文加, 等. 基于改进分层强化学习的 CPS 指令动态优化分配算法[J]. 中国电机工程学报, 2011, 31(19): 90-96.

[48] 王怀智, 余涛, 唐捷. 基于多智能体相关均衡算法的自动发电控制[J]. 中国电机工程学报, 2014, 34(4): 620-627.

[49] 胡伟, 王淑颖, 徐飞, 等. 基于分层控制的 AGC 与 AVC 自动优化协调控制策略[J]. 电力系统自动化, 2011, 35(15): 40-45.

[50] Bassar T, Olsder G J. Dynamic Non-cooperative Gametheory[M]. London:SIAM Series in Classics in Applied Mathematics, 1999: 45-59.

[51] 张汝波. 强化学习理论及应用[M]. 哈尔滨: 哈尔滨工程大学出版社, 2001.

[52] 余涛, 周斌, 陈家荣. 基于多步回溯 Q(λ)学习的互联电网随机最优 CPS 控制[J]. 电工技术学报, 2011, 26(6): 179-186.

[53] Watkins C J C H, Dayan P. Q-learning[J]. Machine Learning, 1992, 8(3-4): 279-292.

[54] Sutton R S. Learning to predict by the methods of temporal differences[J]. Machine Learning, 1988, 3(1): 9-44.

[55] Sutton R S, Barto A G.. Reinforcement Learning: An Introduction[M]. Cambridge: The MIT Press, 1998.

[56] Jing P, Williams R J. Incremental multi-step Q-learning[J]. Machine Learning, 1996, 22 (1-3) : 283-290.

[57] Bowling M, Veloso M. Multiagent learning using a variable learning rate[J]. Artificial Intelligence, 2002, 136 (2) : 215-250.

[58] Yu T, Xi L, Yang B, et al. Multiagent stochastic dynamic game for smart generation control[J]. Journal of Energy Engineering, 2016, 142 (1) : 04015012.

[59] Ray G, Prasad A N, Prasad G D. A new approach to the design of robust load frequency controller for large scale power systems[J]. Electric Power Systems Research, 1999, 52 (1) : 13-22.

[60] Elgerd O I. Electric Energy System Theory-an Introduction[M]. New Delhi: Mc Graw-Hill, 1983.

[61] Oneal A R. A simple method for improving control area performance: Area control error (ACE) diversity interchange[J]. IEEE Transactions on Power Systems, 1995, 10 (2) : 1071-1076.

[62] Xi L,Yu T,Yang B,et al. A novel multi-agent decentralized win or learn fast policy hill-climbing with eligibility trace algorithm for smart generation control of interconnected complex power grids[J].Energy Conversion and Mangement, 2015, 103 (10) : 82-93.

[63] 丁乐乐. 基于深度学习和强化学习的车辆定位与识别[D]. 成都: 电子科技大学, 2016.

第 6 章　虚拟发电部落控制

本章提出未来可以将传统集中式电源与海量分布式电源汇集起来的虚拟发电部落概念和相关算法，并给出实现虚拟发电部落的智能算法，如分别在理想通信情况和非理想通信情况下的多智能体协同一致性算法、基于狼群捕猎策略的虚拟发电部落控制算法。

6.1　什么是虚拟发电部落控制

虚拟发电部落(virtual generation tribe，VGT)的概念是笔者提出的一种基于多智能体协同一致性理论的智能发电控制新形态。

如图 6-1 所示，本书提出的基于 VGT 的 AGC 分散控制框架主要包含两个层次：①把区域电网按地理分布划分成若干个领地电网(即 VGT)，并在各个部落间和各个机组间增加通信网络；②在每个 AGC 周期内，每个智能体只跟相邻的智能体进行通信交流，并获知所在层级调度中心(VGT 领导者或部落首领)计算得到的总功率指令，通过执行一定的协议，每个机组可得到自己的发电功率指令。

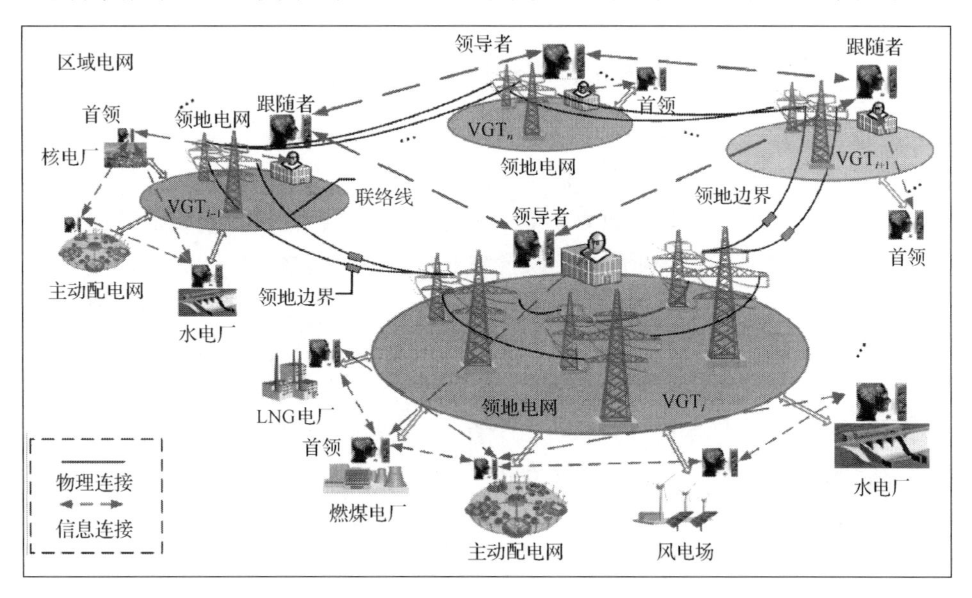

图 6-1　基于 VGT 的 AGC 分散控制框架

参照图 6-2 给出的 VGT 信息拓扑示意图，VGT 相关的基本概念可定义如下。

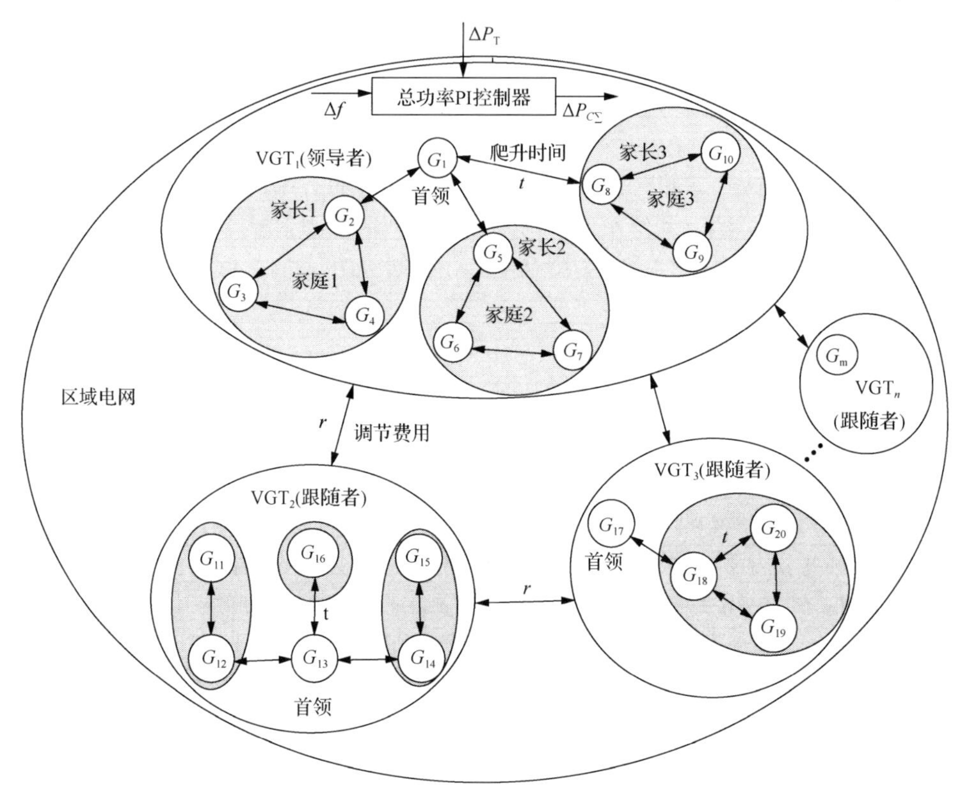

图 6-2　VGT 信息拓扑示意图

(1) VGT：实际上就是在原中调 AGC 与发电厂功率控制(plant controller，PLC)之间增加了一个新的发电调度与控制层，是一种分散自治的形态，与领地电网相匹配，是由领地内大型电厂 PLC、主动配网 AGC、微网 AGC 及负荷调控系统构成的发电机机群。其中，部落主要以区域电网内高压联络线进行边界划分；VGT 之间采用领导者-跟随者模式进行通信协作，领导者负责功率扰动平衡；领导者即区域电网的调度中心，主要负责各个部落之间的协同运行；跟随者即普通部落的调度端，主要负责与领导者进行交互协同。

(2) 首领：每个部落内有且只有一个首领，首领是部落中各类发电机机群的调度中心，负责与省级调度端(上级)及部落内各个家庭的家长进行通信协作。

(3) 家庭：在部落中的一个具有相似发电调节特性的发电机群，如火电机群、燃气机群等。其中，家庭中具有一定调度领导能力的模范发电控制单元选为家长。一般来说，一个电厂就可以作为一个家庭，其中电厂的控制中心即家长。

(4) 家庭成员：一个独立的发电控制单元，主要与家长进行通信协作。一般来说，电厂中的一个机组就是一个家庭成员。

6.2　协同一致性协同控制原理

6.2.1　理想通信网络下的多智能体协同一致性控制

1. 一阶多智能体一致性算法

1) 多智能体一致性图论

在多智能体网络中，令 $G=(V,E,A)$ 为网络的加权有向图，则 $V=\{v_1,v_2,\cdots,v_n\}$ 表示图 G 的节点集合，$E\subseteq V\times V$ 表示图 G 的边集合，$A=[a_{ij}]$ 表示图 G 的邻接矩阵[1]。其中节点 v_i 代表第 i 个智能体，边则代表了智能体之间的信息传递关系，$a_{ij}\geqslant 0$ 表示节点 v_i 与 v_j 之间的连接权重。对于图 G 来说，若任意两个顶点之间都至少存在一条路径，则称此有向图为强连通图。此外，多智能体网络拓扑图 G 的拉普拉斯矩阵 $L=[l_{ij}]$ 可定义为

$$l_{ii}=\sum_{j=1,j\neq i}^{n}a_{ij},\quad l_{ij}=-a_{ij},i\neq j \tag{6-1}$$

矩阵 L 反映了多智能体网络的拓扑结构，是系统最重要的自然属性。其中，L 的第二最小特征值 $\lambda_2(L)$ 称为代数连通度，是一致性算法收敛速度的一个量化指标[2]。

2) 离散时间一阶一致性算法

一致性算法使得各智能体基于其相邻智能体的信息状态适时更新自己的信息状态，使得网络中所有智能体的信息状态收敛于一个共同值。考虑到各个智能体之间信息传输需要一定的时间，本书采用最常见的离散时间一致性算法，可描述如下[3]：

$$x_i[k+1]=\sum_{j=1}^{n}d_{ij}[k]x_j[k] \tag{6-2}$$

式中，x_i 为第 i 个智能体的信息状态；k 为离散时间序列；$d_{ij}[k]$ 为行随机矩阵 $D=[d_{ij}]\in R^{n\times n}$ 在离散时刻 k 的第 (i,j) 项，定义如下：

$$d_{ij}[k]=\left|l_{ij}\right|\Big/\sum_{j=1}^{n}\left|l_{ij}\right|,\qquad i=1,2,\cdots,n \tag{6-3}$$

在时不变通信拓扑和常值增益 a_{ij} 的条件下，当且仅当有向图是强连通图时算

法达到一致性[4]。

2. 一致性 AGC 功率分配算法

1) AGC 功率动态分配模型

在基于 VGT 的 AGC 框架(详见图 6-1)基础上，本书在 AGC 功率动态分配的过程中考虑了调节成本和爬升时间两个目标，其数学模型具体描述如下：

$$\begin{cases} \min f_1 = \sum_{i=1}^{n}\sum_{m=1}^{M_i} C_{im}\Delta P_{im} \\ \min f_2 = \min \max\limits_{\substack{m=1,2,\cdots,M_i \\ i=1,2,\cdots,n}} \left(\Delta P_{im} / \Delta P_{im}^{\text{rate}}\right) \\ \quad \text{s.t.} \quad \Delta P = \sum_{i=1}^{n}\sum_{m=1}^{M_i} \Delta P_{im} \\ \quad\quad\quad \Delta P \Delta P_{im} > 0 \\ \quad\quad\quad \Delta P_{im}^{\min} \leqslant \Delta P_{im} \leqslant \Delta P_{im}^{\max} \\ \quad\quad\quad i = 1,2,\cdots,n;\ m = 1,2,\cdots,M_i \end{cases} \tag{6-4}$$

式中，ΔP 为 PI 控制器计算得到的总功率指令；ΔP_{im} 为 VGT_i 的第 m 个机组的 AGC 发电功率指令；C_{im} 为 VGT_i 的第 m 个机组的调节成本系数；$\Delta P_{im}^{\text{rate}}$ 为 VGT_i 的第 m 个机组的调节速率；$\Delta P_{im}^{\max}$ 、$\Delta P_{im}^{\min}$ 分别为 VGT_i 的第 m 个机组的功率最大和最小备用容量；n 为 VGT 个数；M_i 为 VGT_i 的机组个数。

因此，当区域电网负荷发生扰动时，为使得平均调节费用较低的 VGT 承担更多的功率扰动，本书选取调节费用作为 VGT 之间的一致性状态变量，并采用领导者-跟随者模式的功率分配算法；为使得调节速率较快的机组承担更多的功率，本书选取功率爬升时间作为机组之间的一致性状态变量，并采用首领-家庭模式的功率分配算法。

2) VGT 的调节费用一致性

在选取调节费用作为 VGT 之间的一致性状态变量后，第 i 个 VGT 的调节费用可定义如下：

$$r_i = C_i \left|\Delta P_i\right| \tag{6-5}$$

式中，C_i 为第 i 个 VGT 的平均调节成本系数；ΔP_i 为第 i 个 VGT 的 AGC 发电功率指令。

根据式(6-2)，VGT_i 的调节费用一致性更新如下：

$$r_i[k+1]=\sum_{j=1}^{n}d_{ij}[k]r_j[k] \tag{6-6}$$

同时，为保证功率平衡，领导者的调节费用应更新如下：

$$r_i[k+1]=\begin{cases}\sum_{j=1}^{n}d_{ij}[k]r_j[k]+\mu\Delta P_{\text{error}}, & \Delta P>0\\ \sum_{j=1}^{n}d_{ij}[k]r_j[k]-\mu\Delta P_{\text{error}}, & \Delta P<0\end{cases} \tag{6-7}$$

式中，μ 为功率误差调节因子，$\mu>0$；ΔP_{error} 为总功率指令和所有 VGT 的总功率的偏差，定义如下：

$$\Delta P_{\text{error}}=\Delta P-\sum_{i=1}^{n}\Delta P_i \tag{6-8}$$

当总功率指令 $\Delta P>0$ 时，若 $\Delta P_{\text{error}}>0$，则调节费用 r_i 需要增加；若 $\Delta P_{\text{error}}<0$，则调节费用 r_i 需要减小。当 $\Delta P<0$ 时，调节费用 r_i 增减趋势则相反。

在 VGT 之间采用调节费用一致性算法时，有可能导致某个 VGT 的功率超出其总功率最大值。同时，VGT 最大调节费用 $r_i^{\max}$ 越小，则越快达到功率限值。当达到限值时，VGT 应从网络信息拓扑中退出，相邻的 VGT 应能收到信息状态，并修改相应的行随机矩阵元素。当达到功率限值时，VGT 的功率及其调节费用分别如下：

$$\Delta P_i=\begin{cases}\Delta P_i^{\max}, & \Delta P_i>\Delta P_i^{\max}\\ \Delta P_i^{\min}, & \Delta P_i<\Delta P_i^{\min}\end{cases} \tag{6-9}$$

$$r_i=r_i^{\max}=\begin{cases}C_i\left|\Delta P_i^{\max}\right|, & \Delta P_i>\Delta P_i^{\max}\\ C_i\left|\Delta P_i^{\min}\right|, & \Delta P_i<\Delta P_i^{\min}\end{cases} \tag{6-10}$$

式中，$\Delta P_i^{\max}$、$\Delta P_i^{\min}$ 分别为第 i 个 VGT 的功率最大和最小备用容量。

与此同时，第 i 个 VGT 的连接权重都变为零，即

$$a_{ij}=0,\ j=1,2,\cdots,n \tag{6-11}$$

因此，为保证 VGT 领导者不被替换，本书选取最大调节费用 $r_i^{\max}$ 最大的 VGT 作为领导者。

3)机组的功率爬升时间一致性

在选取功率爬升时间作为机组的一致性状态变量后，VGT_i 的第 m 个机组的功率爬升时间可定义如下：

$$t_{im} = \Delta P_{im} / \Delta P_{im}^{\mathrm{rate}} \tag{6-12}$$

式中，ΔP_{im} 为 VGT_i 的第 m 个机组的 AGC 发电功率指令；$\Delta P_{im}^{\mathrm{rate}}$ 可计算如下：

$$\Delta P_{im}^{\mathrm{rate}} = \begin{cases} P_{im}^{\mathrm{rate+}}, & \Delta P_i > 0 \\ P_{im}^{\mathrm{rate-}}, & \Delta P_i < 0 \end{cases} \tag{6-13}$$

式中，$P_{im}^{\mathrm{rate+}}$ 为 VGT_i 的第 m 个 AGC 机组的上升调节速率限制；$P_{im}^{\mathrm{rate-}}$ 为 VGT_i 的第 m 个 AGC 机组的下降调节速率限制。

根据式(6-2)，VGT_i 的第 m 个 AGC 机组的功率爬升时间一致性更新如下：

$$t_{im}[k+1] = \sum_{w=1}^{M_i} d_{wm}[k] t_{iw}[k] \tag{6-14}$$

同时，为保证 VGT 的功率平衡，首领的功率爬升时间应更新如下：

$$t_{im}[k+1] = \begin{cases} \sum_{w=1}^{M_i} d_{wm}[k] t_{iw}[k] + \mu_i \Delta P_{\mathrm{error}\text{-}i}, & \Delta P_i > 0 \\ \sum_{w=1}^{M_i} d_{wm}[k] t_{iw}[k] - \mu_i \Delta P_{\mathrm{error}\text{-}i}, & \Delta P_i < 0 \end{cases} \tag{6-15}$$

式中，μ_i 为 VGT_i 的功率误差调节因子，$\mu_i > 0$；$\Delta P_{\mathrm{error}\text{-}i}$ 为 VGT_i 总功率指令及其所有机组的总功率的偏差，定义如下：

$$\Delta P_{\mathrm{error}\text{-}i} = \Delta P_i - \sum_{m=1}^{M_i} \Delta P_{im} \tag{6-16}$$

当 VGT_i 总功率指令 $\Delta P_i > 0$ 时，若 $\Delta P_{\mathrm{error}\text{-}i} > 0$，则功率爬升时间 t_{im} 需要增加；若 $\Delta P_{\mathrm{error}\text{-}i} < 0$，则功率爬升时间 t_{im} 需要减小。当 $\Delta P_i < 0$ 时，功率爬升时间 t_{im} 增减趋势则相反。

与调节费用一致性算法同理，在机组之间采用功率爬升时间一致性算法时，有可能导致某些机组的功率超出其功率最大值。同时，机组最大功率爬升时间 $t_{im}^{\max}$ 越小，则越快达到功率限值。当达到功率限值时，机组的功率及其爬升时间分别如下：

$$\Delta P_{im}=\begin{cases}\Delta P_{im}^{\max}, & \Delta P_{im}>\Delta P_{im}^{\max}\\ \Delta P_{im}^{\min}, & \Delta P_{im}<\Delta P_{im}^{\min}\end{cases} \tag{6-17}$$

$$t_{im}=t_{im}^{\max}=\begin{cases}\Delta P_{im}^{\max}\big/P_{im}^{\text{rate+}}, & \Delta P_{im}>\Delta P_{im}^{\max}\\ \Delta P_{im}^{\min}\big/P_{im}^{\text{rate-}}, & \Delta P_{im}<\Delta P_{im}^{\min}\end{cases} \tag{6-18}$$

式中，$\Delta P_{im}^{\max}$、$\Delta P_{im}^{\min}$ 分别为 VGT_i 的第 m 个机组的功率最大和最小备用容量。

机组 m 的连接权重都变为零，即

$$a_{mw}=0,\ w=1,2,\cdots,M_i \tag{6-19}$$

因此，为保证首领不被替换，本书选取最大功率爬升时间 $t_{im}^{\max}$ 最大的机组作为首领。同时，为保证部分机组退出网络信息拓扑后，新的网络拓扑仍能保持强连通性，本书把相同 $t_{im}^{\max}$ 的机组构成一个家庭，首领分别与各家庭有信息交流。

4) 功率误差调节因子分析

从式(6-7)和式(6-15)可以看出，功率误差调节因子 μ 和 μ_i 的取值直接影响了一致性算法的收敛性能。一般来说，调节因子取值过小时，VGT 领导者或首领的一致性变量更新幅度越小，收敛速度越慢；相反地，当取值太大时，一致性变量更新幅度过大，可能直接导致算法不收敛。因此，选择合适的调节因子对一致性算法的收敛速度和稳定性至关重要。

对含有 n 个 VGT 的区域电网，当 VGT 领导者一致性变量增加 $\mu\Delta P_{\text{error}}$ 时，每个智能体一致性变量平均增加 $\mu\Delta P_{\text{error}}/n$，根据式(6-5)可得，区域电网的总功率扰动增量为

$$\Delta P_{\text{in}}=\sum_{i=1}^{n}\frac{\mu\Delta P_{\text{error}}}{nC_i} \tag{6-20}$$

在调节费用一致性算法中，取功率偏差 $|\Delta P_{\text{error}}|<\varepsilon$ 作为收敛条件，则算法收敛的充分条件为 $|\Delta P_{\text{error}}-\Delta P_{\text{in}}|<\varepsilon$，即

$$\begin{cases}\dfrac{n(\Delta P_{\text{error}}-\varepsilon)}{\sum\limits_{i=1}^{n}\dfrac{\Delta P_{\text{error}}}{C_i}}<\mu<\dfrac{n(\Delta P_{\text{error}}+\varepsilon)}{\sum\limits_{i=1}^{n}\dfrac{\Delta P_{\text{error}}}{C_i}}, & \Delta P_{\text{error}}>0\\[2ex] \dfrac{n(\Delta P_{\text{error}}+\varepsilon)}{\sum\limits_{i=1}^{n}\dfrac{\Delta P_{\text{error}}}{C_i}}<\mu<\dfrac{n(\Delta P_{\text{error}}-\varepsilon)}{\sum\limits_{i=1}^{n}\dfrac{\Delta P_{\text{error}}}{C_i}}, & \Delta P_{\text{error}}<0\end{cases} \tag{6-21}$$

式中，ε 为区域电网的最大允许功率误差，$\varepsilon>0$。

同理，在调节费用一致性算法中，取功率偏差 $\left|\Delta P_{\text{error-}i}\right|<\varepsilon_i$ 作为收敛条件，则

$$\begin{cases}\dfrac{M_i(\Delta P_{\text{error-}i}-\varepsilon_i)}{\Delta P_{\text{error-}i}\sum\limits_{m=1}^{M_i}\Delta P_{im}^{\text{rate}}}<\mu_i<\dfrac{M_i(\Delta P_{\text{error-}i}+\varepsilon_i)}{\Delta P_{\text{error-}i}\sum\limits_{m=1}^{M_i}\Delta P_{im}^{\text{rate}}}, & \Delta P_{\text{error-}i}\Delta P_i>0\\ \dfrac{M_i(\Delta P_{\text{error-}i}+\varepsilon_i)}{\Delta P_{\text{error-}i}\sum\limits_{m=1}^{M_i}\Delta P_{im}^{\text{rate}}}<\mu_i<\dfrac{M_i(\Delta P_{\text{error-}i}-\varepsilon_i)}{\Delta P_{\text{error-}i}\sum\limits_{m=1}^{M_i}\Delta P_{im}^{\text{rate}}}, & \Delta P_{\text{error-}i}\Delta P_i<0\end{cases} \tag{6-22}$$

式中，ε_i 为 VGT_i 的最大允许功率误差，$\varepsilon_i>0$。

从式(6-21)和式(6-22)可以发现：①μ 的选择主要取决于 VGT 的规模 n、各 VGT 的平均调节成本系数 C_i 以及最大允许功率误差 ε；②μ_i 的选择主要取决于 VGT_i 的机组个数 M_i、VGT_i 中各个机组的调节速率 $\Delta P_{im}^{\text{rate}}$ 以及最大允许功率误差 ε_i。

5）一致性 AGC 功率分配算法流程

如图 6-3 所示，本书提出的一致性 AGC 功率分配算法主要包括调节费用一致性分配和爬升时间一致性分配。在每个 VGT 分配得到相应的发电功率指令时，才对每个机组进行功率分配。其中，领导者要执行整个调节费用一致性分配流程。跟随者只需要迭代图 6-3 中小方框内的流程，首领和家庭的执行流程与之类似。当 VGT 或机组功率超出其限值时，立刻将其退出信息网络，对网络的信息连接权重也及时进行修改。

3. IEEE 两区域互联系统 LFC 模型仿真研究

1）仿真模型

本算例以 IEEE 两区域互联系统 LFC 模型(图 3-19)作为基础，把 A 区域的等值机组替换为三个 VGT，总共 20 台机组，具体参数如表 6-1 所示，B 区域仍采用等值机模型。其中，信息状态一致性拓扑如图 6-4 所示，算例中把有信息交流的连接权重 a_{ij} 设为 1。其中 VGT_1、VGT_2 和 VGT_3 的平均调节成本系数分别为 144.16、244.27 和 88.01，单位为元/(10^3kW·h)。

如图 4-1 所示，传统的区域电网 AGC 闭环控制过程主要分为两个过程：①采集电网的频率偏差 Δf 和联络线功率偏差 ΔP_{T}，计算出实时的区域控制偏差 ACE，通过 PI 控制器得到一个总发电功率指令；②在获知各个 AGC 调频机组数据的基础上，功率分配器通过一定的算法把总发电功率指令分配到各个机组。

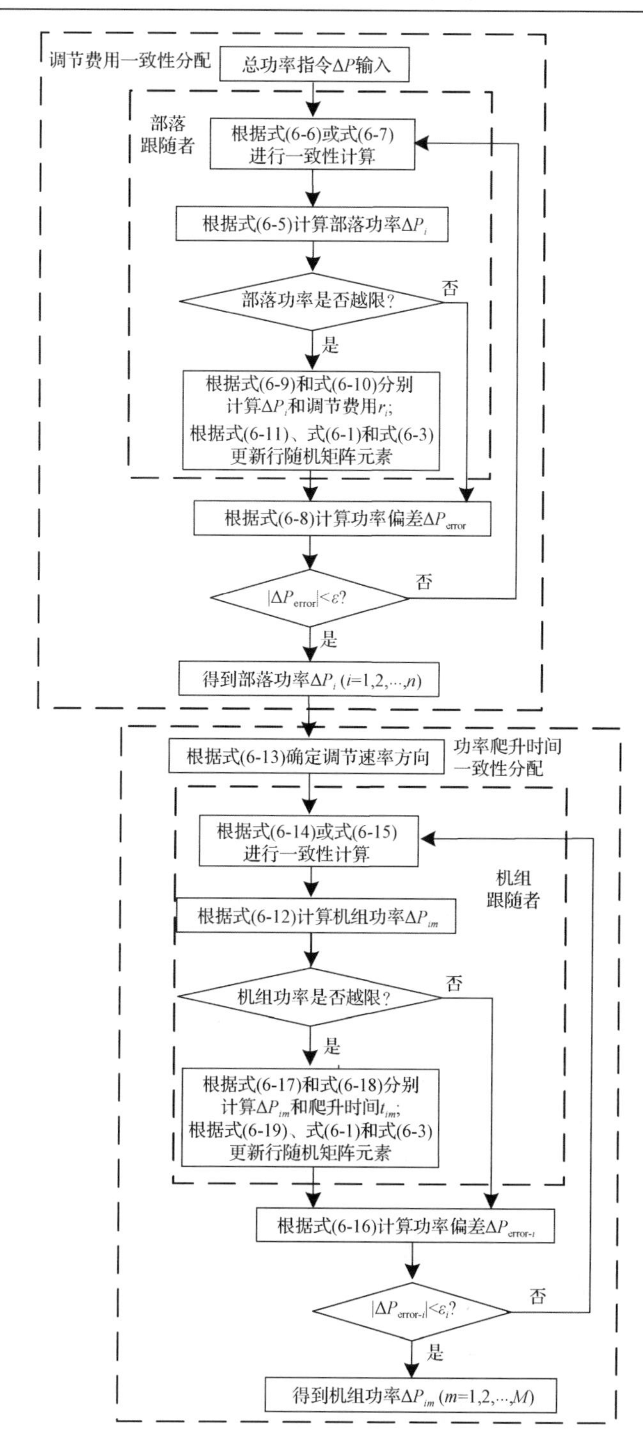

图 6-3　一致性 AGC 功率分配算法流程图

表 6-1　A 区域 AGC 机组相关参数

部落	机组	$\Delta P^{\max}$ / MW	$\Delta P^{\min}$ / MW	$\Delta P^{\text{rate+}}$ / (MW/min)	$\Delta P^{\text{rate-}}$ / (MW/min)	$t^{\max}$ / min	c_{im} / (元/(10^3kW·h))
VGT₁	G_1	1000	–1000	42	–42	23.81	126.70
	G_2	680	–680	32.39	–32.39	21.00	135.36
	G_3	780	–780	37.15	–37.15	21.00	128.04
	G_4	720	–720	34.29	–34.29	21.00	130.55
	G_5	630	–630	28.35	–28.35	22.22	138.80
	G_6	600	–600	27	–27	22.22	150.02
	G_7	600	–600	27	–27	22.22	150.02
	G_8	240	–240	12	–12	20.00	196.87
	G_9	360	–360	18	–18	20.00	195.08
	G_{10}	200	–200	10	–10	20.00	200.05
	合计	5810	–5810	—	—	—	—
VGT_2	G_{11}	780	–780	86.67	–86.67	9.00	238.70
	G_{12}	688	–688	76.44	–76.44	9.00	240.24
	G_{13}	500	–500	50	–50	10.00	245.50
	G_{14}	450	–450	45	–45	10.00	245.56
	G_{15}	380	–380	38	–38	10.00	253.40
	G_{16}	250	–250	30	–30	8.33	254.08
	合计	3048	–3048	—	—	—	—
VGT_3	G_{17}	600	0	600	–600	1.00	85.30
	G_{18}	400	0	400	–400	1.00	88.64
	G_{19}	360	0	360	–360	1.00	90.35
	G_{20}	200	0	200	–200	1.00	90.65
	合计	1560	0	—	—	—	—

2) 调节费用一致性仿真研究

在上述模型及信息拓扑下，假设最大功率偏差$|\Delta P_{\text{error}}|<0.1\,\text{MW}$，AGC 控制器得到的总功率指令$\Delta P=1000\,\text{MW}$时，VGT 调节费用一致性收敛过程如图 6-4 所示，其中μ取为 0.0001。

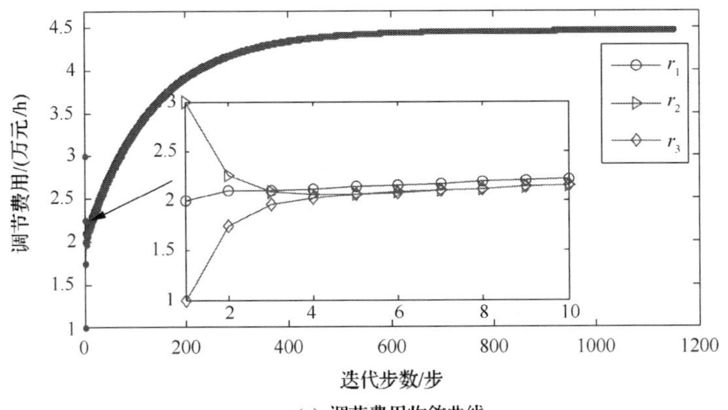

(a) 调节费用收敛曲线

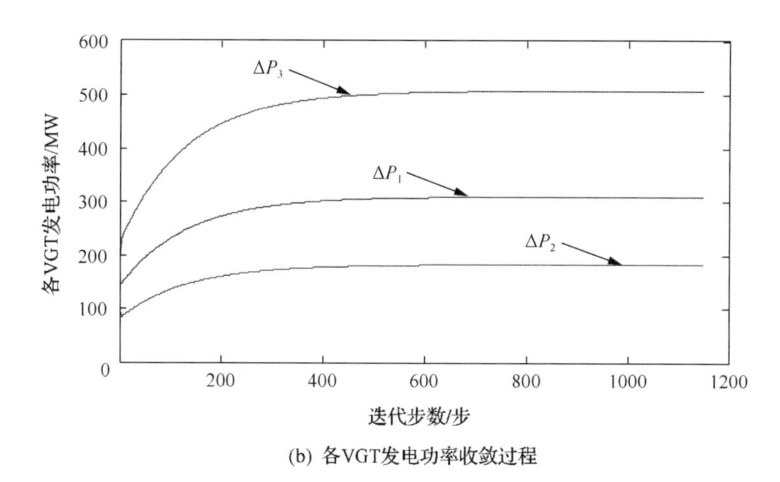

(b) 各VGT发电功率收敛过程

图 6-4　调节费用一致性收敛过程（$\Delta P = 1000$ MW）

从图 6-4(a) 中可以看到，作为跟随者的 VGT_2 和 VGT_3 较早趋于一致；领导者 VGT_1 受到功率平衡的约束，其调节费用一开始呈现上升的趋势，最后趋于稳定。从图 6-4(b) 中可以发现，平均调节成本系数最小的 VGT_3 得到的发电功率相应最大。

当 ΔP 达到一定数值后，某个 VGT 功率将达到最大值。图 6-5 给出了 $\Delta P = 10418$ MW（等于区域电网总容量）时的调节费用一致性收敛过程，可以发现：最大调节费用 $r_i^{\max}$ 最小的 VGT_3 最先达到功率限值；VGT 领导者 $r_i^{\max}$ 最大，因此其功率最晚达到限值。这也说明了应选取 $r_i^{\max}$ 最大的 VGT 作为领导者，否则就有可能导致更换首领。

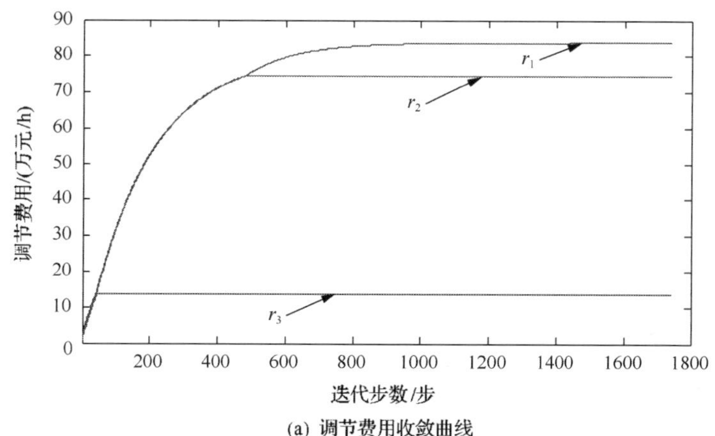

(a) 调节费用收敛曲线

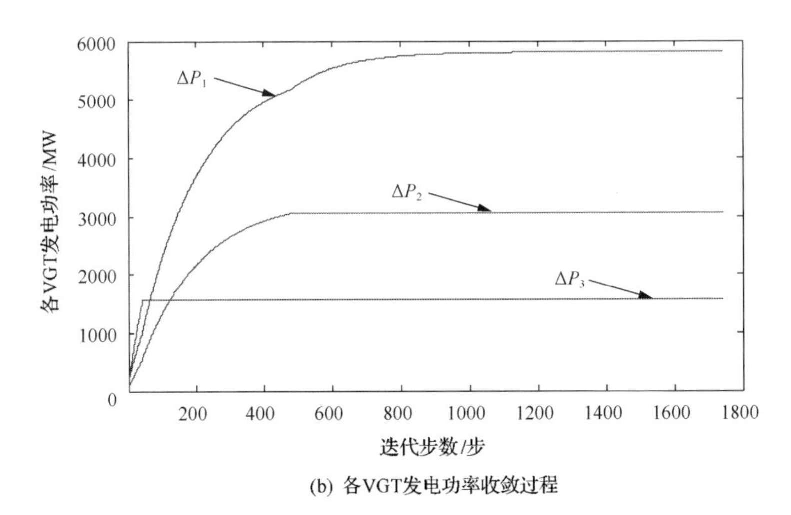

(b) 各VGT发电功率收敛过程

图 6-5　调节费用一致性收敛过程（$\Delta P = 10418$ MW）

表 6-2 给出了不同工况下调节费用一致性的收敛结果统计表。从表 6-2 中可以看到，当 $\Delta P < 0$ 时，r 随着 $|\Delta P|$ 的增大而增大，且比 $\Delta P > 0$ 时对应的 r 值大，这是因为 $\Delta P < 0$ 时 VGT_3 不参与调节，导致其他 VGT 承担更多的功率扰动。同时，功率误差调节因子 μ 值越小，一致性算法收敛速度越慢，但是收敛越稳定；当 μ 值大于某一个值时，一致性算法将不收敛。因此，为保证调节费用能够快速收敛，以满足 AGC 的实时控制需要，本书将 μ 值取为 0.01。

表 6-2　调节费用一致性收敛结果统计表

总功率ΔP/MW		–500	–1000	–1500	500	1000	1500
收敛值	ΔP_1/MW	–314.37	–628.86	–943.23	155.02	309.74	466.30
	ΔP_2/MW	–185.53	–371.09	–556.67	91.37	182.80	273.78
	ΔP_3/MW	0	0	0	253.59	507.36	759.90
	r/(万元/h)	4.5320	9.0656	13.5977	2.2348	4.4653	6.7222
收敛步数/步	μ=0.0001	1397	1610	1705	827	1150	1236
	μ=0.001	138	160	169	64	111	120
	μ=0.01	8	16	17	10	10	10
	μ=0.1	不收敛	不收敛	不收敛	不收敛	不收敛	不收敛

3）功率爬升时间一致性仿真研究

在 VGT 各个机组的功率爬升时间一致性算法中，假设各个 VGT 的最大功率偏差均为 0.1MW。下面以 VGT_1 作为研究对象，其他 VGT 仿真分析与之类似。

当 $\Delta P_1 = -943.23$ MW（对应表 6-2）时，机组功率爬升时间一致性收敛过程如

图 6-6 所示，其中 μ_1 取为 0.001。从图 6-6(a)可以看到，机组的功率爬升时间在不断地交换信息后逐渐达到一致。从图 6-6(b)中可以看到，机组调节速率越快，其承担的功率比例越大。

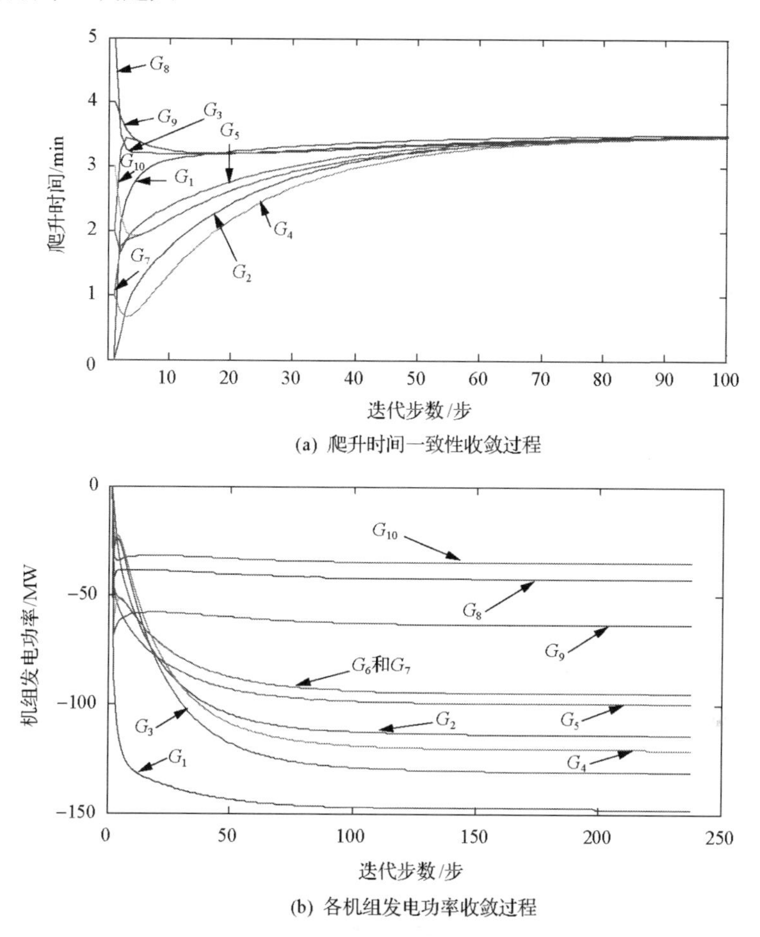

(a) 爬升时间一致性收敛过程

(b) 各机组发电功率收敛过程

图 6-6　机组爬升时间一致性收敛过程（$\Delta P_1 = -943.23\,\text{MW}$）

当 ΔP_1 达到一定数值后，部分机组功率将达到最大值。图 6-7 给出了 $\Delta P_1 = 5810\,\text{MW}$（等于 VGT_1 总容量）时的爬升时间一致性收敛过程，可以发现：对于最大功率爬升时间 $t_{im}^{\max}$ 最小的家庭 3，其机组同时最先达到功率限值；首领由于 $t_{im}^{\max}$ 最大，功率最晚达到限值。这也说明了应选取 $t_{im}^{\max}$ 最大的机组作为首领，否则就有可能导致更换首领。当存在家庭达到功率限值退出网络拓扑后，剩下的网络图仍能保持强连通性，保证了剩下的网络拓扑能够达到信息一致性。

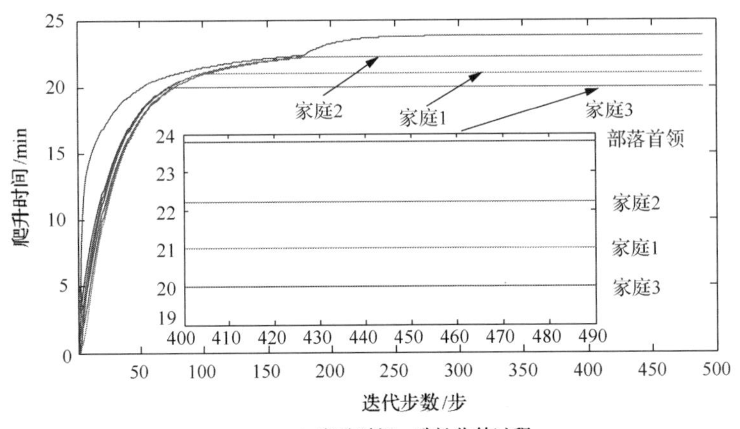

(a) 爬升时间一致性收敛过程

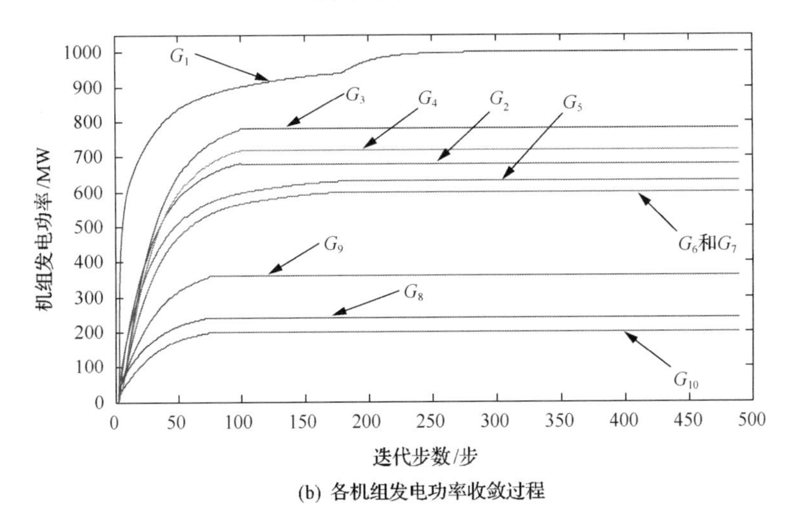

(b) 各机组发电功率收敛过程

图 6-7 机组爬升时间一致性收敛过程($\Delta P_1 = 5810\,\mathrm{MW}$)

与调节费用一致性类似，VGT_1 的 μ_1 值也影响其爬升时间一致性收敛的速度。表 6-3 给出了不同 μ_1 值的收敛速度统计表，从表中可以看到：μ_1 值越大，收敛速度越快；当 μ_1 达到一定数值后，算法开始不收敛。与前面 μ 取值同理，这里取 μ_1 为 0.01。

表 6-3 不同 μ_1 下的收敛速度统计表

总功率ΔP_1/MW		–314.37	–628.86	–943.23	155.02	309.74	466.30
收敛步数/步	μ_1=0.0001	2260	2111	2496	2437	2267	1813
	μ_1=0.001	240	98	238	252	240	221
	μ_1=0.01	88	88	88	88	88	88
	μ_1=0.1	不收敛	不收敛	不收敛	不收敛	不收敛	不收敛

4）收敛时间仿真研究

AGC 周期一般为 4～16s，为验证协同一致性算法的动态优化能力，下面将对不同规模电网以及不同通信方式下的优化时间进行分析。以表 6-1 所给算例为基础，区域电网仍分为三个 VGT，VGT_1 机组规模依次为(10,20,…,100)，其他 VGT 机组规模也相应增加，则区域电网机组总规模为(20,40,…,200)。参考文献[5]～文献[7]，假设在智能体之间分别采用通用分组无线服务(general packet radio service，GPRS)、宽带码分多址(wideband code division multiple access，WCDMA)、全球微波互联接入(worldwide interoperability for microwave access，WIMAX)、长期演进(long term evolution，LTE)这四类无线通信技术，则每次信息传输和一致性变量迭代计算需要的时间可保守估计为 100ms、10ms、1ms、0.1ms。

如图 6-8 所示，当 VGT_1 机组规模保持在 50 台以内时，算法的收敛步数将缓慢增加；当机组规模大于 50 台时，算法的收敛步数迅速增加，最多可达到 3404 步。

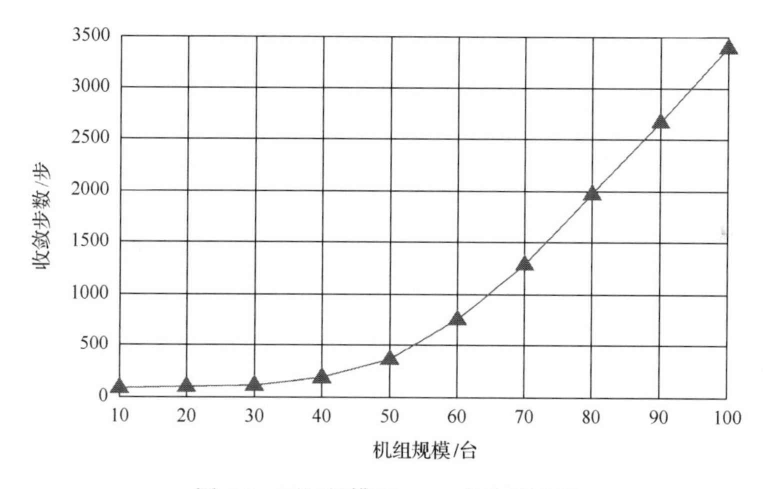

图 6-8　不同规模下 VGT_1 的收敛速度

由前面内容可知，算法的收敛总步数为调节费用一致性和爬升时间一致性收敛步数的总和。为此，表 6-4 给出了不同通信方式下的收敛时间比较。可以发现：①当采用 GPRS 通信方式时，算法将无法满足 AGC 功率分配的动态优化需求；②在区域电网规模较小时，可以采用 WCDMA 通信方式；③传输速率更快的 WIMAX 和 LTE 均能满足 AGC 的时间要求。因此，本书采用成本较低的 WIMAX 作为智能体之间的通信方式。

表 6-4　不同通信方式下的收敛时间比较表

机组规模/台	收敛时间/s			
	GPRS	WCDMA	WIMAX	LTE
20	10.5	1.05	0.105	0.0105
40	11.1	1.11	0.111	0.0111
60	13.1	1.31	0.131	0.0131
80	20.5	2.05	0.205	0.0205
100	28.3	2.83	0.283	0.0283
120	77.2	7.72	0.772	0.0772
140	130.7	13.07	1.307	0.1307
160	199.0	19.90	1.990	0.1990
180	269.0	26.90	2.690	0.2690
200	340.4	34.04	3.404	0.3404

5) 随机方波负荷扰动仿真

为进一步研究一致性算法的应用效果，这里还引入按相同可调容量比例分配PROP方法[8]、HQL[9]、改进HQL[9]和快速非支配排序遗传算法[10](NSGA-II) 进行仿真比较分析。其中，NSGA-II利用模糊推理来获取最优折中解[11]；AGC周期设置为8s，并在中央处理器(central processing unit，CPU) 为2.2GHz、内存为4GB的计算机上进行算例仿真。

在区域 A 施加一组随机方波负荷扰动，幅值分别为 800MW、1200MW、–500MW、500MW、1500MW、750MW，负荷扰动持续时间为5min。图6-9给出了一致性算法下功率的实时曲线，可以看到，总功率指令和机组的实际总输出功率都能很好地平衡负荷扰动，这也说明了一致性分配算法的可行性。

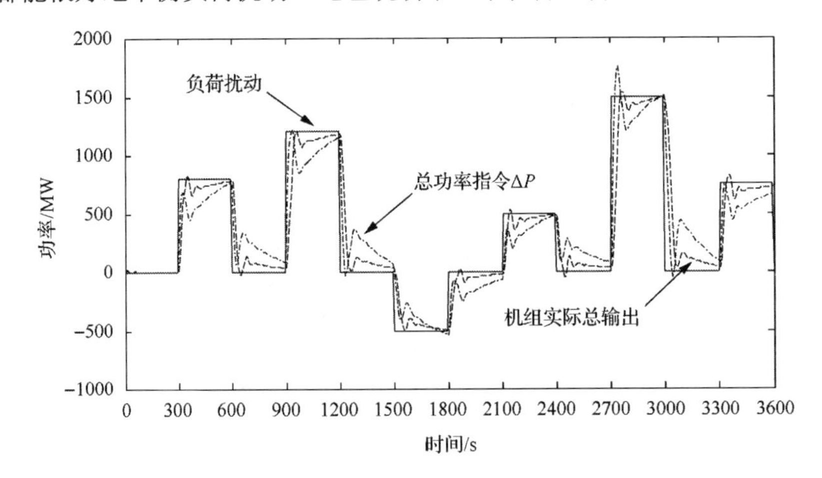

图 6-9　随机方波负荷扰动仿真

此外，表 6-5 给出了几种算法的 CPS 指标对照表。其中，费用是指仿真时间内的总调节费用，其他指标定义可参考文献[12]和文献[13]。从表 6-5 中可以发现：①由于 PROP 方法缺少对具体目标函数的优化，其 CPS 性能指标最差，调节费用也最高；②相比 PROP 方法，NSGA-II 算法能在保证较高 CPS 性能的同时，有效降低调节费用；③HQL 和改进 HQL 都属于强化学习算法，具有较好的在线学习能力，因此能收敛到较为理想的值；④基于 VGT 的协同一致性算法的 CPS 性能指标最高，调节费用最低，这也说明以调节费用、功率爬升时间为一致性状态变量，能有效使调节成本降低、调节速率较高的机组承担更多的功率扰动。

表 6-5　区域电网 *A* 仿真试验 CPS 指标对照表

算法	$\lvert\Delta f\rvert$/Hz	|ACE|/MW	CPS1/%	CPS2/%	CPS/%	费用/万元
协同一致性	0.0124	27.52	197.38	100	100	6.1583
改进 HQL	0.0135	29.96	196.87	100	100	6.7649
HQL	0.0138	30.61	196.85	100	100	7.0197
NSGA-II	0.0167	35.86	196.55	100	100	6.9519
PROP	0.0174	38.10	195.94	100	100	9.7902

表 6-6 是不同算法的性能比较表，从表中可以发现：①在 AGC 功率分配过程中，协同一致性算法与其他集中式算法最本质的区别是分散自治，所需信息量少，同时能较快地收敛，并保证良好的收敛结果；②强化学习算法 HQL 和改进 HQL 虽然可以进行分层动态优化，收敛计算时间也较快，但需要较长的预学习时间；③NSGA-II 平均收敛时间约为 19.04s，无法满足 AGC 功率分配的实时优化需求，只能离线对多个场景进行静态优化；④PROP 简单实用，然而缺少具体目标函数的优化。

表 6-6　不同算法的性能比较表

算法	收敛时间/s	优化方式	优点	缺点
协同一致性	0.105	分散，动态	分散自治	局部最优
HQL	4.630×10^{-4}	集中，动态	有效解决维数灾难	预学习时间长(40 万 s)
改进 HQL	4.960×10^{-4}	集中，动态	有效解决维数灾难	预学习时间长(18 万 s)
NSGA-II	19.04	集中，静态	不依赖模型	静态优化
PROP	2.099×10^{-5}	集中，动态	简单实用	缺少优化

6.2.2 非理想通信网络下的多智能体协同一致性控制

1. 非理想通信网络下的鲁棒一致性算法

1) 通信噪声和时延

如图 6-10 所示，不同智能体之间的一致性变量传输过程中很容易出现传输时延和噪声。当考虑到这种情况时，智能体 i 从智能体 j 获得的一致性变量可描述为

$$y_{i,j}[k]=x_j[k-\tau_{i,j}(k)]+\omega_{i,j}(k) \tag{6-23}$$

式中，x_j 为智能体 j 的状态；$\tau_{i,j}(k)$ 和 $\omega_{i,j}(k)$ 分别为从智能体 j 到智能体 i 的通信时延和噪声，且有 $\tau_{i,i}(k)=0$ 和 $\omega_{i,i}(k)=0$。

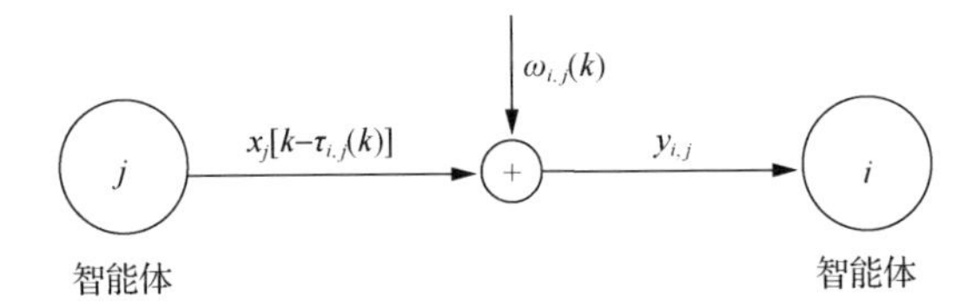

图 6-10　一致性变量传输过程中的时延和噪声示意图

2) 变拓扑

由于通信智能体的随时进入和退出，以及偶尔的通信失败，多智能体之间的交互网络往往是变拓扑的，如图 6-11 所示。变拓扑的存在也使得通信网络的邻接矩阵 A 是动态变化的，这将对简单一阶一致性算法的收敛性产生较大影响。假定邻接矩阵 A 是比较简单的(0,1)矩阵，则其元素将变化如下。

(1) 当有机组退出通信网络时，邻接矩阵的对应元素可更新如下：

$$a_{ij}=0, j=1,2,\cdots,n\text{ ,}\quad \Delta P_i<\Delta P_i^{\min}\text{ 或 }\Delta P_i>\Delta P_i^{\max} \tag{6-24}$$

(2) 当智能体之间出现通信失败时，邻接矩阵的对应元素可更新如下：

$$a_{ij}=\begin{cases}1, & \text{概率为}p_{ij}\\0, & \text{概率为}1-p_{ij}\end{cases} \tag{6-25}$$

式中，$0\leqslant p_{ij}\leqslant 1$ 为智能体 i 和 j 之间通信成功的概率，$j=1,2,\cdots,n$，$j\neq i$。

3) 一致性增益函数

为同时消除通信时延和噪声对算法带来的影响，本书利用一致性增益函数来更新智能体的状态信息，具体如下：

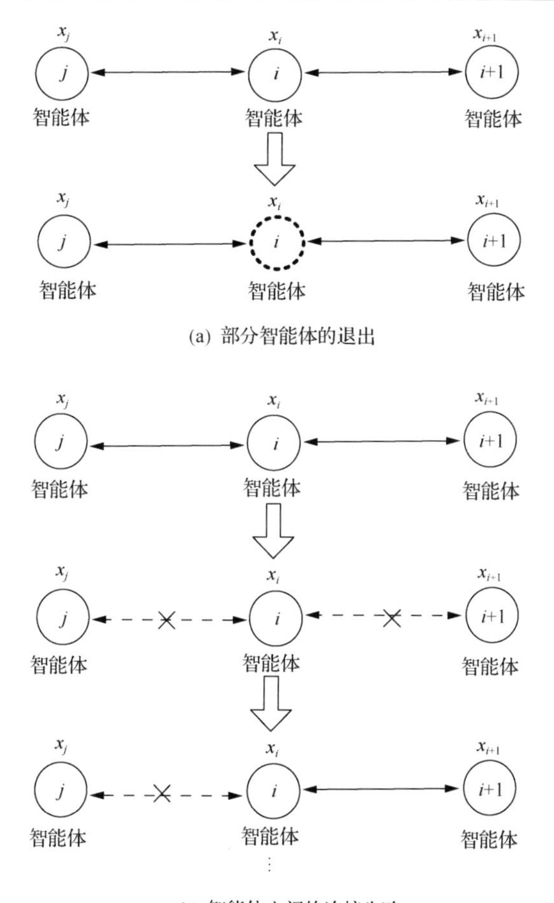

图 6-11　两种可能的变拓扑情况

$$x_i[k+1]=x_i[k]-c(k)\sum_{j=1}^{n}l_{ij}[k]\left\{x_j[k-\tau_{i,j}(k)]+\omega_{i,j}(k)\right\} \tag{6-26}$$

式中，$l_{ij}[k]$为拉普拉斯矩阵的(i,j)元素值；$c(k)$为一致性增益函数。

为保证算法的收敛性，一致性增益函数$c(k)$必须同时满足以下两个条件：

$$\sum_{k=0}^{\infty}c(k)=+\infty \tag{6-27}$$

$$\sum_{k=0}^{\infty}c^2(k)<+\infty \tag{6-28}$$

式(6-27)可保证智能体一致性变量的收敛性；式(6-28)可提高一致性算法在

通信时延和噪声情况下的收敛鲁棒性。

与理想通信网络下的一致性算法类似，考虑非理想通信网络后的调节成本一致性算法以及爬升时间一致性算法均可描述如下：

$$r_i[k+1]=\begin{cases}R_i[k], & \text{所有跟随者}\\ R_i[k]+\Delta P_{\text{leader}}, & \text{领导者}\end{cases} \tag{6-29}$$

$$t_{iw}[k+1]=\begin{cases}T_{iw}[k], & \text{所有家庭成员}\\ T_{iw}[k]+\Delta P_{\text{chief-}i}, & \text{首领}\end{cases} \tag{6-30}$$

式中，R_i 为调节成本的一致性更新项；P_{leader} 为领导者的输入增量；T_{iw} 为爬升时间的一致性更新项；$\Delta P_{\text{chief-}i}$ 为部落首领的输入增量。根据式(6-26)，这些变量值可分别计算如下：

$$R_i[k]=r_i[k]-c^r(k)\sum_{j=1}^{n}l_{ij}[k]\left\{r_j[k-\tau_{i,j}^r(k)]+\omega_{i,j}^r(k)\right\} \tag{6-31}$$

$$\Delta P_{\text{leader}}=\begin{cases}\mu\Delta P_{\text{error}}, & \Delta P_{C_\Sigma}>0\\ -\mu\Delta P_{\text{error}}, & \Delta P_{C_\Sigma}<0\end{cases} \tag{6-32}$$

$$T_{iw}[k]=t_{iw}[k]-c^t(k)\sum_{v=1}^{m_i}\tilde{l}_{wv}^{(i)}[k]\left\{t_{iv}[k-\tau_{wv}^{t(i)}(k)]+\omega_{wv}^{t(i)}(k)\right\} \tag{6-33}$$

$$\Delta P_{\text{chief-}i}=\begin{cases}\mu_i\Delta P_{\text{error-}i}, & \Delta P_i>0\\ -\mu_i\Delta P_{\text{error-}i}, & \Delta P_i<0\end{cases} \tag{6-34}$$

式中，r 和 t 分别为调节成本和爬升时间状态值；上标(i)为第 i 个部落中机组的参数；$\tilde{L}^{(i)}=\left[\tilde{l}_{wv}^{(i)}\right]\in R^{m_i\times m_i}$ 为第 i 个 VGT 中通信网络的拉普拉斯矩阵。

4)虚拟和真实一致性变量

为适应通信网络的变拓扑性质，此处提出了虚拟的和真实的一致性变量，前者主要用来作为智能体之间的交互信息以及一致性交互的输入信息，不受机组功率约束；而后者主要用来计算机组的实际调度功率，以满足其运行约束。因此，它们之间的转换关系可描述如下：

$$r_i^{\text{ac}}=\begin{cases}r_i, & r_i<r_i^{\max}\\ r_i^{\max}, & r_i\geqslant r_i^{\max}\end{cases} \tag{6-35}$$

$$t_{iw}^{\mathrm{ac}} = \begin{cases} t_{iw}, & t_{iw} < t_{iw}^{\max} \\ t_{iw}^{\max}, & t_{iw} \geqslant t_{iw}^{\max} \end{cases} \tag{6-36}$$

式中，r_i^{ac}、t_{iw}^{ac} 分别为真实的调节成本和爬升时间状态值。

基于真实的一致性变量，即可计算出部落及机组的发电功率指令，如下：

$$\Delta P_i = \begin{cases} r_i^{\mathrm{ac}} / C_i, & \Delta P_{C_\Sigma} > 0 \\ -r_i^{\mathrm{ac}} / C_i, & \Delta P_{C_\Sigma} < 0 \end{cases} \tag{6-37}$$

$$\Delta P_{iw} = \begin{cases} t_{iw}^{\mathrm{ac}} \mathrm{UR}_{iw}, & \Delta P_i > 0 \\ -t_{iw}^{\mathrm{ac}} \mathrm{DR}_{iw}, & \Delta P_i < 0 \end{cases} \tag{6-38}$$

式中，C_i 为部落 i 的调节成本系数；UR_{iw} 为上调爬坡速率；DR_{iw} 为下调爬坡速率。

5）鲁棒一致性算法的应用求解流程

总体来说，非理想通信网络下的鲁棒一致性功率动态分配算法流程可详见图 6-12。

2. 广东电网算例仿真

1）仿真模型

本书以广东电网 LFC 模型为基础，根据广东的地理位置分布情况，以区域电网内高压联络线为领地电网边界，把参与 AGC 调频的 93 台机组分为 6 个 VGT。其中，VGT_1～VGT_6 分别代表了粤北、粤西南、粤西、珠三角、粤东南和粤东 6 个领地电网，并以发用电最为核心的 VGT_4 作为领导者；通信网络拓扑如图 6-13 和图 6-14 所示。仿真算例均在 MATLAB R2014a 环境下运行，算法均用 S-Function 编写，仿真采用的个人计算机主要参数分别为：①CPU，Intel(R) Core™i5；②主频，3.1GHz；③内存，4GB。

2）虚拟一致性变量仿真研究

（1）场景 1：假定不存在通信时延和噪声，图 6-15 给出了总功率指令 $\Delta P_{C_\Sigma} = 21350\,\mathrm{MW}$（广东电网总备用容量）下的调节成本一致性收敛曲线。从图 6-16 中可看出，即使存在部分 VGT 的实际调节成本状态值及发电功率指令达到限值（图 6-16（b）和（c）），部落之间的虚拟调节成本一致性变量仍能达到一致（图 6-16（a））。这有效地说明了虚拟一致性变量能在满足机组运行上下限约束时，同时满足整个系统的功率平衡以及一致性交互需求。

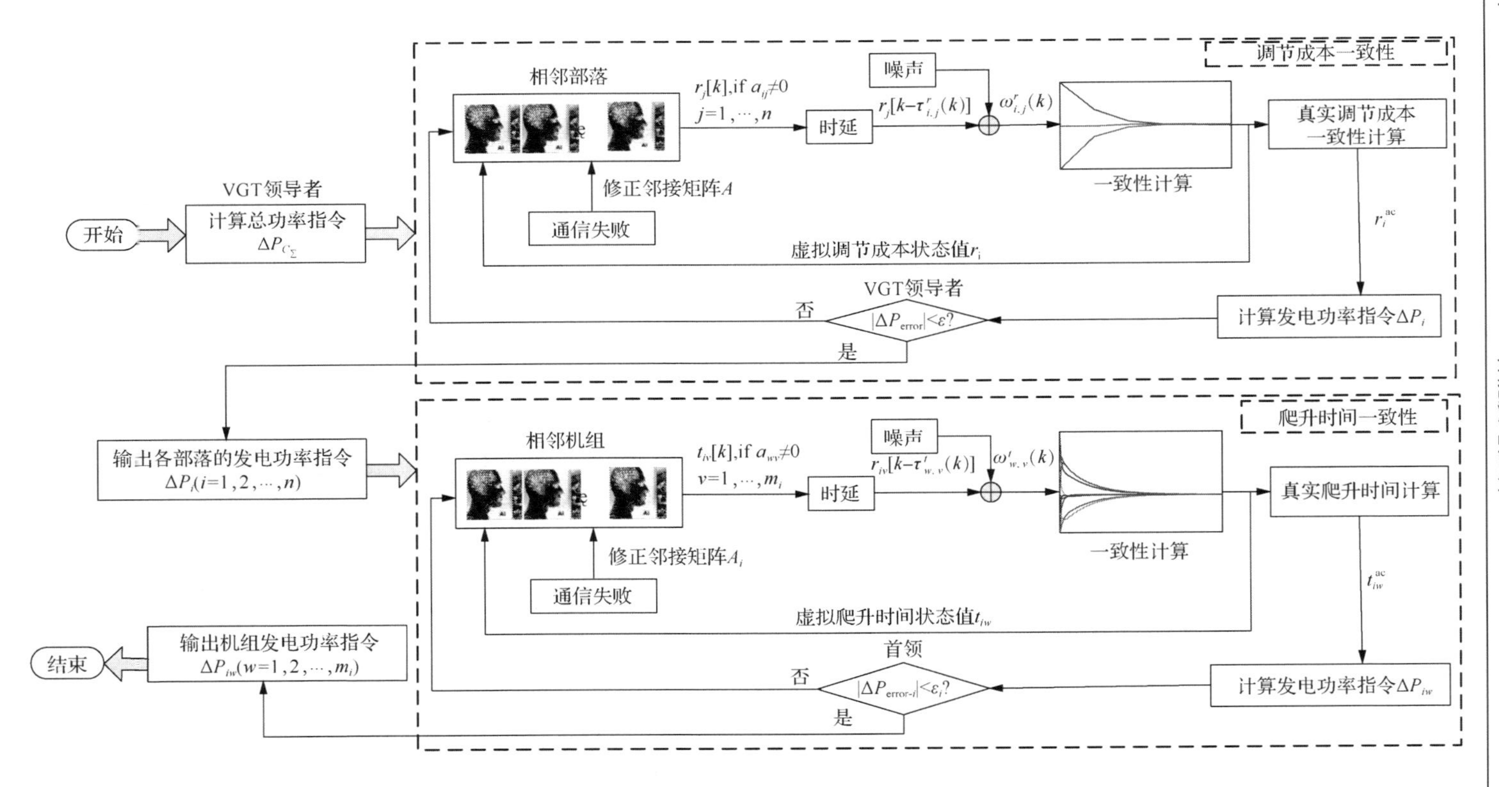

图 6-12　鲁棒一致性算法的功率动态分配流程图

(2)场景 2：假定 VGT_4 中有部分机组退出运行，包括 G_{30}、G_{34}、G_{36}、G_{37}、G_{40}、G_{44}、G_{48}、G_{51}、G_{54} 和 G_{58}，如图 6-16 所示。如图 6-17 所示，简单协同一致性算法下各机组无法达到爬升时间状态值的一致。与之相比，各个机组在鲁棒一致性算法协同下能达到虚拟爬升时间状态值的一致，如图 6-18 所示。

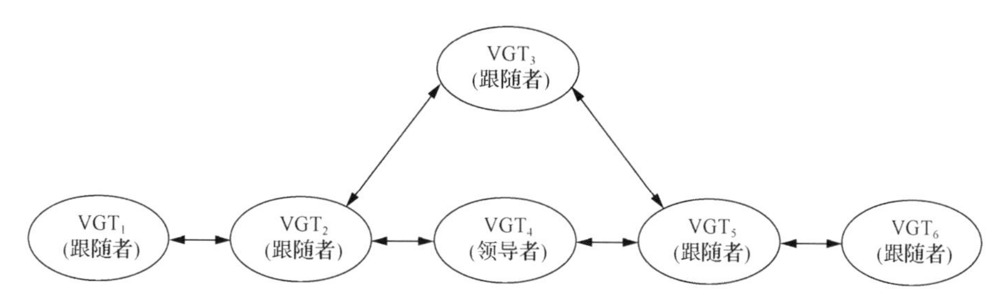

图 6-13　广东电网内部 VGT 通信网络拓扑图

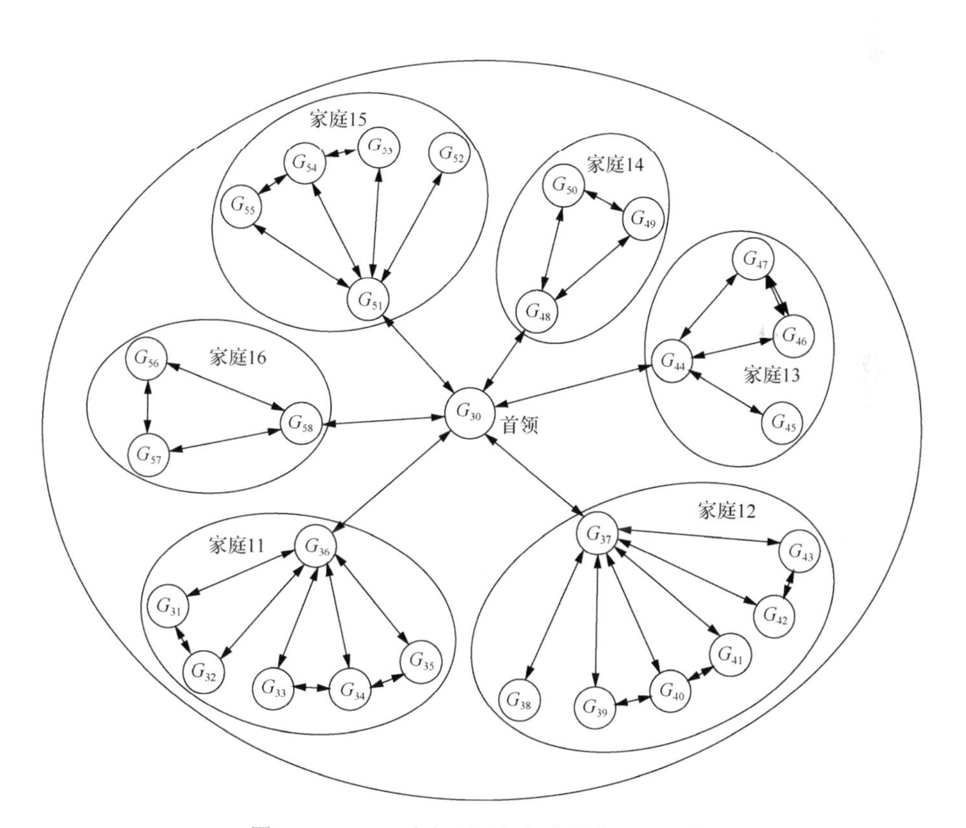

图 6-14　VGT_4 内部不同机组的通信网络拓扑

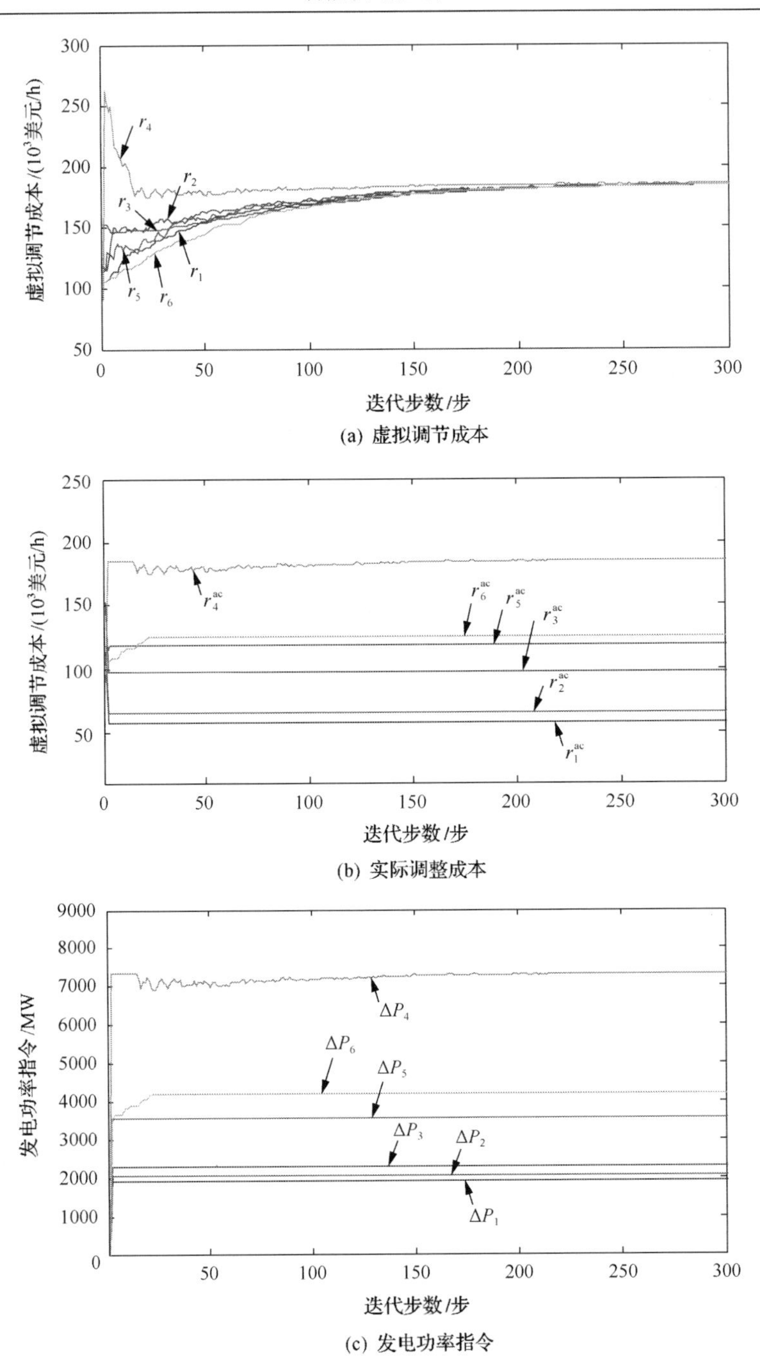

图 6-15　调节成本一致性收敛曲线($\Delta P_{C_\Sigma} = 21350\,\mathrm{MW}$)

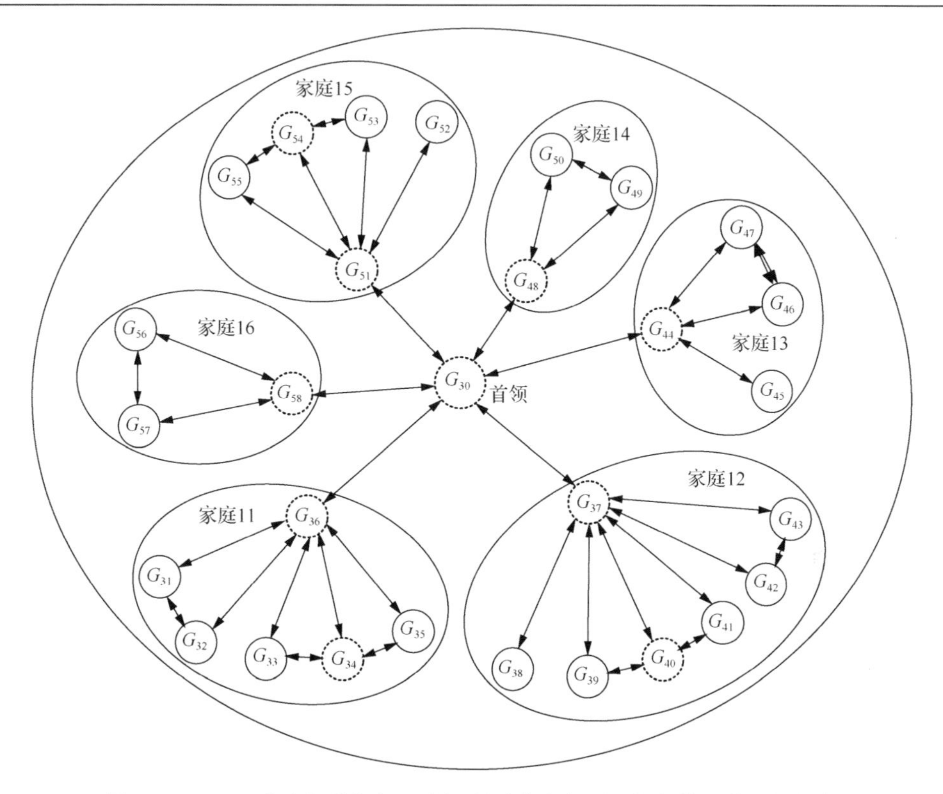

图 6-16　VGT_4中有部分机组退出运行时的内部不同机组的通信网络拓扑

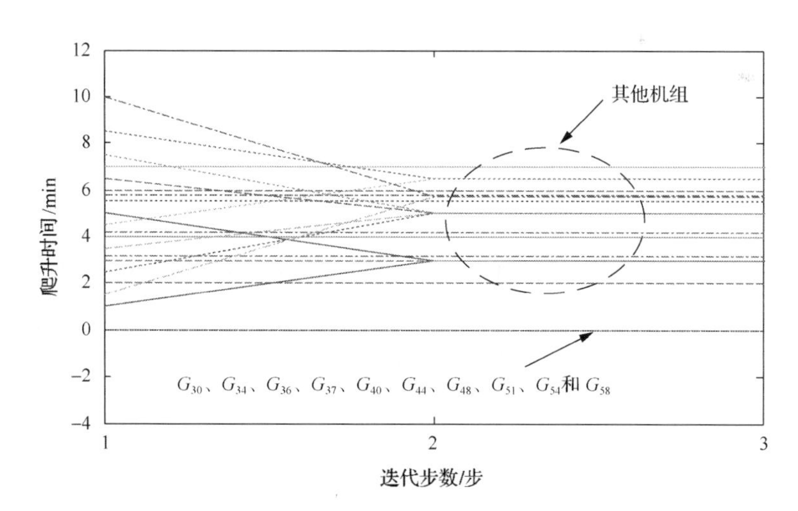

图 6-17　简单协同一致性算法下各机组的爬升时间收敛曲线（ΔP_4=1500MW）

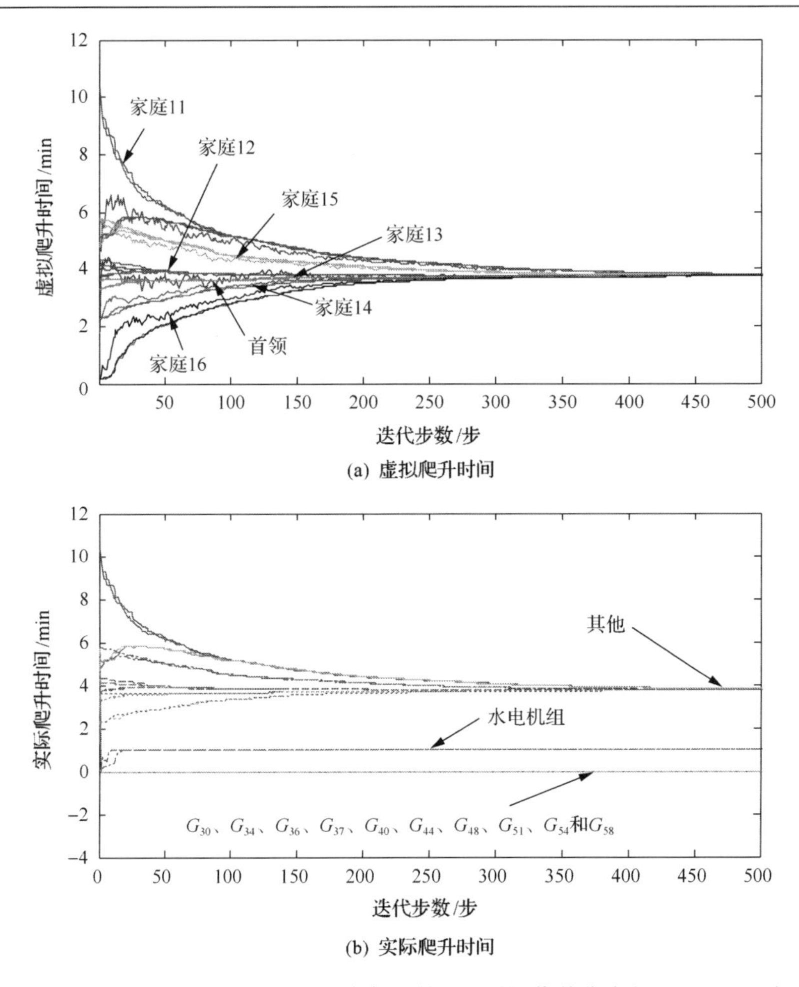

图 6-18　鲁棒一致性算法协同下各机组的爬升时间收敛曲线(ΔP_4=1500MW)

3) 衰减增益函数仿真研究

(1) 场景 1：为测试通信时延对简单一致性算法的影响，此处将通信噪声设置为 0，且不考虑通信失败的情况。不同断面下通信时延的概率分布可参见表 6-7，其中 p_τ 代表通信时延的概率。如图 6-19 所示，在通信网络出现时延的情况下，简单一致性算法仍能有效确保收敛性。然而，从表 6-8 中可发现：算法收敛的最大迭代步数会随着时延概率的提高而增加。当总功率指令 $\Delta P_{C_\Sigma}=1500\text{MW}$ 时，最大迭代步数将比理想通信网络下高 33%。

(2) 场景 2：为测试通信噪声对简单一致性算法性能的影响，此处暂不考虑通信时延和通信失败的情况，其中，通信噪声设置为均匀分布在区间[$-A$, A]中的任意值。从图 6-20 中可发现：当噪声幅值 A 小于 1 时，简单一致性算法仍能收敛到各个机组的最优爬升时间状态值。然而，即使算法能在较小的噪声情况下保证收敛性，其最大迭代步数 k_{max} 也会随之增加，如表 6-9 所示。

表 6-7　不同断面下通信时延的概率分布

断面	$p_\tau(\tau=0)$	$p_\tau(\tau=1)$	$p_\tau(\tau=2)$	$p_\tau(\tau=3)$
1	0.9	0.04	0.04	0.02
2	0.8	0.08	0.08	0.04
3	0.7	0.12	0.12	0.06
4	0.6	0.16	0.16	0.08
5	0.5	0.2	0.2	0.1

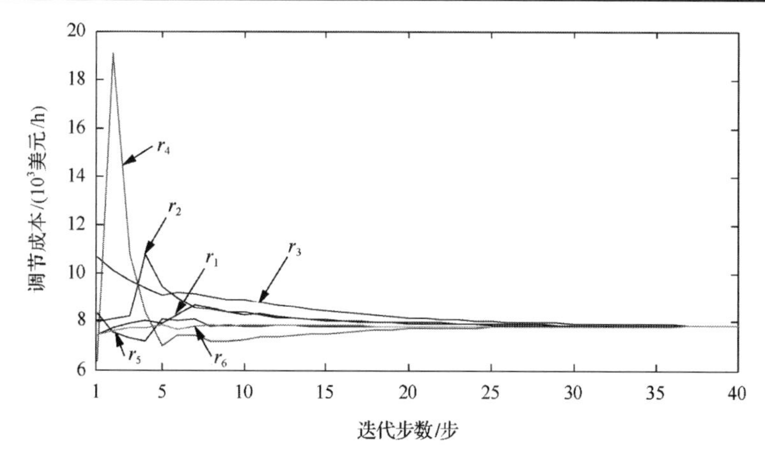

图 6-19　断面 5 在通信时延下的调节成本一致性收敛曲线（$\Delta P_{C_\Sigma}=1500\text{MW}$）

表 6-8　不同断面在 100 次运行下得到的算法收敛迭代步数

断面	最大迭代步数 k_{max}/步		
	平均值	最大值	最小值
1	45.37	50	41
2	46.87	52	41
3	49.09	58	43
4	50.70	59	40
5	52.89	60	47

为测试鲁棒一致性算法的性能，在接下来的仿真算例中，通信噪声幅值设为 1，通信时延概率与表 6-7 中给出的断面 5 一致。

(3) 场景 3：如图 6-21 所示，当采用固定的一致性增益函数 $c(k)=0.5$ 时，鲁棒一致性算法将无法收敛。相比之下，当 $c(k)$ 设置成同时满足式 (6-27) 和式 (6-28)，即 $c(k)=1/(0.1k+1)$ 时，算法则可有效收敛。

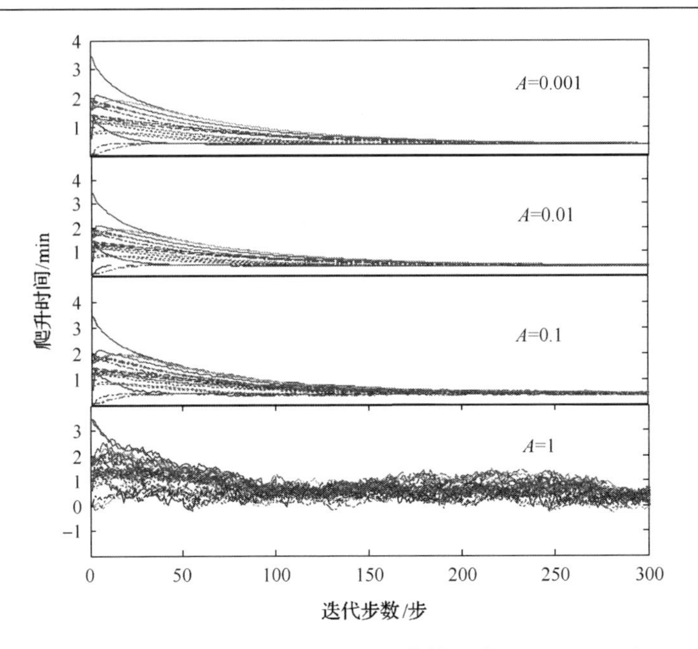

图 6-20　不同通信噪声下爬升时间收敛曲线(ΔP_4=500MW)

表 6-9　不同通信噪声下运行 100 次得到的算法收敛迭代步数

A	最大迭代步数 k_{max}/步		
	平均值	最大值	最小值
0.001	578.30	686	510
0.01	608.37	1293	346
0.1	1915.00	9373	237

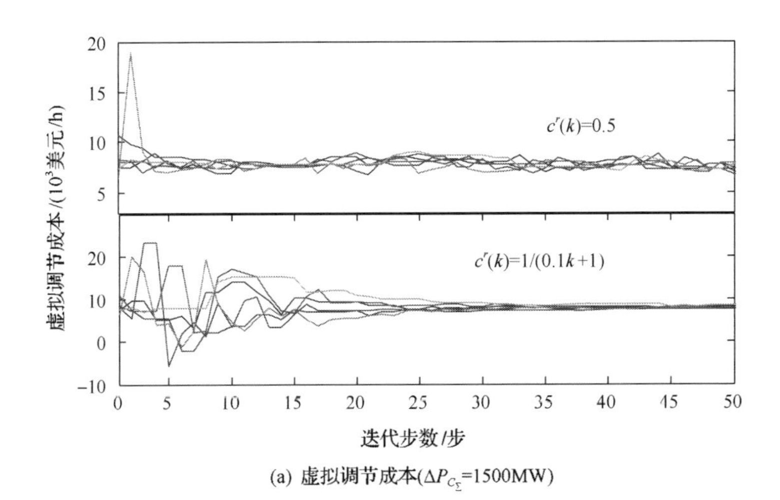

(a) 虚拟调节成本(ΔP_{C_Σ}=1500MW)

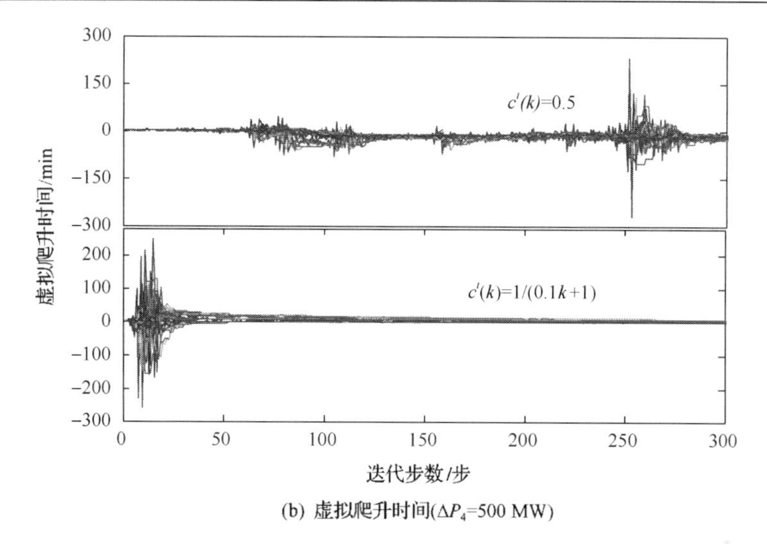

(b) 虚拟爬升时间(ΔP_4=500 MW)

图 6-21　考虑传输时延和通信噪声下虚拟变量一致性收敛曲线

(4) 场景 4：为测试不同有效衰减增益函数(同时满足式(6-27)和式(6-28))下的算法性能，此处主要选择两种形式，具体如下：

$$c_1(k) = 1/(\alpha_1 k + 1) \tag{6-39}$$

$$c_2(k) = \lg(\alpha_2 k + 1)/(\alpha_2 k + 1) \tag{6-40}$$

式中，α_1>0 和 α_2>0 是衰减系数。

为评价算法的收敛性能，此处还引入虚拟一致性变量的收敛偏差值，如下：

$$S_d^r = \frac{1}{n}\sum_{i=1}^{n}\left|r_i - r_{\text{ideal}}\right| \tag{6-41}$$

$$S_{i,d}^t = \frac{1}{m_i}\sum_{v=1}^{m_i}\left|t_{iv} - t_{i,\text{ideal}}\right| \tag{6-42}$$

式中，r_{ideal} 为调节成本的理想收敛值；$t_{i,\text{ideal}}$ 为第 i 个 VGT 的理想爬升时间收敛值。

从表 6-10 和表 6-11 可发现：①对于 $c_1(k)$ 来说，较小的 α_1 可带来较小的调节成本以及爬升时间收敛偏差值，这也表明智能体之间交互的状态信息更加有效；②对于 $c_2(k)$ 来说，较小的 α_2 可导致较大的调节成本收敛偏差值，却带来较小的爬升时间收敛偏差值。为有效平衡调节成本与爬升时间的收敛偏差值，本书将衰减增益函数设置为

$$c^r(k) = \lg(k+1)/(k+1) \tag{6-43}$$

$$c^t(k) = \lg(0.5k+1)/(0.5k+1) \tag{6-44}$$

表 6-10　不同有效衰减增益函数下运行 100 次后调节成本的收敛统计数据结果（$\Delta P_{C_{\Sigma}}=1500\text{MW}$）

$c^r(k)$	虚拟调节成本收敛偏差值/(10^3美元/h)			最大迭代步数 k_{max}/步		
	平均值	最好值	最坏值	平均值	最大值	最小值
$1/(k+1)$	0.2982	0.0266	0.9400	127.65	271	23
$1/(0.5k+1)$	0.1217	0.0277	0.4075	168.95	407	25
$1/(0.1k+1)$	0.0788	0.0188	0.2635	341.31	783	47
$\lg(k+1)/(k+1)$	0.0649	0.0141	0.3279	289.25	641	23
$\lg(0.5k+1)/(0.5k+1)$	0.0794	0.0168	0.3320	340.30	1497	12
$\lg(0.1k+1)/(0.1k+1)$	0.1144	0.0263	0.3158	647.54	1833	37

表 6-11　不同有效衰减增益函数下运行 100 次后爬升时间的收敛统计数据结果（$\Delta P_4=500\text{MW}$）

$c^t(k)$	虚拟爬升时间收敛偏差值/min			最大迭代步数 k_{max}/步		
	平均值	最好值	最坏值	平均值	最大值	最小值
$1/(k+1)$	0.6417	0.2690	0.9585	760.13	1814	96
$1/(0.5k+1)$	0.4549	0.1868	0.8572	901.11	1933	42
$1/(0.1k+1)$	0.4193	0.0450	2.3562	2077.20	19318	389
$\lg(k+1)/(k+1)$	0.1851	0.0394	0.3697	1318.50	2904	268
$\lg(0.5k+1)/(0.5k+1)$	0.1035	0.0293	0.3942	1867.20	4423	119
$\lg(0.1k+1)/(0.1k+1)$	0.1035	0.0431	0.3305	3313.20	9090	167

4）随机扰动仿真

为进一步测试鲁棒一致性算法的性能，此处在广东电网加入周期为 1000s、幅值小于等于 1500MW 的随机功率扰动，并与 HQL、改进 HQL、GA 和 PROP 方法进行比较。此外，水电机组调节容量的大小将直接影响 AGC 系统的控制性能，因此仿真根据水电机组的调节容量大小分为枯水期和丰水期，枯水期水电可调容量为丰水期的 50%。

表 6-12 和表 6-13 分别给出了不同算法下 AGC 在丰水期和枯水期的性能指标统计表。其中，$|\Delta f|$、$|\text{ACE}|$、CPS1、CPS2、CPS 均为 24h 内对应指标的平均值，成本为 24h 所有机组的总调节成本。从表 6-12 中可以发现：①一致性算法虚拟部落-正则典型关联分析（virtual generation tribe-regularized cononical correlation analysis，VGT-CCA）和虚拟部落-典型关联分析（virtual generation tribe-cononical correlation analysis，VGT-RCCA）获得的 CPS1 明显高于其他算法，其中，理想通信网络下的一致性算法 VGT-CCA 比非理想通信网络下的鲁棒一致性算法 VGT-RCCA 性能更优，这也说明了一致性状态变量的高度交互协同可带来更优的调度策略。②由于广东电网存在较多的 AGC 机组，其控制变量规模也随之增

加，从而导致 GA、HQL 和改进 HQL 这三种算法的优化性能明显降低。从表 6-13 中可发现：①随着调节速度快、经济性能好的水电机组备用容量的减小，在不同算法下，枯水期的 AGC 性能明显低于丰水期；②一致性算法 VGT-CCA 和 VGT-RCCA 仍能在保证较小的总调节成本情况下，使系统的 CPS1 值保持在较高的水平。

表 6-12　7 月份广东电网 10min 评估期间获得的 AGC 性能指标统计表

算法	$\|\Delta f\|$/Hz	|ACE|/MW	CPS1/%	CPS2/%	CPS/%	成本/万美元
VGT-CCA	0.0278	116.26	178.42	100	100	34.46
VGT-RCCA	0.0294	126.02	177.19	100	100	34.57
HQL	0.0285	120.16	172.70	100	100	30.88
改进 HQL	0.0278	117.05	174.75	100	100	29.82
GA	0.0282	119.94	170.78	100	100	28.53
PROP	0.0271	114.22	174.00	100	100	38.92

表 6-13　12 月份广东电网 10min 评估期间获得的 AGC 性能指标统计表

算法	$\|\Delta f\|$/Hz	|ACE|/MW	CPS1/%	CPS2/%	CPS/%	成本/万美元
VGT-CCA	0.0275	115.75	174.99	100	100	35.08
VGT-RCCA	0.0274	115.94	176.68	100	100	37.95
HQL	0.0285	121.07	170.29	100	100	32.16
改进 HQL	0.0275	115.02	173.40	100	100	31.95
GA	0.0283	119.98	172.77	100	100	31.21
PROP	0.0284	121.56	170.99	100	100	41.41

6.3　基于狼群捕猎策略的 VGT 控制

5.2.2 节第一部分提出了狼爬山算法，利用平均混合策略取代了均衡，实现了对总功率指令动态优化控制的目标，然而并没有对机组功率指令进行动态优化分配；6.1 节及 6.2 节提出了 VGT 策略及一致性的概念，采用同构的多智能体系统协同一致性(multi-agent system collaborative consensus，MAS-CC)理论对机组功率指令进行动态分配，然而在追求 AGC 总功率指令问题上并没有实现分散式动态优化控制。国内外可查文献都没有对 AGC 总功率动态优化控制的同时对机组功率指令进行动态优化分配，即没能从整体到分支自上而下地实现真正意义上的智能化。为此，笔者在狼爬山以及协同一致性控制基础上，提出了基于狼群捕猎策略的虚拟部落控制(wolf pack hunting strategy based virtual tribes control，WPH-VTC)方法，以实现 VTC 的协调控制与机组功率指令动态优化分配。在 IEEE

两区域互联系统 LFC 模型以及广东电网模型中对所提方法进行验证，与其他方法相比，所提方法可改善闭环系统性能，提高新能源利用率，减少控制误差(control error，CE)，具有更快的收敛速度以及更强的鲁棒性。

6.3.1 框架设计

6.1 节、6.2 节以及文献[14]和文献[15]提出了 VGT 概念以及 VTC 策略，图 6-1 给出了所提概念的图解，这里只进行简单回顾。

VTC 实际上就是在原中调 AGC 和 PLC 之间增加一个新的发电调度与控制层，是一种分散自治的形态，与领地电网相匹配，承接领地内大型 PLC、主动配网 AGC、微网 AGC 及负荷调控系统。这种将各类发电机群看作 VGT 的 AGC 系统简称为 VTC。“虚拟”的概念主要是由于从中调的角度来看分散式的 VTC，一个发电部落动态等值为一台虚拟大型发电机。从单一集中式 AGC 演变到集中式 AGC/分散式 VTC 相混合的智能发电控制，其具有许多显著优点：有利于改善二次调频与三次调频的协调配合；有利于实现各类电源与负荷控制的互补协同；有利于实现中调 AGC 与新兴 AGC 系统的互动配合。在电力系统中引入多个具有自治能力的分散式 VTC，关键需要解决一个核心的科学问题：如何对分散式 VTC 实施有效的最优协同控制。

基于 NERC 和 IEEE 在智能电网调度控制方面的技术标准，图 6-22 和图 6-23 分别给出了 VTC 框架和 WPH-VTC 的控制框架。相关概念的定义如下。

(1) 领地：一个独立割集内的区域电网，一般指省电网内与第三道防线主动解列系统匹配的孤岛区域输配电网。领地电网内一般有大型电源接入，因此其与微网和主动配网有区别。

(2) 部落：一个领地内只有一个部落，部落为领地电网内所有参与调频的真实发电机组和虚拟发电机组(如储能系统与可中断负荷系统)。

(3) 首领：一个部落只有一个首领，即整个部落中的调度端。首领负责与省网调度端(上级)及其他部落调度端(其他部落首领)进行沟通、联系与协作，将指令发给本部落中各个家庭中的家长。

(4) 家庭：在部落中的一个具有相似发电调节特性的发电机机群，如火电机群、燃气机群等。一个部落是由多个家庭构成的。

(5) 家长：家庭中具有较强调度能力的发电控制机组。家长能够进行主动搜索，独立执行复杂的指令。

(6) 成员：一个独立的发电控制机组，只能模仿家长的行为，执行简单的指令。

(7) 后备军：在关键时刻需要合围猎物时才出动的后备力量(本书指抽水蓄能电站)，即如果负荷扰动超过预设值的 50%，抽水蓄能电站开始运行。它以“储能狼群家庭”的形式出现。

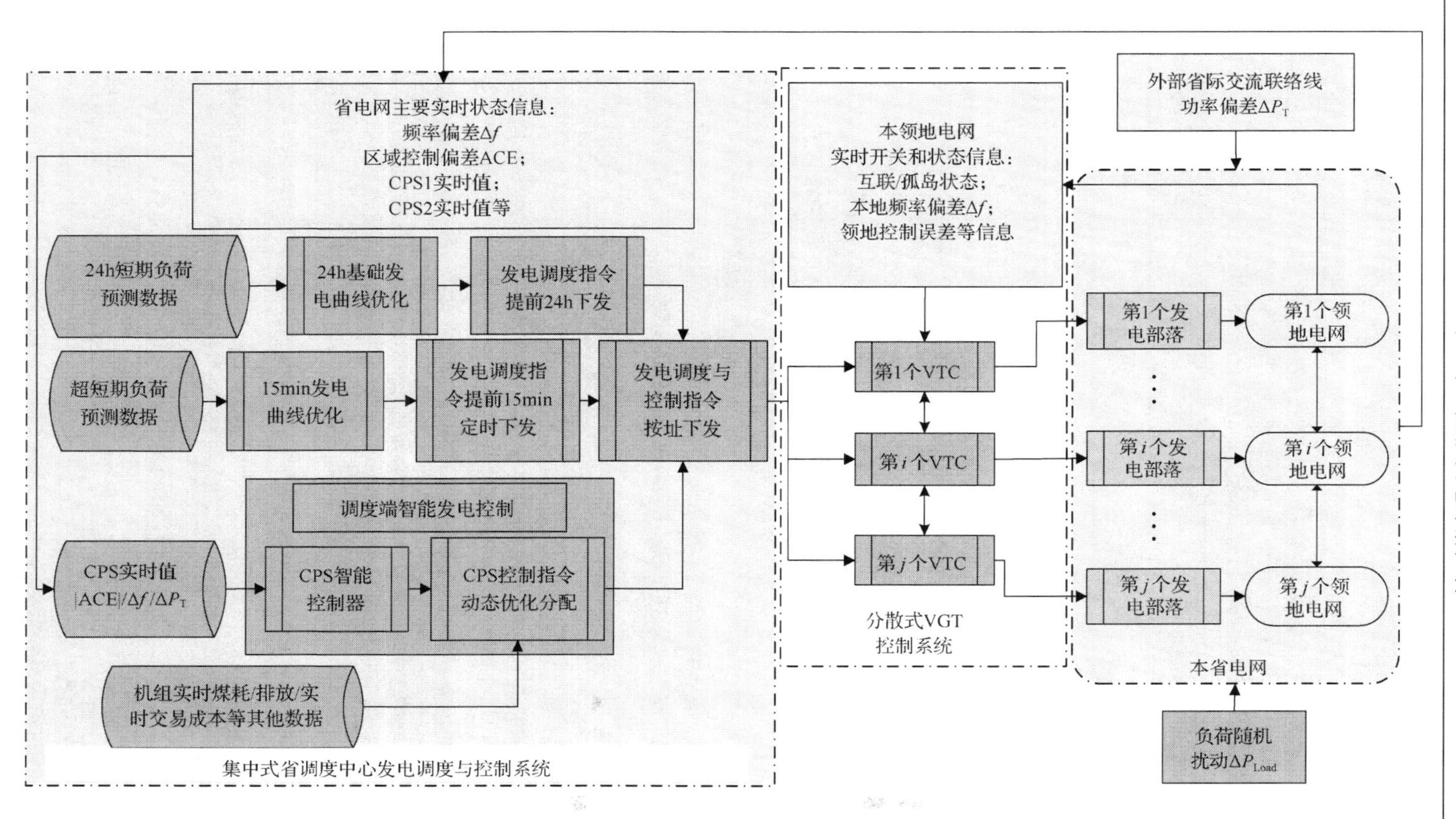

省电网主要实时状态信息：
频率偏差Δf
区域控制偏差ACE；
CPS1实时值；
CPS2实时值等
24h短期负荷预测数据
24h基础发电曲线优化
发电调度指令提前24h下发
超短期负荷预测数据
15min发电曲线优化
发电调度指令提前15min定时下发
发电调度与控制指令按址下发
调度端智能发电控制
CPS实时值 $|ACE|/\Delta f/\Delta P_{\mathrm{T}}$
CPS智能控制器
CPS控制指令动态优化分配
机组实时煤耗/排放/实时交易成本等其他数据
集中式省调度中心发电调度与控制系统
本领地电网
实时开关和状态信息：
互联/孤岛状态；
本地频率偏差Δf；
领地控制误差等信息
第1个VTC
第i个VTC
第j个VTC
分散式VGT控制系统
外部省际交流联络线功率偏差ΔP_{T}
第1个发电部落
第i个发电部落
第j个发电部落
第1个领地电网
第i个领地电网
第j个领地电网
本省电网
负荷随机扰动ΔP_{Load}

图6-22　VTC框架

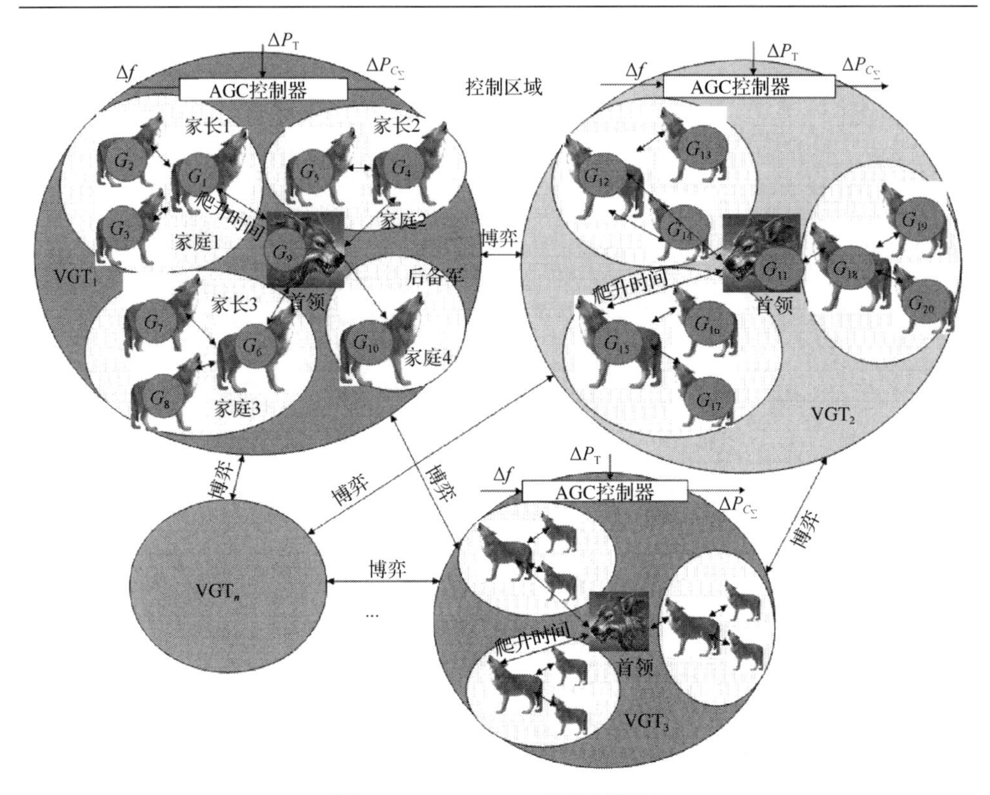

图 6-23　WPH-VTC 的控制框架

从中调 AGC 角度来看，每一个分散自治的发电部落及其 VTC 系统构成了一个 VPP。因此，依然可以通过下发给省级电网直接调度电厂及各个 VPP 来执行中调原有的电力平衡和优化调度策略，中调 AGC 系统并不需要做重大改变。而 VTC 需要做好协调上层中调与下层部落内各电厂的工作，其基本功能如下：应具备进行领地内 58 个机组每天的最优发电潮流的计算和分配功能，可良好地响应中调 AGC 分配给该领地的基础发电计划；应具备电网互联运行下的二次调频功能，可良好地响应中调 CPS 控制器分配给该领地的实时 AGC 发电指令。

6.3.2　WPH-VTC 策略

MAS-CC 和多智能体系统随机博弈论(multi-agent system stochastic game, MAS-SG)两大框架体系的融合，即在智能体数量众多的跟随者网络中采用 MAS-CC 框架，智能体个数相对较少的领导者之间采用 MAS-SG 框架，称为具有同构/异构相混合复杂结构的多智能体系统随机一致博弈(multi-agent system stochastic consensus game，MAS-SCG)框架。MAS-SCG 的思想源于野生狼群在恶劣的自然界中捕猎时所采取的协同一致策略，该策略保证了它们的生存与繁衍生息，如图 6-24 所示。

图 6-24　自然界中的狼群捕猎

本节设计了一种基于 MAS-SCG 框架的 WPH-VTC 策略，以解决分散式 VTC 的协调优化问题，如图 6-23 所示。

狼群之间采用 MAS-SG 框架进行博弈，值得注意的是每个 VGT 里只有一个狼群。基于 MAS-SG 框架，笔者已提出分散式变学习率狼爬山方法，详见 5.2.2 节。

具有同构多智能体属性的家庭成员通过 MAS-CC 框架跟随家长，所以在 WPH-VTC 策略中引入 MAS-CC。

1) 图论

MAS 的拓扑可表述为具有节点集合 $V=\{v_1,v_2,\cdots,v_n\}$、边集合 $E\subseteq V\times V$，以及加权邻接矩阵 $B=[b_{ij}]\in R^{n\times n}$ 的有向图 $G=(V,E,A)$[1]。这里 v_i 代表第 i 个智能体，边代表智能体之间的关系，常数 $b_{ij}(b_{ij}\geqslant 0)$ 代表智能体间的权重因子。如果任意两个顶点之间可以连通，那么此图 G 称为有向强连通图。图 G 的拉普拉斯矩阵 $L=[l_{ij}]\in R^{n\times n}$ 如下：

$$l_{ii}=\sum_{j=1,j\neq i}^{n}b_{ij},\ l_{ij}=-b_{ij},\ i\neq j \tag{6-45}$$

式中，L 决定了 MAS 的拓扑属性。

2) 协同一致性

对于有向图 G 来说，包含 n 个自治智能体的 MAS 被看做一个节点。协同一致性的目的是在每个智能体之间都实现一致性，与邻近智能体通信之后对状态进行实时更新。由于智能体间存在通信时延，离散系统的一阶算法为[3]

$$x_i[k+1]=\sum_{j=1}^{n}d_{ij}[k]x_j[k] \tag{6-46}$$

式中，x_i 为第 i 个智能体的状态；k 为离散时间序列；$d_{ij}[k]$ 为行随机矩阵

$D=[d_{ij}]\in R^{n\times n}$ 在离散时刻 k 的第 (i,j) 项：

$$d_{ij}[k]=\left|l_{ij}\right|\Big/\sum_{j=1}^{n}\left|l_{ij}\right|,\ i=1,2,\cdots,n \tag{6-47}$$

在智能体之间持续的相互交流及恒定增益 b_{ij} 条件下，当且仅当有向图是强连通图时，才能够实现协同一致性[4]。

3) 爬升时间一致性

选取爬升时间作为一个 VGT 里所有机组的一致性变量。具有更大爬升斜率的机组将承担更多的扰动量。第 i 个 VGT 的第 w 个机组的爬升时间为

$$t_{iw}=\Delta P_{iw}/\Delta P_{iw}^{\text{rate}} \tag{6-48}$$

式中，ΔP_{iw} 为第 i 个 VGT 的第 w 个机组的发电功率指令；$\Delta P_{iw}^{\text{rate}}$ 为机组的爬坡斜率：

$$\Delta P_{iw}^{\text{rate}}=\begin{cases}\text{UR}_{iw}, & \Delta P_i>0\\ -\text{DR}_{iw}, & \Delta P_i<0\end{cases} \tag{6-49}$$

式中，UR_{iw} 和 DR_{iw} 分别为爬坡斜率的上下限。

根据式(6-46)，每个家庭成员的爬升时间更新为

$$t_{iw}[k+1]=\sum_{v=1}^{m_i}\tilde{d}_{wv}^{(i)}[k]t_{iv}[k] \tag{6-50}$$

在第 i 个 VGT 中，m_i 是机组总数，$\tilde{D}^{(i)}=\left[\tilde{d}_{wv}^{(i)}\right]\in R^{m_i\times m_i}$ 是随机行矩阵。

首领的爬升时间更新为[16]

$$t_{iw}[k+1]=\begin{cases}\sum\limits_{v=1}^{m_i}\tilde{d}_{wv}^{(i)}[k]t_{iv}[k]+\mu_i\Delta P_{\text{error-}i}, & \Delta P_i>0\\ \sum\limits_{v=1}^{m_i}\tilde{d}_{wv}^{(i)}[k]t_{iv}[k]-\mu_i\Delta P_{\text{error-}i}, & \Delta P_i<0\end{cases} \tag{6-51}$$

式中，$\mu_i>0$ 为第 i 个 VGT 功率偏差的调整因子；$\Delta P_{\text{error-}i}$ 为第 i 个 VGT 总功率指令与所有机组总功率的偏差：

$$\Delta P_{\text{error-}i}=\Delta P_i-\sum_{w=1}^{m_i}\Delta P_{iw} \tag{6-52}$$

如果$\Delta P_i>0$，则 $\dot{t}_{iw}\Delta P_{\text{error-}i}>0$，否则 $\dot{t}_{iw}\Delta P_{\text{error-}i}<0$。

同样地，当达到边界条件时，发电功率指令ΔP_{iw}与最大爬升时间为

$$\Delta P_{iw}=\begin{cases}\Delta P_{iw}^{\max}, & \Delta P_{iw}>\Delta P_{iw}^{\max}\\ \Delta P_{iw}^{\min}, & \Delta P_{iw}<\Delta P_{iw}^{\min}\end{cases} \tag{6-53}$$

$$t_{iw}=t_{iw}^{\max}=\begin{cases}\Delta P_{iw}^{\max}/\mathrm{UR}_{iw}, & \Delta P_{iw}>\Delta P_{iw}^{\max}\\ -\Delta P_{iw}^{\min}/\mathrm{DR}_{iw}, & \Delta P_{iw}<\Delta P_{iw}^{\min}\end{cases} \tag{6-54}$$

而且，如果第 w 机组的发电功率指令ΔP_{iw}超出限值，则权重因子变为

$$\tilde{b}_{wv}^{(i)}=0,\ v=1,2,\cdots,m_i \tag{6-55}$$

式中，$\tilde{B}^{(i)}=\left[\tilde{b}_{wv}^{(i)}\right]\in R^{m_i\times m_i}$ 为第 i 个 VGT 的加权邻接矩阵。

6.3.3　基于 WPH-VTC 策略的 AGC 设计

1. 奖励函数的选择

一般来说，ACE 能使 CPS 长期利益最大化，并且能避免功率大幅波动，然而考虑到 EMS 对环境的影响，本书引入 CE 作为目标函数。因此，在奖励函数里以 ACE 及 CE 的加权和为目标函数，即加权和越大，获得的奖励值越小；加权和越小，获得的奖励值越大。

每个 VGT 里的奖励函数为

$$R(s_{k-1},s_k,a_{k-1})=-\mu[\mathrm{ACE}(k)]^2-(1-\mu)\left\{\sum_{w=1}^{m_i}D_{iw}[\Delta P_{iw}(k)]\right\}\Big/1000 \tag{6-56}$$
$$\text{s.t.}\quad \Delta P_{iw}^{\min}\leqslant\Delta P_{iw}(k)\leqslant\Delta P_{iw}^{\max}$$

式中，$\mathrm{ACE}(k)$和$\Delta P_{iw}(k)$分别为第 k 步迭代 ACE 的瞬时值以及第 k 步迭代中第 w 个机组的实际输出功率；μ 和 $1-\mu$ 分别为 ACE 以及 CE 的权值，每个区域的 μ 值相同，此处设为 $\mu=0.5$；D_{iw}为第 w 机组的 CE 强度系数；$\Delta P_{iw}^{\max}$和$\Delta P_{iw}^{\min}$分别为第 w 机组容量的上下限；考虑火电发电机组效率，当机组可调节容量大于 600MW 时，$D_{iw}=0.87$，当机组额定容量小于等于 600MW 大于 300MW 时，取 $D_j=0.89$，当机组容量小于等于 300MW 时取 $D_j=0.99$。在每个 VGT 里燃油机组、燃气机组和水电机组的 D_j 分别设置为 0.7、0.5、0。

2. 参数设置

WPH-VTC 策略部分参数的设置可参见 5.2.2 节第一部分，然而与狼爬山算法所选取的参数存在差异，如表 6-14 所示。

表 6-14　WPH-VTC 参数值

参数	值
λ(迹衰减因子)	0.9
γ(折扣因子)	0.9
α(Q 学习率)	0.5
φ(变学习率)	0.06

3. WPH-VTC 策略流程

WPH-VTC 策略流程如图 6-25 所示，三个特征如下。

对于$s\in S$、$a\in A$，初始化所有参数，并且设置参数s_0，$k=0$。
重复
(1) 根据混合策略$U(s_k, a_k)$选择动作a_k。
(2) 执行动作a_k并运行LFC系统到下一周期。
(3) 通过ACE/CPS1观察下一状态s_{k+1}。
(4) 根据式(6-56)获得一个短期奖励函数$R(k)$。
(5) 根据式(5-32)计算一阶Q值函数误差ρ_k。
(6) 根据式(5-33)评估Sarsa(0)值函数误差δ_k。
(7) 对于每个状态–动作对(s, a)，执行：① $e_{k+1}(s, a)\leftarrow\gamma\lambda e_k(s, a)$；② 根据式(5-6)更新$Q$值函数。
(8) 根据式(5-36)和式(5-37)求解混合策略$U_k(s_k, a_k)$。
(9) 根据式(5-35)更新值函数。
(10) 根据式(5-31)更新资格迹，$e(s_k, a_k)\leftarrow e(s_k, a_k)+1$。
(11) 根据式(5-38)选择变学习率φ。
(12) 通过式(5-39)求解平均混合策略表。
(13) $\text{visit}(s_k)\leftarrow\text{visit}(s_k)+1$。
(14) 获得部落功率ΔP_i $(i=1,2,\cdots,n)$。
(15) 由式(6-49)得到爬坡斜率。
(16) 根据式(6-50)和式(6-51)进行一致性计算。
(17) 计算机组功率ΔP_{iw}。
(18) 如果机组功率越限，则跳转到步骤(20)。
(19) 根据式(6-53)和式(6-54)分别计算ΔP_{iw}和t_{iw}，根据式(6-45)、式(6-47)、式(6-55)更新行随机矩阵元素。
(20) 计算功率偏差$\Delta P_{\text{error-}i}$。
(21) 如果不满足$|\Delta P_{\text{error-i}}|<\varepsilon_i$，则跳转到步骤(16)。
(22) 获得机组功率ΔP_{iw} $(w=1, 2, \cdots, m_i)$。
(23) $k=k+1$，跳转到步骤(1)。
结束

图 6-25　WPH-VTC 策略流程图

(1)狼群之间相互博弈，以获得更大的利益(更好的控制性能)，体现了 MAS-SG 特性。而小狼(家庭成员)永远跟随首领跑，体现了 MAS-CC 特性。

(2)某一区域的最优策略限定在其特定区域，而在其他区域无效。

(3)值函数 $Q_{k+1}(s,a)$ 不能与策略同时进行更新，因此，在获得最优策略过程中必然产生时延问题。

6.3.4　算例研究

1. IEEE 标准两区域互联系统 LFC 模型

为了测试所提策略的控制性能，本书算例选取 IEEE 两区域互联系统 LFC 模型[17]作为仿真对象，框架结构如图 6-26 所示，系统参数选取文献[18]的模型参数及表 6-15 中 VGT_1 和 VGT_2 的参数。

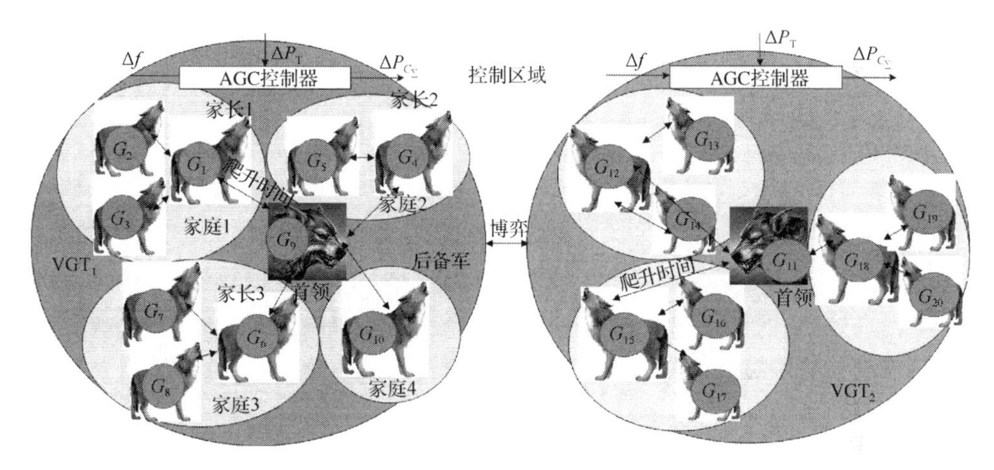

图 6-26　IEEE 两区域互联系统 LFC 模型框架

VTC 的运行周期设置为 4s，并且在二次调频里具有不同时延 T_s。应注意到 WPH-VTC 在线运行之前必须进行 CPS 状态空间 Q 值函数和状态值函数[19]寻优，以达到充分离线试错预学习的目的。

每个区域由连续 10min 正弦扰动所产生的预学习如图 6-28 所示。以合格的 CPS1 和 $E_{\text{AVE-10-min}}$(10min ACE 的平均绝对值)为评判标准，容易看出每个 VGT 区域 WPH-VTC 能收敛到最优策略。

以一个 2 范数的 Q 值矩阵 $\|Q_{ik}(s,a)-Q_{i(k-1)}(s,a)\|2\leqslant\varsigma$ ($\varsigma=0.1$) 作为预学习达到最优而终止的标准[20]，为使 WPH-VTC 能在线运行并应用到实时的电力系统中，自动保存预学习之后的 Q 值和 Lookup 表。每个 VGT 区域预学习过程中 Q 值函数差分的收敛结果如图 6-28 所示。可以看出，与 Q(λ) 学习相比，WPH-VTC 的收敛速度提高了近 60%。

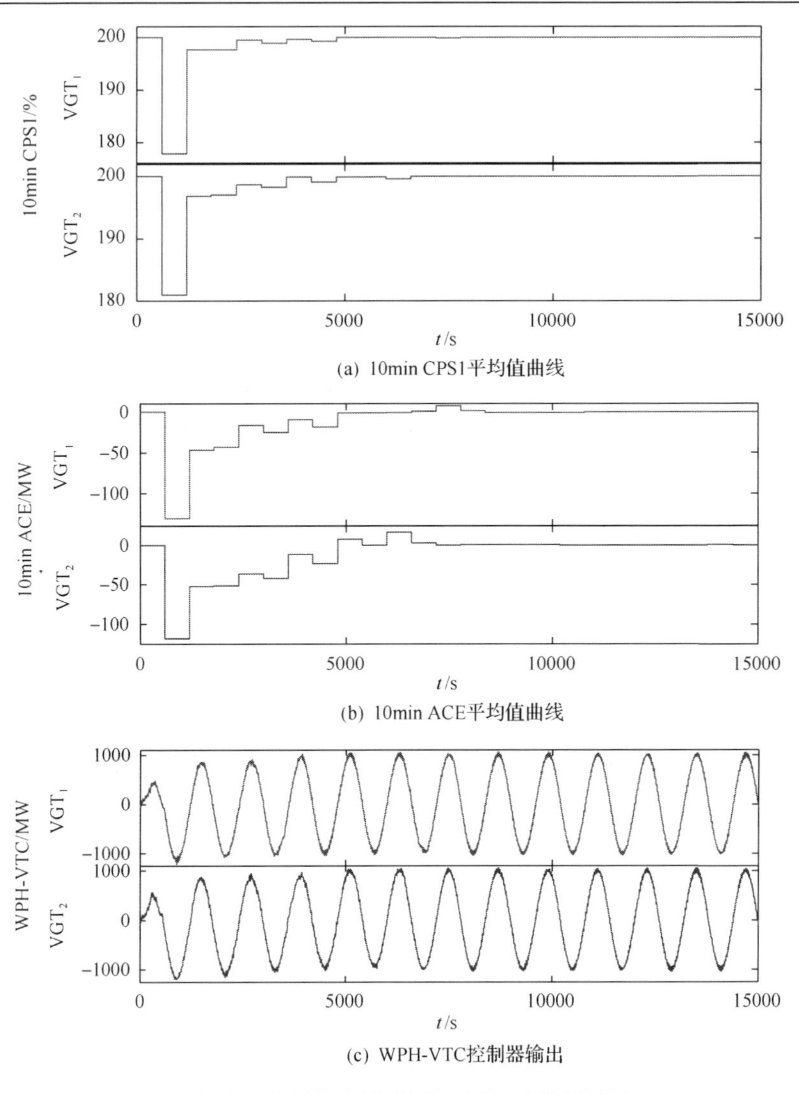

(a) 10min CPS1平均值曲线

(b) 10min ACE平均值曲线

(c) WPH-VTC控制器输出

图 6-27　两区域所获得的 WPH-VTC 的预学习

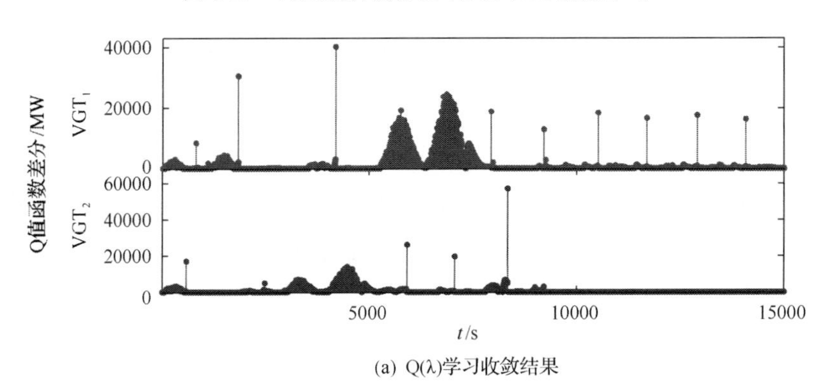

(a) Q(λ)学习收敛结果

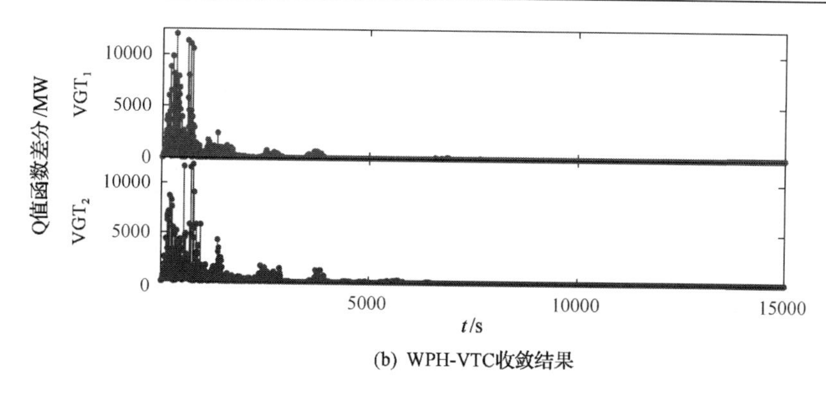

(b) WPH-VTC收敛结果

图 6-28　两区域预学习过程中 Q 值函数差分的收敛结果

下面对在 VGT_2 区域里阶跃负荷扰动下的四种方法，包括 WPH-VTC、狼爬山、Q(λ)学习和 Q 学习的控制性能进行对比分析。对于 WPH-VTC 方法，在两区域模型中根据式(6-56)选择相同的奖励函数。从图 6-29(a)可以看出它们的超调量分别为 8.1%、10.4%、8.3%和 6.6%，稳态误差分别为 0、0%、4.3%和 4.2%。图 6-29(b)

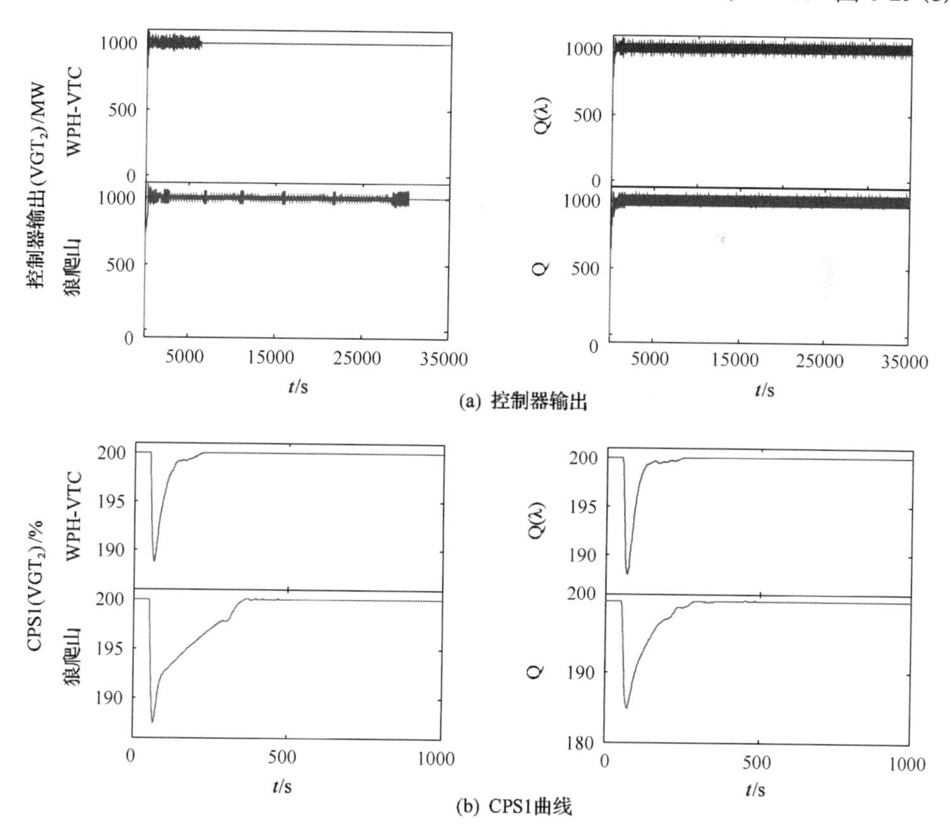

(a) 控制器输出

(b) CPS1曲线

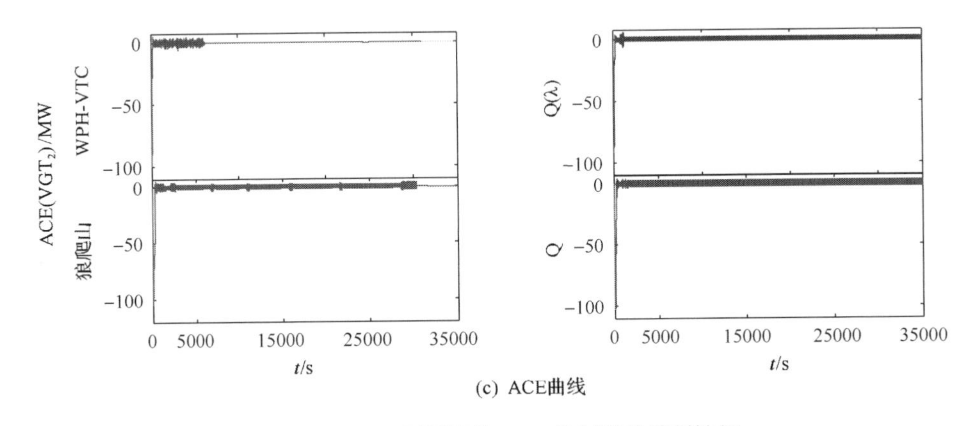

图 6-29　VGT_2区域四种 VTC 控制器的控制性能

显示它们的 CPS1 最小值分别为 188.8%、187.5%、188%和 184.9%，图 6-29(c)显示 ACE 的绝对值的平均值分别为 0.2533MW、0.9225MW、1.0877MW 和 1.5026MW。因此，对于 AGC 机组，WPH-VTC 具有更优的 CPS 性能，减少了控制成本，进而减少了磨损。

预学习之后，随机白噪声作为负荷扰动，每个 VGT 区域里不同方法的控制性能如图 6-30 所示。T_c 是预学习平均收敛时间；CE、$|\Delta f|$(频率偏差的平均值)、$|E_{AVE\text{-}1\text{-}min}|$(1min ACE 绝对值的平均值)和 CPS1 是 24h 的平均值。可以看出，与其他方法相比，WPH-VTC 可减小$|\Delta f|$ $9.3988\times10^{-5}\sim1.0604\times10^{-4}$Hz，减小$|E_{AVE\text{-}1\text{-}min}|$ 14.60%～50%，提高 CPS 10.50%～0.65%，减小 T_c 17.21%～65.97%，减小 CE 1.21%～1.51%。

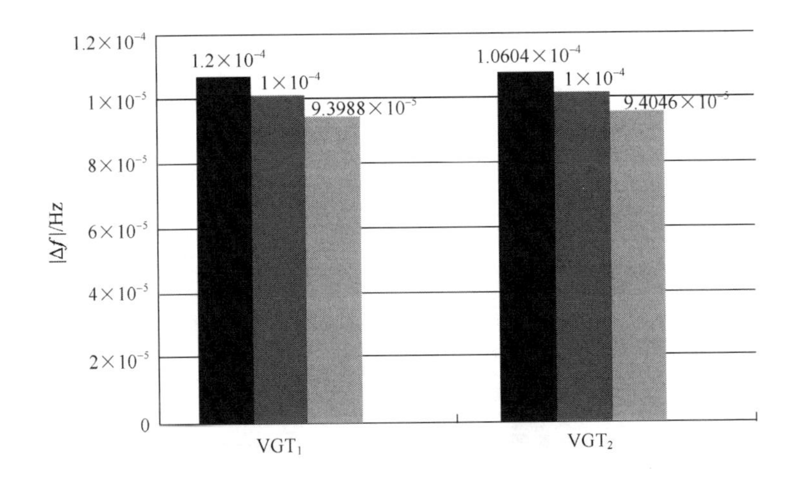

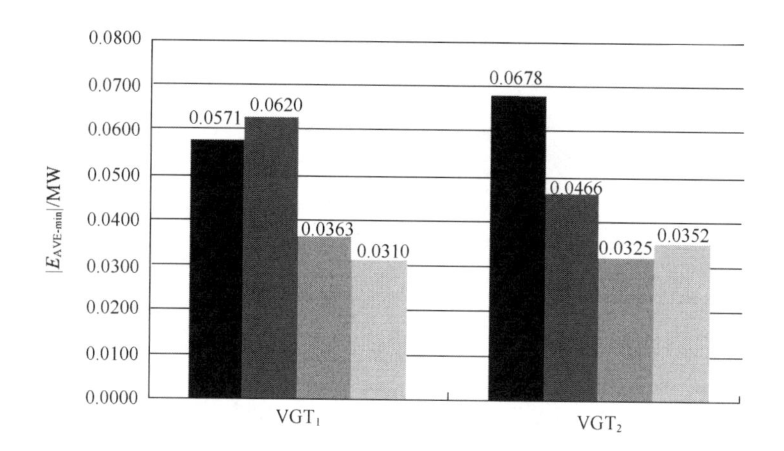
0.0800
0.0700
0.0600
0.0500
0.0400
0.0300
0.0200
0.0100
0.0000
|E_AVE-min|/MW
0.0571
0.0620
0.0363
0.0310
0.0678
0.0466
0.0325
0.0352
VGT1
VGT2

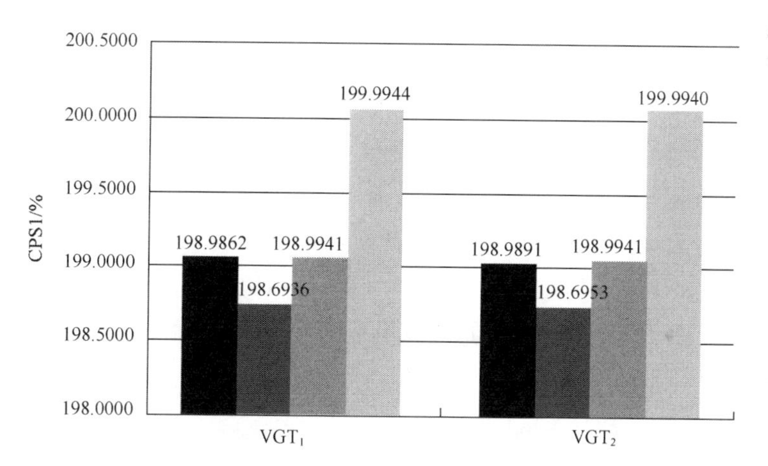
200.5000
200.0000
199.5000
199.0000
198.5000
198.0000
CPS1/%
198.9862
198.6936
198.9941
199.9944
198.9891
198.6953
198.9941
199.9940
VGT1
VGT2

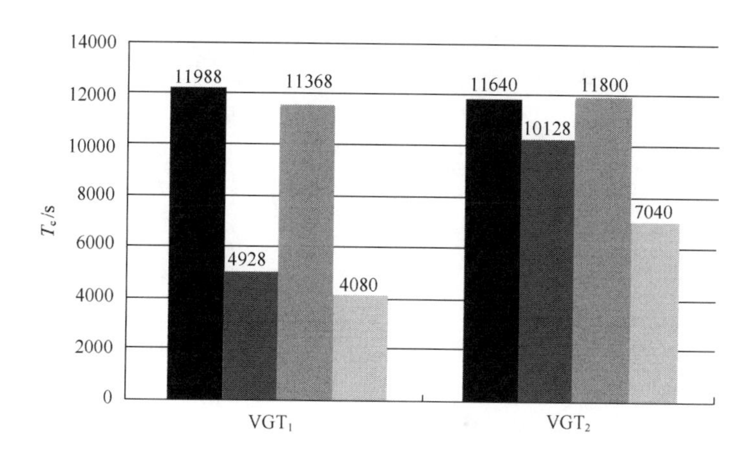
14000
12000
10000
8000
6000
4000
2000
0
Tc/s
11988
4928
11368
4080
11640
10128
11800
7040
VGT1
VGT2

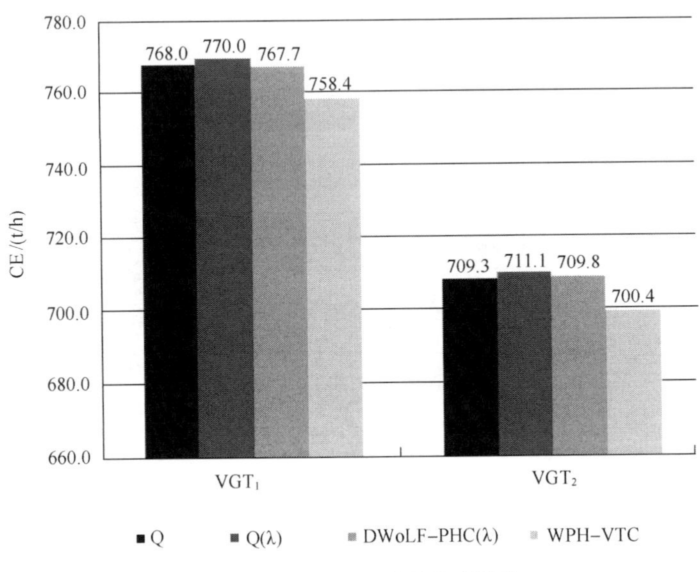

图 6-30　每个 VGT 区域的控制性能

2. 广东电网模型

广东电网的互联网络结构如图 6-31 所示。本算例对包含了 4 个 VGT 共 58 个机组的交直流混合广东电网模型进行分析。控制性能满足 CPS 标准，VTC 的周期设为 4s。广东电网模型的 L_{10} 为 288MW。ΔP_g 是涡轮机组的输出，ΔX_g 是发电机组的输出，T_s 是二次时延系数，T_g 是发电机组时间常数，T_t 是涡轮机组时间常数，

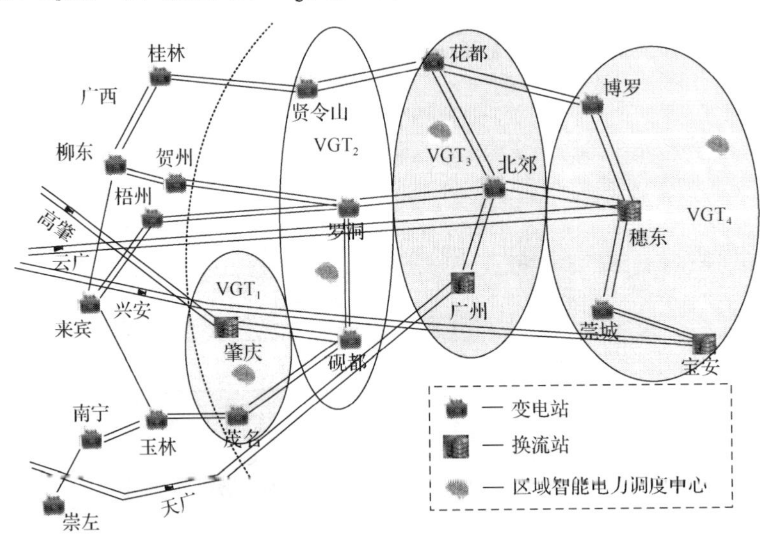

图 6-31　广东电网的互联网络结构

$K_p/(1+sT_p)$ 是交流频率响应的时间常数。本算例设置为 T_g=0.08，T_t=0.3，K_{p1}=0.002667，K_{p2}=0.00285，K_{p3}=0.002667，K_{p4}=0.0025，T_p=20，GRC 是 UR_{iw}/DR_{iw}，GRC 和系统其他参数详见表 6-15。

表 6-15　广东电网 VGT 机组模型参数

VGT 编号	发电厂类型	家庭编号	机组编号	T_s/s	$\Delta P_{iw}^{\max}$ /MW	$\Delta P_{iw}^{\min}$ /MW	UR_{iw}/DR_{iw} /(MW/min)	D_{iw} /(kg/(kW·h))
VGT_1	燃煤电厂	家庭 1	G_1	40	120	–120	6	0.99
			G_2	40	120	–120	6	0.99
			G_3	40	120	–120	6	0.99
		家庭 2	G_4	45	135	–135	6.75	0.99
			G_5	45	135	–135	6.75	0.99
		家庭 3	G_6	45	300	–300	15	0.99
			G_7	45	300	–300	15	0.99
			G_8	45	320	–320	16	0.89
	燃气电厂	首领	G_9	8	188	–188	18.81	0.5
	后备军（抽水蓄能电站）	家庭 4	G_{10}	5	180	0	180	0
VGT_2	燃煤电厂	首领	G_{11}	40	500	–500	25	0.89
		家庭 5	G_{12}	43	330	–330	13.2	0.89
			G_{13}	43	125	–125	5.625	0.99
			G_{14}	43	125	–125	5.625	0.99
		家庭 6	G_{15}	38	150	–150	5.85	0.99
			G_{16}	38	150	–150	5.85	0.99
			G_{17}	38	150	–150	5.85	0.99
	燃气电厂	家庭 7	G_{18}	10	280	–280	30.8	0.5
	燃油电厂		G_{19}	25	120	–120	9	0.7
			G_{20}	25	120	–120	9	0.7
VGT_3	燃煤电厂	家庭 8	G_{21}	43	220	–220	8.25	0.99
			G_{22}	43	220	–220	8.25	0.99
			G_{23}	43	220	–220	8.25	0.99
		首领	G_{24}	43	660	–660	24.75	0.87
		家庭 9	G_{25}	40	180	–180	7.2	0.99
			G_{26}	40	180	–180	7.2	0.99
	燃气电厂	家庭 10	G_{27}	10	200	–200	22	0.5
			G_{28}	10	200	–200	22	0.5
			G_{29}	12	200	–200	25	0.5

续表

VGT编号	发电厂类型	家庭编号	机组编号	T_s/s	$\Delta P_{iw}^{\max}$ /MW	$\Delta P_{iw}^{\min}$ /MW	UR_{iw}/DR_{iw} /(MW/min)	D_{iw} /(kg/(kW·h))
VGT$_4$	燃煤电厂	首领	G_{30}	45	600	−600	30	0.89
		家庭 11	G_{31}	45	100	−100	5	0.99
			G_{32}	45	100	−100	5	0.99
			G_{33}	45	200	−200	10	0.99
			G_{34}	45	200	−200	10	0.99
			G_{35}	45	200	−200	10	0.99
			G_{36}	45	210	−210	10.5	0.99
		家庭 12	G_{37}	40	240	−240	12	0.99
			G_{38}	40	240	−240	12	0.99
			G_{39}	40	280	−280	14	0.99
			G_{40}	40	280	−280	14	0.99
			G_{41}	40	280	−280	14	0.99
			G_{42}	40	250	−250	12.5	0.99
			G_{43}	40	250	−250	12.5	0.99
		家庭 13	G_{44}	38	360	−360	14.19	0.89
			G_{45}	38	360	−360	14.19	0.89
			G_{46}	38	400	−400	15.77	0.89
			G_{47}	38	400	−400	15.77	0.89
	燃气电厂	家庭 14	G_{48}	12	180	−180	22.5	0.5
			G_{49}	12	180	−180	22.5	0.5
			G_{50}	12	180	−180	22.5	0.5
	燃油电厂	家庭 15	G_{51}	20	150	−150	9	0.7
			G_{52}	20	150	−150	9	0.7
			G_{53}	20	180	−180	10.8	0.7
			G_{54}	22	180	−180	9	0.7
			G_{55}	22	180	−180	9	0.7
	后备军（抽水蓄能电站）	家庭 16	G_{56}	5	300	0	300	0
			G_{57}	5	300	0	300	0
			G_{58}	5	400	0	400	0

系统包含了燃煤电厂、燃气电厂、抽水蓄能电站和燃油电厂。每个电厂的输出不仅与自己的发电机有关，而且与 VTC 根据最优分配而获得的设定值相关。基

于 MA 的 VTC 长期控制性能由一个为期 30 天的随机负荷扰动统计试验进行评估。下面对 WPH-VTC、狼爬山、Q(λ)学习和 Q 学习四种控制器进行仿真试验。在脉冲扰动和白噪声负荷扰动下的统计实验结果分别如表 6-16 和表 6-17 所示。其中$|\Delta f|$和|ACE|是仿真周期内频率偏差Δf和区域控制偏差 ACE 的绝对值的平均值，CPS1、CPS2、CPS 为考核合格率百分数。在每个 VGT 区域，WPH-VTC 选取相同的权值系数，与其他方法相比具有更高效的联合策略，因此，WPH-VTC 具有更优的可扩展性和自学习能力。

表 6-16　广东电网脉冲扰动下统计试验结果

控制区域	性能指标	控制器类型			
		Q	Q(λ)	狼爬山	WPH-VTC
VGT_1	$\|\Delta f\|$Hz	0.0046	0.0041	0.0041	0.0038
	|ACE|/MW	43.0747	41.5545	32.9518	17.5770
	CPS1/%	195.5091	196.4034	197.6214	198.2325
	CPS2/%	100	100	100	100
	CPS/%	100	100	100	100
	CE/ (t/h)	500.1727	478.0845	479.7273	464.6656
VGT_2	$\|\Delta f\|$Hz	3.5633E-3	0.0041	0.0041	0.0038
	|ACE|/MW	46.1218	45.7591	44.1060	16.4318
	CPS1/%	195.2115	196.1198	196.5922	196.8649
	CPS2/%	100	100	100	100
	CPS/%	100	100	100	100
	CE/ (t/h)	479.2516	458.4044	446.6685	435.3203
VGT_3	$\|\Delta f\|$Hz	3.5661E-3	0.0041	0.0041	0.0038
	|ACE|/MW	39.2178	44.0816	38.7376	29.8905
	CPS1/%	195.7111	196.1342	197.3540	198.2111
	CPS2/%	100	99.3056	99.31	100
	CPS/%	100	99.50	99.47	100
	CE/ (t/h)	455.2462	442.0078	429.0699	424.1595
VGT_4	$\|\Delta f\|$Hz	3.5635E-3	0.0041	0.0041	0.0038
	|ACE|/MW	48.9634	35.4877	37.5741	21.7724
	CPS1/%	193.0020	196.7254	196.0185	199.1086
	CPS2/%	100	100	100	100
	CPS/%	100	100	100	100
	CE/ (t/h)	477.3273	443.0146	467.8777	399.0937

根据 CPS 和$|\Delta f|$评价 VTC 控制性能标准。由表 6-16 可见，在 VGT_1 区域，与其他方法相比，WPH-VTC 能减少|ACE|46.7%～59.2%，提高 CPS1 0.3%～1.4%，减少$|\Delta f|$0.0003～0.0008Hz，减少 CE2.8%～7.1%。而从表 6-17 可以看出，在 VGT_1 区域，与其他方法相比，WPH-VTC 能减少|ACE|86.3%～93.8%，提高 CPS1 0.1%～0.7%，减少$|\Delta f|$0.0006Hz～0.0018 Hz，减少 CE 0.5%～1.1%。其他区域可以获得相似结果。

表 6-17　广东电网随机白噪声负荷扰动下统计试验结果

控制区域	性能指标	控制器类型			
		Q	Q(λ)	狼爬山	WPH-VTC
VGT_1	$\|\Delta f\|$Hz	0.0007	0.0019	0.0010	0.0001
	|ACE|/MW	31.9768	14.4401	16.3316	1.9741
	CPS1/%	198.5660	199.5793	199.7001	199.9787
	CPS2/%	100	100	100	100
	CPS/%	100	100	100	100
	CE/(t/h)	761.7248	766.0606	765.2647	757.9095
VGT_2	$\|\Delta f\|$Hz	0.0007	0.0019	0.0010	0.0001
	|ACE|/MW	42.1753	20.1592	39.6439	1.8831
	CPS1/%	196.6866	199.1828	197.4925	199.9776
	CPS2/%	100	100	100	100
	CPS/%	100	100	100	100
	CE/(t/h)	712.1337	713.3994	709.2844	700.4521
VGT_3	$\|\Delta f\|$Hz	0.0007	0.0019	0.0010	0.0001
	|ACE|/MW	27.9780	13.3999	23.8873	1.2649
	CPS1/%	198.5247	199.6203	199.7138	199.9816
	CPS2/%	100	100	100	100
	CPS/%	100	100	100	100
	CE/(t/h)	695.1489	694.1036	673.9260	661.6600
VGT_4	$\|\Delta f\|$Hz	0.0007	0.0019	0.0010	0.0001
	|ACE|/MW	39.2592	21.7010	37.6097	2.6243
	CPS1/%	195.5287	198.6943	196.3786	199.9615
	CPS2/%	100	100	100	100
	CPS/%	100	100	100	100
	CE/(t/h)	644.0882	637.1655	660.7673	635.5505

所以，从统计试验结果可以看出，WPH-VTC 具有更强的鲁棒性和在线自学习能力，在随机白噪声负荷扰动下效果更加明显。由于采用了联合决策动作和以往的状态-动作对，为了设计一种变学习率以达到 VTC 协调控制，VTC 采用了平均混合策略。表 6-16 和表 6-17 显示了在 CPS 标准下，WPH-VTC 具有更优的控制性能。因为每个区域混合策略都需要更新，所以需要在线求解平均混合策略，而且实时控制性能是变学习率和平均混合策略的必要条件。通过经验共享动态更新的 Q 值函数表以获得每个区域的相对权值，以使控制更具有松弛性，能更好地优化整个区域的控制性能。实验结果也证明了本书所提策略能提高新能源利用率并且减少 CE。

6.3.5　讨论

表 6-18 显示了不同算法的特性，可以看出，WPH-VTC 具有收敛性、分散自治、强鲁棒性等特征。本书提出了一种新颖的分散式的 VTC 控制思想，具有如下三种特性。

表 6-18　不同算法特性对比

方法	收敛	智能体类型	混合策略	博弈类型	框架体系	特性	CE
Q 学习	否	单智能体	否	一般和博弈	MDP	分散自治	高
Q(λ)学习	是	单智能体	否	一般和博弈	MDP	分散自治	中
狼爬山	是	多智能体	是	一般和博弈 自我博弈	MAS-SG	分散自治	中
WPH-VTC	是	多智能体	是	一般和博弈 自我博弈	MAS-SCG	分散自治 强鲁棒性	低

(1)从基本理论的视角看，WPH-VTC 能够求解分散式 VTC 最优协调控制问题，在同构异构相混合的 MAS-SCG 框架体系下能够获得随机一致博弈。

(2)从电力系统的视角看，分散式 VTC 能够对接入风、光、电动汽车等分布式能源的电网进行优化控制。尽管分散式 VTC 协同控制需要更多的信息交换和优化求解过程，但控制周期为 4~16s，从这个时间尺度看，WPH-VTC 已足以在时间尺度更小的无人机群、机器人群控制领域应用，技术上可以做到闭环实时控制。

VGT 具有极强的扩展性，笔者也在思考将来的 VTC 应具备电网孤岛运行下的二次调频功能，与孤岛电网内的第三道防线协调配合，实现孤岛电网的馈线自动化(feeder automation，FA)。

本节提出了一种全新 WPH-VTC 策略，主要贡献如下：

(1)提出了一种新颖的 VGT 思想，以实现在省网、配网和微网之间的优化控制。

(2)结合 MAS-SG 和 MAS-CC 两大框架体系，设计了一种新颖的 WPH-VTC 策略以求解分散式 VTC，与此同时解决了基于同构异构 MA 相混合的随机一致博弈的基础科学问题。

(3)仿真结果证明，在多区域、强随机、互联复杂电网环境下，WPH-VTC 表现出高适应性和强鲁棒性，最重要的是能提高新能源利用率，减少 CE。

参 考 文 献

[1] Godsil C, Royal G. Algebraic GrapH Theory [M]. New York: Springer-Verlag, 2001.

[2] Kim Y, Mesbahi M. On maximizing the second smallest eigenvalue of a state-dependent graph Laplacian [J]. IEEE Transactions on Automatic Control, 2006, 51(1): 116-120.

[3] Moreau L. Stability of multi-agent systems with time-dependent communication links [J]. IEEE Transactions on Automatic Control, 2005, 50(2): 169-182.

[4] Ren W, Beard R W. Distributed Consensus in Multi-vehicle Cooperative Control: Theory and Applications[M]. London: Springer-Verlag, 2008.

[5] Ma R, Chen H, Huang Y, et al. Smart grid communication: Its challenges and opportunities [J]. IEEE Transactions on Smart Grid, 2013, 4(1): 36-46.

[6] Gungor V C, Sahin D, Kocak T, et al. Smart grid technologies: Communication technologies and standards[J]. IEEE Transactions on Industrial Informatics, 2011, 7 (4) : 529-539.

[7] Kim J, Kim D, Lim K, et al. Improving the reliability of IEEE 802.11s based wireless mesh networks for smart grid systems [J]. Journal of Communications and Networks, 2012, 14 (6) : 629-639.

[8] 高宗和. 自动发电控制算法的几点改进[J]. 电力系统自动化, 2001, 25 (22) : 49-51.

[9] Yu T, Wang Y M, Ye W J, et al. Stochastic optimal generation command dispatch based on improved hierarchical reinforcement learning approach [J]. IET Generation, Transmission & Distribution, 2011, 5 (8) : 789-797.

[10] Kalyanmoy D, Amrit P, Sameer A, et al. A fast and elitist multiobjective genetic algorithm:NSGA-II [J]. IEEE Transactions on Evolutionary Compuation, 2002, 6 (2) : 182-197.

[11] Abido M A. Environmental/economic power dispatch using multi-objective evolutionary algorithms [J]. IEEE Transactions on Power Systems, 2003, 18 (4) : 1529-1537.

[12] 余涛, 王宇名, 刘前进. 互联电网 CPS 调节指令动态最优分配 Q-学习算法[J]. 中国电机工程学报, 2010, 30 (7) : 62-69.

[13] 余涛, 王宇名, 甄卫国, 等. 基于多步回溯 Q 学习的自动发电控制指令动态优化分配算法[J]. 控制理论与应用, 2011, 28 (1) : 58-69.

[14] Zhang X, Yu T, Yang B, et al. Virtual generation tribe based robust collaborative consensus algorithm for dynamic generation command dispatch optimization of smart grid[J]. Energy, 2015, 101: 34-51.

[15] 张孝顺, 余涛. 互联电网 AGC 功率动态分配的虚拟发电部落协同一致性算法[J]. 电机工程学报, 2015, 2015 (15) : 3750-3759.

[16] Conradt L, Roper T J. Consensus decision making in animals[J]. Trends in Ecology & Evolution, 2005, 20: 449-456.

[17] Ray G, Prasad A N, Prasad G D. A new approach to the design of robust load frequency controller for large scale power systems[J]. Electric Power Systems Research, 1999, 52 (1) : 13-22.

[18] Elgerd O I. Electric Energy System Theory-an Introduction[M]. New Delhi: Mc Graw-Hill, 1983.

[19] Ernst D, Glavic M, Wehenkel L. Power systems stability control: Reinforcement learning framework[J]. IEEE Transactions on Power Systems, 2004, 19 (1) : 427-435.

[20] Yu T, Zhou B, Chan K W, et al. Stochastic optimal relaxed automatic generation control in Non-Markov environment based on multi-step Q (λ) learning[J]. IEEE Transactions on Power Systems, 2011, 26 (3) : 1272-1282.

第 7 章　面向孤岛电网与微网的智能发电控制

本章介绍面向孤岛电网和微网的智能发电控制系统的特点与控制目标，并论述将多智能体强化学习、深度神经网络算法、集体智慧 Q 学习算法和多智能体一致性理论算法引入这个领域的具体方法。

7.1　基于深度神经网络启发式动态规划算法的微网智能发电控制

7.1.1　自适应动态规划算法

自适应动态规划(adaptive dynamic programming，ADP)方法是一种研究多阶段决策优化的方法，但在实际应用中会出现维数灾难的问题。为解决动态规划维数灾难问题，有效的 ADP 方法被提出。ADP 的思想是利用函数近似结构，通过逐步迭代逼近动态规划方程中的性能指标函数和控制策略，进而逐渐逼近非线性系统的最优控制解[1,2]。

传统的 ADP 控制系统由评价(critic)、模型(model)和执行(action)三个模块组成[3]。这三个模块的主要功能是：评价模块对执行模块的性能进行评估，对代价函数进行近似；执行模块产生控制动作，并根据评价模块的评价改进其策略；模型模块反映被控对象的特性。执行模块和评价模块组合动作，控制/执行作用于被控对象后，通过被控对象在不同阶段产生的反馈影响评价函数；再利用函数近似结构或者神经网络实现对执行函数和评价函数的逼近。评价函数的参数自动更新，而且权值是基于贝尔曼最优原理进行更新的。

然而，传统 ADP 会出现被控对象的模型灾难和维数灾难的问题。可利用神经网络作为方法和手段，结合动态规划、最优化理论来解决该问题。

7.1.2　深度神经网络启发式动态规划的微网智能发电控制器设计

本书以启发式动态规划(action dependent heuristic dynamic programming，ADHDP)算法为基础，将深度学习中的深度神经网络融入该算法中，形成深度神经网络启发式动态规划(deep nueral network based on action dependent heuristic dynamic programming，DNN-ADHDP)算法。这种算法不需要模型模块来预测下一个时刻的系统状态，仅包含评价模块和执行模块，能够减少控制器对系统模型的依赖，因此，这种算法最明显的优势就是适用于数学模型难以得到的精确系统。基于本案例，设计 DNN-ADHDP 储能系统控制器只需构造两个模块，即评价模块和执行模块，每个模块采用深度神经网络实现，其基本结构如图 7-1 所示。

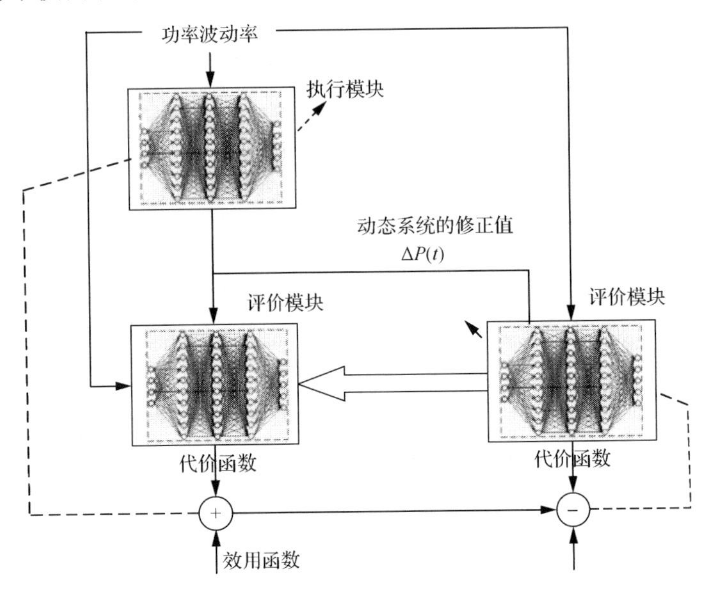

图 7-1　DNN-ADHDP 结构示意图

图 7-1 中，执行模块的输入为被控对象的状态(功率波动率)，输出为控制策略(储能功率的修正值 $\Delta P(t)$)；评价模块的输入为被控对象的状态和控制策略，输出为代价函数；效用函数根据控制目标进行定义。首先，构造与被控对象及代价函数有关的目标函数，执行模块以最小化该目标函数为目的训练网络，调整执行模块的权值，输出控制策略。然后，构造与被控对象状态、控制策略及代价函数有关的目标函数，再以该目标函数的最小化为目的训练评价模块，调整评价模块的权值，输出代价函数。

当将其设计为一个智能微网控制器时，其具体步骤如图 7-2 所示。

其中的深度神经网络根据如下公式计算得到输出 $J(t)$：

$$J(t)=\sum_{i=1}^{N} w_{c_i}^{(2)}(t)p_i(t) \tag{7-1}$$

式中，$p_i(t)=\dfrac{1-\exp\left[-q_i(t)\right]}{1+\exp\left[-q_i(t)\right]}$，$i$=1,2,⋯,$N$，$q_i(t)=\sum_{j=1}^{n+2} w_{c_i}^{(1)}(t)x_j(t), i=1,2,\cdots,N$，$q_i$ 是第 i 个隐层节点的输入，p_i 是第 i 个隐层节点的输出，n+2 是输入的总个数，包括来自行为网络的 $u(t)$ 和最底层目标网络的 $s_1(t)$。

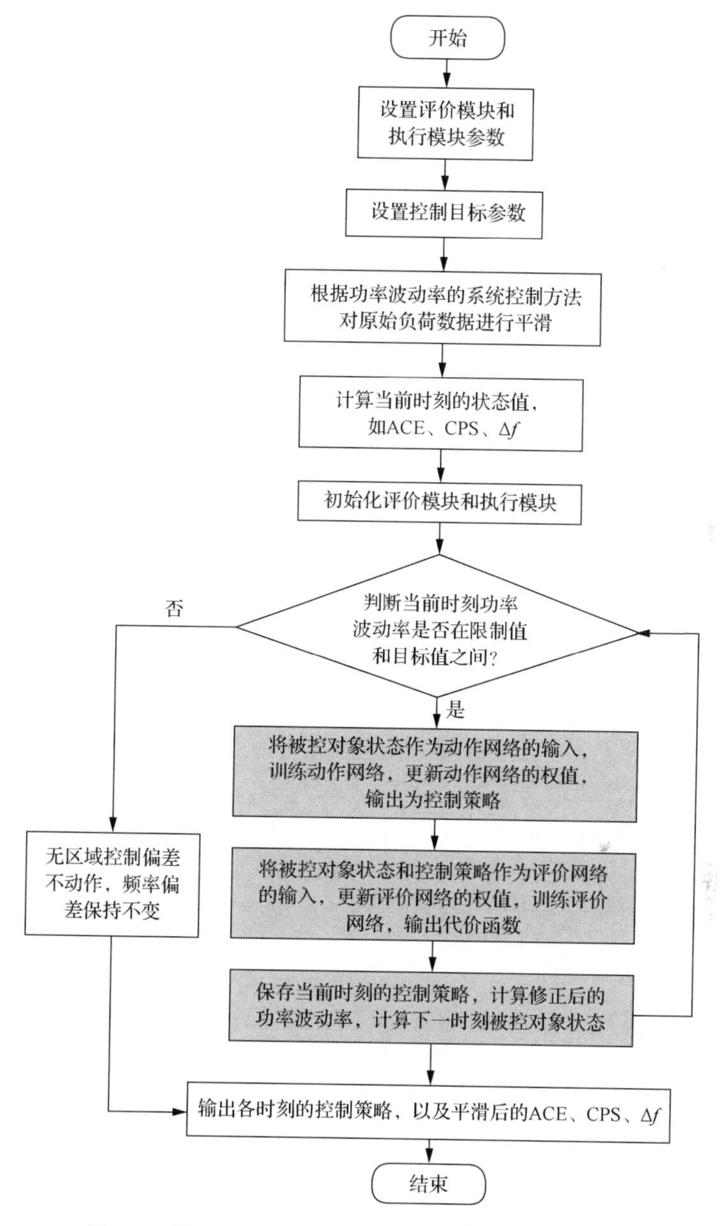

图 7-2　基于 DNN-ADHDP 的微网控制器执行流程图

对于 m 层的目标网络，其输出定义如下：

$$s_m(t)=\frac{1-\exp\left[-k_m(t)\right]}{1+\exp\left[-k_m(t)\right]} \tag{7-2}$$

$$k_m(t)=\sum_{i=1}^{N}w_{f_{mi}}^2(t)y_{mi}(t) \tag{7-3}$$

$$y_{mi}(t)=\frac{1-\exp\left[-z_{mi}(t)\right]}{1+\exp\left[-z_{mi}(t)\right]},\quad i=1,2,\cdots,N \tag{7-4}$$

$$z_{mi}(t)=\sum_{j=1}^{n+2}w_{f_{mi,j}}^{(1)}(t)x_j(t),\quad i=1,2,\cdots,N \tag{7-5}$$

式中，下标 m 对应 m 层目标网络；z_{mi} 为第 i 个隐层节点的输入；y_{mi} 为第 i 个隐层节点的输出；k_m 为输出节点的输入；N 为隐层节点的总个数；n+2 为输入的总个数，包括来自行为网络的 $u(t)$ 和来自上层目标网络的 $s_m(t)$，最高层的目标网络只有 n+1 个输入，需要做相应的修改。

m 层目标网络的输出 $s_m(t)$ 是下一层(m–1 层)目标网络的输入，从而构建了一个互联的链路，一直到评价网络，在链中应用 BP 规则来调整目标网络的参数 w_{fm}。

7.1.3　算例

为验证深度自适应规划算法的可行性和可靠性，这里设计了六种工况的微网模型。该微网包含了一个子配电网和三个子微网，且该模型既包含多种中小型分布式能源(如小水电、风电和生物质能等)，又包含几种较典型的微网结构(如柴油-风、微燃-光伏和燃料电池-光伏等组合类型)的智能微网信息物理模型，如图 7-3 所示，图中小水电机组、柴油发电机、燃料电池、生物质能发电机组、微型燃气轮机和飞轮储能等各机组的相关参数如表 7-1 所示。

小水电机组的模型为

$$P_H=\left(P_{\mathrm{HPFR}}-\Delta P_H\right)\frac{\dfrac{K_{\mathrm{g}}}{s\left(1+sT_{\mathrm{P}}\right)}}{1+\left(R_{\mathrm{T}}\dfrac{sT_{\mathrm{R}}}{1+sT_{\mathrm{R}}}-R_{\mathrm{P}}\right)\left[\dfrac{K_{\mathrm{g}}}{s\left(1+sT_{\mathrm{P}}\right)}\right]}\frac{1}{1+sT_{\mathrm{G}}} \tag{7-6}$$

式中，P_H 为小水电 LFC 机组的有功出力；P_{HPFR} 为小水电 LFC 机组的一次调频出力；ΔP_H 为小水电 LFC 机组的二次调频出力，即传统 AGC 控制器的输出指令。K_{g}、T_{P}、T_{G}、R_{P}、R_{T} 分别为电机组参数伺服增益、电机组参数辅助阀时间常数、伺服电动机时间常数、电机组参数主伺服时间常数、电机组参数永久下降率、电机组参数暂时下降率；中括号为上下限函数，即[x]表示为 $\Delta P_{\mathrm{G}}^{\min}\leqslant x\leqslant\Delta P_{\mathrm{G}}^{\max}$。

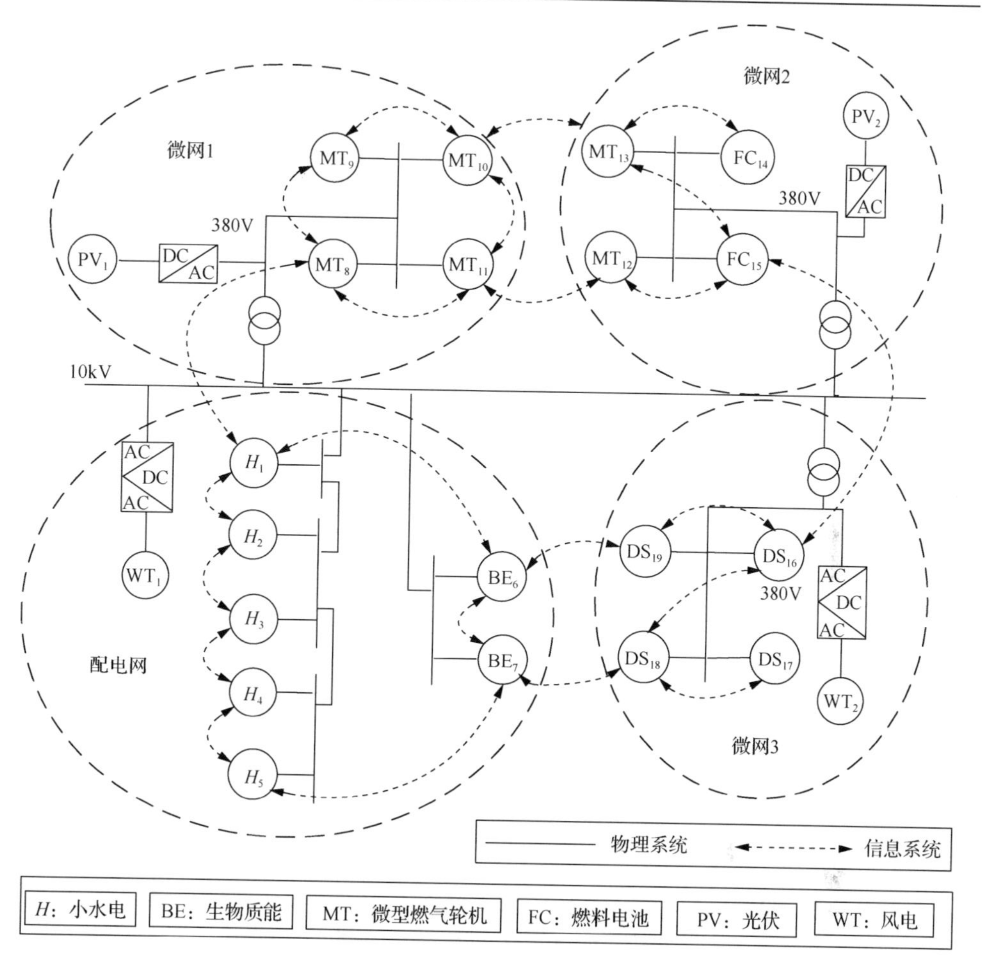

图 7-3　智能微网信息物理模型图

表 7-1　微网中的 AGC 机组部分相关参数

区域	机组	ΔP_{Gi}^{max} /kW	ΔP_{Gi}^{min} /kW	C_i /(美元/h)		
				a_i	b_i	c_i
配电网	H_1	250	–250	0.0001	0.0346	8.5957
	H_2	150	–150	0.0001	0.0335	8.0643
	H_3	150	–150	0.0001	0.0335	8.0643
	H_4	100	–100	0.0001	0.0314	7.6248
	H_5	100	–100	0.0001	0.0314	7.6248
	BE_6	200	–200	0.0004	0.0656	8.7657
	BE_7	200	–200	0.0004	0.0656	8.7657

续表

区域	机组	ΔP_{Gi}^{max} /kW	ΔP_{Gi}^{min} /kW	C_i /(美元/h)		
				a_i	b_i	c_i
微网 1	MT_8	100	–100	0.0002	0.1088	5.2164
	MT_9	100	–100	0.0002	0.1088	5.2164
	MT_{10}	150	–150	0.0002	0.1164	5.4976
	MT_{11}	150	–150	0.0002	0.1164	5.4976
微网 2	MT_{12}	150	–150	0.0002	0.1164	5.4976
	MT_{13}	150	–150	0.0002	0.1164	5.4976
	FC_{14}	150	–150	0.0003	0.1189	3.5442
	FC_{15}	150	–150	0.0003	0.1189	3.5442
微网 3	DS_{16}	120	–120	0.0004	0.2348	10.9952
	DS_{17}	120	–120	0.0004	0.2348	10.9952
	DS_{18}	120	–120	0.0004	0.2348	10.9952
	DS_{19}	120	–120	0.0004	0.2348	10.9952

生物质能发电机组的有功出力可描述为

$$P_{BE}=\left(P_{BEPFR}-\Delta P_{BE}\right)\frac{1+0.5sT_{bt}}{1+sT_{bt}}\frac{1}{1+sT_{br}}\frac{1}{1+sT_{bg}} \tag{7-7}$$

式中，P_{BE} 为生物质能发电 LFC 机组的有功出力；P_{BEPFR} 和 ΔP_{BE} 分别为生物质能发电机组的一次调频和二次调频的机组出力；T_{bt} T_{bg}、和 T_{br} 分别为汽轮机、发电机和调速器的时间常数。

燃料电池的模型为

$$P_{FC}=\left(P_{FCPFR}-\Delta P_{FC}\right)\left(\frac{1+sT_{f2}}{2+sT_{f1}+sT_{f2}}\right) \tag{7-8}$$

式中，P_{FC} 为燃料电池机组的输出功率；P_{FCPFR} 和 ΔP_{FC} 分别为燃料电池机组的一次调频和二次调频出力；T_{f1} 和 T_{f2} 分别为燃料电池反应时间常数 1 和时间常数 2。

微型燃气轮机的有功出力可描述为

$$P_{\mathrm{MT}}=\left(P_{\mathrm{MTPFR}}-\Delta P_{\mathrm{MT}}\right)\frac{1-sF_{\mathrm{HP}}T_{\mathrm{RH}}}{sT_{\mathrm{M}}R\left(1+sT_{\mathrm{RH}}\right)+1-sF_{\mathrm{HP}}T_{\mathrm{RH}}} \tag{7-9}$$

式中，P_{MT} 为微型燃气轮机 LFC 机组的有功出力；P_{MTPFR} 和 ΔP_{MT} 分别为微型燃气轮机 LFC 机组的一次调频和二次调频的机组出力；T_{RH} 和 T_{M} 分别为再热器和发电机的时间常数；$F_{\mathrm{HP}}=\frac{\mathrm{HP}}{\mathrm{HP+IP+LP}}$，且 HP、IP 和 LP 分别为高压缸、中压缸和低压缸的比例。

此外，考虑到 AGC 调节过程中光伏发电与风电均不参与调频，可将模型进行简化，并以负的扰动负荷的形式并入系统。通过模拟全天光照强度的变化，模拟光伏出力模型；而风电模型则采用有限带宽白噪声模拟的随机风作为风电出力(假定切入风速为 3m/s，切出风速为 20m/s，额定风速为 11m/s)，其发电功率曲线如图 7-4 所示。而典型的负荷扰动功率曲线如图 7-5 所示。

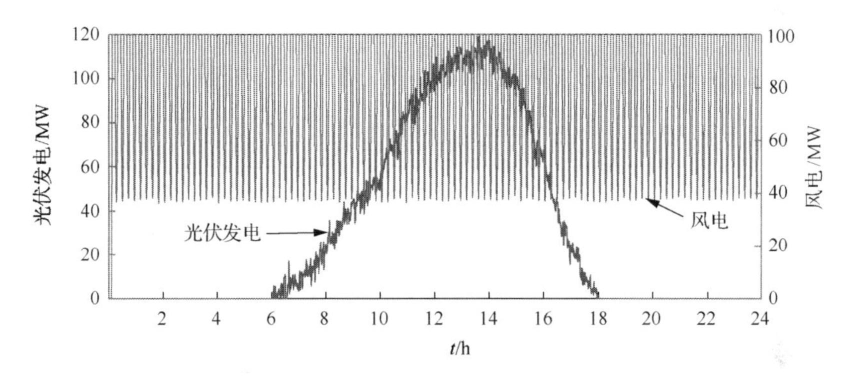

图 7-4　风电与光伏发电功率曲线

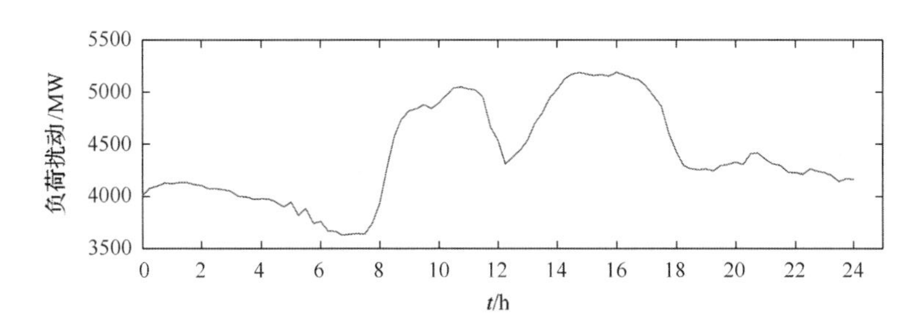

图 7-5　负荷扰动功率曲线

当已计算出的控制器发电指令时，需要将发电指令分配给微网中的每个发电机组，而目前实际分配过程按照机组额定总功率的比例进行分配。实际上，按一定比例分配功率指令，不一定有最优(发电成本最小)的效果，此时，可采用优化

分配算法进行优化分配。经济调度常用的发电成本可描述为

$$C_i(P_{\mathrm{G}i}) = a_i P_{\mathrm{G}i}^2 + b_i P_{\mathrm{G}i} + c_i \tag{7-10}$$

式中，$P_{\mathrm{G}i}$为第 i 台机组的出力；$C_i(\cdot)$为第 i 台机组的发电成本；a_i、b_i、c_i分别为第 i 台机组发电成本的各次系数。此函数为功率分配优化算法的目标函数。

因此，控制器功率分配后各台 AGC 机组的发电成本将变为

$$C_i\left(P_{\mathrm{G}i,\mathrm{actual}}\right) = C_i\left(P_{\mathrm{G}i,\mathrm{plan}} + \Delta P_{\mathrm{G}i}\right) = \alpha_i \Delta P_{\mathrm{G}i}^2 + \beta_i \Delta P_{\mathrm{G}i} + \gamma_i \tag{7-11}$$

式中，$P_{\mathrm{G}i,\mathrm{actual}}$为第 i 台机组的实际发电功率；$P_{\mathrm{G}i,\mathrm{plan}}$为第 i 台机组的计划发电功率；$\Delta P_{\mathrm{G}i}$为第 i 台机组的 AGC 调节功率；α_i、β_i、γ_i分别为考虑发生功率扰动后第 i 台机组发电成本的各次动态系数，其中

$$\begin{aligned} \alpha_i &= a_i \\ \beta_i &= 2a_i P_{\mathrm{G}i,\mathrm{plan}} + b_i \\ \gamma_i &= a_i P_{\mathrm{G}i,\mathrm{plan}}^2 + b_i P_{\mathrm{G}i,\mathrm{plan}} + c_i \end{aligned} \tag{7-12}$$

如果系统有 n 台 AGC 机组，则其 AGC 的调节目标可以描述为

$$\begin{cases} \min C_{\mathrm{total}} = \sum\limits_{i=1}^{n}\left(\alpha_i \Delta P_{\mathrm{G}i}^2 + \beta_i \Delta P_{\mathrm{G}i} + \gamma_i\right) \\ \text{s.t.}\quad \Delta P_{\Sigma} - \sum\limits_{i=1}^{n} \Delta P_{\mathrm{G}i} = 0 \\ \qquad \Delta P_{\mathrm{G}i}^{\min} \leqslant \Delta P_{\mathrm{G}i} \leqslant \Delta P_{\mathrm{G}i}^{\max} \end{cases} \tag{7-13}$$

式中，C_{total}为发电实际总成本，本书把C_{total}取为 AGC 功率分配的目标函数；ΔP_{Σ}为 AGC 跟踪的总功率指令；$\Delta P_{\mathrm{G}i}^{\min}$和$\Delta P_{\mathrm{G}i}^{\max}$分别为机组 i 的最小与最大可调容量。

该算例在 CPU 为 i7-2760QM @ 2.40GHz、内存为 16GB、系统为 Windows 10 Enterprise 64 位的笔记本电脑上运行，所用软件版本为 MATLAB R2016b，以下微网算例中算法的计算时间均以此配置的笔记本电脑为准。算例中的收敛时间的统计均为统计优化算法的计算时间，不计控制算法的时间，而 ADP 算法和深度自适应动态规划(deep adaptive dynamic programming，DADP)算法的时间是一体化的时间，相当于“控制算法+优化算法”时间的总和。

假定以微网模型为基础，其包含一个配电网和三个子微网，可调机组共 19 台，总可调容量为 2760kW。本书仿真的算法与仿真对象表如表 7-2 所示。

表 7-2　智能微网算法与对象表

控制算法	优化算法	仿真对象与设定的仿真时间
固定参数-PID	CCC	无故障的基本仿真，1200s
固定参数-SMC	二次规划	即插即用-启停机仿真，2400s
固定参数-ADRC	遗传算法 GA	通信故障仿真，3600s
固定参数-FOPID	灰狼优化算法 GWO	全天扰动仿真，86400s
自适应-PID	固定比例分配 PROP	变拓扑结构仿真，12000s
自适应-SMC	粒子群搜索算法 PSO	变参数模型仿真，1200×4^6s
自适应-ADRC	飞蛾扑火算法 MFO	
自适应-FOPID	鲸鱼优化算法 WOA	
Fuzzy	蚁狮算法 ALO	
Q	蜻蜓算法 DA	
Q(λ)	群搜索算法 GSO	
R(λ)	鸡群搜索算法 CSO	
	正弦余弦算法 SCA	
ADP		
DADP		

注：飞蛾扑火优化(moth-flame optimization，MFO)算法；鲸鱼优化算法(whale optimization algorithm，WOA)；蚁群优化(ant colony optimization，ACO)算法；蜻蜓算法(dragonfly algorithm，DA)；群搜索优化(group search optimizer，GSO)算法；鸡群优化(chicken swarm optimization，CSO)算法；正弦余弦算法(sine cosine algorithm，SCA)。

表 7-2 中“CCC”为协同一致性控制(collaborative consensus control，CCC)算法，是一种分布式的控制算法，其分布式的通信网络如图 7-3 中虚线所示。因此，这里也将 DADP 算法与分布式算法进行了对比。文献中的协同一致性控制算法主要是从发电指令分配算法的角度研究智能发电控制，其中的控制算法由简单的 PID 算法进行运算。因为分布式控制算法需要不断地迭代，所以其计算步数较多，又因其计算方法较为简单，均为代数运算的迭代，所以其实际的计算时间不多，具体可见下面的仿真结果。在该分布式算法中，每台可调机组对应一个智能体，各智能体之间的通信拓扑结构如图 7-3 所示。

从表 7-2 可以看出，由“控制算法+优化算法”共同完成控制优化的算法有 12×13=156(种)，与 ADP 算法和 DADP 算法一起共 158 种控制优化算法。表 7-2

中控制算法和优化算法的参数如表 7-3 所示，且模型中的系统参数如表 7-4 所示。

表 7-3 参与比较的其他算法的参数

算法	参数	值
PID	比例 K_P	150
	积分 K_I	5.5
SMC	开关点 K_P	± 0.1Hz
	输出值 K_v	± 150MW
ADRC	状态观测器	$A=\begin{bmatrix} 0 & 0.0001 & 0 & 0 \\ 0 & 0 & 0.0001 & 0 \\ 0 & 0 & 0 & 0.0001 \\ 0 & 0 & 0 & 0 \end{bmatrix}$ $B=\begin{bmatrix} 0 & 0 \\ 0 & 0 \\ 0.0001 & 0.0001 \\ 0 & 0 \end{bmatrix}$ $C=\Lambda(0.1 \quad 0.1 \quad 0.1 \quad 0.1)$ $D=\mathbf{0}_{4\times 2}$
	k_4	1
	k_1	150
	k_2	5.5
	k_3	20
FOPID	μ	200
	比例 K_P	150
	积分 K_I	5.5
	λ	0.5
自适应-PID	比例 K_P	$K_{P0}=150, K_{Pnext}=\begin{cases} K_{Pnow}+25, & \lvert\Delta f_{next}\rvert > \lvert\Delta f_{now}\rvert \\ K_{Pnow}-25, & \lvert\Delta f_{next}\rvert \leqslant \lvert\Delta f_{now}\rvert \end{cases}, \ 150 \leqslant K_{Pnext} \leqslant 3000$
	积分 K_I	$K_{I0}=5.5, K_{Inext}=\begin{cases} K_{Inow}+2, & \lvert\Delta f_{next}\rvert > \lvert\Delta f_{now}\rvert \\ K_{Inow}-2, & \lvert\Delta f_{next}\rvert \leqslant \lvert\Delta f_{now}\rvert \end{cases}, \ 5.5 \leqslant K_{Inext} \leqslant 220$
自适应-SMC	开关点 K_P	$k_{P0}=0.1$Hz
	输出值 K_v	$K_{v0}=150, \ K_{vnext}=\begin{cases} K_{vnow}+20, & \lvert\Delta f_{next}\rvert > \lvert\Delta f_{now}\rvert \\ K_{vnow}-20, & \lvert\Delta f_{next}\rvert \leqslant \lvert\Delta f_{now}\rvert \end{cases}, \ 10 \leqslant K_{vnext} \leqslant 400$MW

续表

算法	参数	值
自适应-ADRC	状态观测器	A、C、D、k_1、k_2、k_3、k_4 与 ADRC 算法相同 $B=\begin{bmatrix}0 & 0\\ 0 & 0\\ 0.0001 & 0.0001\\ 0 & 0\end{bmatrix}$，$b_{3,2\text{next}}=\begin{cases}b_{3,2\text{now}}+0.001, & \lvert\Delta f_{\text{next}}\rvert>\lvert\Delta f_{\text{now}}\rvert\\ b_{3,2\text{now}}-0.001, & \lvert\Delta f_{\text{next}}\rvert\leqslant\lvert\Delta f_{\text{now}}\rvert\end{cases}$
自适应-FOPID	μ	200
	比例 K_P	$K_{P0}=150, K_{\text{Pnext}}=\begin{cases}K_{\text{Pnow}}+25, & \lvert\Delta f_{\text{next}}\rvert>\lvert\Delta f_{\text{now}}\rvert\\ K_{\text{Pnow}}-25, & \lvert\Delta f_{\text{next}}\rvert\leqslant\lvert\Delta f_{\text{now}}\rvert\end{cases}$, $150\leqslant K_{\text{Pnext}}\leqslant 3000$
	积分 K_I	$K_{I0}=5.5, K_{\text{Inext}}=\begin{cases}K_{\text{Inow}}+2, & \lvert\Delta f_{\text{next}}\rvert>\lvert\Delta f_{\text{now}}\rvert\\ K_{\text{Inow}}-2, & \lvert\Delta f_{\text{next}}\rvert\leqslant\lvert\Delta f_{\text{now}}\rvert\end{cases}$, $5.5\leqslant K_{\text{Inext}}\leqslant 220$
	λ	0.5
Fuzzy	输入 Δf	–0.2～0.2Hz，21 个分隔
	输入 $\int(\Delta f)$	–1～1Hz，21 个分隔
	输出 441 网格	–150～150MW
Q	α,β,γ	$\alpha=0.1,\beta=0.05,\gamma=0.9$
	动作矩阵 A	{–300,–240,–180,–120,–60,0,60,120,180,240,300}
Q(λ)	$\alpha,\beta,\gamma,A,\lambda$	λ=0.9，其他参数与 Q 学习参数一致
R(λ)	$\alpha,\beta,\gamma,A,\lambda,R_0$	R_0=**0**，其他参数与 Q(λ)学习参数一致
CCC	一致性因子 ε	0.0001
优化算法：GA, GWO, PROP, PSO, MFO, WOA, ALO, DA, GSO, CSO, SCA	最大迭代次数	30
	种群数目	8

表 7-4 智能微网仿真模型的参数

参数	值	参数	值	参数	值
T_P	0.05s	K_g	5s	T_G	0.2s
R_P	0.04	R_T	0.4	T_R	5.0s
F_{HP}	0.3	T_{RH}	6.0s	T_M	12s
T_{f1}	9.205s	T_{f2}	10.056s	T_{bt}	0.08s
T_{bg}	10s	T_{br}	0.3s	T_{dt}	0.025s
T_{dg}	8s	T_{dr}	3s	K_f	0.003333

从表 7-2“仿真对象与设定的仿真时间”列中可以看出共建立了六种仿真对象，每种仿真对象的时间不相同，特别是在系统内部参数发生变化的情况下，每种算法设定的仿真时长为 56.89 天。每种算法均在这六个仿真对象中进行仿真，因此，所有算法在所有仿真对象中设定的总仿真时长为［(12×13+2)×(1200+2400+3600+86400+12000+1200×4^6)］÷(365×24×3600)s，即 25.155 年(每年按 365 天计算)。

算例在计算机上开启 12 个窗口并行运行，所需运行实际时间为 45 天，产生 166GB 的 MATLAB 的 mat 数据文件。

ADP 算法与 DADP 算法在离线训练时采用其他算法仿真结果作为“预训练”的样本。DADP 算法中的深度模型预测网络、深度评价网络和深度执行网络均为 6 层每层 20 个神经元的深度网络(经过大量试验测得该组参数较优)，其他某一种组合式算法结果作为样本时，所需离线训练时间为 2.5h。

以下展示各工况下的仿真结果。

1. 无故障的基本仿真

首先，将所有 158 种算法在所有微网都并网且无故障的情况下进行仿真，设定的仿真时长为 1200s。绘制“控制算法+优化算法” 156 种算法中控制性能最优算法、ADP 算法与 DADP 算法的频率偏差的曲线如图 7-6(a)所示。对控制与优化算法分别统计发电成本、算法运行时间和收敛步数，如图 7-6(b)和(c)所示。DADP 算法的离线训练和在线训练的曲线如图 7-6(d)、(e)、(f)所示。

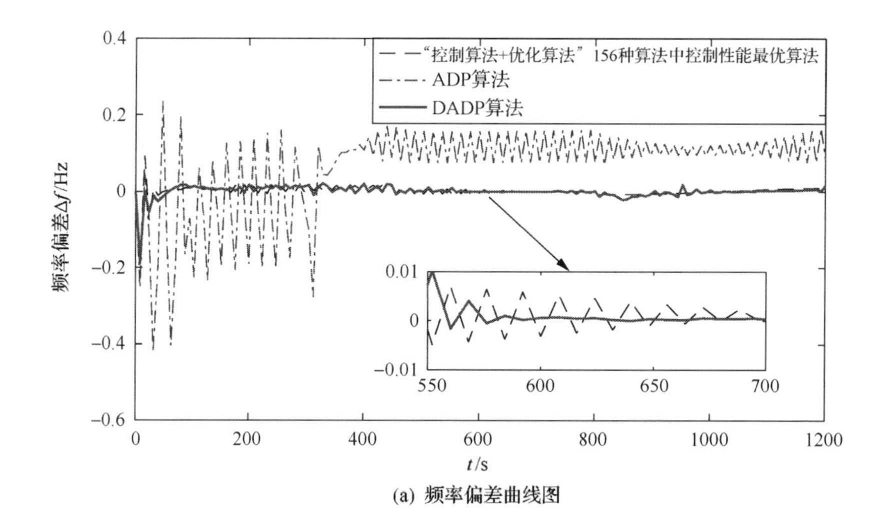

(a) 频率偏差曲线图

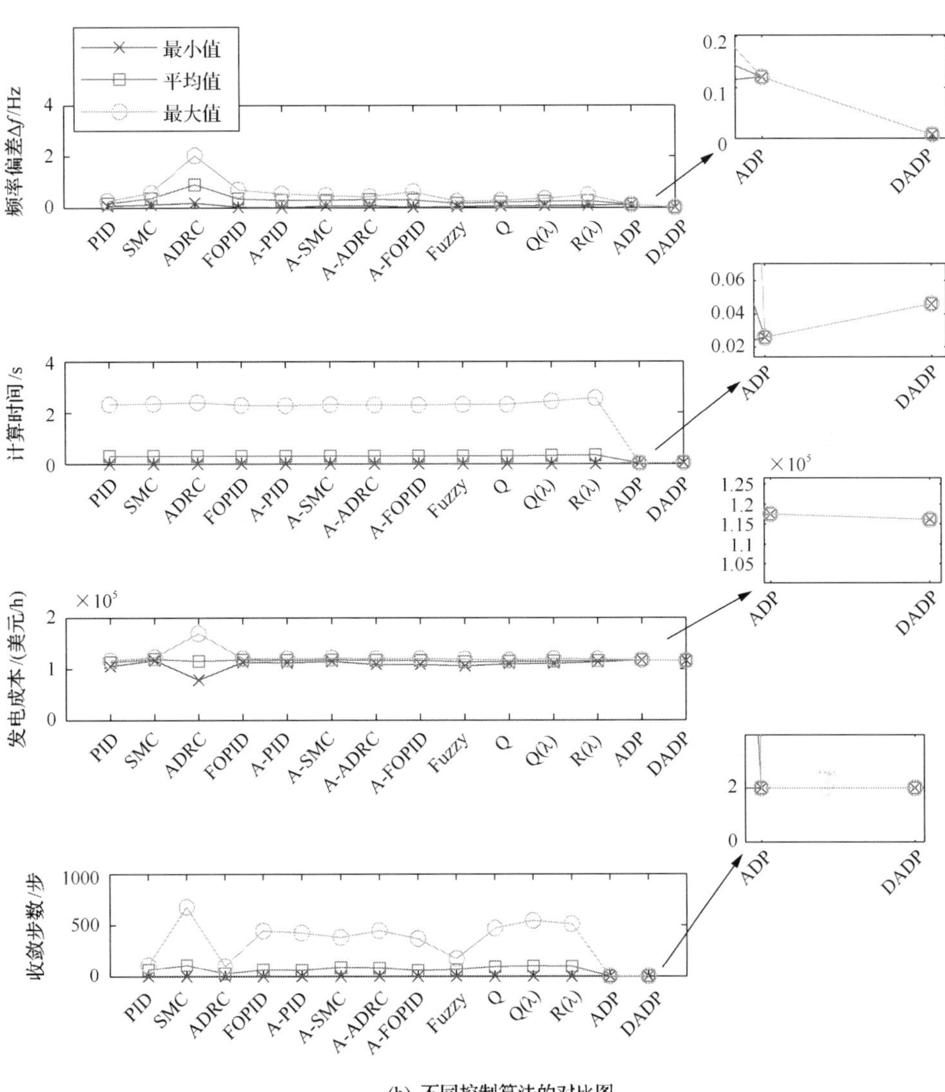

(b) 不同控制算法的对比图

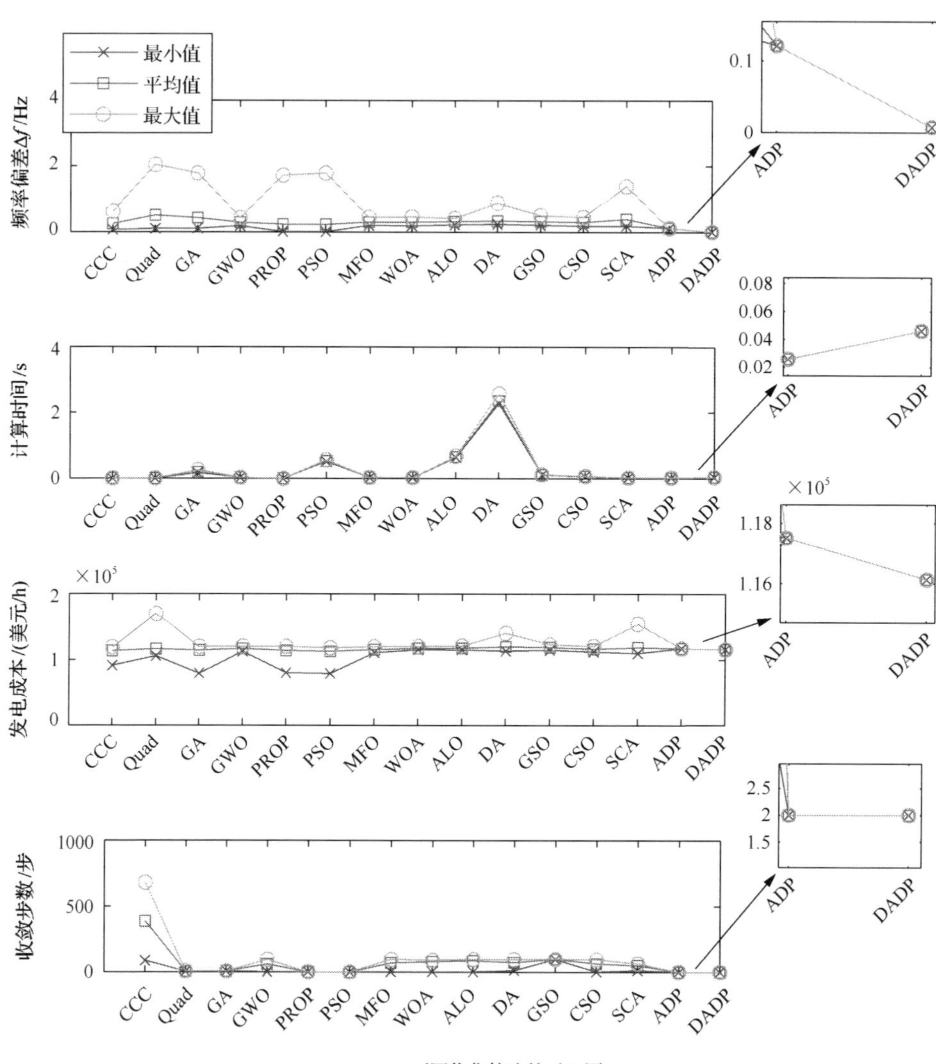

(c) 不同优化算法的对比图

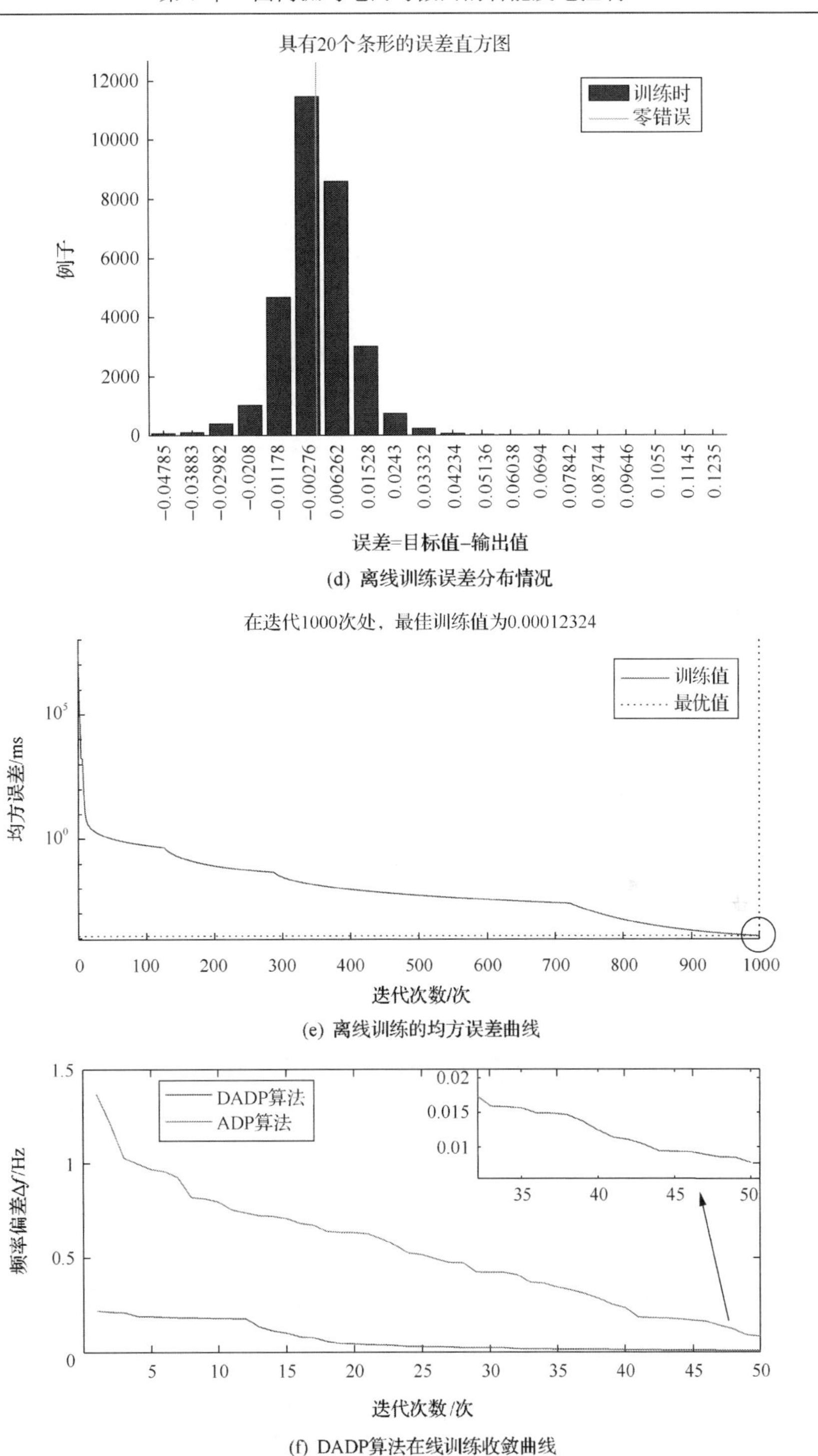

(d) 离线训练误差分布情况

(e) 离线训练的均方误差曲线

(f) DADP算法在线训练收敛曲线

图 7-6　DADP 算法在无故障情况下的结果图

图 7-6 中的“Quad”为二次规划函数(内部采用内点法计算)，“A- •”为自适应算子，如其中“A-PID”为自适应-PID 算法。

从图 7-6(a)中能看出，DADP 算法的控制效果比其他“控制算法+优化算法”组合的 156 种算法中控制性能最优的算法效果好，且 DADP 算法相比 ADP 算法性能改善较多。从图 7-6(b)和图 7-6(c)中看出，DADP 算法在频率偏差最低且满足国家标准的情况下，发电成本、收敛时间和收敛步数均最小。

2. “即插即用”启停机仿真

为模拟微网的“即插即用”性能，这里采用微网的启停机进行模拟。如在仿真为 0s，即初始时刻时，微电源 MT_{11} 与 FC_{14} 为关闭状态，MT_{12} 为开启状态。1200s 时，将 MT_{11} 与 FC_{14} 开启，将 MT_{12} 关闭。每个算法设定的仿真时长均为 2400s。仿真结果如图 7-7 所示。

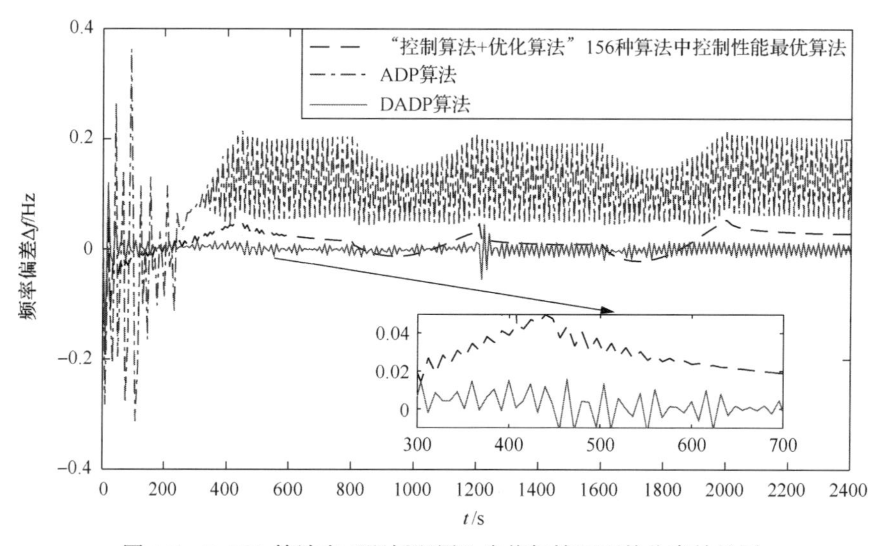

图 7-7　DADP 算法在“即插即用”启停机情况下的仿真结果图

不同“控制算法+优化算法”与所提算法的控制性能的对比与图 7-6(b)和(c)所示趋势一致，在此不赘述。

从图 7-7 可以得出 DADP 算法在解决“即插即用”启停机问题时，性能均优于其他算法，此仿真能模拟不同机组的组合情况或机组故障无法发出功率的情况。

3. 通信故障仿真

在该工况下，若通信故障，微电源均只参与一次调频，不参与二次调频，即不接受二次调频的指令，但是其一次调频的功能不受限制。设计在不同时刻的通信故障情况的算例如表 7-5 所示。此算例中每个算法仿真 3600s，仿真结果图 7-8 所示，对于不同算法的收敛步数、频率偏差、收敛时间和发电成本的统计结果类似于基本仿真情况，在此不赘示。

表 7-5　通信故障情况表

时刻/s	通信故障的微电源		
0～1200	MT_{12}	MT_{13}	FC_{15}
1200～2400	MT_{10}	MT_{11}	MT_{12}
2400～3600	MT_{12}	DS_{17}	DS_{19}

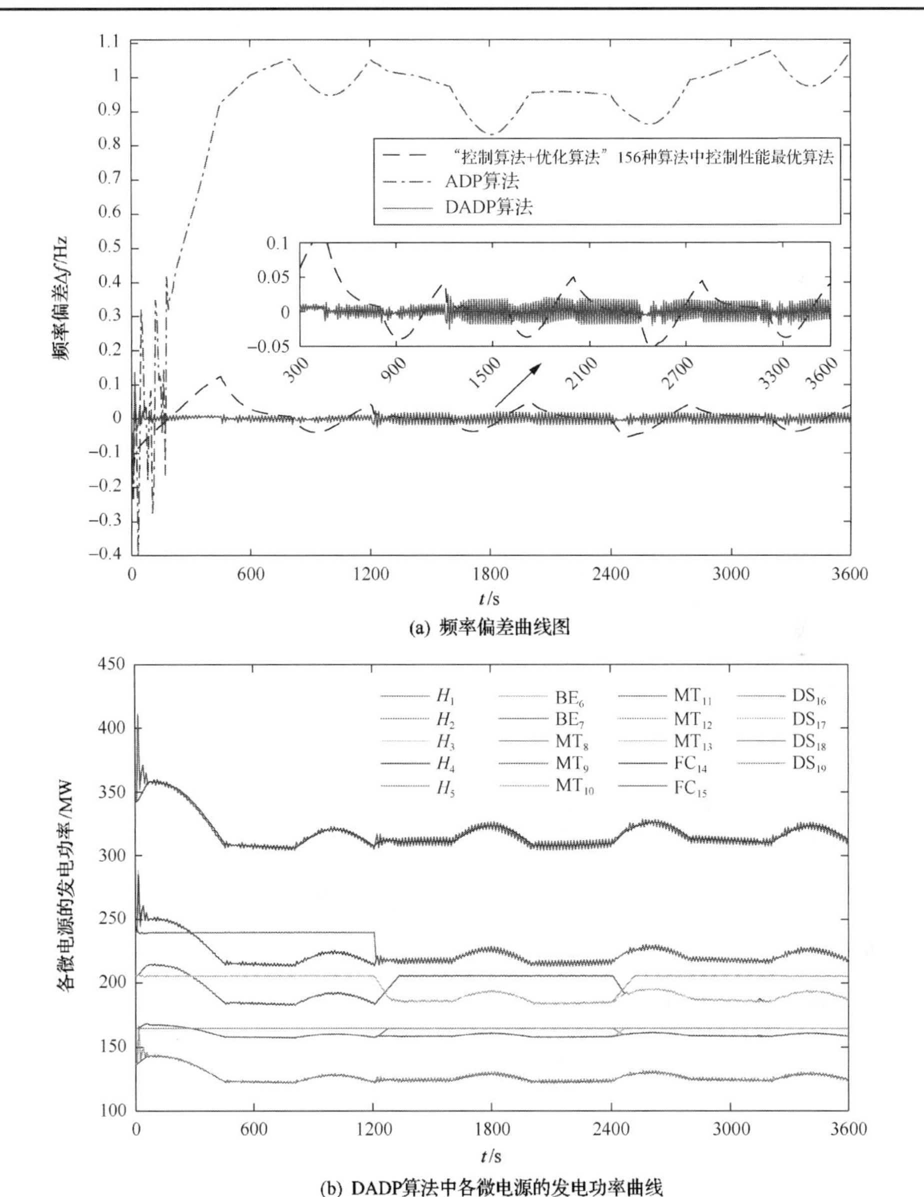

(a) 频率偏差曲线图

(b) DADP算法中各微电源的发电功率曲线

图 7-8　DADP 算法在通信故障情况下的仿真结果

从图 7-8 能看出，ADP 算法的收敛范围太大，甚至超出了频率的标准要求。而 DADP 算法不仅能够控制频率偏差使之最小，且能控制发电成本使之最小，以最经济的方式提供最高的电能质量。

4. 全天扰动仿真

采用典型的负荷扰动(风电和光伏发电如图 7-4 所示，负荷扰动如图 7-5 所示)进行全天扰动仿真，每个算法仿真 24h，其结果如图 7-9 所示。

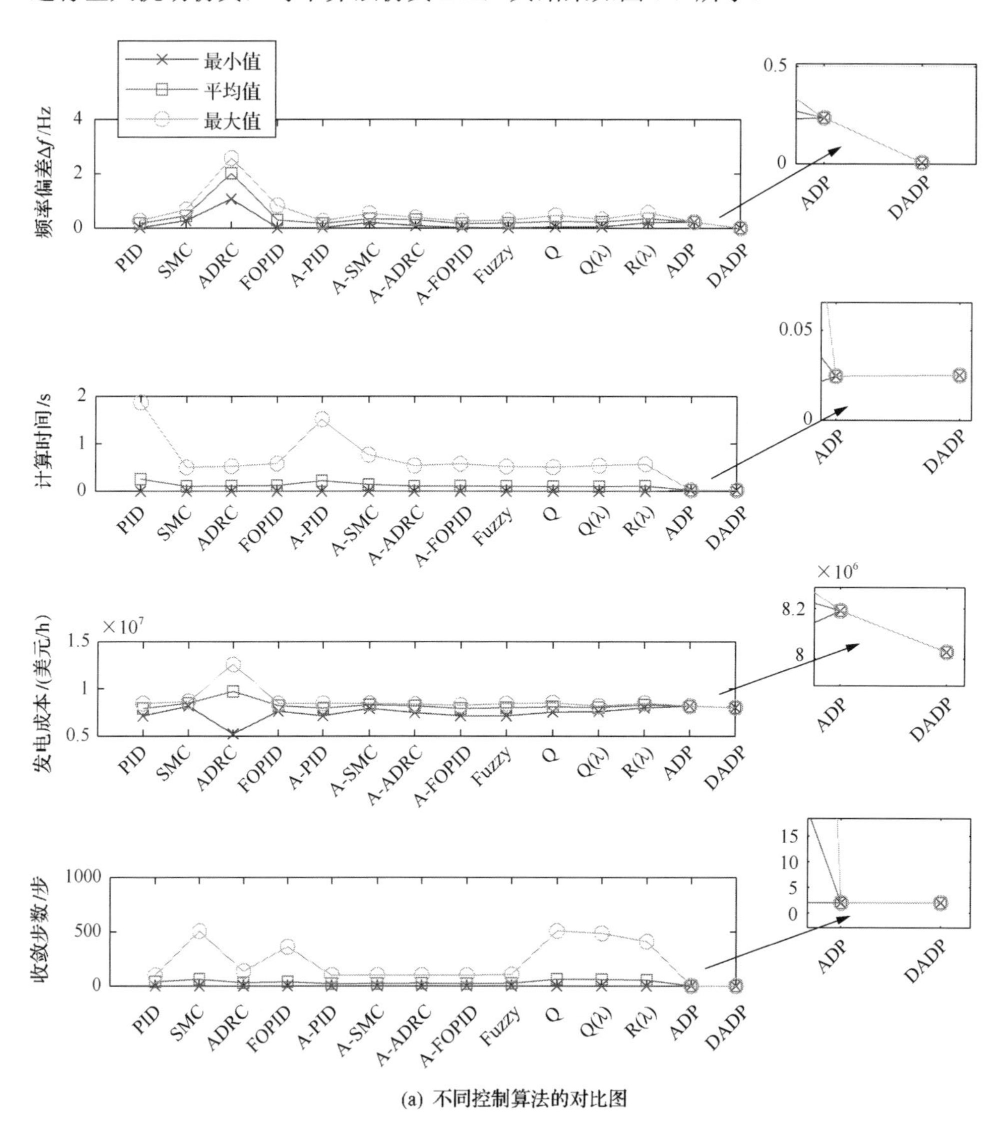

(a) 不同控制算法的对比图

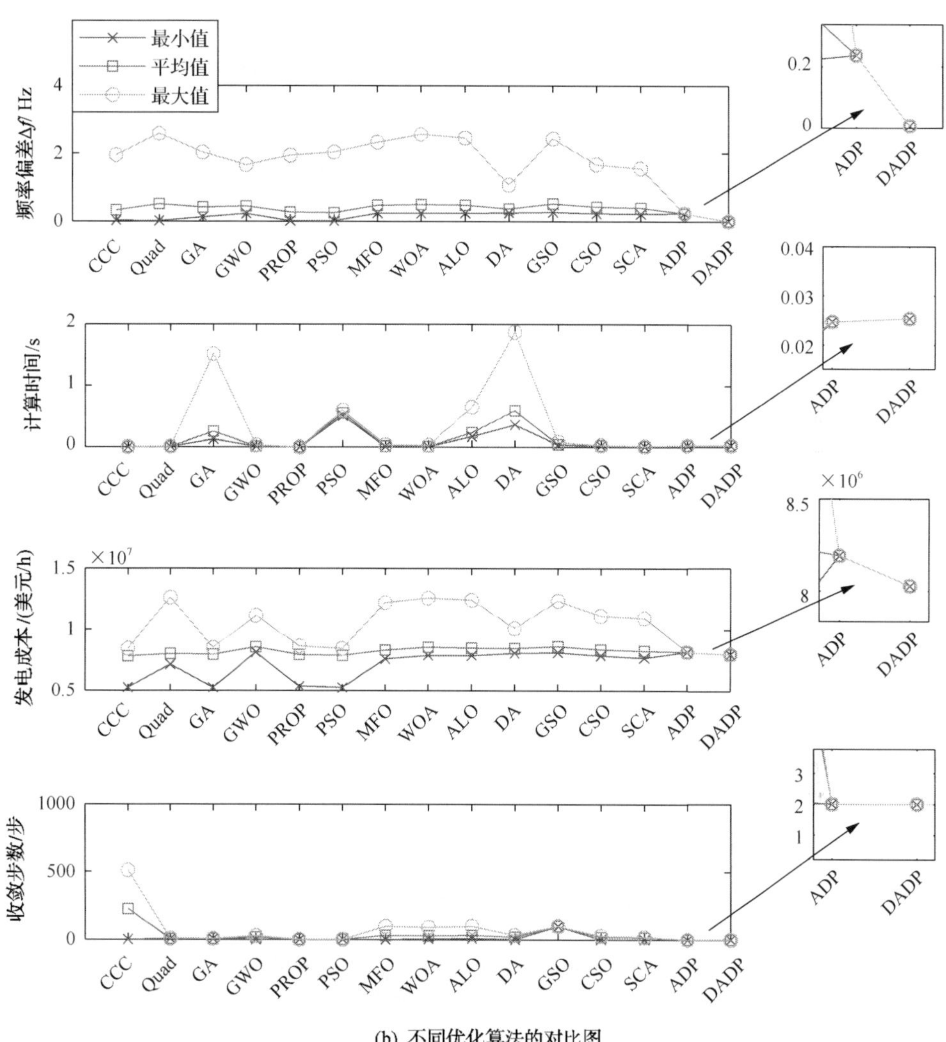

(b) 不同优化算法的对比图

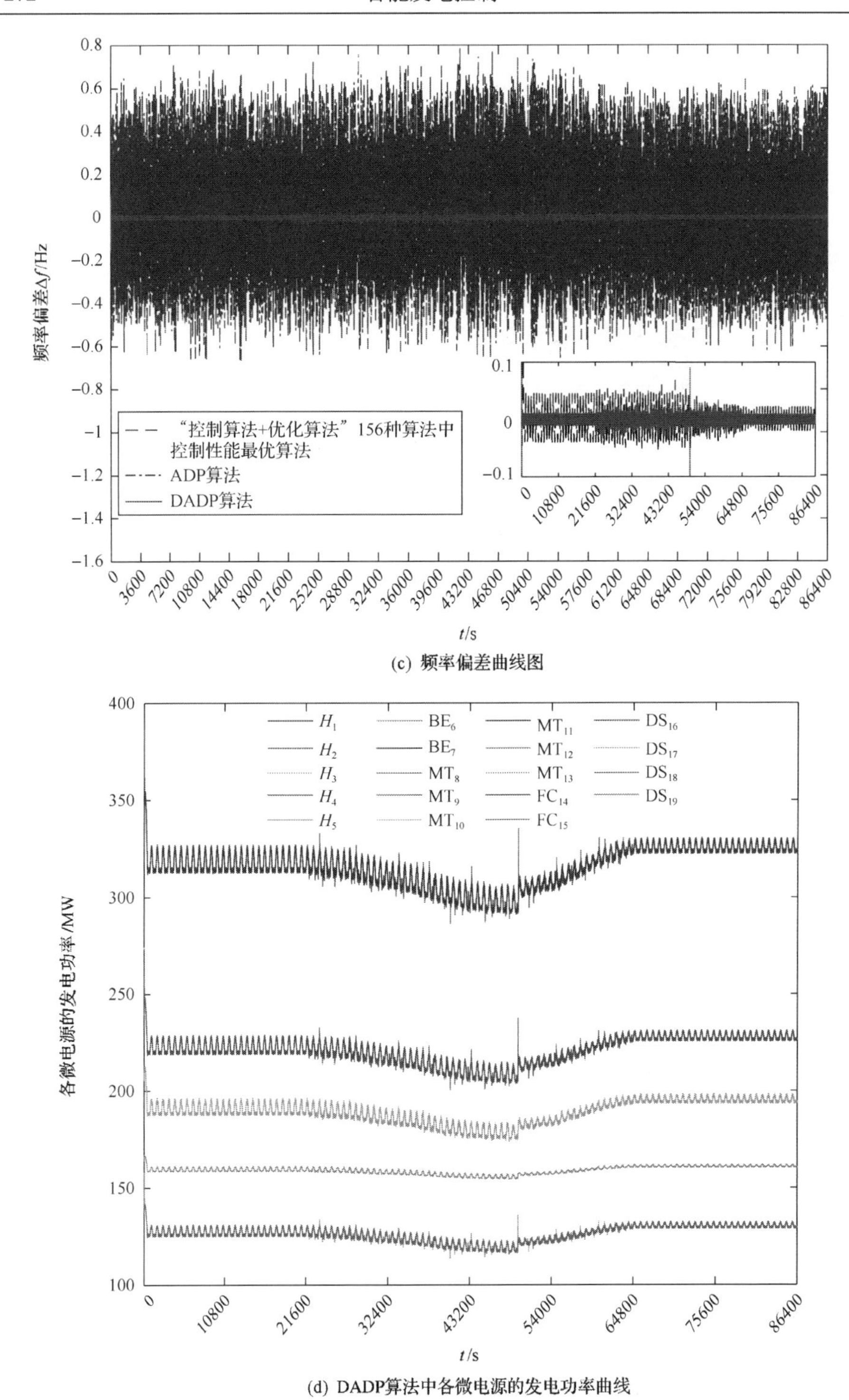

(c) 频率偏差曲线图

(d) DADP算法中各微电源的发电功率曲线

图 7-9　DADP 算法在全天扰动情况下的仿真结果图

图 7-9(c)频率偏差曲线图中的局部放大图为去掉 ADP 算法的显示效果。综合上述仿真与全天扰动的仿真看来，DADP 算法的稳定性最强，不仅所需的计算时间少，而且有较高的电能质量。

5. 变拓扑结构仿真

为验证 DADP 算法在智能微网的拓扑结构变化时，甚至有电源进行启动工况下的鲁棒性能，本书设计了变拓扑结构的微网。假定变拓扑结构的所有微网中共含有 28 个可控机组，在不同的时刻形成不同拓扑的微网，其拓扑结构变化时刻图如图 7-10 所示，电源的参数如表 7-6 所示。该算例仿真 12000s，分 10 个不同的拓扑结构，仿真结果如图 7-11 所示。

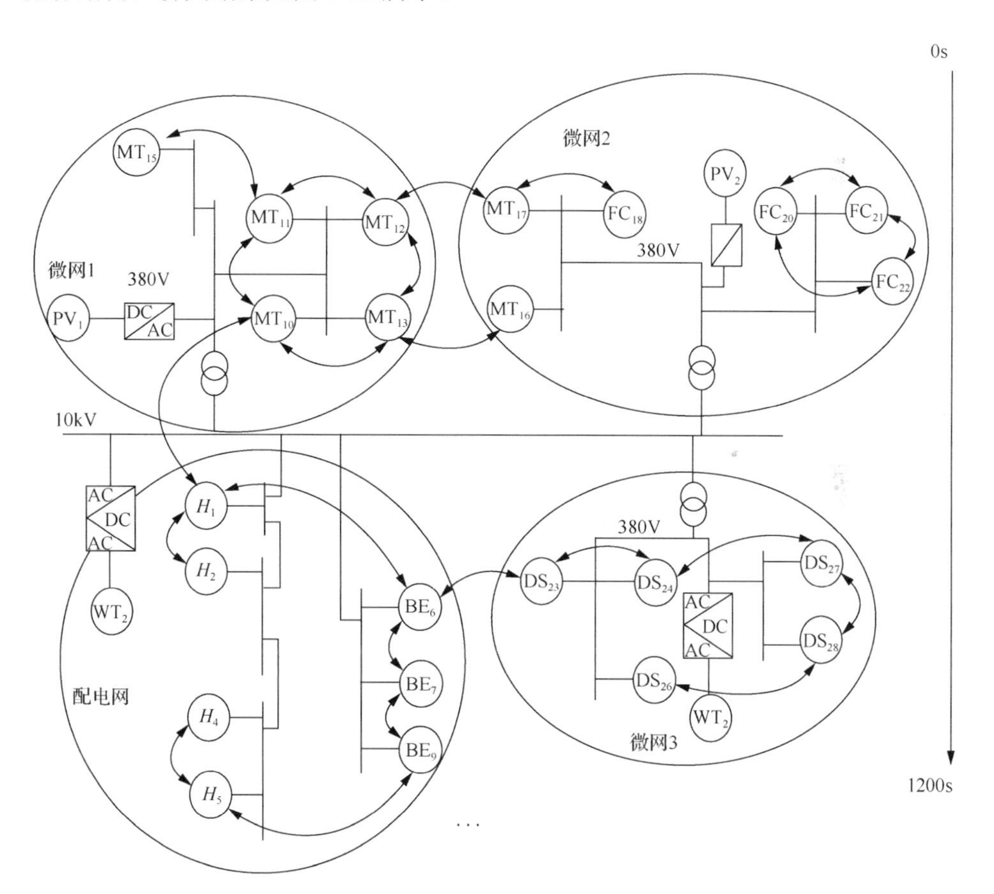

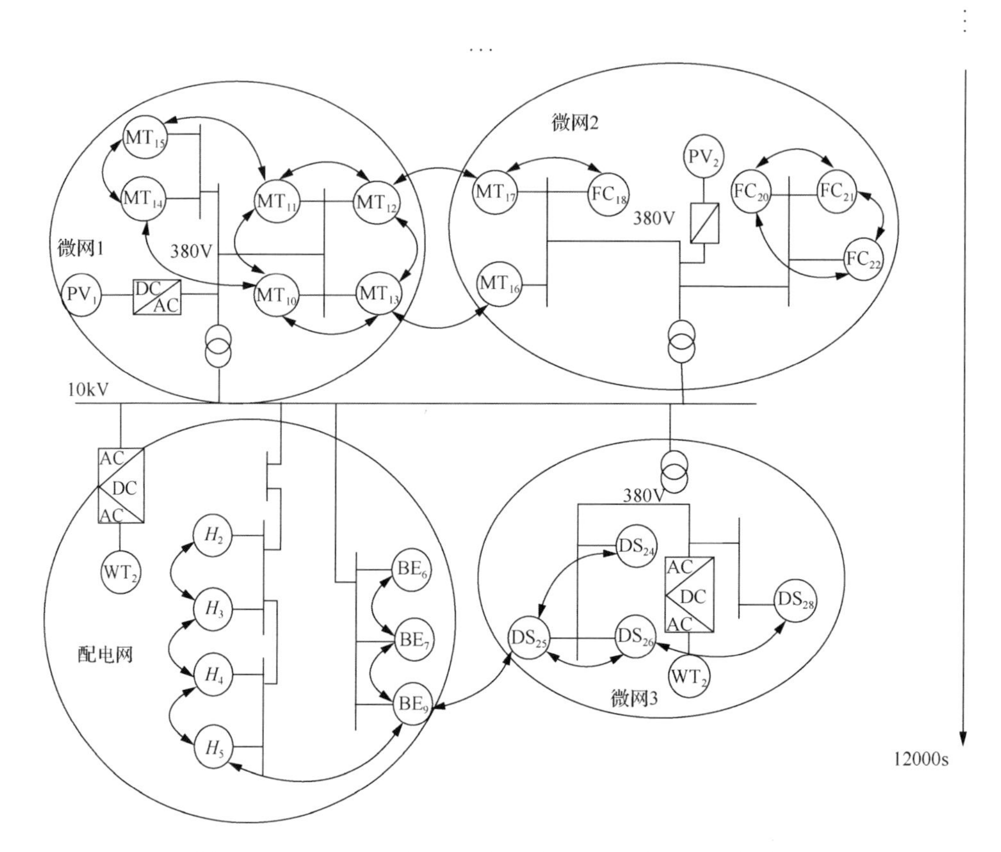

图 7-10　28 个 AGC 机组组成的智能微网拓扑结构变化时刻图

表 7-6　电源的参数表

区域	机组	ΔP_{Gi}^{max} /kW	ΔP_{Gi}^{min} /kW	C_i/(美元/h)		
				a_i	b_i	c_i
配电网	H_1	250	−250	0.0001	0.0346	8.5957
	H_2	150	−150	0.0001	0.0335	8.0643
	H_3	150	−150	0.0001	0.0335	8.0643
	H_4	100	−100	0.0001	0.0314	7.6248
	H_5	100	−100	0.0001	0.0314	7.6248
	BE_6	200	−200	0.0004	0.0656	8.7657
	BE_7	200	−200	0.0004	0.0656	8.7657
	H_8	100	−100	0.0001	0.0346	7.5248
	BE_9	200	200	0.0004	0.0656	7.7657

续表

区域	机组	ΔP_{Gi}^{max} /kW	ΔP_{Gi}^{min} /kW	C_i/(美元/h)		
				a_i	b_i	c_i
微网 1	MT_{10}	100	–100	0.0002	0.1088	5.2164
	MT_{11}	100	–100	0.0002	0.1088	5.2164
	MT_{12}	150	–150	0.0002	0.1164	5.4976
	MT_{13}	150	–150	0.0002	0.1164	5.4976
	MT_{14}	150	–150	0.0002	0.1164	5.3976
	MT_{15}	150	–150	0.0002	0.1164	5.1976
微网 2	MT_{16}	150	–150	0.0002	0.1164	5.4976
	MT_{17}	150	–150	0.0002	0.1164	5.4976
	FC_{18}	150	–150	0.0003	0.1189	3.5442
	FC_{19}	150	–150	0.0003	0.1189	3.5442
	FC_{20}	200	–200	0.0003	0.1189	3.1442
	FC_{21}	200	–200	0.0003	0.1189	3.2442
	FC_{22}	200	–200	0.0003	0.1189	4.5242
微网 3	DS_{23}	120	–120	0.0004	0.2348	10.9952
	DS_{24}	120	–120	0.0004	0.2348	10.9952
	DS_{25}	120	–120	0.0004	0.2348	10.9952
	DS_{26}	120	–120	0.0004	0.2348	10.9952
	DS_{27}	120	–120	0.0004	0.2328	10.9952
	DS_{28}	120	–120	0.0004	0.2328	10.9952

变拓扑结构的仿真结果的不同控制算法和不同优化算法的对比图与以上仿真类似，在此不赘示。图 7-11(a)中的白色表示此电源退出微网，从而微网拓扑结构发生变化，此仿真验证了 DADP 算法在拓扑结构发生变化时具有较强的鲁棒性。

6. 系统内部参数变化仿真

下面选取基本微网的结构(其结构见图 7-3)，设计系统内部参数发生变化的仿真算例。系统内部参数可变范围太多，选取其中六个参数进行变化。因此，假定系统内部参数可变化的范围如表 7-7 所示，参数变化共有 4^6 种可能的组合，每个组合设定仿真时长为 1200s，即每种算法仿真 1200×4^6s=4915200s=56.89 天。采用 158 种算法对比的仿真结果如图 7-12 所示。

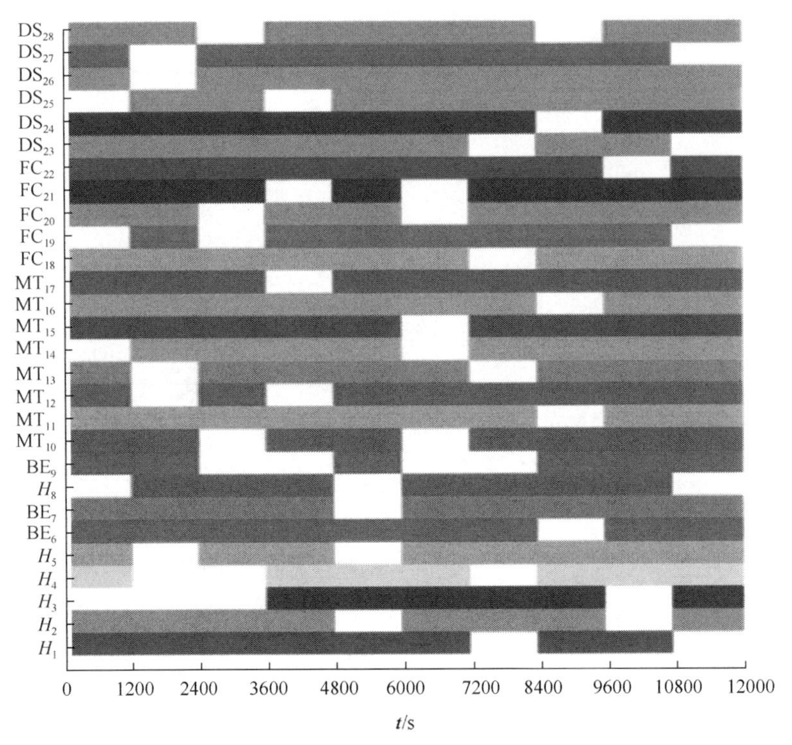

(a) 各电源的启停情况图(白色为停机，其他颜色为开机)

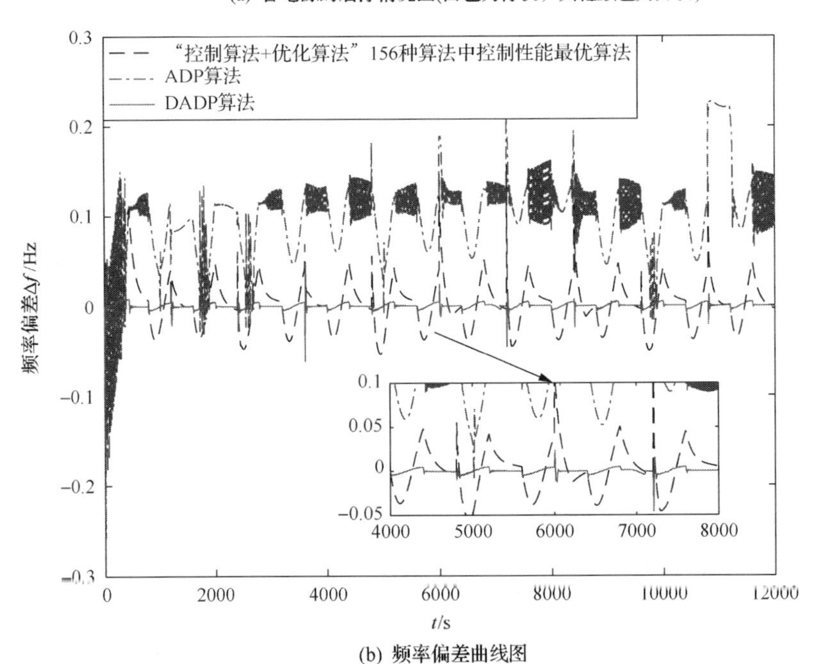

(b) 频率偏差曲线图

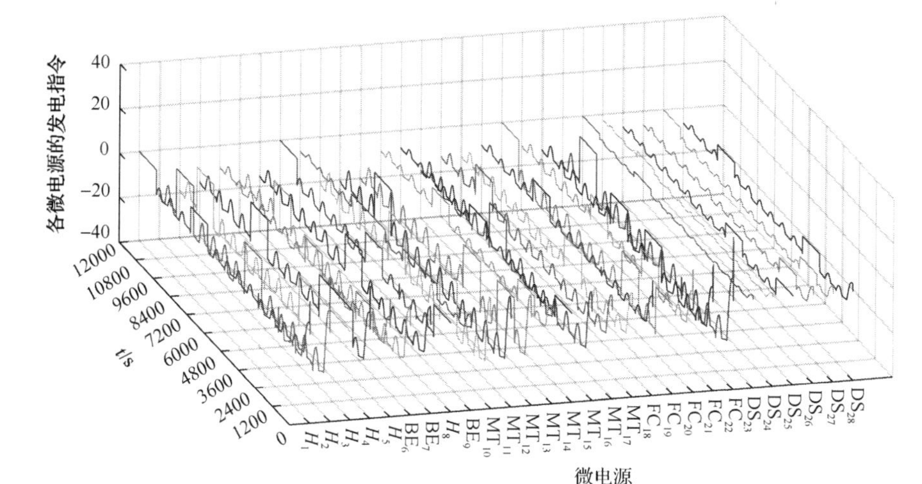

(c) DADP算法中各电源的发电指令曲线

图 7-11　DADP 算法在时变拓扑结构情况下的仿真结果

表 7-7　系统内部参数可变化的范围表

参数	参数取值范围/s			
H_1 的二次调频时延	2	3	4.5	5.5
BE_6 的二次调频时延	4	6	8	10
H_8 的二次调频时延	3	5	8	12
MT_{10} 的二次调频时延	2	4	5	6
MT_{14} 的二次调频时延	2	4	6	8
MT_{16} 的二次调频时延	3	5	7	9

从图 7-12 中，特别是图 7-12(c)中能看出，DADP 算法在保证频率偏差为最小的情况下，发电成本和所需计算时间最小，因此，能验证 DADP 算法在系统内部参数变化时仍然具有强鲁棒性，无须强化学习算法中的系统内部参数发生变化时的重新学习(训练)的过程。

将上述所有算法的仿真算例的结果进行统计，形成统计表，如表 7-8 所示。从表 7-8 能看出如下内容。

(1)在大量仿真对比下，ADP 算法相对于组合式算法的控制效果好，其频率偏差小于组合式算法，但因其精度不够高，其控制性能弱于对其改进的算法(DADP 算法)。

(2)针对智能微网的“一体化”发电调控问题，DADP 算法在所有算例中获得的频率偏差最小。

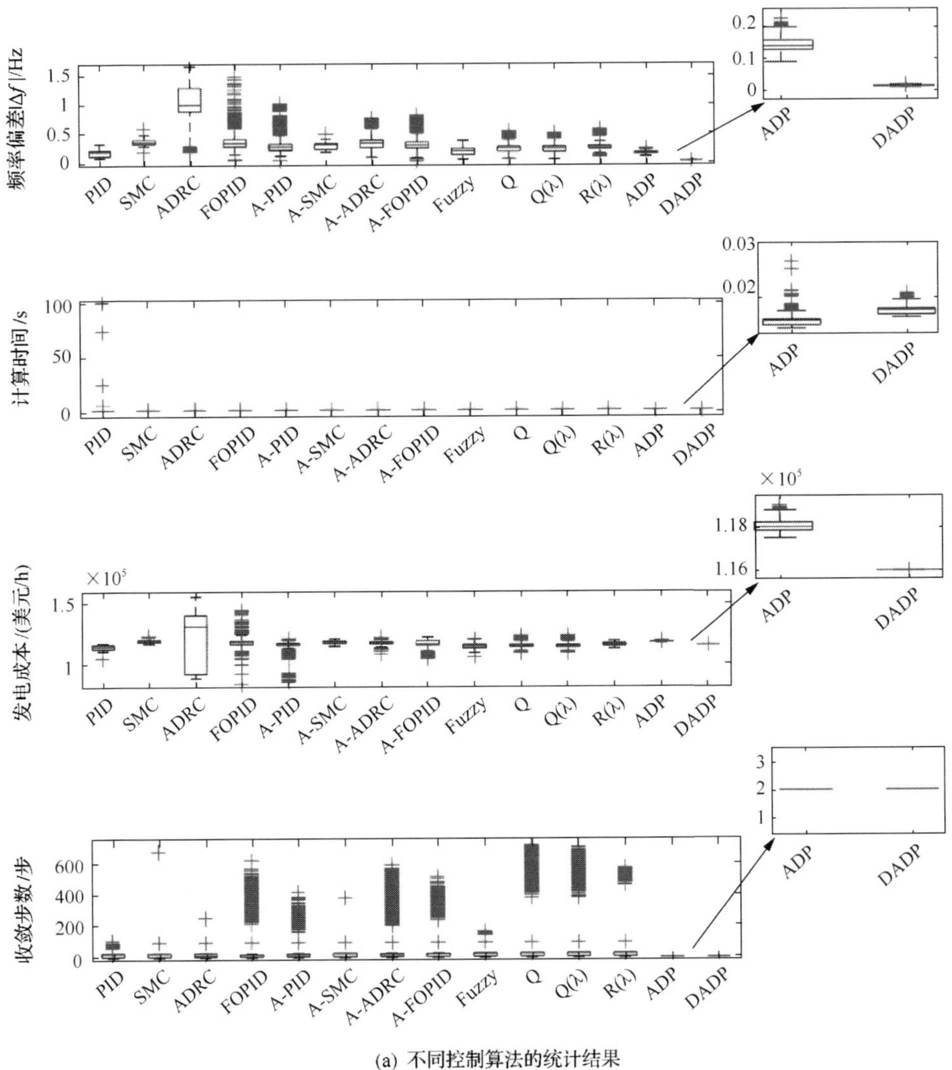

(a) 不同控制算法的统计结果

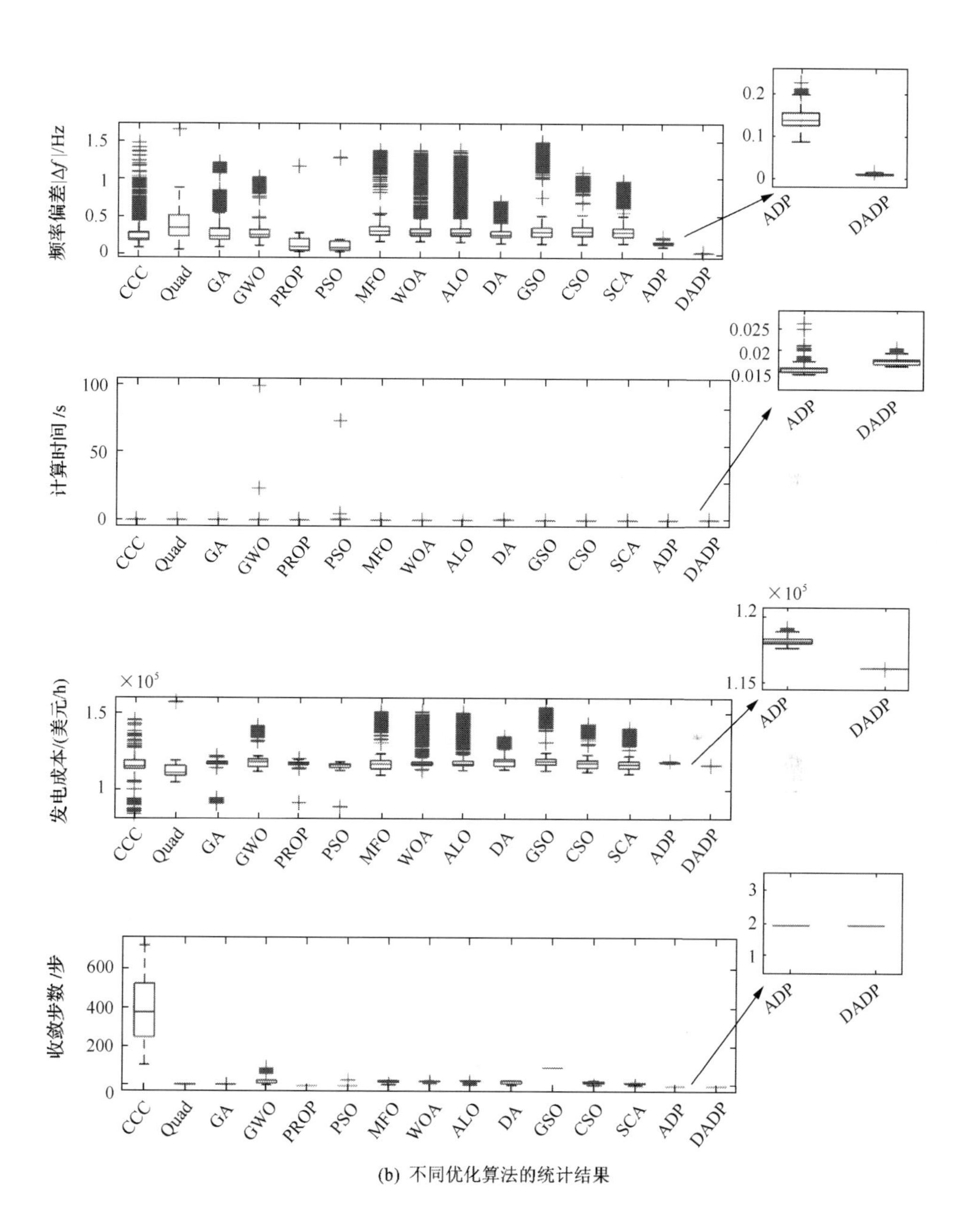

(b) 不同优化算法的统计结果

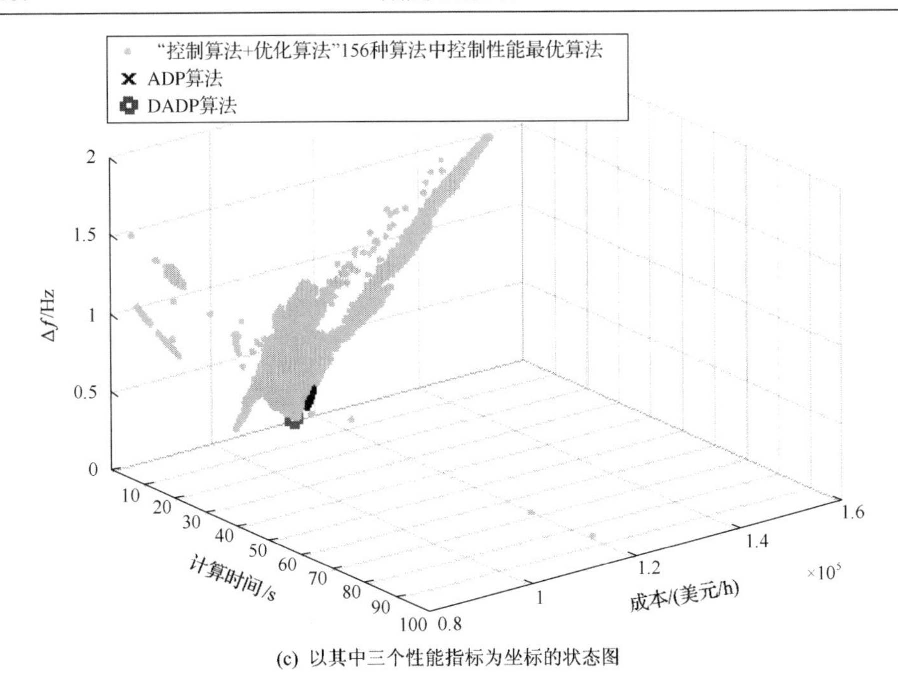

(c) 以其中三个性能指标为坐标的状态图

图 7-12　DADP 算法在系统内部参数变化情况下的仿真结果

表 7-8　智能微网仿真算例的结果统计表

对比算法	发电成本 平均值/(美元/h)	收敛时间 平均值/s	收敛步数 平均值/步	频率偏差 $\|\Delta f\|$ 平均值/Hz
PID	114346.2471	0.0968	37.57	0.1579
SMC	119760.5607	0.0731	76.13	0.3487
ADRC	123520.5751	0.0810	41.37	0.9931
FOPID	117977.3682	0.0772	49.37	0.3134
A-PID	116162.7808	0.0754	39.36	0.2363
A-SMC	118424.9519	0.0782	53.22	0.2805
A-ADRC	117176.1223	0.0779	54.91	0.2961
A-FOPID	116961.5691	0.0772	43.60	0.2625
Fuzzy	114565.9263	0.0745	35.62	0.1680
Q	115043.3969	0.0750	66.94	0.2100
Q(λ)	114923.5256	0.0753	66.77	0.2101
R(λ)	116170.9556	0.0756	64.48	0.2487
CCC	113688.5332	0.0022	394.76	0.2871
二次规划	115079.3377	0.0050	7.61	0.4499
GA	115584.9879	0.1164	8.00	0.3297
GWO	118921.7885	0.0113	27.44	0.3118
PROP	114984.2230	9.4×10^{-6}	2.00	0.1889

续表

对比算法	发电成本平均值/(美元/h)	收敛时间平均值/s	收敛步数平均值/步	频率偏差$\|\Delta f\|$平均值/Hz
PSO	113822.3790	0.4302	3.06	0.1840
MFO	118600.9489	0.0067	24.77	0.3745
WOA	117436.5432	0.0058	25.13	0.2937
ALO	117916.7883	0.0947	27.64	0.3021
DA	118780.8924	0.2955	23.24	0.2788
GSO	120858.7915	0.0272	100.00	0.3728
CSO	118620.6617	0.0143	21.17	0.3397
SCA	117824.2693	0.0059	16.95	0.3227
ADP	118088.4203	0.0155	2.00	0.1413
DADP	116024.1953	0.0174	2.00	0.0106

(3) 与其他算法相比，DADP 算法所需的计算步数极少，且其实际计算时间少，即所设计的“一体化”算法满足自动发电指令周期的要求。

(4) 因为深度神经网络的加入，DADP 算法比 ADP 算法的控制性能好。

(5) DADP 算法训练方法有效，能可靠地解决系统拓扑结构变化和系统内部参数发生较大变化给系统带来的问题，具有强鲁棒性。

(6) DADP 算法能“一体式”输出智能微网各机组的发电指令，能有效取代传统“发电控制+控制指令分配”的功能，具有在线更新能力，计算时间短，收敛性强，适合作为微网的二次调频控制策略。

7.2　孤岛主动配电网智能发电控制

7.2.1　基于多智能体一致性理论的分布式电源发电协同控制

随着小规模、低碳、非传统的可再生能源的开发利用，以及其以分布式电源的形式并入低压配电网，传统电网正从电力单向传输的无源被动配电网向电力双向传播的有源主动配电网转变。灵活智能的控制系统和先进的配电技术是安全、高效利用可再生分布式能源清洁电力的基础，智能配电网建设势在必行。

本书首先对常见分布式电源的发电原理、结构和数学模型进行研究分析，探讨分布式电源接入配电网的可行方式和并网原则，并参照国内外微网示范工程，结合分布式电源的特点，对几种典型的微网组网方式进行研究，并给出相应评价指标，在此基础上建立包含多个微网互联的智能配电网 AGC 物理/信息模型，并搭建相应的 LFC 模型；然后提出一种智能配电网分散自治框架和一种智能配电网 AGC 功率优化分配算法——基于等微增率一致性算法的 AGC 协同控制，并首次设计了一种虚拟一致性变量，解决一致性算法在 AGC 功率分配过程中遇到机组越限而不得不更新拓扑的难题，实现 AGC 机组的即插即用，并提出一种变收敛系数 ε 的方法，以提高一致性算法的收敛速度。

7.2.1.1　含多个微网互联的智能配电网模型

1. 分布式电源模型

1) 风力发电

风能作为最为常见的分布式清洁能源，是最具有利用前景的能源，各国都把风能作为本国能源战略的重点之一。风力发电是风能利用的主要形式，发电系统主要由风力机、传动机构、感应发电机桨距角控制系统和发电机控制系统组成，其中风力机的性能影响到整个风力发电系统的效率和电能质量[4,5]。理论上，风力机的能量转换效率最高为 59.3%，现代风力机的效率一般可达 45%，相对于光伏发电来讲，其转换效率还是相当高的。

风力机通过叶轮将空气流动的动能转化为机械能，所捕捉到的风能可表示为[6]

$$P = \frac{1}{2} C_{\mathrm{P}}(\lambda, \beta) \rho v^3 A \tag{7-14}$$

式中，P 为风力机所捕捉到的风能；ρ 为空气密度(1.25kg/m^3)；v 为风速；A 为风力机叶片的扫略面积；C_{P} 为风能利用系数，是表征风力机效率的参数；λ 为叶尖速比；β 为桨叶节距角。

风能利用系数 C_{P} 随风力机转速的变化、叶片旋转角速度的变化而变化。当风速低于切入风速时(约 5m/s)，风力机产生的电能不足以维持风机运行，因此此时并不产生电能。随着风速增加，风力机输出功率按风速呈指数增加，直到额定输出功率，变桨距装置随之动作，将风力机产生的机械功率控制在额定功率附近。通过调整风能利用系数 C_{P}，风力机输出功率与风速可以近似地维持为立方关系。当风速大于切出风速时(约 25m/s)，转子停止或维持理想低速旋转，如图 7-13 所示。

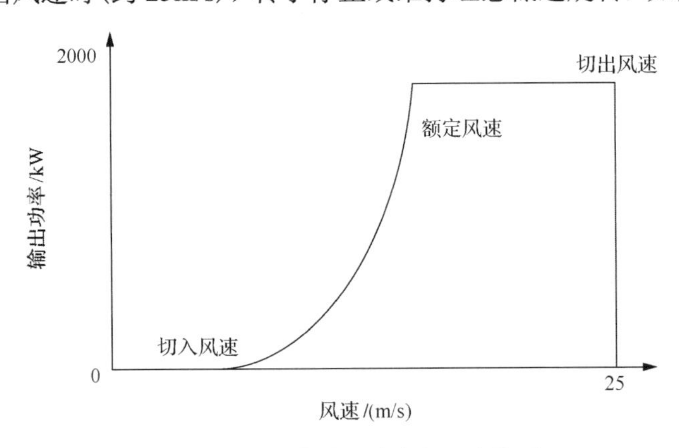

图 7-13　风力机输出功率与风速关系

当风叶旋转时，风速的不断变化会导致水平轴风力机转矩通常包含一个在固定频率下的周期分量。这种风速的变化是一系列自然现象的综合，如塔影效应、风切变、阵风等。恒速风力机中，这种转矩变化会引起输出功率的波动，并在所连接网络结构点引起电压波动，即引起电压闪变。对于风电场，多个风力机的电压闪变并不会同时发生，因此这种影响在多机系统中会减少。

2) 光伏发电

太阳能是一种巨大的可再生清洁能源，每 40s 传送到地球上的能量相当于 210 亿桶石油，全球一天的能源耗量、巨大的蕴藏量使得太阳能的开发利用受到大众的强烈关注，太阳能被认为是最具前景的能源。太阳能的开发利用形式多样，其以光伏发电为代表在全世界范围内迅速发展。

光伏发电利用半导体的光生伏特效应将光能转化为电能，能量足够强的光子照射在光伏材料上，能够使电子克服其所在原子的引力逃逸出来，形成光电子，光电子在电场中移动，从而产生光电流，太阳能光伏电池的等效电路如图 7-14 所示[7,8]。

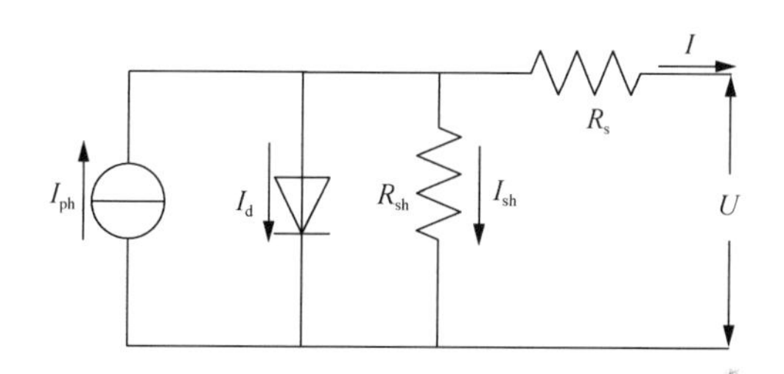

图 7-14　太阳能光伏电池等效电路

根据太阳能光伏电池等效电路可得

$$I = I_{\mathrm{ph}} - I_{\mathrm{d}} - I_{\mathrm{sh}} \tag{7-15}$$

式中，I 为流过负载的电流；I_{ph} 为与日照强度成正比的光生电流；I_{sh} 为漏电流。

考虑到 R_{s} 的影响，有 $U_{\mathrm{d}}=U+IR_{\mathrm{s}}$，则暗电流可等效简化为

$$I_{\mathrm{d}} = I_0 \left\{ \exp\left[\frac{q\left(U + IR_{\mathrm{s}}\right)}{\alpha KT} \right] - 1 \right\} \tag{7-16}$$

式中，I_0 为反向饱和电流；q 为单位电荷；K 为玻尔兹曼常数；T 为热力学温度；α 为 PN 结理想因子；R_{sh} 为光伏电池并联等效电阻；R_{s} 为光伏电池串联等效电阻。

式(7-16)可解释为，在给定电流值下，基本光伏电流-电压曲线中对应的电压需左移 $\Delta U = IR_{\mathrm{s}}$。

此外，考虑到负载电流为 I，输出电压为 U，则可得到

$$I_{\text{sh}} = \frac{U + IR_{\text{s}}}{R_{\text{sh}}} \tag{7-17}$$

最后，综合考虑串联电阻和并联电阻的光伏等效电路，结合以上各式，并假定电池温度为标准 25℃，太阳能电池的输出特性，也即电压电流方程为

$$I = I_{\text{pv}} - I_0 \left\{ \exp\left[\frac{q(U + IR_{\text{s}})}{\alpha KT} \right] \right\} - \frac{U + IR_{\text{s}}}{R_{\text{sh}}} \tag{7-18}$$

式中，I_{pv} 为光伏行业利用太阳能发电电流。

3)微型燃气轮机

微型燃气轮机(Microturbine，MT)是一类新兴的，单机功率为 25～300kW，并以天然气、甲烷等为燃料的超小型燃气轮机。其基本技术特征是采用径流式叶轮机以及回热循环，在独立满负荷运行时，其工作效率可达 30%以上，如果实行热电联产，其运行效率可以提高到 80%[9]。微型燃料汽轮机发电系统如图 7-15 所示。

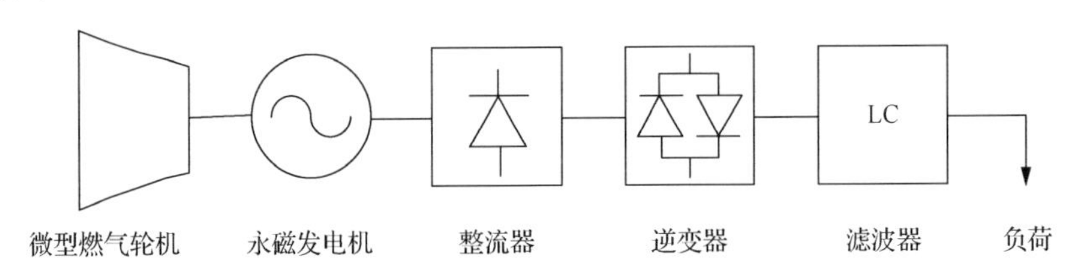

图 7-15　微型燃气轮机发电系统

微型燃气轮机输出功率可以通过改变燃料输入量加以调节。一般情况下，微型燃气轮机的输出功率与燃料量成正比，即微型燃气轮机输出功率可以定义为燃料量的函数[10]：

$$P_{\text{out}} = \text{HV}\,\eta_t m_f \tag{7-19}$$

式中，P_{out} 为微型燃气轮机的输出功率；HV 为燃料热值；η_t 为微型燃气轮机的工作效率；m_f 为燃料质量的流速率。

4)微型水电

水力发电是电力来源的重要组成部分，约占全球发电总量的 19%，在一些水资源丰富的地区其甚至可以占到 90%。微型水电是指容量小于 100kW 的水电系统，一般采用顺河式设计，也就是没有大坝存储水量，因此不会影响生态环境。微型水电原理与常规水电相同，通过水流推动水轮机旋转，实现势能到机械能的

转化，然后由水轮机带动发电机发电，完成机械能到电能的转化[10]。

水中存储的能量有三种形式：势能、水压能和动能。首先，水从高处流向低处，这种高度差决定了水具有势能；引水管道中受到挤压的水在释放后也可以做功，因此具有水压能；同时由于水的流动性，其也具有动能。可以以重量为基准衡量这三种形式的能量，此时能量被称为水头，水头能量 E_{H} 可以表示为

$$E_{\mathrm{H}}=z+\frac{p}{\gamma}+\frac{v^2}{2g} \tag{7-20}$$

式中，z 为水源相对于水电站的高度差；p 为水的压力；γ 为重度；v 为水流的平均速度；g 为重力加速度。

理论上，水电的输出功率可以简单地表示为水头和水流量的函数：

$$P_{\mathrm{out}}=QH\eta\rho g \tag{7-21}$$

式中，Q 为水流量；H 为水电站的有效水头；P_{out} 为水电站输出功率；ρ 为水密度；g 为重力加速度；η 为水电站综合利用效率。

5) 燃料电池

燃料电池是一类将化学能直接转化为电能的静态电化学发电装置，其具有燃料利用效率高、功率密度大、清洁环保、可按需定容等特点，可以作为并网发电装置与后备电源应用。根据电解质的不同，燃料电池主要可分为碱性燃料电池(alkaline fuel cell，AFC)、质子交换膜燃料电池(proton exchange membrane fuel cell，PEMFC)、磷酸燃料电池(phosphoric acid fuel cell，PAFC)、熔盐燃料电池(molten salt fuel cell，MCFC)、固体氧化物燃料电池(solid oxide fuel cell，SOFC)等类型。

燃料电池的性能由运行温度、运行压力、燃料组成和氧化程度等条件下的伏安特性所决定，其中最重要的影响因素是燃料和氧化剂。燃料电池内部发生化学反应的燃料可以表示为燃料摩尔净入量的函数：

$$U_{\mathrm{f}}=\frac{H_{\mathrm{in}}-H_{\mathrm{out}}}{H_{\mathrm{in}}} \tag{7-22}$$

式中，H_{in} 和 H_{out} 分别为燃料电池输入口和输出口的气体摩尔量；U_{f} 为燃料电池内部反应燃料。

应用法拉第定律，可以将燃料电池的输出电流 I_{FU} 表示为燃料的函数：

$$I_{\mathrm{FU}}=\frac{2FU_{\mathrm{f}}\left(H_{\mathrm{in}}-H_{\mathrm{out}}\right)}{N_{\mathrm{cell}}N_{\mathrm{s}}} \tag{7-23}$$

式中，F 为法拉第常数；N_{cell} 为每组燃料电池的个数；N_{s} 为系统中燃料电池的组数。其意义为输出电流是燃料电池所消耗氢量的函数。

燃料电池的出口电压可以近似为燃料电池的反向电势，由正极侧和负极侧气体量所决定。根据式(7-22)、式(7-23)和纳维-斯托克斯方程可以表示为

$$V_{\mathrm{out}} = E_0 + \frac{R_{\mathrm{g}}T}{2F}\ln\left\{\frac{\left(P_{\mathrm{H_2}}P_{\mathrm{O_2}}^{0.5}P_{\mathrm{CO_2}}\right)}{P_{\mathrm{H_2O}}P_{\mathrm{CO_2}}}\right\} \tag{7-24}$$

式中，E_0 为燃料电池的反向电动势；R_{g} 为理想气体常数；T 为热力学温度；$P_{\mathrm{H_2}}$、$P_{\mathrm{O_2}}$、$P_{\mathrm{CO_2}}$、$P_{\mathrm{H_2O}}$ 为氢气、氧气、二氧化碳、水蒸气的压强；P 为气体的压力。可以看出，燃料电池省去了热能推动机械做功的环节，因此其效率不受卡诺热机效率的限制，其电能转化效率可达 65%左右[11]。

6) 储能装置

风电、光伏发电等新型电源属于波动性甚至间歇性电源，其生产的电能具有显著的随机性和不确定性，受自然环境制约，容易对电网产生冲击，严重时甚至会引发电网故障。在大电网中，具有大转动惯量的同步发电机组可以维持负荷动态平衡，抑制系统频率瞬时变化，而在配电网中，光伏电池、燃料电池属于静止发电装置，无旋转部件，配电网总体旋转动能小。因此，为了充分利用可再生能源并保障其作为电源的供电可靠性，保证配电网的频率动态稳定，需要储能装置对这种难以准确预测的分布式新能源进行及时的控制和抑制。

目前，储能技术主要有三大类：化学储能、物理储能和电磁储能。其中化学储能包括铅酸电池、锂系电池等蓄电池，物理储能包括飞轮储能、压缩空气储能、抽水蓄能等，电磁储能包括超导储能、超级电容器储能等[12,13]。储能技术可广泛应用于电动汽车、分布式电源、微网等多个方面。

飞轮储能是一类将电能转化为惯性机械能进行储存的技术，具有转换效率高、使用寿命长、储能密度大、清洁环保等特点。在储能阶段，多余的电能通过驱动电动机带动飞轮旋转，将电能转化为动能存储在高速旋转的飞轮中；在放电阶段，飞轮飞过来带动发电机运行，释放动能产生电能[14]。飞轮储能以绕着中心轴高速旋转的飞轮存储动能，其能量可表示为

$$E = \frac{1}{2}J\omega^2 = \frac{1}{4}mv^2 \tag{7-25}$$

式中，J 为飞轮的转动惯量；ω 和 v 分别为飞轮角速度和其外缘线速度。由式(7-25)可知，通过增加飞轮质量，提高飞轮外缘线速度均可提高飞轮的储能量。飞轮储

能系统不仅可用于有源配电网中平抑间歇式能源带来的有功功率波动，也提高了配电网的旋转惯量，对改善配电网电能质量，提高配电系统的稳定性起到了重要作用。

2. 分布式电源接入方式

分布式电源并网运行对配电网的电压、频率、电能质量和保护策略等有不同程度的影响，且考虑到分布式电源接入后新型配电网调度运行方式、规划原则、事故应急与检修管理有所改变，因此必须对分布式电源的接入方式进行相应的约束和规范。目前，分布式电源接入配电网的方式有直接接入、微网集成接入和虚拟发电厂接入。

1) 直接接入

直接接入，即分布式电源直接通过并网变压器与配电网相连接。一般情况下，分布式电源按照其容量大小接入特定的电压等级，并选择合适的接入点。对于容量较大的分布式电源(distributed generation，DG)，可以通过联络线接入附近的变电站母线上，而对于容量较小的单一分布式电源，为减少并网投资，可以就近并在配网馈线上，如图 7-16 和图 7-17 所示。由于直接接入方式并没有解决分布式电源接入对接入点电压、电能质量、保护的影响等问题，其目前并未推广应用。

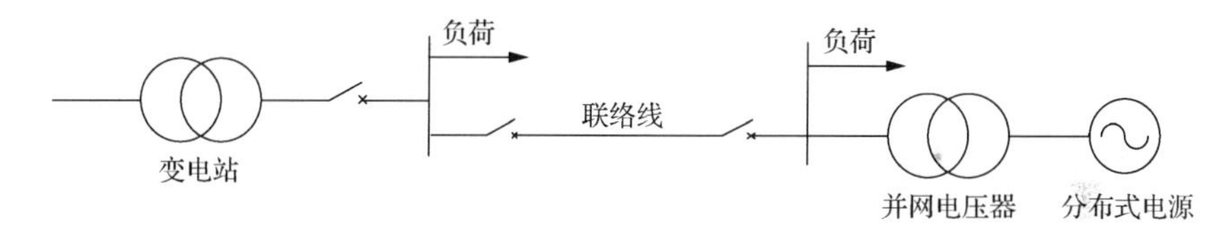

图 7-16　分布式电源直接接入变电站母线

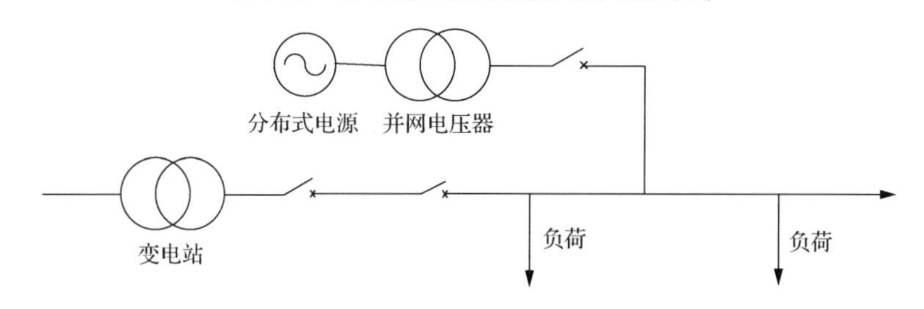

图 7-17　分布式电源直接接入配网馈线

2) 微网集成接入

微网集成接入是指将多个分布式电源及相关负荷按照一定的拓扑结构接入具有自主控制、管理和保护功能的微型电网。当用户侧存在多种类型的分布式电源，且可以满足电力供需就地平衡的条件时，一般可以采用微网集成接入的方式，如图 7-18 所示。

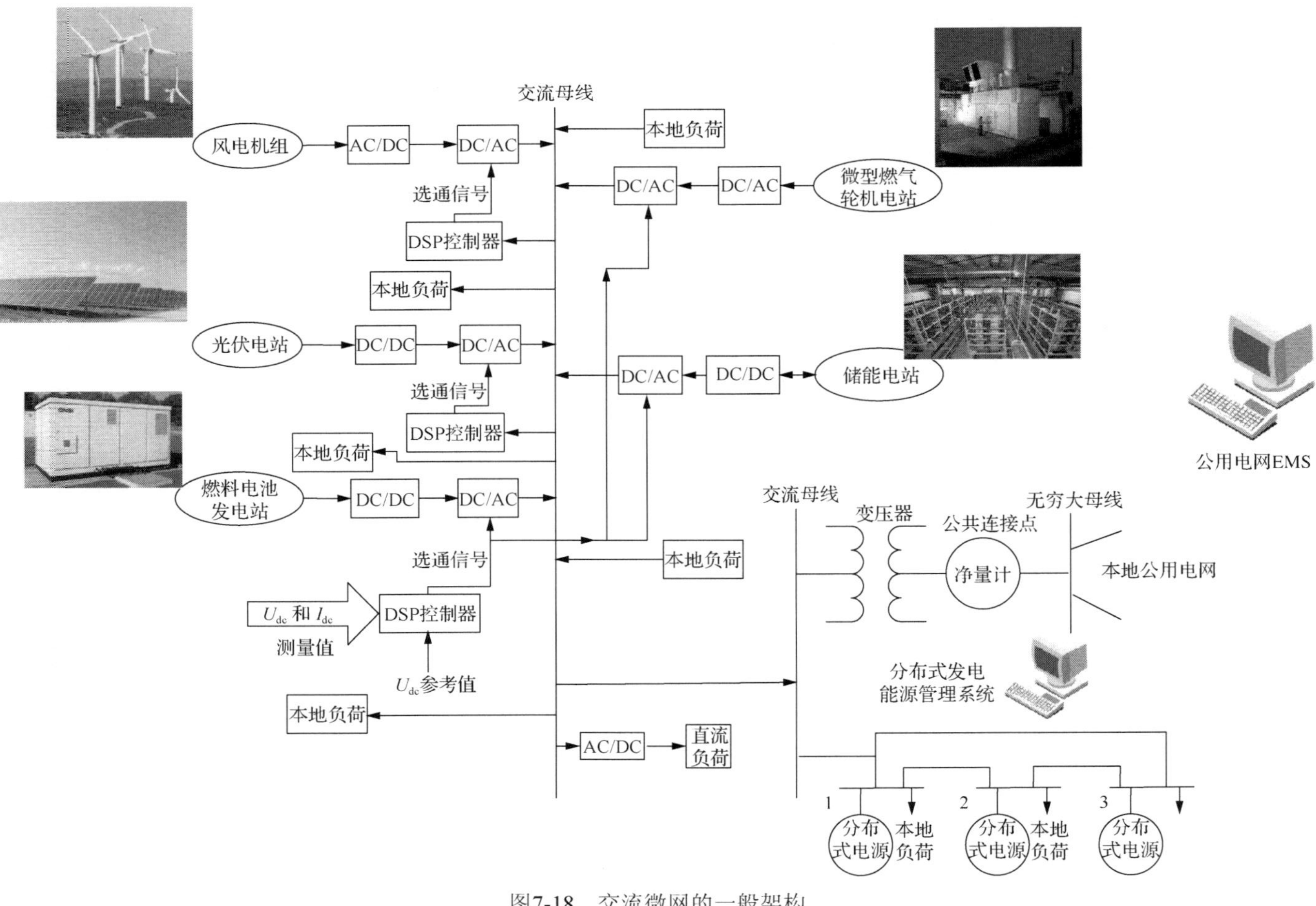

图7-18　交流微网的一般架构

相对于大电网而言，微网可以看成一个可控单元，既可以并入配电网运行，也可离网独立运行。微网技术用于解决分布式电源，尤其是可再生能源的兼容性问题，通过一系列协调控制技术实现分布式电源在微网内部的优化运行，并满足本地负荷电能质量的要求。作为一种自下而上的技术手段，微网能集中解决网络正常运行时的并网运行以及当网络发生扰动时的孤岛运行，是实现分布式电源与本地配电网耦合的最为合理的技术方案。根据实际需要，微网可实现特定的本地目标：提高负荷可靠性、减少碳排放、控制运行成本等，具有非常大的经济效益和社会价值。

3)虚拟发电厂接入

虚拟发电厂(virtual power plants，VPP)接入是指将配电网中分散安装的分布式电源和可控负荷通过电力网络和通信网络有机地结合起来，作为一种特殊的发电厂形式进行统一调度和并网运行。与微网的形式不同，这种接入方式可以在更大的空间范围内整合各种分布式电源，根据分布式电源的功能特性来优化组合和配置，而这种广域的资源整合和调配依赖于先进的通信技术和调度控制技术。

虚拟发电厂根据职能属性的不同，可分为商务虚拟发电厂(commercial VPP，CVPP)和技术虚拟发电厂(technological VPP，TVPP)[15]。CVPP 主要实现电力市场商务管理，组合所有发电厂的发电特性和成本，制订统一的发电计划，根据发电计划向日前市场、调度市场及辅助服务市场提出报价，并对电力市场进行风险评估。TVPP 集成了一定地理区域内可能分属于不同 CVPP 的所有发电机组，根据各 CVPP 制订的发电计划，结合电网约束和实际运行条件，对各电网和发电机组进行监测控制及安全校核，并将运行状态反馈给相关 CVPP。

虚拟发电厂的提出对整合分布式电源、优化配电网投资、提高配电网电力市场运行灵活性起到了重要作用，是实现智能配电网的重要技术之一。

3. 微网组网方式及评价指标

1)微网常见组网方式

我国幅员辽阔，可再生能源含量丰富。针对不同的地区、不同的能源结构、不同的用户需求，微网的具体结构组成也有所不同。根据我国可再生能源分布情况，结合国内外已有的微网示范工程建设经验，可总结出几种典型的微网组网方式：独立电源型微网、含风光柴储型微网、以微型水电为主的微网、含微型燃气轮机的冷热电联供型微网等[16,17]。

(1)独立电源型微网。由于自然条件的制约，对于某些可再生能源种类单一的地区，应当建设容量匹配的由独立分布式电源供电，以适当储能装置作为调节的微网。目前最为常见的独立电源型微网以风储和光储为主[18,19]。

风力资源丰富的山区、草原和海岛是独立风电型微网建设的重点对象。对于地处偏远的内蒙古草原，电网覆盖薄弱，是小型风电机组推广应用的绝佳地区，在此基础上建设改造成为微网，可实现自发自用、余量上网。位于新疆的吐鲁番盆地，太阳能资源极丰富，年日照时间超过 3000h，日照百分率达到 69%，适宜建设小型光伏电站，并通过微网 EMS 对发电、负荷和储能进行调度管理，在满足本地电力需求的同时可以向电网馈送功率。

独立电源型微网电源结构简单，加上风力发电和光伏发电随机性及间歇性强，而大容量的储能设备价格昂贵，因此为了保证用户的电能质量，通常需要在大电网的支撑下并网运行。对电能质量要求不高的偏远山区和海岛，也可离网运行。

(2) 风光柴储型微网。风光柴储型微网是目前国内外研究和应用最广泛的微网类型。我国多地具有白天风力小、夜间风力大的特点，通过利用太阳能和风能在时间上的互补性，合理配置风机和光伏的发电比例，可以极大地提高单一电源供电的可靠性和出力稳定性，辅以柴油发电和储能装置，可进一步平抑可再生能源的短时波动性，保证供电质量[20]。

此类微网之所以应用广泛，得益于其可以适用于多类场景。无论中心城市还是偏远农村，东部沿海还是西部内陆，只要综合考虑当地自然资源分布情况和经济发展情况，就可因地制宜地建设风光柴储型微网。经济较发达、风光资源丰富的东部沿海和城市，负荷密集，对电能质量要求高，可建立并网/离网型微网系统。并网运行时系统既可自发自用、余量上网，也可采用受控并网的方式，控制并网点输入输出功率；在电网故障时也可以离网运行，保证微网内部重要负荷的供电。对于电网覆盖薄弱的偏远地区和海岛，微网多运行在离网模式下，应该合理配置电源容量，在供电可靠性和投资效益之间进行折中。

(3) 以微型水电为主的微网。我国水力资源丰富，分布广泛，因地制宜地开发微型水电是合理利用自然资源、解决偏远地区的能源问题、改善能源结构、节能减排的有效措施。

我国的微型水电站通常为径流式电站，大部分无调节水库，具有鲜明的季节性特点，丰水期水量充足，满足额定运行的同时仍需要大量弃水，而枯水期水能不足，发电量急剧减少，难以满足负荷需求。受河流流量和落差的限制，微型水电的装机容量通常小，供电电压等级低，供电半径短，因此微型水电规模小、分布广，自然形成分布式电源状态[5]。

由于微型水电往往位于农村地区和偏远山区，对供电可靠性要求不高，构建含微型水电的微网的主要目的是最大限度地利用当地的水力资源。而径流式微型水电流量小、无调节水库，在枯水期难以保证足够的供电容量[10]。结合我国太阳能、风能和水能的季节特性，夏季丰水灌溉期的太阳能丰富，冬季枯水期的风能丰富，所以常将微型水电与风电和太阳能光伏发电相结合构建微网，以充分发挥能源互补的优势。一方面风电和光伏发电可以作为微型水电出力季节性变化的补充，另一方面微型水电也可实时快速地补偿风电和光伏发电出力的不稳定性，解决了风电的间歇性和随机性难题。

(4)冷热电联供型微网。冷热电联供型微网以基于微型燃气轮机的冷热电联供系统为核心，包含多种分布式电源和冷热电三种能量形式供应的微网类型。冷热电联供系统根据能量梯级利用的原理，将燃料燃烧释放的能量用来生产高品位电能，将回收的余热用于制热或制冷，这种能源综合利用技术可使一次能源利用率提高到 80%左右[21]。

由于冷热电联供型微网系统能量形式复杂，需要同时响应用户冷热电负荷的需求，如果还含有可再生能源的接入，电源侧的随机性和用户侧响应的多元性将使微网系统能量管理和优化调度十分复杂。因此，完善的 EMS 和灵活的调度策略是实现高效联产的关键。目前，基于微型燃气轮机的控制策略包括“以热定电”和“以电定热”两种。“以热定电”是指优先满足用户的热负荷需求，电量的不足或盈余通过电网来平衡；“以电定热”则优先满足系统的电力供需平衡，在产热不足的情况下可能无法满足用户冷、热负荷需求，产热过多则会造成浪费。这要求微网在规划之初充分考虑能源结构设置和电源容量配比。

2)微网评价指标

作为衡量微网性能优劣的重要标尺，完善的评价指标体系对更好地评估微网、改善微网结构、提高微网运行性能意义重大。根据微网并、离网运行方式的不同，其相应的评价指标有所不同。其中，通用的评价指标包括经济性指标、可靠性指标、环保性指标三大类[16]。

(1)经济性指标。微网经济性指标主要包括投资成本、成本效益和投资回收期。投资成本可通过计算全生命周期成本来反映，全生命周期常用的描述方式包括总净现成本、等年值成本和单位供电成本；成本效益分析通过比较项目综合成本和综合效益来对项目进行评估与决策，将待选方案的效益逐一进行量化计算进而遴选出最佳方案，实现投资效益最大化，其基本表现形式包括净效益形式和效费率形式；投资回收期表征项目净收益补偿原始投资的周期，可分为静态投资回收期和动态投资回收期两类，其中后者考虑了资金的时间价值，因此更为常用。

(2)可靠性指标。微网作为一个小型发电系统，承担着一定范围内的发输配电和功率平衡的职责，微网可靠性对配电网系统运行和用户的重要性不言而喻。微网可靠性指标与传统配电网可靠性指标相似，可分为频率指标、概率指标、时间指标和期望指标四类，主要包括失负荷率、电力不足频率、电力不足持续时间、电力不足期望值、电量不足期望值、平均供电可靠率等。

(3)环保性指标。微网由于能大量消纳小规模可再生清洁能源，协调可再生能源间歇性和大电网运行稳定性之间的矛盾而受到广泛关注与研究，因此环保性是微网的一大重要特征。微网环保性指标主要有减排效益和可再生能源发电占比，减排效益即减排单位量污染物所对应减少的污染损失经济价值，可再生能源发电占比即可再生能源总发电量占微网系统总发电量的比值。

除了上述三类综合评价指标，对于并网运行的微网还有专门的并网性能评价指标，如描述微网电量使用情况的自平衡率、自发自用率，描述微网资产利用率的联络线利用率、设备利用率，描述微网对大电网影响的自平滑率、稳定裕度等，完善的评价指标体系对微网优化规划和控制运行具有重大的指导意义和实践意义。

4. 含多个微网互联的智能配电网 AGC 物理/信息模型

单个微网的并网容量较小，根据 IEEE 的建议，微网最大容量通常在 10MVA 以内。当其连接到配电网时通常不会对主网的稳定性有显著影响。但是随着新能源电源的开发利用越来越普遍，分布式电源的渗透率逐渐增高，对主电网的安全性和稳定性影响更加显著。保证微网的合理运行和管理，制定微网与主网之间的动态交互规则，成为分布式电源开发和微网推广运行的关键问题。

微网通常被设计在配电网电压等级下运行，可以将一个配电网的负荷分为几个可控的负荷单元，并通过多个微网或者分布式电源对每个负荷单元进行供电。通过这种微网互联的方式，不仅可以更好地消纳各类新能源，形成更大的电力库，而且互联的微网可实现有功和无功的相互支持，进一步提高配电网的稳定性、可控性和可靠性。

下面搭建了既包含多种中小型分布式能源(如小水电、风电、生物质能等)，又包含了几种较典型的微网结构(如柴油-风、微燃-光伏、燃料电池-光伏等组合类型)的智能配电网 AGC 物理/信息模型。该模型共包含了一个配电网及三个微网，参与智能发电控制的调频机组共 19 台，总可调容量为 2760kW，考虑到 AGC 调节过程中，光伏发电和风电不参与调频，看作负负荷扰动。每台可调机组对应一个智能体，各智能体之间的通信拓扑结构如图 7-3 所示。

在上述配电网模型的基础上，这里搭建了相应的 LFC 模型，如图 7-19 所示。

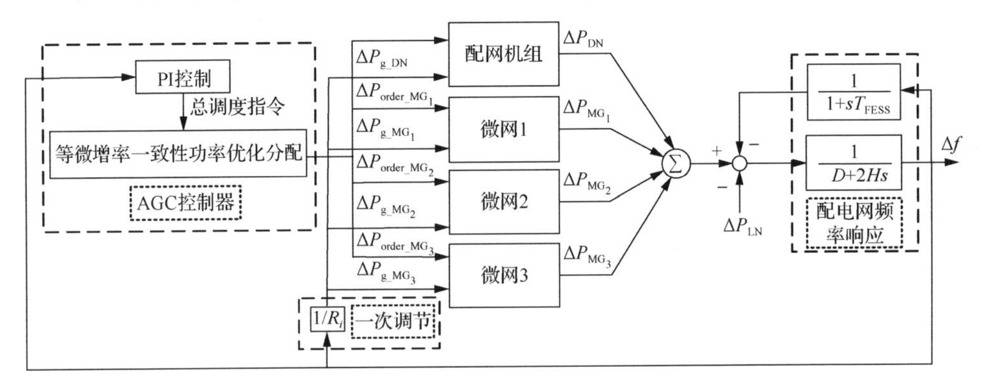

图 7-19　智能配电网 LFC 模型

其中，ΔP_{g_DN}表示配电网机组一次调频指令，ΔP_{order_DN}表示配电网 AGC 机组经功率优化分配后的调度指令，ΔP_{DN}表示配电网 AGC 机组实际输出功率，其余机组以此类推。D 表示配电网系统的阻尼系数，取 D=1；H 表示配电网系统的惯性常数，取 H=7；T_{FESS}表示飞轮储能系统的时延，取 $T_{FESS=}0.1$；R_i表示机组 i 的一次调频下垂常数。

AGC 机组的相关参数如表 7-9 所示。其中，T_s表示机组二次调频时延；ΔP_{Gi}^{max}和ΔP_{Gi}^{min}分别表示 AGC 机组可调容量的上下限；R_{up}和 R_{down}分别表示 AGC 机组的上调和下调速率，C_i表示 AGC 机组的发电成本。

表 7-9　AGC 机组相关参数

区域	机组	T_s/s	ΔP_{Gi}^{max} /kW	ΔP_{Gi}^{min} /kW	R_{up}/(kW/s)	R_{down}/(kW/s)	C_i/(美元/h)[22]		
							a_i	b_i	c_i
配电网	H_1	3	250	–250	15	–15	0.0001	0.0346	8.5957
	H_2	3	150	–150	8	–8	0.0001	0.0335	8.0643
	H_3	3	150	–150	8	–8	0.0001	0.0335	8.0643
	H_4	3	100	–100	7	–7	0.0001	0.0314	7.6248
	H_5	3	100	–100	7	–7	0.0001	0.0314	7.6248
	BE_6	10	200	–200	3	–3	0.0004	0.0656	8.7657
	BE_7	10	200	–200	3	–3	0.0004	0.0656	8.7657
微网 1	MT_8	5	100	–100	1.2	–1.6	0.0002	0.1088	5.2164
	MT_9	5	100	–100	1.2	–1.6	0.0002	0.1088	5.2164
	MT_{10}	5	150	–150	1.8	–2.4	0.0002	0.1164	5.4976
	MT_{11}	5	150	–150	1.8	–2.4	0.0002	0.1164	5.4976
微网 2	MT_{12}	5	150	–150	1.8	–2.4	0.0002	0.1164	5.4976
	MT_{13}	5	150	–150	1.8	–2.4	0.0002	0.1164	5.4976
	FC_{14}	2	150	–150	6	–6	0.0003	0.1189	3.5442
	FC_{15}	2	150	–150	6	–6	0.0003	0.1189	3.5442
微网 3	DS_{16}	7	120	–120	1	–1	0.0004	0.2348	10.9952
	DS_{17}	7	120	–120	1	–1	0.0004	0.2348	10.9952
	DS_{18}	7	120	–120	1	–1	0.0004	0.2348	10.9952
	DS_{19}	7	120	–120	1	–1	0.0004	0.2348	10.9952

前面对常见分布式电源的发电原理、结构和数学模型进行了研究分析，探讨了分布式电源接入配电网的可行方式和并网原则，并参照国内外微网示范工程，结合分布式电源的特点，对几种典型的微网组网方式进行了研究，并给出了相应的评价指标，在此基础上建立了包含多个微网互联的智能配电网 AGC 物理/信息

模型及其 LFC 模型。

7.2.1.2 基于等微增率一致性算法的 AGC 协同控制

1. 一致性算法

1) 图论基本知识

一个图 G 是指一个二元组 (V_G,E_G)，其中，非空有限集 $V_G=\{v_1,v_2,\cdots,v_n\}$ 为顶点集，顶点集 V_G 中无序或有序的元素偶对 $e_k=(v_i,v_j)$ 组成的集合 E_G 为边集。若 e_k 为无序元素偶对，则图 G 称为无向图；若 e_k 为有序元素偶对，则图 G 称为有向图。显然，无向图可以看作特殊的有向图。一个不包含自环和多重边的图称为简单图。

设 $G=(V,E)$ 是含有 n 个顶点的图，矩阵 A 为 G 的邻接矩阵，其中 a_{ij} 为邻接矩阵 A 中的第 i 行、第 j 列元素。对于无权重的无向简单图，矩阵 A 是对称的，且对角元素 $a_{ij}(i=j)$ 为 0。此外，拉普拉斯矩阵 $L=[l_{ij}]$，其中

$$l_{ij}=\begin{cases}-a_{ij}, & j\neq i\\ \sum\limits_{j=1,j\neq i}^{n}a_{ij}, & i=j\end{cases} \tag{7-26}$$

式中，l_{ij} 为矩阵 L 的元素。这里考虑的通信拓扑为无权重无向简单图。

2) 离散系统一阶一致性

设 $x_i(k)$ 为智能体 i 在 k 时刻的某一状态，如电压、频率、发电成本等物理特性。通常认为，当且仅当对任意 i、j 都有 $x_i(k)=x_j(k)$ 时,多智能体系统达到一致性状态。考虑到实际系统中通信传输数据通常具有一定时间间隔，所以采用离散时间一阶一致性算法进行研究。无领导者的离散时间一致性算法[23]可描述为

$$x_i[k+1]=\sum_{j=1}^{n}d_{ij}x_j[k],\quad i=1,2,\cdots,n \tag{7-27}$$

式中，d_{ij} 为行随机矩阵 D 中的元素，定义如下：

$$d_{ij}=\left|l_{ij}\right|\Big/\sum_{j=1}^{n}\left|l_{ij}\right|,\quad i=1,2,\cdots,n \tag{7-28}$$

对于有领导者的离散时间一致性算法，其领导者的更新公式为

$$x_i[k+1]=\sum_{j=1}^{n}d_{ij}x_j[k]+\varepsilon g(x[k]) \tag{7-29}$$

式中，ε 为一个正实数，它反映了一致性算法的收敛性能，称为收敛系数；$g(x[k])$ 为一致性网络的输入偏差，为其他智能体达成一致性提供参考方向。其他智能体的更新规则与无领导者的离散时间一致性算法相同。

2. 智能配电网分散自治框架

电力系统的经济调度问题(economic dispatch problem，EDP)实际上是在保证系统安全、稳定的前提下，如何使运行成本达到最低的问题。然而，在配电网发生负荷扰动或风、光等电源发生功率扰动后，AGC 控制器快速地把总功率分配到各个调频机组，这时整个孤岛智能配电网的机组发电功率往往偏离了最优的经济运行点。为此，这里提出一种基于等微增率的一致性算法，保证 AGC 调节后各机组的出力仍能最优经济运行，有效协调了二次调频功率分配和三次调频功率分配的配合。

如图 7-20 所示，传统集中控制框架 AGC 的过程包括：①采集本地的频率偏差，通过一定的控制器(采用 PI 控制)跟踪获得一个 AGC 总功率指令；②采集所有 AGC 机组的实时运行状态，并根据一定的策略或算法向每台 AGC 机组分配功率指令。与之相比，在协同一致性控制框架下，AGC 的过程包括：①由其中一台机组(领导者)负责跟踪 AGC 总功率指令；②每个机组与相邻机组进行信息交流，在每个 AGC 周期内，所有机组通过一致性算法，在某一状态量或目标上达成一致后，分别得到自己的 AGC 功率调节指令。

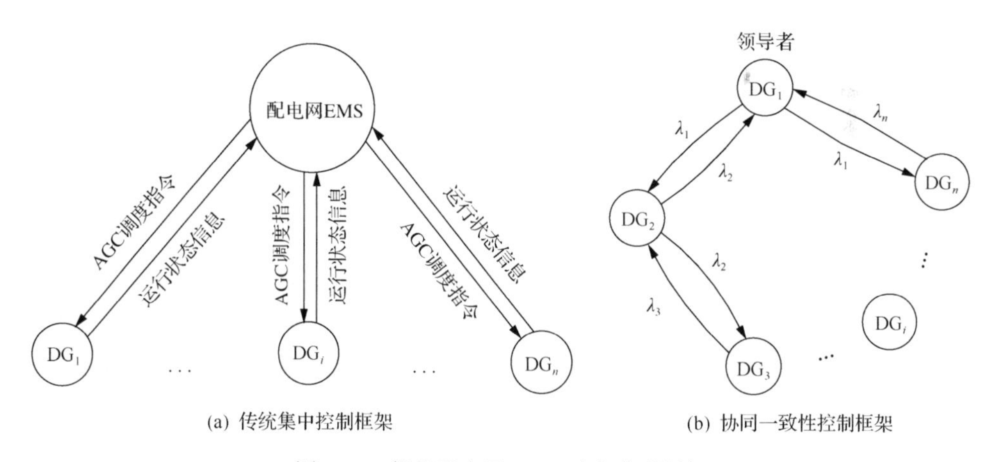

(a) 传统集中控制框架　(b) 协同一致性控制框架

图 7-20　智能配电网 AGC 功率分配框架

从控制器可靠性的角度来看，协同一致性控制不受制于单一集中控制器的集中计算和指令分配，个别智能体发生故障时，剩余智能体仍能进行信息处理和交互并达成一致；从数据传输可靠性的角度来看，协同一致性控制的各智能体间通常包含不止一条通信信道，当部分通信线路出现故障时，各智能体信息互补，AGC

性能仍能保持当前情况最优，详见后面算例。

3. 智能配电网 AGC 功率分配模型

经济调度常用的发电成本可近似地用一个二次函数来表示：

$$C_i\left(P_{\mathrm{G}i}\right)=a_iP_{\mathrm{G}i}^2+b_iP_{\mathrm{G}i}+c_i \tag{7-30}$$

式中，$P_{\mathrm{G}i}$ 为第 i 台机组的出力；C_i 为第 i 台机组的发电成本；a_i、b_i、c_i 分别为第 i 台机组发电成本的各次系数。

因此，AGC 功率分配后各台机组的发电成本将发生改变，为

$$C_i(P_{\mathrm{G}i,\mathrm{actual}})=C_i\left(P_{\mathrm{G}i,\mathrm{plan}}+\Delta P_{\mathrm{G}i}\right)=\alpha_i\Delta P_{\mathrm{G}i}^2+\beta_i\Delta P_{\mathrm{G}i}+\gamma_i \tag{7-31}$$

式中，$P_{\mathrm{G}i,\mathrm{actual}}$ 为第 i 台机组的实际发电功率；$P_{\mathrm{G}i,\mathrm{plan}}$ 为第 i 台机组的计划发电功率；$\Delta P_{\mathrm{G}i}$ 为第 i 台机组的 AGC 调节功率；α_i、β_i、γ_i 分别为考虑功率扰动后第 i 台机组发电成本的各次动态系数，其中，$\alpha_i=a_i,\beta_i=2a_iP_{\mathrm{G}i,\mathrm{plan}}+b_i,\gamma_i=a_iP_{\mathrm{G}i,\mathrm{plan}}^2+b_iP_{\mathrm{G}i,\mathrm{plan}}+c_i$。

对于含有 n 台 AGC 机组的系统而言，AGC 的调节目标可以描述为

$$\begin{cases}\min C_{\mathrm{total}}=\sum\limits_{i=1}^{n}(\alpha_i\Delta P_{\mathrm{G}i}^2+\beta_i\Delta P_{\mathrm{G}i}+\gamma_i)\\ \quad\text{s.t.}\ \ \Delta P_{\Sigma}-\sum\limits_{i=1}^{n}\Delta P_{\mathrm{G}i}=0\\ \qquad\quad \Delta P_{\mathrm{G}i}^{\min}\leqslant\Delta P_{\mathrm{G}i}\leqslant\Delta P_{\mathrm{G}i}^{\max}\end{cases} \tag{7-32}$$

式中，C_{total} 为发电实际总成本，取为 AGC 功率分配的目标函数；ΔP_{Σ}为 AGC 跟踪的总功率指令；$\Delta P_{\mathrm{G}i}^{\min}$ 和 $\Delta P_{\mathrm{G}i}^{\max}$ 分别为机组 i 的最小和最大可调容量。

根据等微增率准则，当每个机组的发电成本对其 AGC 调节功率的偏微分导数相等时，C_{total} 可达到最小值，即

$$\frac{\mathrm{d}C_1\left(P_{\mathrm{G}1,\mathrm{actual}}\right)}{\mathrm{d}\Delta P_{\mathrm{G}1}}=\frac{\mathrm{d}C_2\left(P_{\mathrm{G}2,\mathrm{actual}}\right)}{\mathrm{d}\Delta P_{\mathrm{G}2}}=\cdots=\frac{\mathrm{d}C_n\left(P_{\mathrm{G}n,\mathrm{actual}}\right)}{\mathrm{d}\Delta P_{\mathrm{G}n}}=\lambda \tag{7-33}$$

式中，λ 为发电成本微增率。因此，选取 λ 为多智能体网络的一致性变量，由式(7-31)可知 λ 计算如下：

$$\lambda_i = 2\alpha_i \Delta P_{Gi} + \beta_i \tag{7-34}$$

式中，λ_i 为第 i 台机组的发电成本微增率。

4. 等微增率一致性算法

1) 算法描述

根据式(7-27)，等微增率一致性算法[24]可描述为

$$\lambda_i[k+1] = \sum_{j=1}^{n} d_{ij}\lambda_j[k],\ i = 1,2,\cdots,n \tag{7-35}$$

为了满足功率平衡约束，领导者的一致性更新过程中引入了功率偏差量，如下：

$$\lambda_i[k+1] = \sum_{j=1}^{n} d_{ij}\lambda_j[k] + \varepsilon\Delta P_{error} \tag{7-36}$$

式中，ΔP_{error} 为 AGC 总功率指令与所有机组的总调节功率的差值，即

$$\Delta P_{error} = \Delta P_{\sum} - \sum_{i=1}^{n} \Delta P_{Gi} \tag{7-37}$$

考虑机组出力的约束，一致性更新公式可表示为

$$\begin{cases} \lambda_i = \lambda_{i,lower}, & \Delta P_{Gi} < \Delta P_{Gi,min} \\ \lambda_i[k+1] = \sum_{j=1}^{n} d_{ij}\lambda_j[k], & \Delta P_{Gi,min} \leqslant \Delta P_{Gi} \leqslant \Delta P_{Gi,max} \\ \lambda_i = \lambda_{i,upper}, & \Delta P_{Gi} > \Delta P_{Gi,max} \end{cases} \tag{7-38}$$

式中，$\lambda_{i,lower}$ 和 $\lambda_{i,upper}$ 分别为智能体 i 一致性变量的最小值和最大值。

2) 虚拟一致性变量

由式(7-38)可知，一致性变量的更新受到机组可调容量的上下限约束。当某台机组出现功率越限时，该机组的一致性变量取为其限值，并不再参与其他一致性变量的更新。更新规则的跳跃意味着拓扑矩阵 D 的维度及其元素 d_{ij} 将频繁变化。如图 7-21 所示，当机组 G_5 的调节指令超出其可调容量时，其将退出一致性更新过程，实线代表的通信拓扑发生变化，若 G_5 恰好为领导者机组，则各机组中需要重新选择领导者。此外，考虑到智能配电网的“即插即用”需求，采取合理的措施解决时变拓扑的问题显得尤为重要。

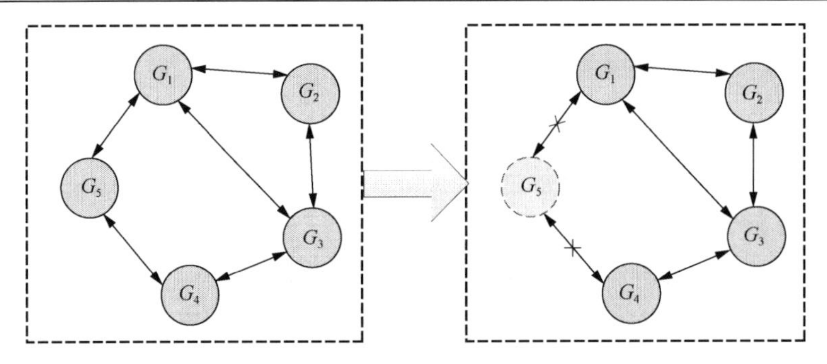

图 7-21　机组功率越限时通信拓扑变化示意图

针对上述问题，这里提出虚拟一致性变量的概念。与考虑机组功率约束的真实一致性变量相比，虚拟一致性变量的迭代更新则不考虑机组的功率约束，更新规则与式(7-34)、式(7-35)相同。每一步迭代获得虚拟一致性变量 $\lambda_{i,\mathrm{virtual}}$ 后，可计算真实一致性变量 λ_i 如下：

$$\lambda_i=\begin{cases}\lambda_{i,\mathrm{lower}}, & \lambda_{i,\mathrm{virtual}}<\lambda_{i,\mathrm{lower}}\\ \lambda_{i,\mathrm{virtual}}, & \lambda_{i,\mathrm{lower}}\leqslant\lambda_{i,\mathrm{virtual}}\leqslant\lambda_{i,\mathrm{upper}}\\ \lambda_{i,\mathrm{upper}}, & \lambda_{i,\mathrm{virtual}}>\lambda_{i,\mathrm{upper}}\end{cases}\tag{7-39}$$

如图 7-22 所示，各机组对应的智能体之间不仅进行实线所代表的真实一致性变量的交互，而且同时进行虚线所代表的虚拟一致性变量的交互。由于虚拟一致性变量不用考虑机组功率约束，虚拟一致性变量的交互网络拓扑不会发生改变，将虚拟一致性变量的更新值按照机组功率约束修正，即可获得该机组的真实一致性变量。

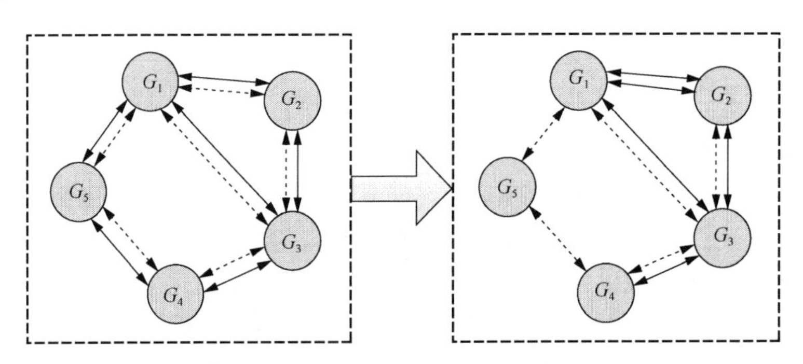

图 7-22　引入虚拟一致性变量后机组功率越限时通信拓扑变化示意图

实验结果表明，虚拟一致性变量的引入能有效地解决功率约束导致的真实一致性变量更新拓扑频繁变化的问题，大大降低了算法的计算复杂度；针对“即插即用”带来的时变拓扑问题，可设计预先考虑所有可投入机组的通信拓扑，并通过虚拟一致性变量使待投入机组处于通信“虚连”状态，一旦机组投入使用，便可根据机组约束修正得到其真实一致性变量，而无须再做拓扑修改。

3) 收敛系数 ε 分析

从式(7-36)可以看出，收敛系数 ε 的取值影响着一致性算法的收敛速度。收敛系数 ε 取值过小，领导者引入的系统增量幅值小，收敛缓慢，而如果收敛系数 ε 的取值过大，领导者单个迭代步长下引入的系统增量幅值过大，可能导致算法无法收敛，因此必须合理地选择收敛系数。

通过仿真研究，笔者发现，当功率偏差ΔP_{error}下降到最大值的 10%以后，从100%至收敛所耗的时间达总收敛时间的 90%以上。可以看出，随着功率偏差ΔP_{error}的减小，一致性收敛的速度大大降低。为了在确保算法收敛的条件下合理地提高算法收敛速度，本书提出了一种变收敛系数 ε 的方法。与以往取恒定收敛系数 ε 有所不同，当ΔP_{error}小于一定值(如最大功率偏差的 10%)后，取领导者的更新幅值 $\varepsilon\Delta P_{\text{error}}$ 为定值。经实验研究发现，这一改进能大幅度提高算法的收敛速度。值得注意的是，$\varepsilon\Delta P_{\text{error}}$ 的取值应满足一定要求以确保算法收敛。

对含有 n 个智能体的系统，每当领导者一致性变量增加 $\varepsilon\Delta P_{\text{error}}$ 时，每个智能体一致性变量平均增加 $\varepsilon\Delta P_{\text{error}}/n$，根据式(7-33)可得，AGC 机组的总功率增量为 $\sum(\varepsilon\Delta P_{\text{error}}/2n\alpha_i)$。取功率偏差 $\Delta P_{\text{error}} \leqslant \Delta P_{\text{error}}^{\max}$ 作为终止条件，则算法收敛的充分条件为

$$\left|\varepsilon\Delta P_{\text{error}}\right| \leqslant \frac{\Delta P_{\text{error}}^{\max}}{\sum\limits_{i=1}^{n}\frac{1}{2}n\alpha_i} \tag{7-40}$$

式中，$\Delta P_{\text{error}}^{\max}$ 为孤岛配电网的最大允许功率误差，$\Delta P_{\text{error}}^{\max}>0$。取 $\varepsilon\Delta P_{\text{error}}$ 值为式(7-40)不等式的右边项，可兼顾算法收敛稳定性和收敛速度。

4) 算法流程图

综上所述，孤岛智能配电网的 AGC 功率协同一致性控制算法流程如图 7-23 所示。

5. 仿真算例

1) 仿真模型

本算例以图 7-1 所示的孤岛智能配电网物理/信息模型为基础，包含一个配电网和三个微网，可调机组共 19 台，总可调容量为 2760kW，不可调机组看作负荷扰动处理。每台可调机组对应一个智能体，各智能体之间的通信拓扑结构如图 7-3 所示，并设置所有智能体之间的信息交互权重均为 1，选取 BE_7 机组为领导者。

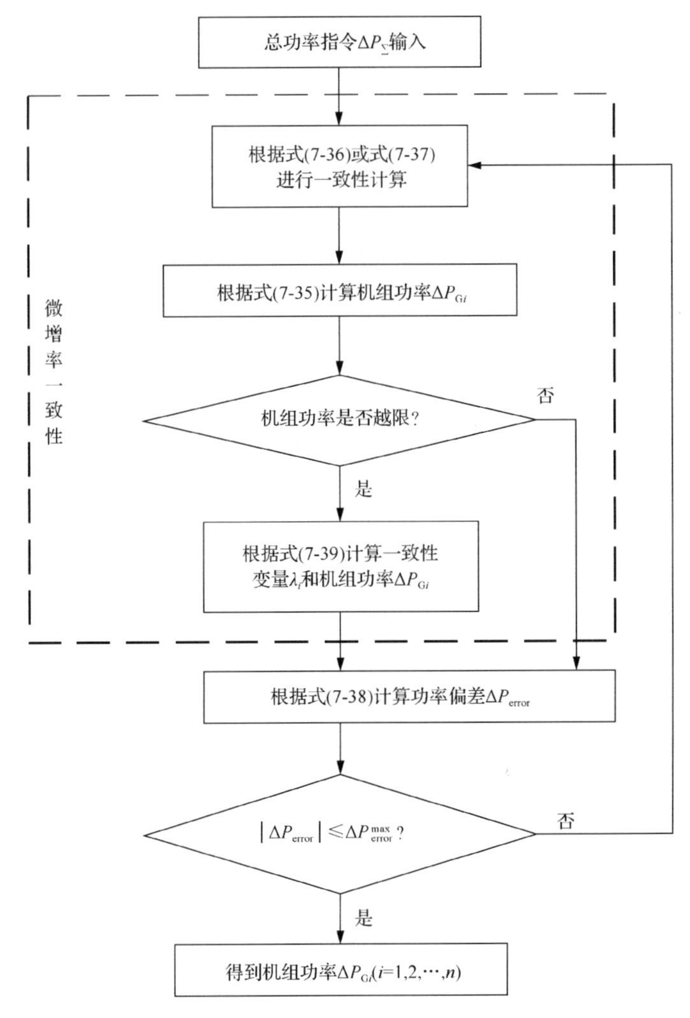

图 7-23　协同一致性控制算法流程图

2) 一致性算法收敛特性研究

本算例假设配电网系统允许的最大功率偏差为$|\Delta P_{error}| < 0.1\,kW$，AGC 控制器得到的功率总指令$\Delta P_{\Sigma} = 2000\,kW$时，基于等微增率的一致性收敛过程如图 7-24 所示。其中，ε 初值取为 0.0001，以下算例均在 2.2GHz、4GB RAM 的计算机上进行仿真。

从图 7-24(a) 中可以看出，在不考虑机组出力约束时，各智能体通过与相邻智能体之间的信息交互，虚拟一致性变量最终能达成一致。由于 AGC 机组可调容量的限制，部分机组的真实一致性变量在迭代过程中会提前达到其最大值或最小值，导致其功率达到限值，如图 7-24(b) 和 (c) 所示。其他机组由于其一致性变量始终未发生越限，最终能达成一致。由于功率扰动大，调节成本较低的水电机组优先满调，随后是微型燃气轮机和燃料电池，其他机组最终收敛到最优的功率值。

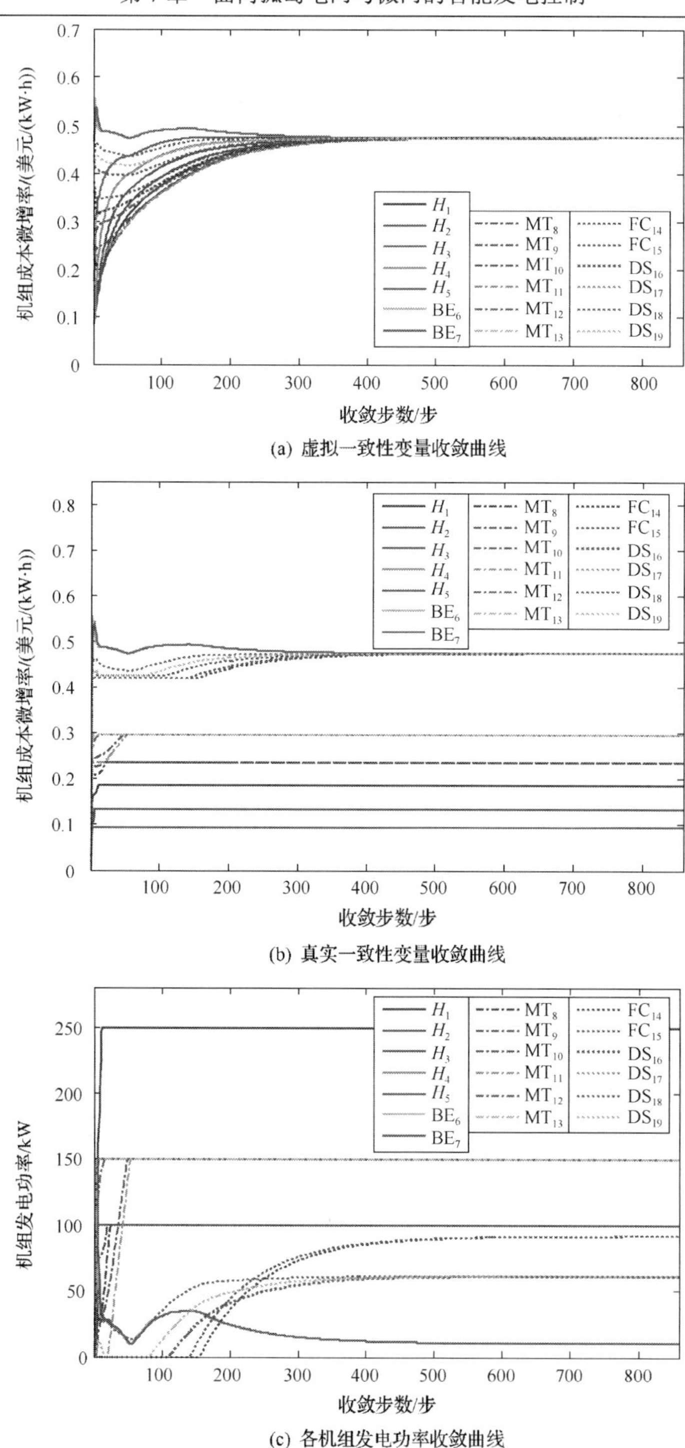

(a) 虚拟一致性变量收敛曲线

(b) 真实一致性变量收敛曲线

(c) 各机组发电功率收敛曲线

图 7-24　基于等微增率的一致性收敛过程

表 7-10 给出了不同情况下的协同一致性控制算法收敛步数结果，从表中可以看出，当收敛系数 ε 取定值时，收敛速度随着 ε 的减小有所提高，而当 ε 过大时，算法出现不收敛的情况。如果采用式(7-38)给出的变收敛系数策略，算法收敛速度整体会有较大提高，且可以避免出现不收敛的情况。

表 7-10　不同情况下的协同一致性控制算法收敛步数结果

总功率ΔP_{Σ}/kW		−2000	−1000	−500	500	1000	2000
收敛步数/步	ε=0.0001	104	837	811	540	269	859
	ε=0.001	不收敛	447	442	116	不收敛	448
	ε=0.01	不收敛	不收敛	不收敛	不收敛	不收敛	不收敛
	变收敛系数ε	102	154	151	21	144	265

假设每次智能体之间的信息传输需要的时间为 1ms，根据表 7-10 可计算得，各机组获得 AGC 指令的时间不超过 0.265s，完全满足 AGC 周期为 4～16s 的时间尺度要求[25]。

3)考虑机组“即插即用”的仿真研究

为验证协同一致性控制算法应对配电网机组“即插即用”需求的能力，本例选取一个负荷扰动断面(ΔP_{Σ}=2000kW)进行仿真。假定图 7-3 中 MT_{11} 和 FC_{14} 最初处于停运状态，其余机组处于开机状态，在时刻 1(仿真步数为 800 步时)，MT_{11} 和 FC_{14} 启动运行，且 MT_{12} 退出运行，仿真结果如图 7-25 所示。

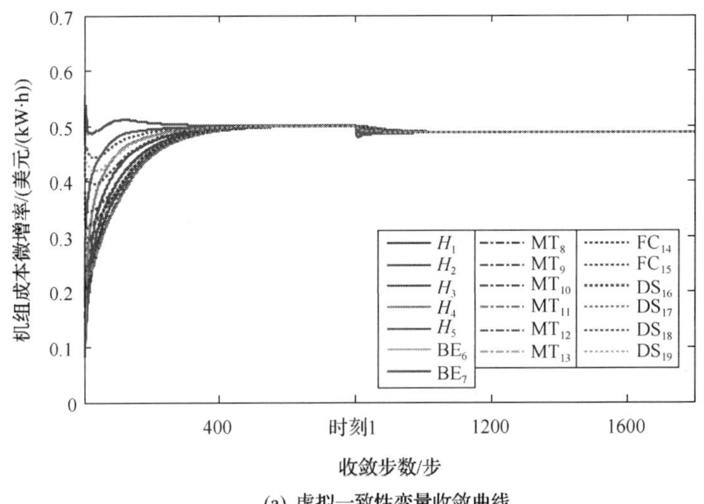

(a) 虚拟一致性变量收敛曲线

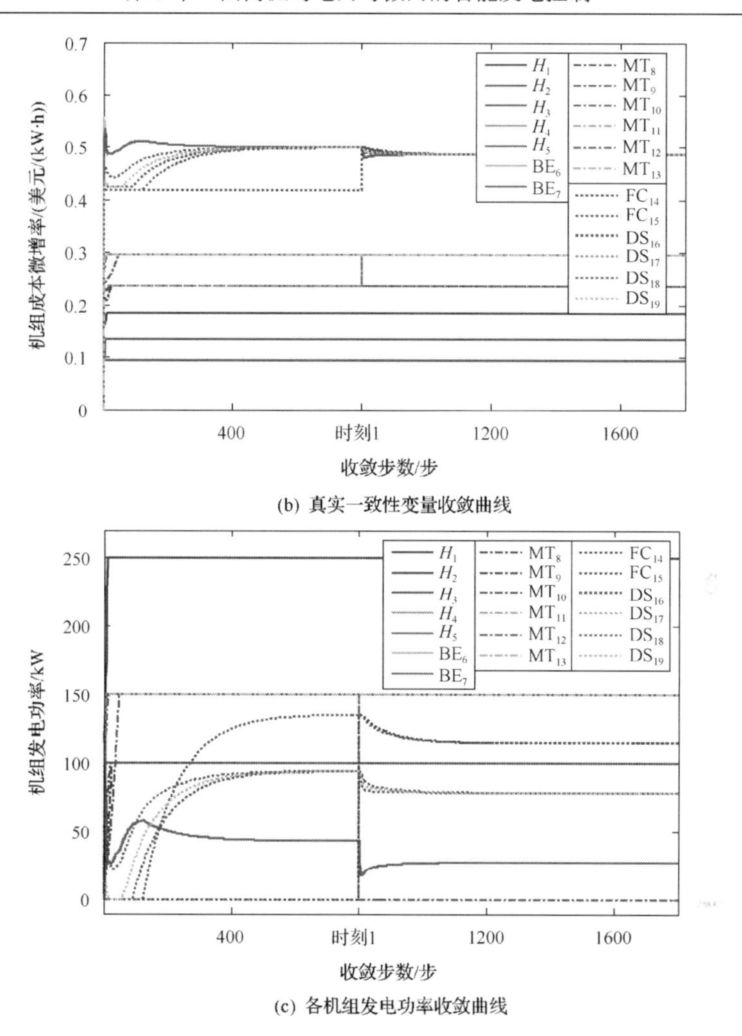

(b) 真实一致性变量收敛曲线

(c) 各机组发电功率收敛曲线

图 7-25　考虑机组启停的一致性收敛过程

在机组的启停过程中，由于虚拟一致性变量的存在，所有机组一直处于“虚连”状态，协同一致性控制算法无须进行拓扑修正，只改变机组的启停状态，即可迅速更新获得投入或切出机组的真实一致性变量值，相应的 AGC 机组出力也随之更新达到一个新的最优平衡点。

4) 考虑随机扰动的全天仿真研究

为了研究协同一致性控制算法的实时控制性能，本算例在孤岛智能配电网的模型上进行了 24h 随机扰动实时仿真。其中，风电和光伏发电当做随机负负荷处理，随机方波负荷扰动周期为 3600s，幅值不超过 2000kW。

图 7-26(a)给出了配电网中光伏电池和风电机组的 24h 随机功率曲线。从

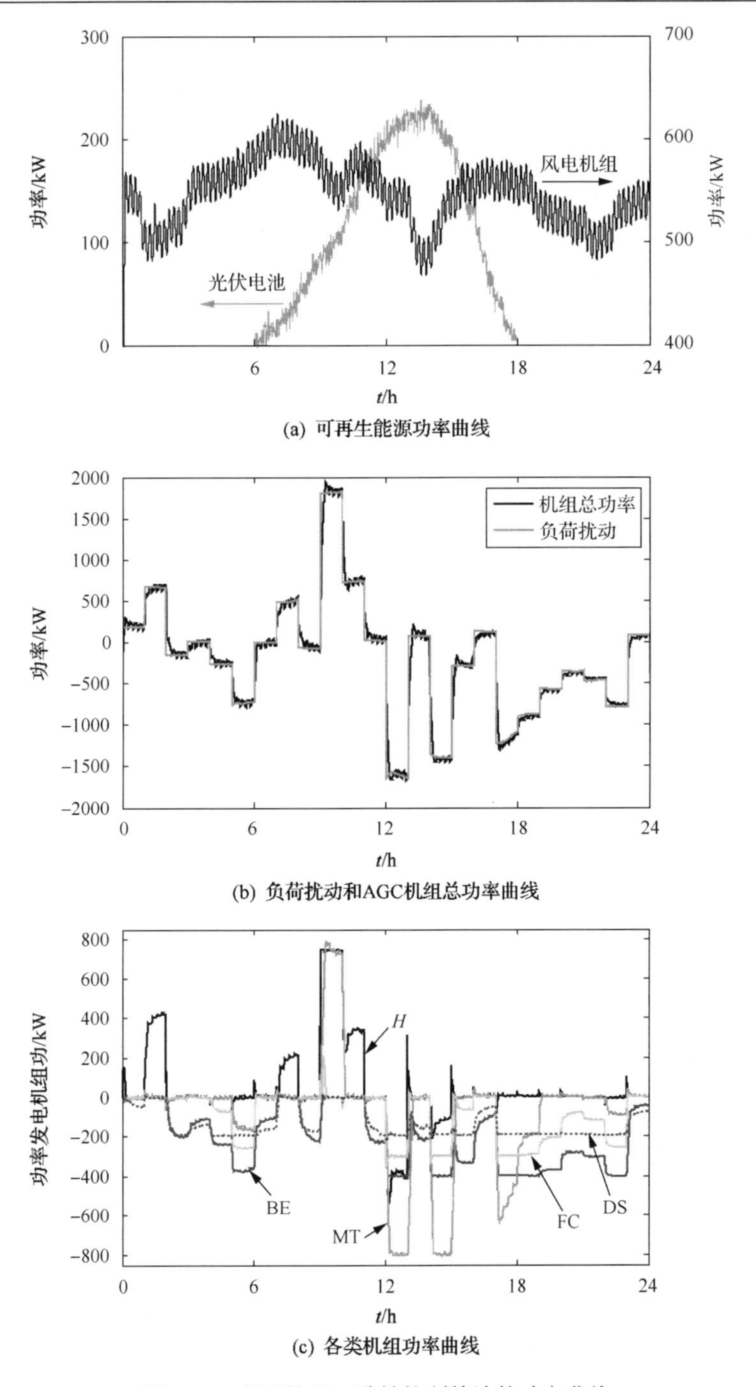

图 7-26　基于协同一致性控制算法的功率曲线

图 7-26(b)中可以看出，机组总功率输出能较好地跟踪负荷扰动。其中，负荷扰动由风光负负荷扰动和方波扰动组成，AGC 机组有功功率曲线中的毛刺是为了补偿光伏发电和风力发电的随机功率波动而产生的。图 7-26(c)给出了各类型 AGC 机组的 24h 功率调节曲线。由图 7-26 可知，当负荷出现正扰动时，调节成本较低的小水电机组和微型燃气轮机优先进行正调；当负荷出现负扰动时，调节成本较高的生物质能发电和柴油发电等优先进行负调。由于各机组 AGC 过程的出力分配满足等微增率准则，最终各机组的有功出力仍然满足经济分配原则。

为了验证协同一致性控制算法的效果，本算例与传统电力系统常用的 PROP[26]、二次规划[27]、遗传算法[28]进行仿真比较分析。

图 7-27 给出了不同算法的发电成本曲线和 24h 总发电成本比较。从图 7-27(a)

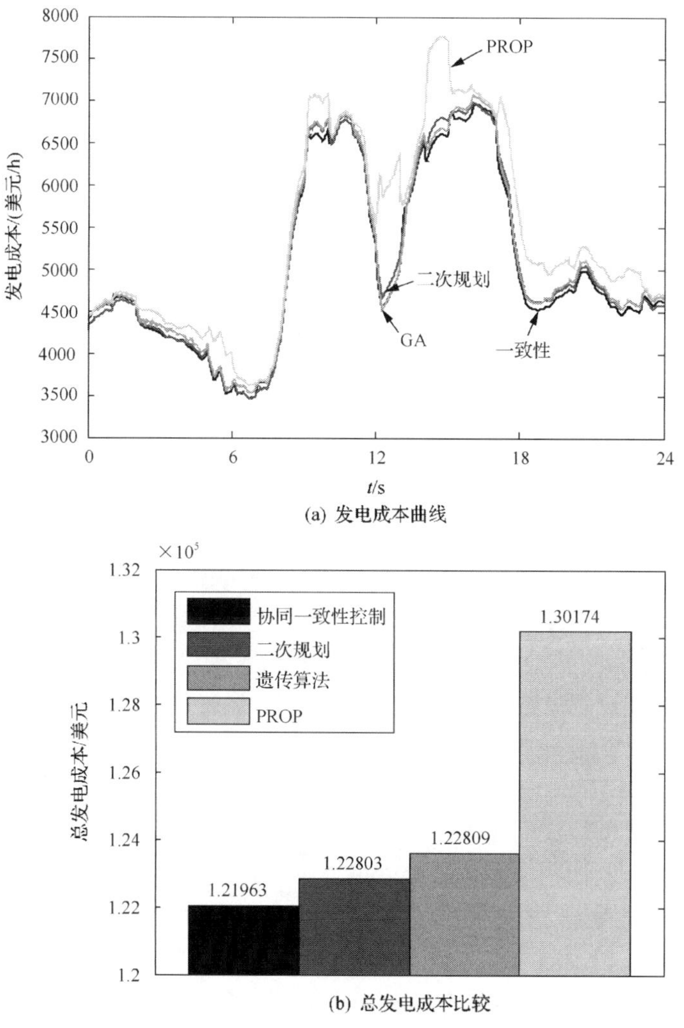

(a) 发电成本曲线

(b) 总发电成本比较

图 7-27　不同算法的结果比较

中可以看出，PROP 算法下的发电成本曲线明显高于其他三种算法，其中协同一致性控制算法下的发电成本最低，如图 7-27(b)所示，相比 PROP 方法可节省 8211 美元。

表 7-11 对四种算法的性能进行了对比，其中协同一致性控制算法相比于其他集中式算法最本质的区别是分散自治，多智能体间的实时信息交互保证了算法的收敛速度和鲁棒性，且能实现全局最优，但这意味着需要更多的通信线路。

表 7-11　多种算法特性对比

算法	收敛时间/s	优化方式	优点	缺点
协同一致性控制	0.0043	分散	分散自治 鲁棒性强 全局最优	通信线路 数量更多
二次规划	0.2155	集中	全局最优	依赖模型
遗传算法	0.4628	集中	不依赖模型	局部最优
PROP	1.68E-05	集中	简单实用	缺少优化

本节提出了一种智能配电网分散自治框架和一种智能配电网 AGC 功率优化分配算法——基于等微增率协同一致性控制算法的 AGC 协同控制，并首次设计了一种虚拟一致性变量，解决了一致性算法在 AGC 功率分配过程中遇到机组越限而不得不更新拓扑的难题，实现了 AGC 机组的即插即用，并提出了一种变收敛系数 ε 的方法，以提高协同一致性控制算法的收敛速度。仿真结果表明，分散式的等微增率一致性算法 AGC 功率优化分配效果较好。

7.2.2　基于集体智慧 Q 学习算法的负荷协同发电控制

事实上，在某些特定的情况下，需求侧资源可以比发电机组更好地提供调节服务，因为需求侧负荷的削减速度往往比调用大型发电机组速度更高，所以对具备需求响应能力的用户经济价值及其对电力系统的影响进行量化分析，有助于提升电网企业的安全稳定运行。文献[29]提出了基于多元家庭与电网互动的家庭能量管理系统(home energy management system，HEMS)，通过 HEMS 与电网的信息交流，以及家庭的智能控制设备，可以有效地对家庭设备进行监测与控制。而文献[30]提出了一种借助家用冰箱参与孤岛电网的二次调频的控制方法，文献[31]也提出一种基于直接负荷控制(direct lood control，DLC)的空调负荷调度模型来提高负荷率。以上文献说明通过对需求侧资源的整合能够有效辅助电网安全稳定运行。

虽然单户家庭的需求可调整幅度很小，并且其行为具有一定的随机性，但聚合后的用户行为特征往往存在统计规律，从电网调度的角度考虑，其响应行为相比单一用户更加稳定可靠。对这些资源的精确监控(如使用在线监测)可能是不切实际的，但做到近似估计是可能的，这与在当前的电力调度中处理负荷预测是一致的。与传统的发电储备相比，需求侧资源可以提供相同的服务和额外的好处，如更快的响应速度，更低的成本、分散性和无污染等。本节搭建同时考虑负荷和典型分布式电源的孤岛微网的发电控制模型，且提出一种分布式计算的集体智慧 Q 学习算法来解决该孤岛微网的发电控制下的动态功率分配问题。

7.2.2.1　孤岛微网源-荷协同频率控制模型

1. LA 辅助调频

对于电力系统运营商来说，将多个消费者的小负载聚合并保持控制是一项挑战，因此，负荷聚合商[32](load aggregator，LA)的新型业务实体可以作为电力系统运营商和消费者之间的桥梁，其可以与电力系统运营商交换可用容量，从而避免了源-荷协同频率控制可能带来的维数灾难问题。而家庭参与该辅助调频的支撑在于底层的信息采集、控制设备，可称为 HEMS[33]。通过采集用户的设备运行状态、设备相关的环境状态与用户设定的舒适度范围等，HEMS 能够将这些信息及时上传给 LA，并且能够执行 LA 下达的开关控制命令。家庭用户中可参与设备主要考虑空调、电冰箱和电热水器三种温控设备，该类型设备以热能形式储存能量，其热动态过程与电力系统相比，具有一定的延迟性，因此可在温度舒适度约束要求的范围内，短时间地改变设备开关状态来响应系统功率需求从而参与辅助调频[34]。

为了便于 LA 参与辅助调频服务，可将其等效为一台容量时变的发电机组，因此需要能够实时评估 LA 的储备能力。通过与各用户的 HEMS 通信，可以获取所有温控设备的实时运行状态，同时为了满足消费者的舒适度要求，每个温控设备所控温度必须保持在理想范围内。以制冷型设备为例，假设所控温度需保持在 T_{min}～T_{max} 范围内，如果温度超过 T_{max}，则设备自动开启，如果温度低于 T_{min}，则设备自动关闭，如图 7-28 中情形 I 所示。因此，当温度处于规定范围内，且制冷

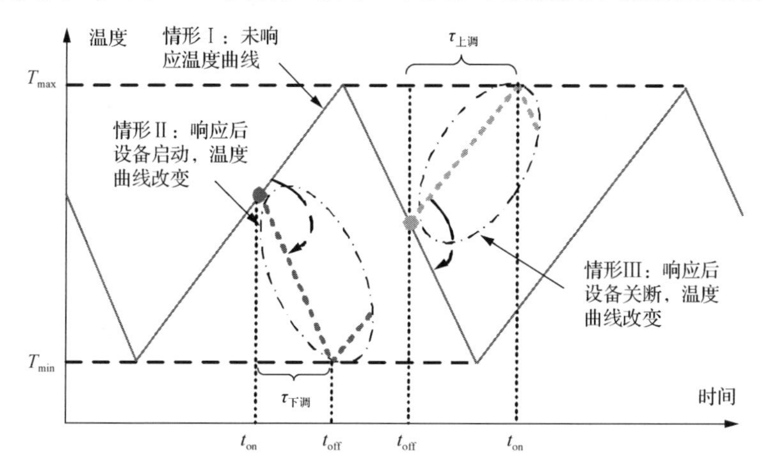

图 7-28　制冷型设备容量评估示意图

型设备处于关闭状态时，如图 7-28 情形Ⅱ所示，可以通过将其开启来提供频率控制的下调储备(相当于降低发电机出力)。类似地，当制冷型设备处于开启状态时，通过将其关断可以提供上调储备(相当于提高发电机出力)，如图 7-28 情形Ⅲ所示。制热型设备的评估方式可类比制冷型设备，不同的是，制热型设备开关开启温度将会上升，而关断则造成温度下降。

通过评估从关断/开启时刻，至温度曲线达到边界(T_{max}/T_{min})的时间 $\tau_{上调}/\tau_{下调}$，可以制定参与设备的优先级，因为该段时间内并不会影响用户的舒适度要求，所以该最大参与时间越长，其优先级越高。当 LA 与电网进行交易时，优先级高的设备优先参与辅助调频。值得一提的是，为了较好地辅助微网调频，同时满足用户的舒适度需求，本书规定只有当最大参与时间大于 15min 时才会加入辅助调频序列。因此，LA 可参与辅助调频的上调容量等于辅助调频序列中所有可关断温控设备总额定功率，同理，LA 下调容量等于辅助调频序列中所有可开启温控设备总额定功率。当 LA 实际参与辅助调频并接受了微网的功率指令后，本书考虑不同设备之间的特性差异，LA 的下层分配采用按其类型的总可调容量比例进行分配。

2. 家庭可控设备的数学模型

注意到每个温控设备的最大参与时间与其当前运行状态和温度变化特征有关，为了便于 LA 进行评估分级，这里对空调负荷、电冰箱负荷和电热水器负荷进行建模。

1)空调负荷建模

根据室内外温度及房间参数，由热量平衡原理建立空调的热力学模型[35]：

$$T_{t+1}^{\text{in}} = T_t^{\text{in}} \mathrm{e}^{\Delta t/RC_{\text{air}}} + \left(\mathrm{e}^{\Delta t/RC_{\text{air}}} - 1\right)(T_t^{\text{out}} - RP_t^{\text{AC}} s_t^{\text{AC}} \Delta t) \tag{7-41}$$

式中，T_t^{out} 和 T_t^{in} 分别为 t 时刻室外和室内的温度；R 为房屋热阻；C_{air} 为空气比热容；Δt 为时间步长；P_t^{AC} 为 t 时刻空调制冷功率；s_t^{AC} 为时刻 t 空调开关状态。

2)电冰箱负荷建模

电冰箱的用电特性可用下面的数学模型描述[36]：

$$T_{t+1}^{\text{FR}} = T_t^{\text{FR}} - (\alpha_{\text{FR}} s_t^{\text{FR}} - \gamma_{\text{FR}})\Delta t \tag{7-42}$$

式中，T_t^{FR} 为时刻 t 电冰箱内部温度；s_t^{FR} 为时刻 t 电冰箱制冷功能的启停状态，s_t^{FR} 为 1/0 时，电冰箱制冷功能开启/关闭；α_{FR} 为电冰箱在制冷功能开启状态下的制冷系数；γ_{FR} 为电冰箱在制冷功能关闭状态下的回温系数。

3)电热水器负荷建模

根据能量守恒原理，电热水器的离散数学模型可描述如下[37]：

$$T_{t+1}^{\text{WH}} = \frac{1}{18}\left\{\frac{T_t^{\text{WH}}(V^{\text{tank}} - \text{fr}_t\Delta t)}{V^{\text{tank}}} + \frac{T^{\text{cold}}\text{fr}_t\Delta t}{V^{\text{tank}}} + \frac{1}{8.34}\left[3412P_t^{\text{WH}}s_t^{\text{WH}} - \frac{A^{\text{tank}}(T_t^{\text{WH}} - T^{\text{in}})}{R^{\text{tank}}}\right]\cdot\frac{\Delta t}{60}\cdot\frac{1}{V^{\text{tank}}} - 32\right\} \tag{7-43}$$

式中，T_t^{WH}为 t 时刻的热水温度；V^{tank} 为水箱容积；fr_t 为 t 时刻注入冷水的体积；T^{cold} 为注入冷水的温度；P_t^{WH} 为 t 时刻加热功率；s_t^{WH} 为时刻 t 电热水器开关状态；A^{tank} 为水箱表面积；R^{tank} 为水箱热阻。

由式(7-41)～式(7-43)可知，电冰箱负荷和电热水器负荷的模型为简单的线性方程，所以其最大参与时间可直接求解；而空调负荷模型为超越方程，可利用迭代方式，如牛顿迭代法进行求解。再通过对各类型设备的最大参与时间进行降序排列，即可得到每种类型设备的优先级。

3. 源-荷协同频率控制下功率分配模型

在孤岛微网中，天气变化导致风力发电和光伏发电功率波动、负荷扰动或者运行故障等，会造成有功功率失衡，从而致使频率偏离标称值。通过 PI 控制器可根据频率偏差 Δf 来跟踪功率偏差ΔP_Σ，也即总功率指令。因此，本书所提源-荷协同频率控制模型即通过最小化所有参与机组的最大爬升时间及考虑 DG 和 LA 的调节成本来将ΔP_Σ分配给各 DG 和 LA。

DG 的发电成本采用经济调度常用的二次函数：

$$C_m(P_m) = a_m P_m^2 + b_m P_m + c_m \tag{7-44}$$

式中，C_m 为第 m 个 DG 的发电成本函数；P_m 为第 m 个 DG 的发电功率；a_m、b_m、c_m 分别为第 m 个 DG 成本的各次系数。

LA 代表的是家庭用户的利益，本书规定调整电量部分按当前电价的 30%作为用户的报酬。因此可以知道，理性的家庭用户更有意愿通过参与上调功率指令，即削减自身用电功率，从而不仅在保证自身舒适度的前提下，减少用电，降低电费支出，更可以通过参与辅助调频而获得额外报酬。

本书以最小化所有 DG 的爬升时间的最大值作为提高调节速度的一个调节因子，而不考虑 LA 的爬升时间是因为家庭用户辅助调频所使用的开关的开合时间与机组调节时间相比可忽略不计。因此，本书所提的孤岛微网源-荷协同频率控制下功率分配模型的目标函数可设计如下：

$$\min f(x) = \left[\sum_{m=1}^{M_{\text{DG}}} C_m(P_m^0 + \Delta P_m) + C_{\text{LA}}\Delta P_{\text{LA}}\right]\max(|\Delta P_m / \Delta P_m^{\text{rate}}|) \tag{7-45}$$

$$\text{s.t.}\begin{cases}\Delta P_{\Sigma}=\sum\limits_{m}^{M_{\text{DG}}}\Delta P_m+\Delta P_{\text{LA}}\\ \Delta P_{\Sigma}\Delta P_m\geqslant 0,\ m=1,2,\cdots,M_{\text{DG}}\\ \Delta P_{\Sigma}\Delta P_{\text{LA}}\geqslant 0\\ \Delta P_m^{\min}\leqslant\Delta P_m\leqslant\Delta P_m^{\max},\ m=1,2,\cdots,M_{\text{DG}}\\ \Delta P_{LA}^{\min}\leqslant\Delta P_{LA}\leqslant\Delta P_{LA}^{\max}\\ \left|\Delta P_m^{t+1}-\Delta P_m^{t}\right|\leqslant\Delta P_m^{\text{rate}},\ m=1,2,\cdots,M_{\text{DG}}\end{cases}\tag{7-46}$$

式中，P_m^0为第 m 个 DG 的基础发电功率；C_{LA}为 LA 的调节成本系数；ΔP_m为第 m 个 DG 的发电功率指令；ΔP_{LA}为 LA 的调节功率指令；ΔP_m^{rate}为第 m 个 DG 的最大爬坡速率；t 为离散时间系列；ΔP_{Σ}为微网总功率指令；$\Delta P_m^{\max}$、$\Delta P_m^{\min}$分别为第 m 个 DG 的调节容量上下限；$\Delta P_{LA}^{\max}$、$\Delta P_{LA}^{\min}$分别 LA 的调节容量上下限；M_{DG}为微网 DG 的数目。

7.2.2.2 基于集体智慧的集成学习算法

1. 集成学习优化框架

本书借鉴众包竞赛思想，引入集体智慧来加速集成学习(Ensemble Learning，EL)在知识矩阵初始形成阶段的探索与开发过程。众包思想原指企业把原来由内部员工完成的工作，以完全开放的形式外包给企业外部没有指定的大众群体，以此来加快生产和降低成本。而众包竞赛则是企业为了解决创新过程中遇到的疑难问题，向外部“悬赏”解答方案[38]。众包竞赛参与者有三方：一是众包竞赛发布者；二是竞赛任务解答者；三是平台工作者。若把待求解问题当做竞赛发布者，则学习集中器可当做平台工作者，各子优化器为解答者。当待优化问题发布之后，各个子优化器根据自身智慧水平来给出一个相应的解，而学习集中器通过与各解答者交流来进行强化学习，更新知识矩阵，并帮助各子优化器在目前最优解基础上进行下一步探索与开发，经过反复交流之后可以得出一个收敛的最优解。

2. 学习集中器

强化学习(reinforcement learning，RL)是一种不基于模型的机器学习，可以在智能体和环境之间的连续交互中实现目标，其中 Q 学习是最著名和广泛使用的强化学习技术之一[39]。本书采用 Q 学习作为学习集中器学习和存储知识的主体，但由于传统的 Q 学习只能用于离散变量的优化，借鉴文献[40]提出的基于关联记忆的二进制状态动作链，即连续控制变量 x_i 可由二进制字符串来表示，每个二进制位都会对应一个 2×2 规模的知识矩阵 Q_{il}，原来的大规模知识矩阵 Q 就能有效分解和存储，同时可以保证连续控制变量的动作精度和知识更新速率。因此，在二

进制字符串关联记忆模式下，知识矩阵更新过程可为

$$\begin{cases} Q_{il}^{k+1}\left(s_{il}^{kj}, a_{il}^{kj}\right) = Q_{il}^{k}\left(s_{il}^{kj}, a_{il}^{kj}\right) + \alpha\Delta Q_{il}^{k} \\ \Delta Q_{il}^{k} = R_{il}^{j}\left(s_{il}^{kj}, s_{il}^{k+1,j}, a_{il}^{kj}\right) + \gamma \max\limits_{a_{il}\in A_{il}} Q_{il}^{k}\left(s_{il}^{k+1,j}, a_{il}\right) - Q_{il}^{k}\left(s_{il}^{kj}, a_{il}^{kj}\right) \end{cases} \tag{7-47}$$

式中，α 为学习因子；γ 为折扣因子；i 为第 i 个控制变量；l 为第 l 个二进制位；上标 k 和 j 分别为第 k 次迭代和第 j 个智能体，j=1, 2,⋯, J；J 为合作智能体的规模；ΔQ 为知识增量；(s,a) 为状态-动作对；$R(s_{il}^{k}, s_{il}^{k+1}, a_{il}^{k})$ 为从状态 s_{il}^{k} 到 s_{il}^{k+1} 的变换中选择动作 a_{il}^{k} 的奖励函数；a_{il} 为任意替代动作（0 或 1）；A_{il} 为任意二进制位的动作空间，也即下一个二进制位的状态空间 $S_{i,l+1}$。

与单个智能体的 Q 学习相比，基于群智能技术[41,42]的 Q 学习通过共享知识矩阵可以在未知环境中进行开发和探索，而不是围绕当前最佳个体的贪婪搜索或在整个搜索空间中的随机搜索。为了实现探索与开发之间的平衡，本书采用 ε-Greedy 规则[43]进行动作选择，可表示为

$$a_{il}^{kj} = \begin{cases} \arg\max\limits_{a_{il}\in A_{il}} Q_{il}^{k}(s_{il}^{kj}, a_{il}), & q_0 \leqslant \varepsilon \\ a_{\text{rand}}, & \text{其他} \end{cases} \tag{7-48}$$

式中，q_0 为[0,1]中均匀分布的随机值；ε 为贪婪行为（开发）的开发率；a_{rand} 为随机动作（探索）。

3. 学习集中器与子优化器交互机制

众包竞赛中，参与的解答者数量及其之间的差异性将会影响到任务完成的速度与质量，并且其差异性越大越能够获得高质量的最优解。因此本书中 EL 引入了多种二进制优化算法来充当解答者角色，即子优化器，包括遗传算法[44]（genetic algorithm，GA）、六种不同转换方式的二进制粒子群[45]（binary particle swarm optimization，BPSO）算法、二进制蝙蝠算法[46]（binary bat algorithm，BBA）、二进制蜻蜓算法[47]（binary dragonfly algorithm，BDA）和二进制灰狼[48]（binary grey wolf optimization，BGWO）算法等，通过不同的优化机制，各子优化器能够为学习集中器提供多样化的学习样本。同时，由于各解答者独立求解，极大地节省了总计算时间。为了对各解答者实现有效的综合评估，子优化器与学习集中器之间需要每隔一段时间（一定迭代步数）按式（7-49）～式（7-51）进行交互，集中器通过收集当前各子优化器的最优解决方案，根据式（7-47）对知识矩阵进行更新，该交互机制可具体描述如下：

$$\text{SA}_{p}^{k} = \left\{(S_{il}^{kp}, a_{il}^{kp}) \mid i = 1,2,\cdots,n+1, l = 1,2,\cdots,L\right\} \tag{7-49}$$

$$o = \arg \min_{p=1,2,\cdots,N} [F(\mathrm{SA}_p^k)] \tag{7-50}$$

$$\mathrm{SA}_{\mathrm{lc}}^k = \begin{cases} \mathrm{SA}_o^k, & F(\mathrm{SA}_o^k) < F(\mathrm{SA}_{\mathrm{lc}}^k) \\ \mathrm{SA}_{\mathrm{lc}}^k, & \text{其他} \end{cases} \tag{7-51}$$

式中，SA_p^k 为第 p 个子优化器在第 k 次迭代时最优个体的状态-动作对，$p=1,2,\cdots,N$；N 为子优化器的数量；$\mathrm{SA}_{\mathrm{lc}}^k$ 为学习集中器在第 k 次迭代时最优个体的状态-动作对；F 为适应度函数；o 为当前具有最小适应度值的子优化器。

4. 知识迁移

传统的启发式优化算法有一个共同的特点，每一次优化任务的求解都是孤立的，在执行新的任务时必须重新初始化，不能较好地利用过去的优化信息，这将会导致其需要较长的求解时间。为了弥补该缺陷，EL 引入了从源任务到新任务的知识迁移，其具体可描述为

$$Q_{il}^{\mathrm{n}0} = \sum_{h=1}^{H} r_h Q_{il}^{h^*}, \quad i=1,2,\cdots,n+1, \quad l=1,2,\cdots,L \tag{7-52}$$

式中，$Q_{il}^{\mathrm{n}0}$ 为新任务的初始知识矩阵；$\mathrm{Q}_{il}^{h^*}$ 为第 h 个源任务的最优知识矩阵；H 为源任务的数量；r_h 为第 h 个源任务和新任务之间的相似度，较大的 r_h 表示新任务将更多地利用来自第 h 个源任务的最优知识矩阵来构建其初始知识矩阵，且需要满足 $0 \leqslant r_h \leqslant 1$ 和 $\sum_{h=1}^{H} r_h = 1$。

7.2.2.3 基于集体智慧的孤岛微网源-荷协同频率控制求解设计

1. 奖励函数设计

为了将孤岛微网源-荷协同频率控制问题与 EL 有效结合，需对奖励函数进行设计，根据问题及式(7-45)和式(7-46)以及可行解质量越高其奖励值越大的原则，结合蚁群优化(ant colony optimization，ACO)的合作机制[49]，设计该问题的奖励函数，如式(7-53)所示，以加快 EL 知识矩阵的收敛：

$$R_{il}^j\left(s_{il}^{kj}, s_{il}^{k+1,j}, a_{il}^{kj}\right) = \begin{cases} \dfrac{p_{\mathrm{m}}}{F(\mathrm{SA}_{\mathrm{lc}}^k)}, & \left(s_{il}^{kj}, a_{il}^{kj}\right) \in \mathrm{SA}_{\mathrm{lc}}^k \\ 0, & \text{其他} \end{cases} \tag{7-53}$$

$$F(x) = f(x) + \sum_{u=1}^{NC} \mathrm{PF}_u \tag{7-54}$$

$$\mathrm{PF}_u=\begin{cases}\chi\left(Z_u-Z_u^{\lim}\right)^2, & \text{违反约束}\\ 0, & \text{其他}\end{cases} \tag{7-55}$$

式中，PF_u为第 u 个约束条件的罚函数；χ 为惩罚因子；Z_u 为第 u 个条件；$Z_u^{\lim}$ 为 Z_u 相关约束的界限。

2. 知识迁移设计

从数学模型式(7-45)可以发现，孤岛微网源-荷协同频率控制下的功率分配的优化任务主要由总功率指令ΔP_Σ与所有 DG 和 LA 的储备容量参数决定。假设可以随时获取所有参数，则可以通过将可能的ΔP_Σ分为几个间隔来确定源任务，如下：

$$\left\{\left[\Delta P_\Sigma^1,\Delta P_\Sigma^2\right),\cdots,\left[\Delta P_\Sigma^{h-1},\Delta P_\Sigma^h\right),\cdots,\left[\Delta P_\Sigma^{H-1},\Delta P_\Sigma^H\right]\right\} \tag{7-56}$$

式中，ΔP_Σ^h表示为第 h 个源任务的总功率指令。

假设新任务的总功率命令$\Delta P_\Sigma^{\mathrm{nt}}$位于[$\Delta P_\Sigma^{b-1}$，$\Delta P_\Sigma^b$]范围之内，则源任务和新任务之间的相似度可以计算为

$$r_h=\begin{cases}\dfrac{\Delta P_\Sigma^b-\Delta P_\Sigma^{\mathrm{nt}}}{\Delta P_\Sigma^b-\Delta P_\Sigma^{b-1}}, & h=b-1\\[2ex] \dfrac{\Delta P_\Sigma^{\mathrm{nt}}-\Delta P_\Sigma^{b-1}}{\Delta P_\Sigma^b-\Delta P_\Sigma^{b-1}}, & h=b\end{cases} \tag{7-57}$$

值得注意，第 h 个源任务和新任务之间偏差越小，r_h越大，新任务的初始知识矩阵将根据知识迁移更多地利用该源任务的知识矩阵。此外，考虑到各 DG 与 LA 的储备容量会随时间和负荷的变化而变化，且一般各机组的储备容量在 15min 内不会有太大变化，因此本书将预学习的实施周期设置为 15min，即每 15min 重新获得各 DG 和 LA 的备用容量参数来进行下一个时段不同源任务的预学习，以保证上述知识迁移方法不受其他因素影响。

3. 算法求解流程

基于 EL 算法的孤岛微网源-荷协同频率控制的执行过程如图 7-29 所示，其中$k_{\max}$是最大迭代次数。

7.2.2.4 仿真算例

1. 仿真模型搭建及参数设置

本书搭建了包含微型燃气轮机、燃料电池(fuel cell，FC)、柴油机(diesel，DS)，光伏发电机(photovoltaic，PV)、风力发电机(wind turbine，WT)和 LA 的孤岛微

网模型，如图 7-29 所示，其中，与 LA 签订协议的家庭数量为 300 户，并假设每户家庭均有且仅有空调、电冰箱和电热水器各一台，而考虑到光伏发电和风电不参与调频，只是以负负荷扰动形式存在。微型燃气轮机、燃料电池和柴油机的参数采用文献[50]中的典型模型，其中各机组的相关参数如表 7-12 所示。本算例以图 7-30 所示的孤岛微网模型为基础，包含 12 台可调机组及一个 LA，其中 LA 评估分级模型参数参见文献[35]～文献[37]，家庭用户设备额定功率及其签约可接受温度范围见表 7-13，分时电价信息与孤岛微网基础负荷曲线如图 7-31 所示。

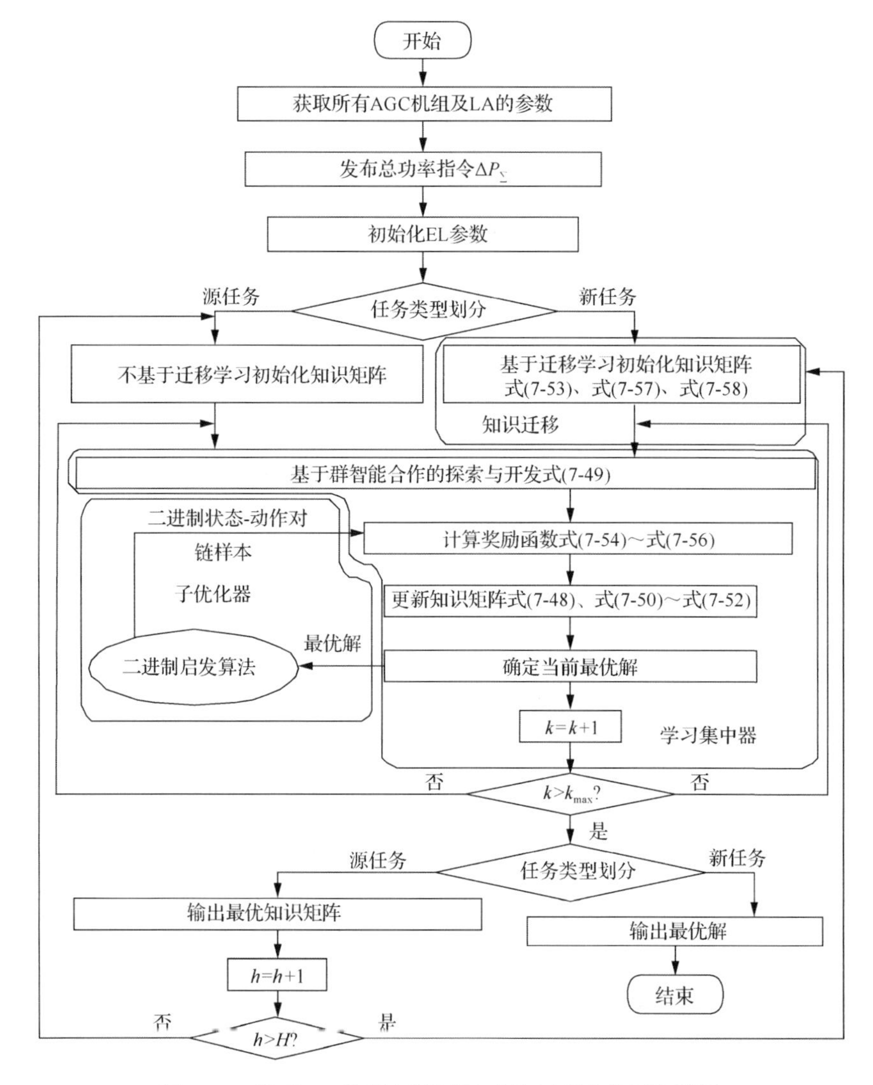

图 7-29　基于 EL 的孤岛微网源-荷协同频率控制流程图

表 7-12　DG 参数列表

机组	ΔP_m^{rate} /(kW/s)		C_m /(美元/h)		
	上调	下调	a_m	b_m	c_m
MT_1	1.8	–2.4	0.0002	0.1164	5.2164
MT_2	1.8	–2.4	0.0002	0.1164	5.2164
DS_1	1	–1	0.0004	0.2348	10.9952
DS_2	1	–1	0.0004	0.2348	10.9952
MT_3	1.2	–1.6	0.0002	0.1088	5.2164
MT_4	1.2	–1.6	0.0002	0.1088	5.2164
MT_5	1.8	–2.4	0.0002	0.1164	5.2164
MT_6	1.8	–2.4	0.0002	0.1164	5.2164
DS_3	1	–1	0.0004	0.2348	10.9952
DS_4	1	–1	0.0004	0.2348	10.9952
FC_1	6	–6	0.0003	0.1189	3.5442
FC_2	6	–6	0.0003	0.1189	3.5442

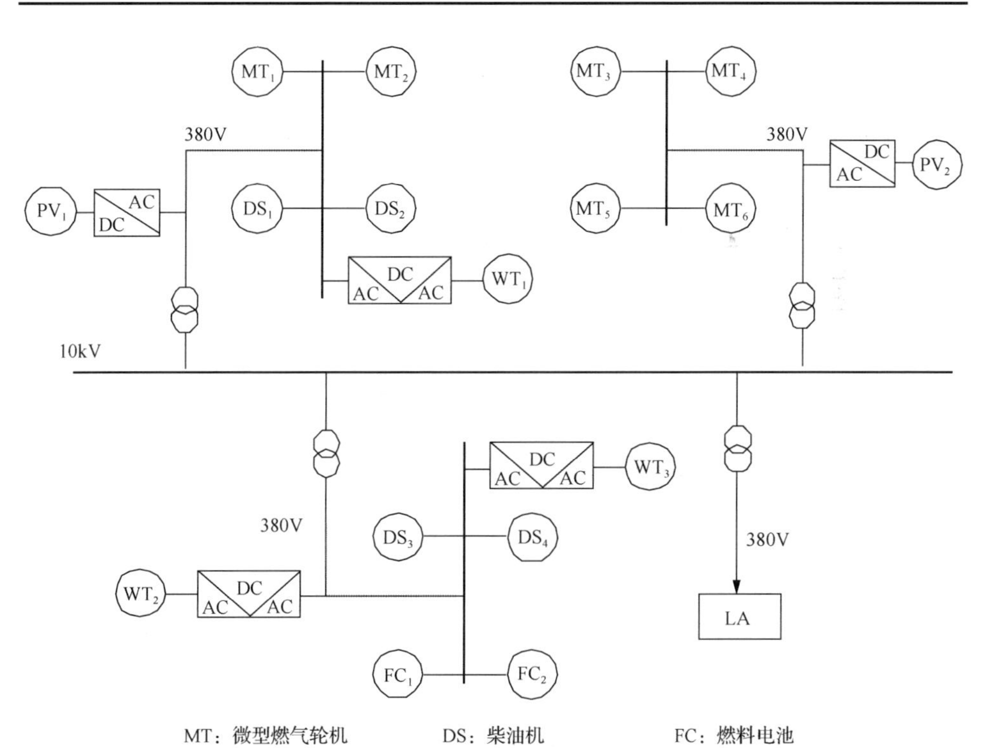

图 7-30　孤岛微网模型示意图

表 7-13 温控设备参数

设备类型	数量/个	额定功率/kW	舒适度范围/℃
空调	300	2.5	[24,26]
电冰箱	300	0.5	[2, 8]
电热水器	300	1.5	[40, 50]

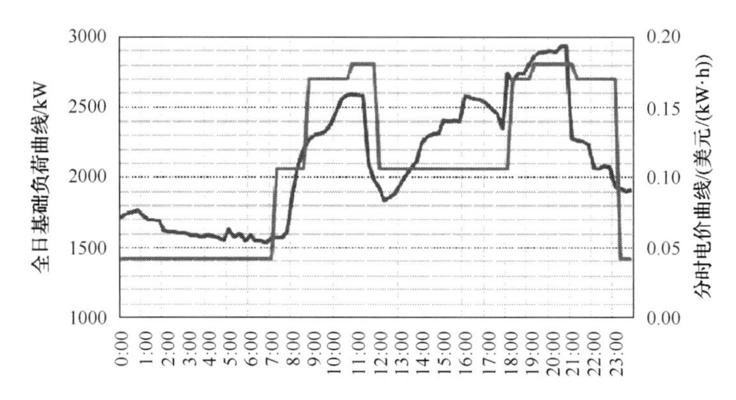

图 7-31 全日基础负荷曲线和分时电价曲线

为测试 EL 算法在求解孤岛微网源-荷协同频率控制的寻优性能，本书还引入五种对比算法，包括 PROP 算法、遗传算法[44]、粒子群优化[41](particle swarm optimization，PSO)算法、群搜索优化[42](GSO)算法和内点法(interior point method，IPM)，其中所有算法均在孤岛微网算例进行测试，对比算法的种群规模和最大迭代步数均分别设为 150 和 150，EL 算法的具体参数设置值可见表 7-14。仿真在 CPU 为英特尔 I7-6700、主频 3.4GHz、内存 16GB 的计算机运行计算。

表 7-14 EL 参数设置

参数	范围	预学习	在线优化
α	$0<\alpha<1$	0.05	0.75
γ	$0<\gamma<1$	0.1	0.10
ε	$0<\varepsilon<1$	0.8	0.9
p_{m}	$p_{\mathrm{m}}\geqslant 0$	0.80	0.90
J	$J\geqslant 1$	50	10
χ	$\chi>0$	10^8	10^8
L	$L\geqslant 1$	16	16
$k_{\max}$	$k_{\max}\geqslant 2$	150	30

2. EL 预学习

孤岛微网源-荷协同频率控制的所有源任务将在预学习中执行，随着各机组和 LA 储备容量的变化，每 15min 将重新执行一次。在本书中，假定的负荷扰动大小范围为[–150,250]，所以总发电功率指令ΔP_{Σ}可以离散分为为 12 个间隔，即{[–300,–250),[–250,–200),⋯, [250,300]}。如图 7-32 所示，在ΔP_{Σ}=200kW 时，EL 知识矩阵的 2 范数 ΔQ 能够在 50 次迭代之后基本达到收敛。同时，各子优化器基于各自优化机制均获得了该源任务下较小的目标函数值，以此保证学习集中器能够获得了一个高质量的最优解。同理，其他源任务的最优知识矩阵可通过 EL 获得。

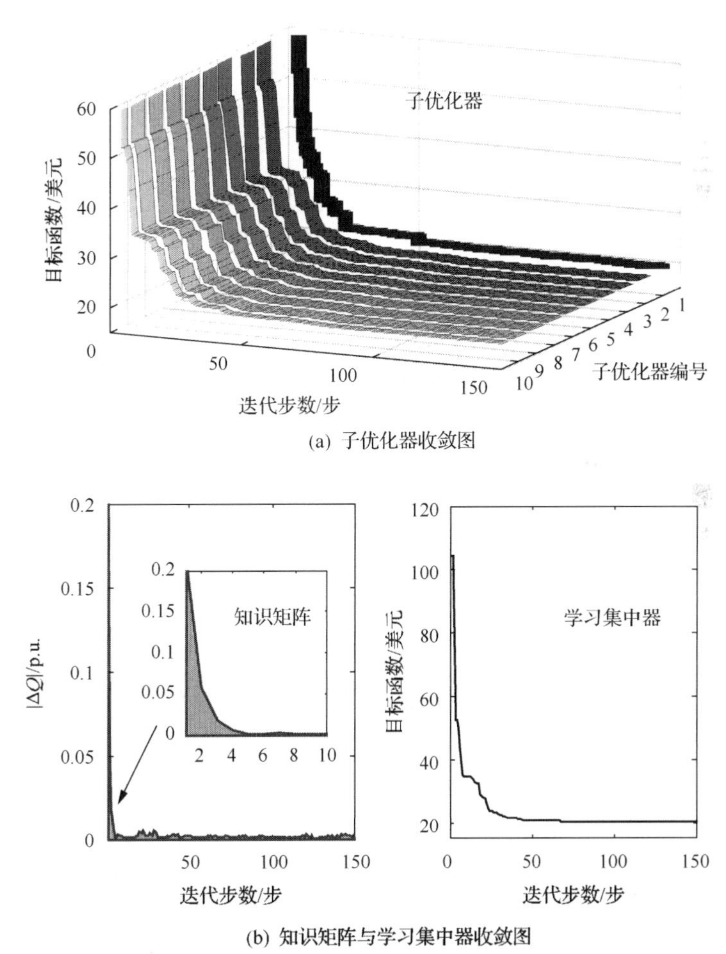

图 7-32　EL 预学习收敛曲线(ΔP_{Σ}=200kW)

3. 在线优化与结果对比

1) 在线优化收敛结果

通过充分利用源任务的最优知识矩阵，EL 在线优化可以快速搜索孤岛微网源-荷协同频率控制高质量的解。根据式(7-56)和式(7-57)，ΔP_{Σ}=225kW 的新任务可以利用两个源任务的最优知识矩阵(ΔP_{Σ}=200kW 和ΔP_{Σ}=250kW)，其中相似度在新任务和这两个源任务之间分别等于 0.5。图 7-33 为几个不同算法在新任务ΔP_{Σ}=225kW 下的收敛曲线对比，与其他几个算法相比，基于知识迁移的 EL 能够快速逼近更高质量的最优解，说明通过基于集体智慧的集成学习和基于知识矩阵的开发与探索之间的平衡可以有效提高获得的最优解的质量。所有算法的执行时间均小于本书设定的控制周期(4s)，其中，EL 在线优化的执行时间小于 1.5s，完全满足孤岛微网源-荷协同频率控制的在线优化，这也验证了迁移学习和集体智慧在收敛速度上的优越性。

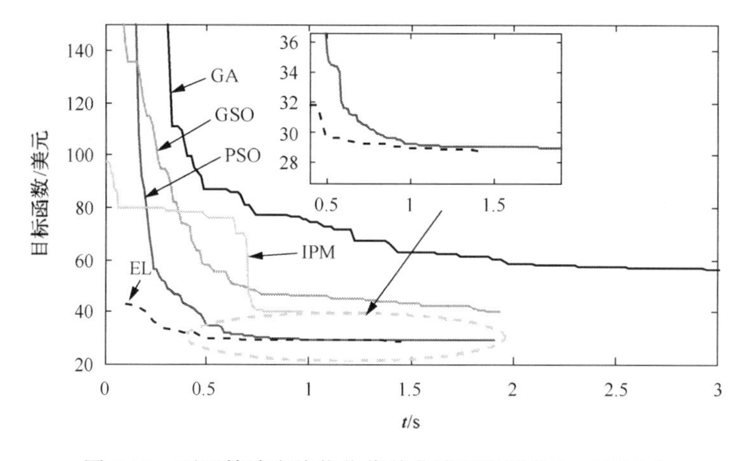

图 7-33　不同算法在线优化收敛曲线对比图(ΔP_{Σ}=225kW)

2) 结果分析与比较

(1) 阶跃扰动测试。为了测试 EL 的实时性能，在孤岛微网中添加ΔP_{M}=225kW 的功率失衡。图 7-34 提供了从 12:00 到 12:10，当ΔP_{M}=225kW 时，在不同算法下获得的实时在线优化的结果。从图 7-34(a)可以看出各算法均能够有效平衡功率失衡，部分算法存在功率波动较大的现象，这是由于算法前后两个优化结果存在较大差异，而 IPM 结果与其初值的给定有极大的关系，因此可能造成其陷入局部最优。由图 7-34(b)可以看出频率偏差均能够快速恢复到零值，且 EL 的频率偏差最小，而在图 7-34(c)中 EL 的总运行成本接近最小，这说明 EL 算法能够有效兼顾机组爬升时间与运行成本。从图 7-34(d)中各机组有功功率情况可以看出，LA、FC_1 和 FC_2 承担了大部分出力，这是由于它们具有较快的爬升速率和相对较低的运行成本。

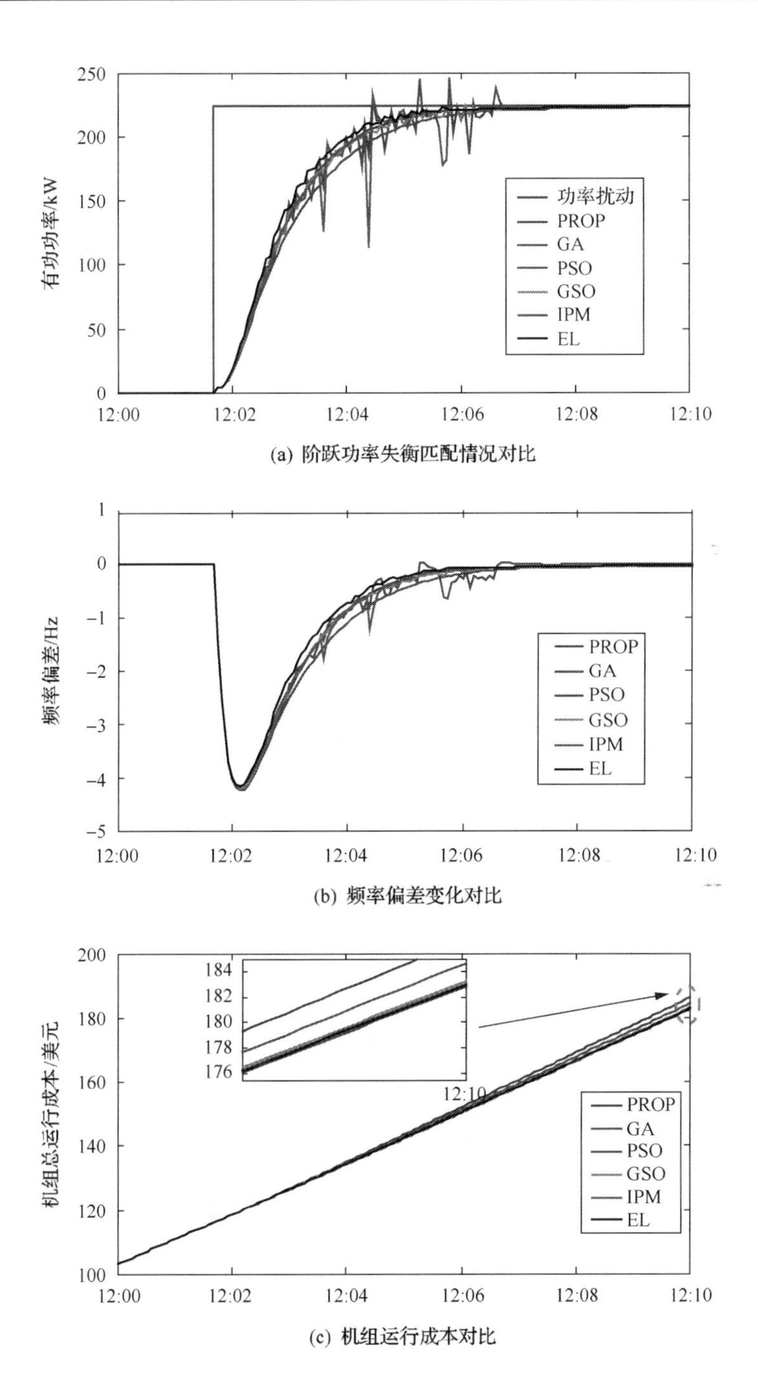

(a) 阶跃功率失衡匹配情况对比

(b) 频率偏差变化对比

(c) 机组运行成本对比

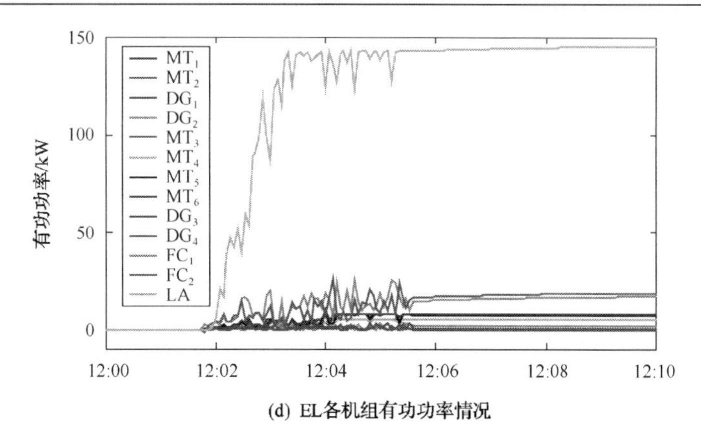

(d) EL各机组有功功率情况

图 7-34　不同算法在线优化结果对比图(12:00～12:15，ΔP_{Σ}=225kW)

图 7-35 为从 12:00 到 12:10，当ΔP_{Σ}=225kW 时，LA 所属的部分空调、电冰箱和电热水器所控温度曲线。有效参与的温控设备通过闭合开关来参与功率正调过程，并从图 7-35 可看出，参与的设备所控温度均在用户可接受温度范围内，表明利用优先级机制的 LA 辅助调频方法能够有效地满足用户舒适度要求。

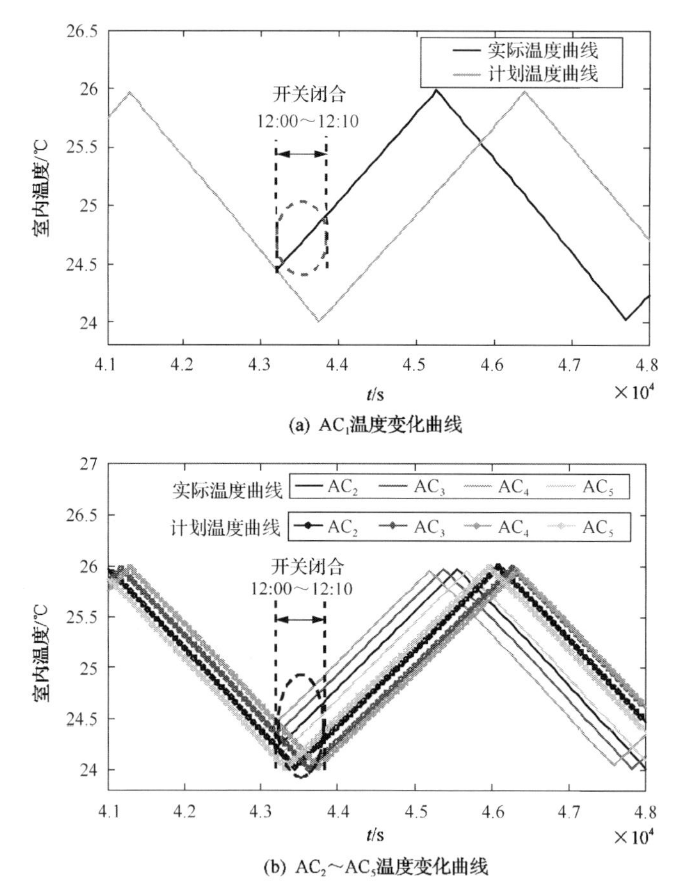

(b) AC_2～AC_5温度变化曲线

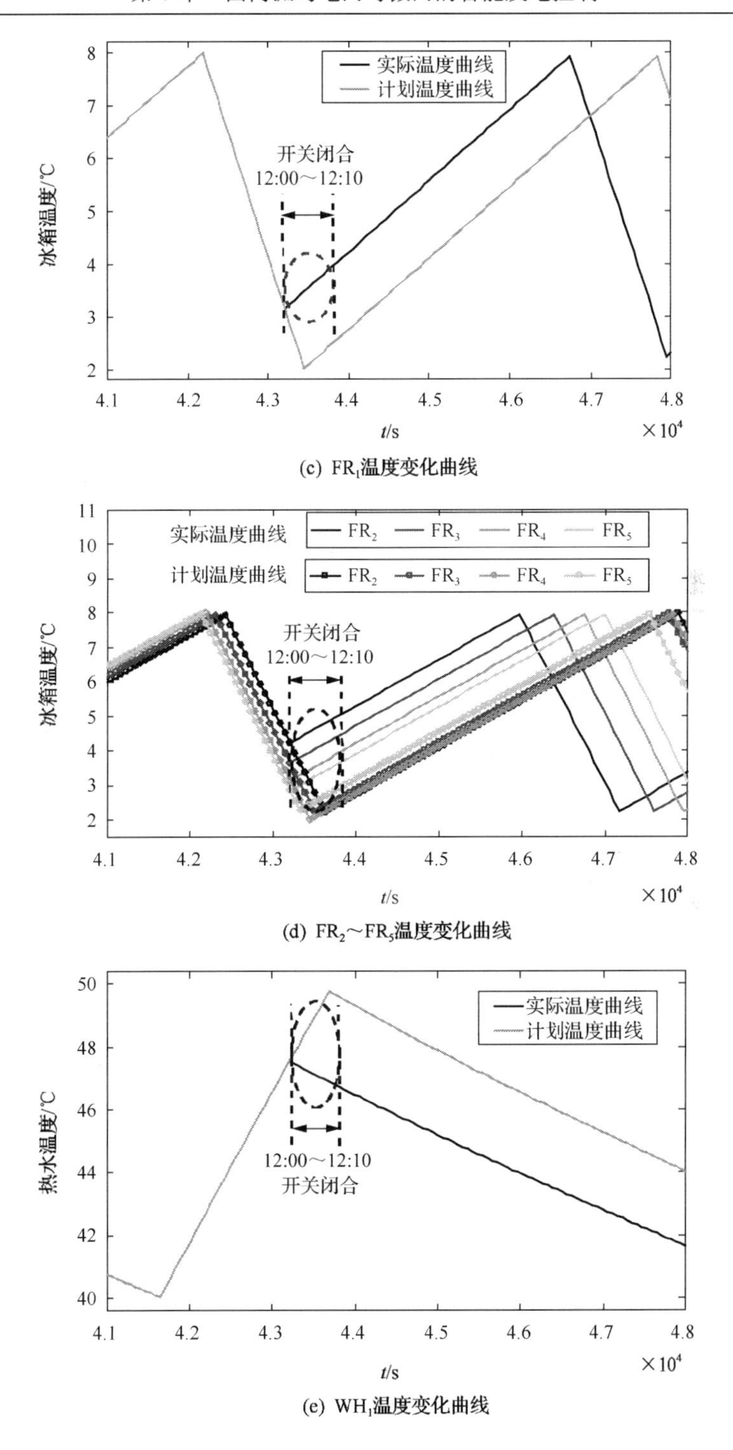

(c) FR_1温度变化曲线

(d) FR_2～FR_5温度变化曲线

(e) WH_1温度变化曲线

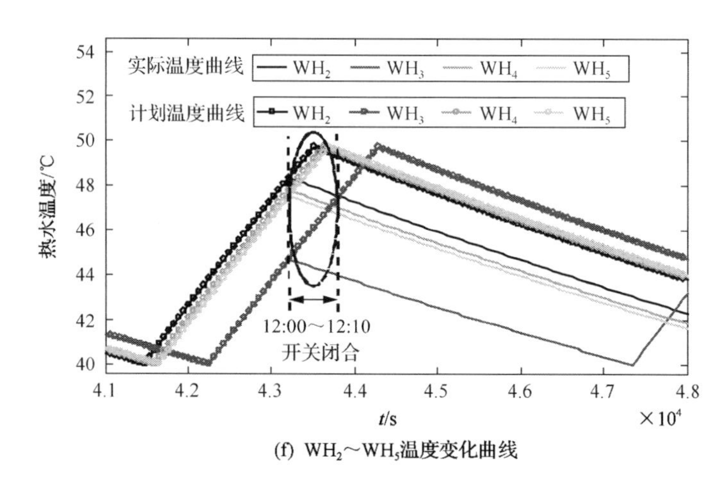

(f) WH_2～WH_5温度变化曲线

图 7-35　部分温控设备温度曲线变化曲线(12:00 到 12:10，ΔP_{Σ}=225kW)

(2)全日随机扰动测试。为了进一步研究 EL 的实时控制性能,本算例在孤岛微网的模型上进行了 24h 随机扰动实时仿真，并利用 EL 预学习及在线优化来优化可调机组和 LA 的出力，其中，包含白噪声的随机方波负荷扰动周期为 3600s。如图 7-36(a)～(c)所示，EL 仍能够有效匹配随机功率扰动，减小动态的频率偏差，这也导致了相对较高的累计机组总运行成本。由图 7-36(d)可以看出 LA 仍然承担了较大的有功功率，这是由于 LA 具有快速响应能力，同时也由于 LA 补偿机制相对于 DG 具有一定的优势。

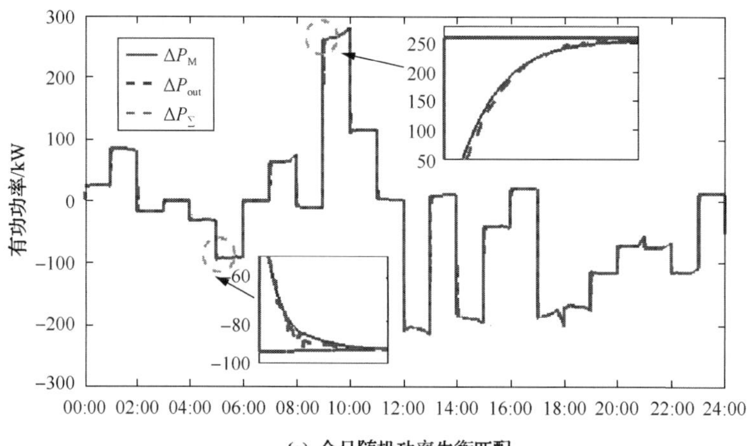

(a) 全日随机功率失衡匹配

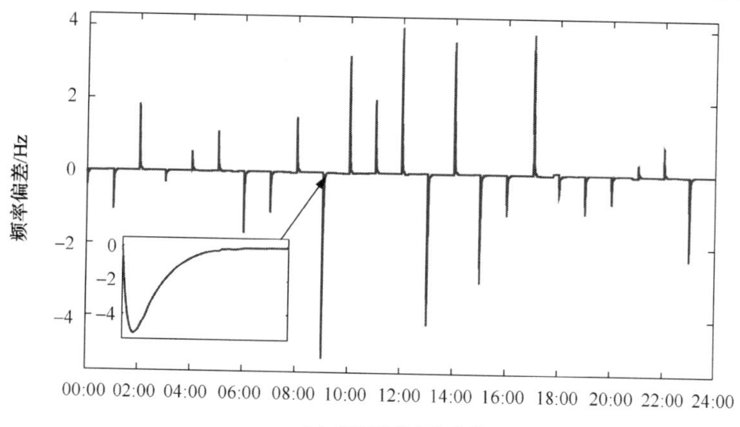

(b) 频率偏差变化曲线

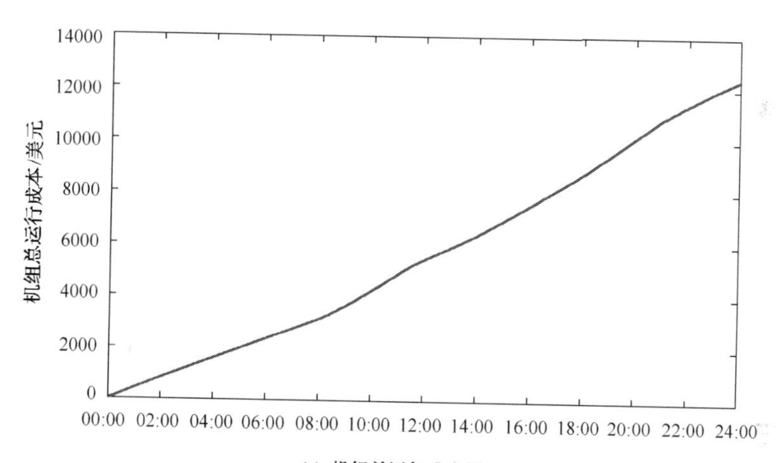

(c) 机组总运行成本累计曲线

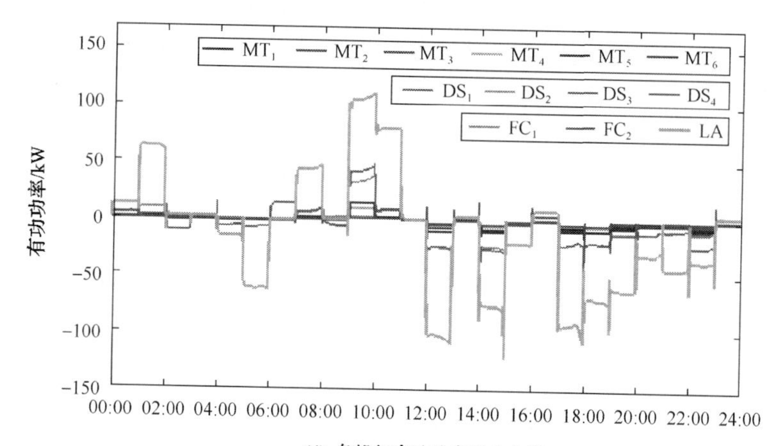

(d) 各机组有功功率出力曲线

图 7-36　基于 EL 的全日随机功率失衡仿真结果

图 7-37 展示了全日随机功率失衡下各算法的结果对比，与其他算法相比，EL 获得了最小的平均频率偏差和相对较低累计运行成本。值得注意的是，PROP 由于仅考虑固定调节因子，且一般而言具有较大备用容量的机组的调节成本较低，在全日的仿真当中，PROP 由于将功率指令按比例均分到了各机组，才使得其运行成本较低，但也导致了较差的快速爬升效果。

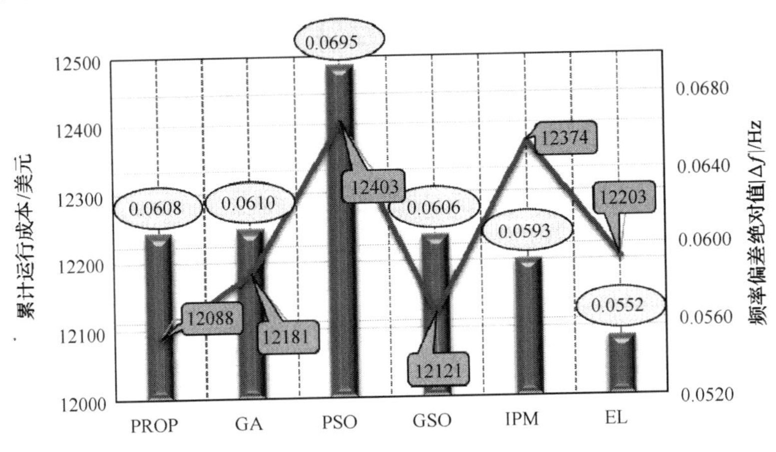

图 7-37　不同算法全日随机功率失衡仿真结果对比

7.3　基于孤岛智能配电网的狼群捕猎策略

通常来说，分布式能源的日趋增加以及主动负荷的集成将会导致智能配电网中有功功率与负荷扰动具有越来越强的随机性和不确定性。因此，基于 MAS-SCG 框架，本书提出狼群捕猎策略。智能体(AGC 机组)在所设计的框架下进行频繁的信息交流，以快速地计算出最优功率分配指令，从而实现了各区域的最优协同控制和孤岛电网的电力自治，并提高了可再生能源的利用率，降低了发电成本。本书建立了一个包含大量分布式能源和微网的孤岛智能配电网(islanding smart distribution network，ISDN)模型，验证了所提策略的有效性。

7.3.1　狼群捕猎策略

大规模电力系统分散式自治控制大大地促进了有功电网解列[51]和孤岛电网的频率支撑[52]。现今，分散式自治控制已经应用于微网 AGC[53]，将 VPP 引入电力系统进行调频(frequency regulation，FR)成为一个热点的课题。然而，有效地把多个微网和 VPP 结合到 ISDN 中以实现最优 AGC 具有十分重要的意义。分散式 AGC 的框架如图 7-38 所示。

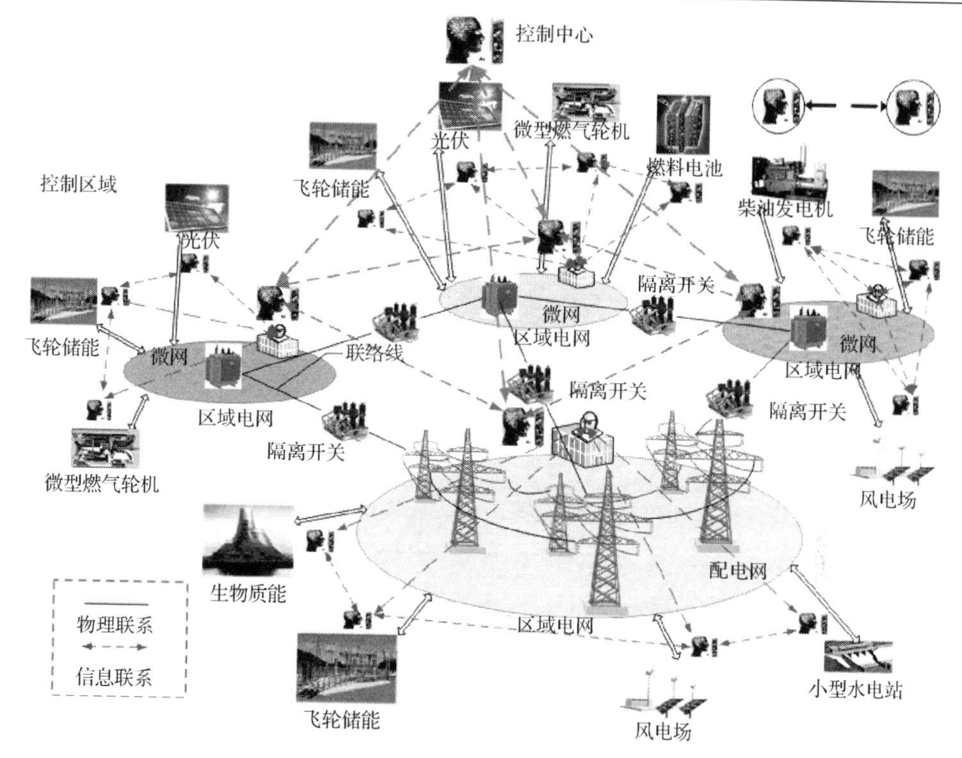

图 7-38　分散式 AGC 的框架

狼群捕猎策略的设计思路结合了 MAS-SG 和 MAS-CC 框架，用以协同分散式区域优化。传统应用于 ISDN 的 AGC 主要包括：①根据当地频率偏差通过控制器(通常是 PI 控制器)获得总功率指令；②根据实时控制情况按照可调容量的固定比例将总功率指令分配给各个机组。然而，基于狼群捕猎策略的 AGC 包括：①根据当地频率偏差，通过 MAS-SG 框架获得总功率指令；②首领追踪总功率指令，各个机组与其邻近的机组通信，所有机组都通过 MAS-CC 框架进行动态分配以获得各自的功率指令。

狼群捕猎策略的应用并不受集中式计算和单一集中式控制器功率指令分配的限制。实际上，如果某些智能体出现故障，其他智能体仍能够继续进行信息交流并实现新的一致性。由于智能体之间通常存在不止一个通信通道，当某条通道发生故障时，AGC 性能依然可以保持最优。这取决于每个智能体之间的信息共享，如图 6-25 所示。一些相关的概念如下。

(1) 狼王：是一个通过 MAS-SG 与所有区域进行沟通的控制中心，它与各个首领进行通信，动态分配最优功率指令到每个首领。

(2) 首领：是一个区域的分配终端，它与狼王进行通信和协同，并将最优功率指令分配给各个家庭的家长。

(3) 家庭：是一个区域中具有相似调节特性的一类机组，如水电、微型燃气轮机、柴油发电机等。

(4) 家长：是发电机组的领导者，具有较强的分配能力和主动搜索能力，能够独立执行复杂的发电指令。

(5) 后备军：一组备用的小水电机组，只有当负荷扰动超过指定值的 50%才会被投入使用。

1. MAS-CC 框架

在狼群捕猎策略中引入 MAS-CC，家庭成员通过同构多智能体系统跟随狼群中的家长。关于图论和协同一致性的描述可参见 6.3 节 WPH-VTC 策略的 AGC 设计，基于此，这里主要对发电成本一致性进行阐述。

在 ISDN 中，发电成本作为所有机组的一致性变量，通常表示为

$$C_i\left(P_{\mathrm{G}i}\right)=a_i P_{\mathrm{G}i}^2+b_i P_{\mathrm{G}i}+c_i \tag{7-58}$$

式中，$P_{\mathrm{G}i}$ 是第 i 个机组的有功功率，C_i 为第 i 个机组的发电成本；正值常数 a_i、b_i、c_i 分别为发电成本的各次系数。

因此，指定 AGC 的功率分配的发电成本如式(7-59)所示：

$$C_i(P_{\mathrm{G}i,\mathrm{actual}})=C_i\left(P_{\mathrm{G}i,\mathrm{plan}}+\Delta P_{\mathrm{G}i}\right)=\alpha_i\Delta P_{\mathrm{G}i}^2+\beta_i\Delta P_{\mathrm{G}i}+\gamma_i \tag{7-59}$$

式中，$P_{\mathrm{G}i,\mathrm{actual}}$ 为第 i 个机组的实际有功功率；$P_{\mathrm{G}i,\mathrm{plan}}$ 为第 i 个机组的计划发电功率；$\Delta P_{\mathrm{G}i}$ 为第 i 个机组的 AGC 调节功率；正值常数 α_i、β_i、γ_i 为功率扰动情况下的动态系数，其中 $\alpha_i=a_i, \beta_i=2a_i P_{\mathrm{G}i,\mathrm{plan}}+b_i, \gamma_i=a_i P_{\mathrm{G}i,\mathrm{plan}}^2+b_i P_{\mathrm{G}i,\mathrm{plan}}+c_i$。

对于一个包含 n 个 AGC 机组的系统，AGC 的目标函数如下：

$$\begin{cases}\min C_{\mathrm{total}}=\sum\limits_{i=1}^{n}(\alpha_i\Delta P_{\mathrm{G}i}^2+\beta_i\Delta P_{\mathrm{G}i}+\gamma_i)\\ \qquad\text{s.t.}\ \ \Delta P_{\Sigma}-\sum\limits_{i=1}^{n}\Delta P_{\mathrm{G}i}=0\\ \qquad\qquad\Delta P_{\mathrm{G}i}^{\min}\leqslant\Delta P_{\mathrm{G}i}\leqslant\Delta P_{\mathrm{G}i}^{\max}\end{cases} \tag{7-60}$$

式中，C_{total} 为总实际发电成本；ΔP_{Σ}为总功率指令；$\Delta P_{\mathrm{G}i}^{\min}$ 和 $\Delta P_{\mathrm{G}i}^{\max}$ 分别为可调功率最小值和最大值。

根据等微增率准则，当各个机组的发电成本对 AGC 调节功率的偏导数都相等时，C_{total} 达到最小，并满足约束：

$$\frac{\mathrm{d}C_1\left(P_{\mathrm{G1,actual}}\right)}{\mathrm{d}\Delta P_{\mathrm{G1}}}=\frac{\mathrm{d}C_2\left(P_{\mathrm{G2,actual}}\right)}{\mathrm{d}\Delta P_{\mathrm{G2}}}=\cdots=\frac{\mathrm{d}C_n\left(P_{\mathrm{G}n,\mathrm{actual}}\right)}{\mathrm{d}\Delta P_{\mathrm{G}n}}=\omega \tag{7-61}$$

式中，ω 为发电成本的等微增率，多智能体系统的一致性变量选取为 ω，计算如下：

$$\omega_i=2\alpha_i\Delta P_{\mathrm{G}i}+\beta_i \tag{7-62}$$

式中，ω_i 为第 i 个机组发电成本的等微增率。

2. 基于等微增率准则的一致性算法

基于等微增率准则的一致性算法如下[54]：

$$\omega_i\left[k+1\right]=\sum_{j=1}^{n}d_{ij}\omega_j\left[k\right],\quad i=1,2,\cdots,n \tag{7-63}$$

引入功率偏差对领导者一致性进行更新，并满足功率约束，如下：

$$\omega_i\left[k+1\right]=\sum_{j=1}^{n}d_{ij}\omega_j\left[k\right]+\varepsilon\Delta P_{\mathrm{error}} \tag{7-64}$$

式中，$\Delta P_{\mathrm{error}}$ 为总功率指令和所有机组总调节功率的差值，如下：

$$\Delta P_{\mathrm{error}}=\Delta P_{\Sigma}-\sum_{i=1}^{n}\Delta P_{\mathrm{G}i} \tag{7-65}$$

因此，考虑到发电约束的一致性，更新如下：

$$\begin{cases}\omega_i=\omega_{i,\mathrm{lower}}, & \Delta P_{\mathrm{G}i}<\Delta P_{\mathrm{G}i,\min}\\ \omega_i\left[k+1\right]=\sum_{j=1}^{n}d_{ij}\omega_j\left[k\right], & \Delta P_{\mathrm{G}i,\min}\leqslant\Delta P_{\mathrm{G}i}\leqslant\Delta P_{\mathrm{G}i,\max}\\ \omega_i=\omega_{i,\mathrm{upper}}, & \Delta P_{\mathrm{G}i}>\Delta P_{\mathrm{G}i,\max}\end{cases} \tag{7-66}$$

式中，$\omega_{i,\mathrm{lower}}$ 和 $\omega_{i,\mathrm{upper}}$ 为第 i 个智能体的一致性变量。

3. 虚拟一致性变量

从式(7-66)可知，一致性变量的更新受到机组可调容量的最大约束和最小约束的限制。基本上，如果机组越过了有功功率极限，该限值将取为一致性变量而不再进行更新。更新公式的改变可用拓扑矩阵 D 的维数和元素的变化表示。另外，为了满足 ISDN 即插即用的要求，寻求有效的方法解决实变拓扑的问题显得十分有必要。

所以，这里提出了一种虚拟一致性变量解决上述问题，如式(7-63)和式(7-64)所示，对自身进行更新时不需考虑机组功率约束，所以可以大大减少计算量。并且，通过虚拟一致性变量实现和备用机组的“虚连”，通过对功率约束进行校正而得到真实一致性变量，而无须对系统拓扑进行任何修改，从而实现即插即用的功能。获得虚拟一致性变量 $\omega_{i,\text{virtual}}$ 后，真实一致性变量 ω_i 可由式(7-67)获得

$$\omega_i = \begin{cases} \omega_{i,\text{lower}}, & \omega_{i,\text{virtual}} < \omega_{i,\text{lower}} \\ \omega_{i,\text{virtual}}, & \omega_{i,\text{lower}} \leqslant \omega_{i,\text{virtual}} \leqslant \omega_{i,\text{upper}} \\ \omega_{i,\text{upper}}, & \omega_{i,\text{virtual}} > \omega_{i,\text{upper}} \end{cases} \tag{7-67}$$

7.3.2 狼群捕猎策略的设计

本节对狼群捕猎策略进行设计。在每次迭代中，狼王在线控制当前的操作状态，对 Q 值函数进行更新，根据平均混合策略执行动作，部分参数设置可参见 6.3.3 节第二部分。

1. 奖励函数的选择

一般来说，频率偏差绝对值$|\Delta f|$的大小直接影响控制效果的长期收益，并能抑制功率波动，而发电成本则考虑了 EMS 对经济性的影响。因此，选取$|\Delta f|$和 $C_{\text{instantaneous}}$ 的加权和作为奖励函数，更大的加权和将会导致更小的奖励。

奖励函数如下：

$$R(s_{k-1}, s_k, a_{k-1}) = -\mu|\Delta f|^2 - (1-\mu)C_{\text{instantaneous}} / 50000 \tag{7-68}$$

式中，$|\Delta f|$和 $C_{\text{instantaneous}}$ 分别为第 k 次迭代中频率偏差的瞬时绝对值以及所有机组的实际发电成本。μ 和 $1-\mu$ 分别为$|\Delta f|$和 $C_{\text{instantaneous}}$ 的系数。这里选择 $\mu = 0.5$。

2. 狼群捕猎策略流程

狼群捕猎策略执行流程如图 7-39 所示，本书提出的狼群捕猎策略有如下三个特点。

对于$s \in S$，$a \in A$，初始化所有参数，并且设置参数$s_0, k=0$。
开始
(1)根据混合策略集合$U(s_k, a_k)$选择搜索动作a_k。
(2)对AGC机组执行搜索动作a_k。
(3)根据Δf和发电成本观测新状态s_{k+1}。
(4)根据式(6-67)获得短期奖励$R(k)$。
(5)根据式(5-32)计算单步Q值函数误差ρ_k。
(6)根据式(5-33)评估Sarsa(0)值函数误差δ_k。
(7)对每个状态-动作对执行(s,a)：①令$e_k+1(s,a)=\gamma\lambda e_k(s,a)$；
②根据式(5-34)将Q值函数$Q_k(s,a)$更新为$Q_{k+1}(s,a)$。
(8)根据式(5-36)和式(5-37)求解混合策略$U_k(s_k,a_k)$。
(9)根据式(5-35)更新值函数$Q_k(s_k,a_k)$为$Q_{k+1}(s_k,a_k)$。
(10)根据式(5-31)更新资格迹，令$e(s_k,a_k) \leftarrow e(s_k,a_k)+1$。
(11)根据式(5-38)选择变学习率φ。
(12)根据式(5-39)求解平均混合策略表。
(13)令$\mathrm{visit}(s_k) \leftarrow \mathrm{visit}(s_k)+1$。
(14)输出总功率参考值ΔP_{Σ}。
(15)根据式(6-62)或式(6-63)应用一致性算法。
(16)根据式(6-61)计算机组调节功率ΔP_{Gi}。
(17)如果没有越过发电约束，则执行步骤(19)。
(18)根据式(6-65)计算一致性变量ω_i和机组调节功率ΔP_{Gi}。
(19)根据式(6-64)计算功率偏差$\Delta P_{\mathrm{error}}$。
(20)如果不满足$|\Delta P_{\mathrm{error}}|<\varepsilon_i$，执行步骤(15)。
(21)输出机组调节功率ΔP_{Gi}。
(22)令$k=k+1$，并返回步骤(1)。
结束

图 7-39　狼群捕猎策略执行流程

(1)狼王通过 MAS-SG 实现在 ISDN 中的控制目标，而小狼(家庭成员)一直跟随其首领(通过 MAS-CC)。

(2)指定区域的最优策略仅在该区域有效。

(3)一致性变量和机组调节功率在所有区域中不能同时被更新，导致获得的最优策略中具有时延。

7.3.3　算例分析

狼群捕猎策略是狼爬山的扩展。在笔者先前的工作中已经在 IEEE 两区域互联系统 LFC 模型中进行了狼爬山的算例分析。

以下算例利用了一个包含各种分布式电源(水电机组、风电场、生物发电等)以及微网(柴油发电机、风机、光伏发电等)的 ISDN 模型，包含了 1 个分布式电网，3 个微网，19 个可调机组，总调节功率为 2760kW，不可调机组作为负荷扰动出力。并且，每个可调机组都有对应的智能体，智能体之间的连接权重 b_{ij} 选为 1。光伏发电和风电场不参与调频，因此对该模型进行了一定程度的简化，光伏发电模拟了文献[55]中的 24h 光照强度，风电场切入风速为 3m/s，切出风速为

20m/s，额定风速为 11m/s。其他模型通过文献[56]～文献[58]给出，机组的系统参数如表 7-15 所示。

表 7-15　ISDN 模型中的机组系统参数

区域	机组类型	家庭序号	机组序号	$\Delta P_{G_i}^{\max}$ /kW	$\Delta P_{G_i}^{\min}$ /kW	C_i/(美元/h)		
						a_i	b_i	c_i
分布式电网	水电厂	家庭 1	G_1	250	–250	0.0001	0.0346	8.5957
			G_2	150	–150	0.0001	0.0335	8.0643
			G_3	150	–150	0.0001	0.0335	8.0643
			G_4	100	–100	0.0001	0.0314	7.6248
	备用机组(小水电)	家庭 2	G_5	100	–100	0.0001	0.0314	7.6248
	生物发电	家庭 3	G_6	200	–200	0.0004	0.0656	8.7657
		首领	G_7	200	–200	0.0004	0.0656	8.7657
微网 1	微型燃气轮机	家庭 4	G_8	100	–100	0.0002	0.1088	5.2164
			G_9	100	–100	0.0002	0.1088	5.2164
			G_{10}	150	–150	0.0002	0.1164	5.4976
		首领	G_{11}	150	–150	0.0002	0.1164	5.4976
微网 2	微型燃气轮机	家庭 5	G_{12}	150	–150	0.0002	0.1164	5.4976
			G_{13}	150	–150	0.0002	0.1164	5.4976
	燃料电池	家庭 6	G_{14}	150	–150	0.0003	0.1189	3.5442
		首领	G_{15}	150	–150	0.0003	0.1189	3.5442
微网 3	柴油发电机组	家庭 7	G_{16}	120	–120	0.0004	0.2348	10.9952
			G_{17}	120	–120	0.0004	0.2348	10.9952
			G_{18}	120	–120	0.0004	0.2348	10.9952
		首领	G_{19}	120	–120	0.0004	0.2348	10.9952

1. 预学习

图 7-40 给出了 ISDN 模型的预学习结果，其中引入了一个连续 10min 正弦负荷扰动。明显可以看出狼群捕猎策略能够收敛到最优。

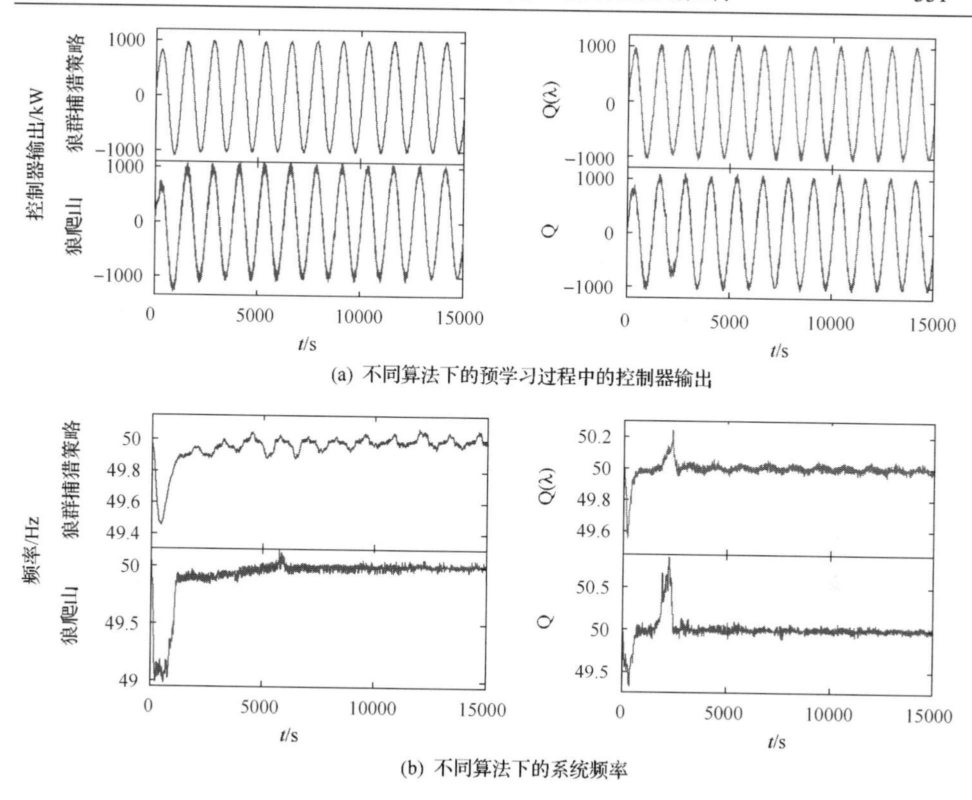

图 7-40　正弦负荷扰动下的预学习性能

另外，在最优策略中，选择 Q 值矩阵 2 范数$\|Q_{ik}(s,a)-Q_{i(k-1)}(s,a)\|_2\leqslant\varsigma$（$\varsigma$=0.0001 是一个指定的正值常数）作为预学习的终止条件。预学习后保存 Q 值和 Lookup 表，从而确保狼群捕猎策略能够应用于实际的电力系统。在预学习过程中获得的 Q 值函数偏差收敛情况如图 7-41 所示。显然，对比其他算法，狼群捕猎策略能够提高收敛率 51.3%～57.4%。

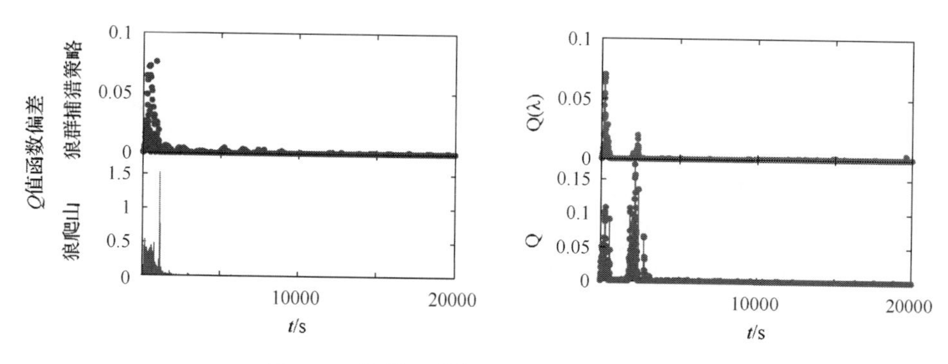

图 7-41　预学习获得的不同算法收敛情况

2. 阶跃负荷扰动

在 ISDN 模型中引入阶跃负荷扰动，对比狼群捕猎策略、狼爬山、Q(λ)学习和 Q 学习的控制性能。图 7-42 显示其超调量分别为 2.7%、8.6%、6.3%和 17.4%，误差平均值分别为 0.5%、2%、4%和 4.5%(在 MATLAB 中统计得到的)。由此可得，狼群捕猎策可以在减少控制成本的情况下为 AGC 机组提供更好的控制性能，从而显著减少机组的磨损。

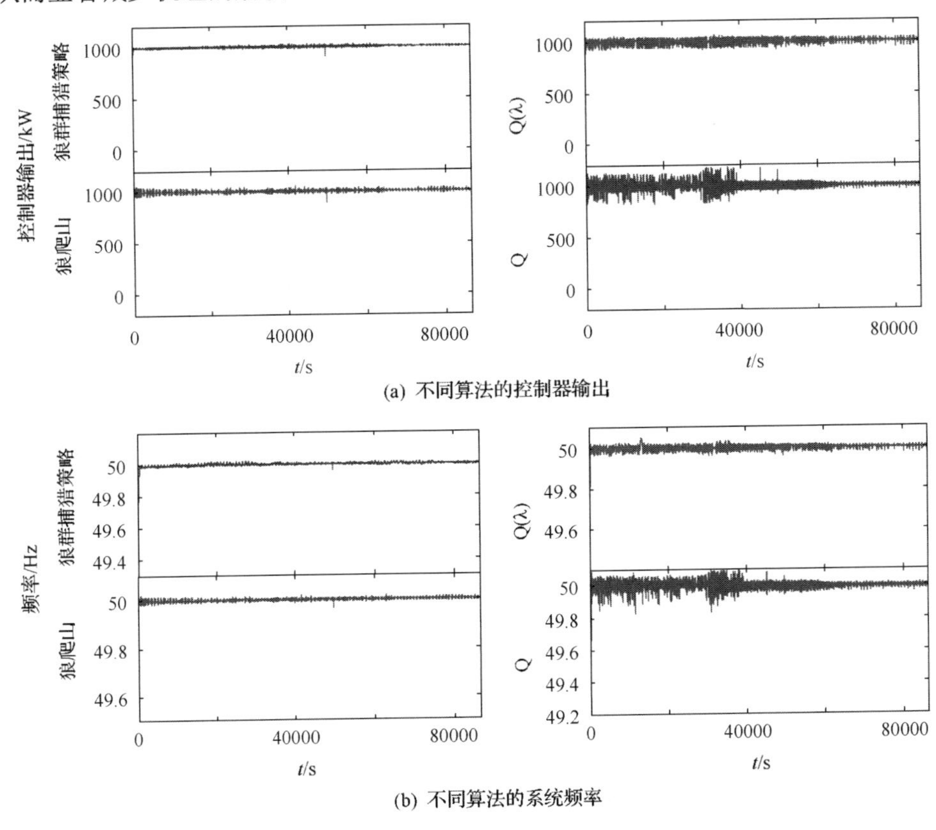

(a) 不同算法的控制器输出

(b) 不同算法的系统频率

图 7-42　阶跃负荷扰动下不同方法的控制性能

3. 脉冲和白噪声负荷扰动

每个机组的输出由各自的调速器以及控制器控制，根据最优分配原则可获得设定值。狼群捕猎策略的长期控制效果通过统计实验进行评估，这里以 30 天的负荷扰动作为考核周期，测试了四种控制器，即狼群捕猎策略、狼爬山、Q(λ)学习和 Q 学习。在阶跃负荷扰动和白噪声负荷扰动下进行统计试验。图 7-43(a)和图 7-44(a)显示狼群捕猎策略具有更平滑的调节指令，而图 7-43(b)和图 7-44(b)显示对于$|\Delta f|$的性能，狼群捕猎策略比其他方法分别提高了两倍。

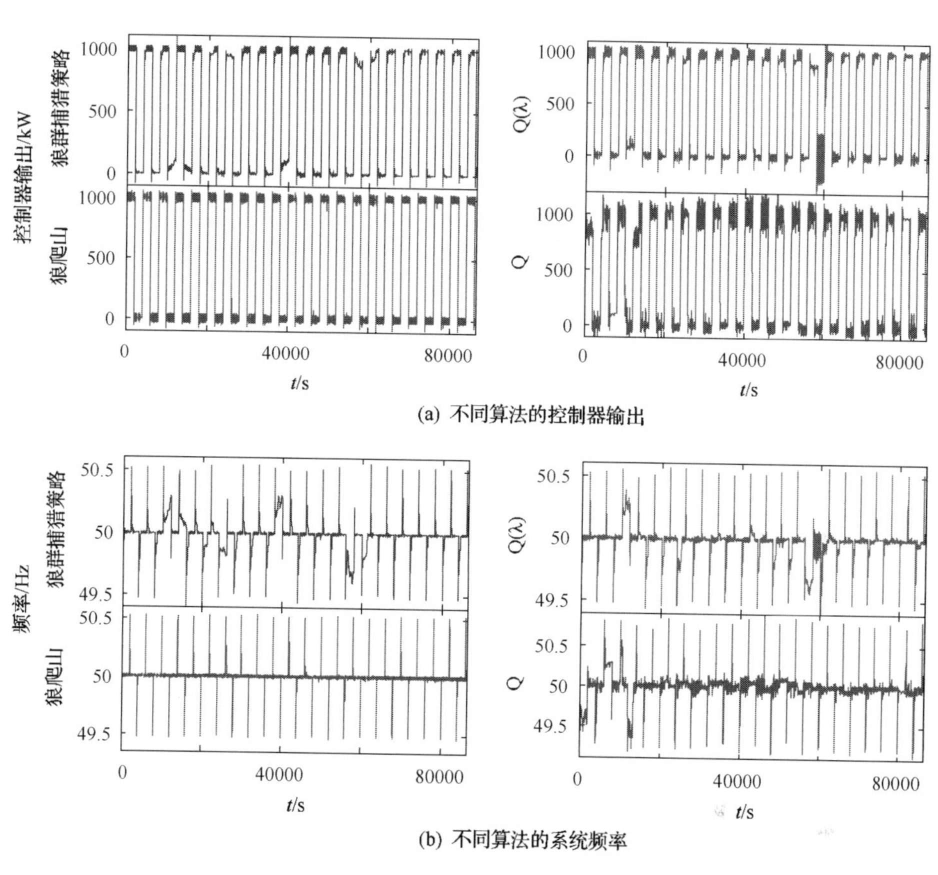

(a) 不同算法的控制器输出

(b) 不同算法的系统频率

图 7-43 阶跃负荷扰动下不同算法的控制性能

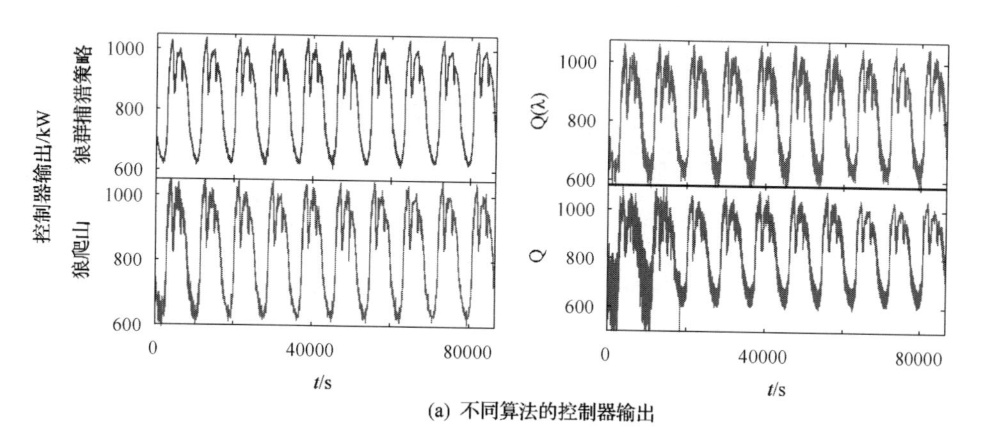

(a) 不同算法的控制器输出

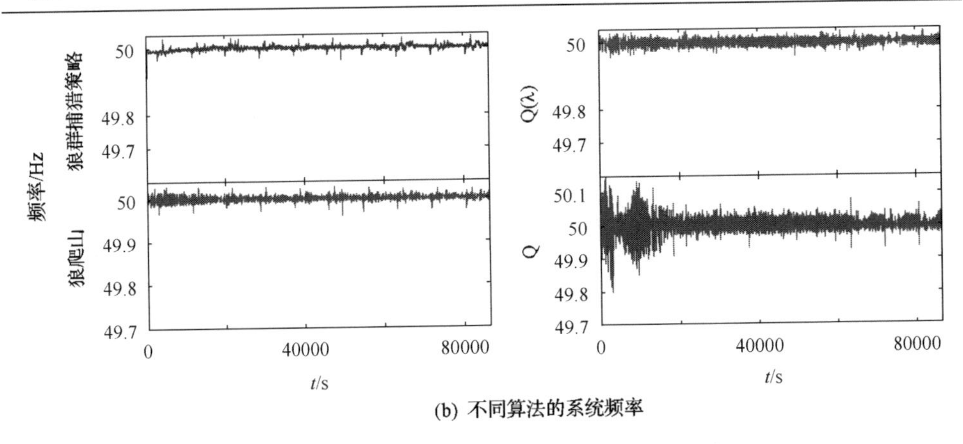

(b) 不同算法的系统频率

图 7-44　白噪声负荷扰动下不同算法的控制性能

4. 随机负荷扰动

在 ISDN 模型中 24h 随机扰动下进行实时仿真，周期为 3600s，扰动幅值小于 2000kW 的方波、风电、光伏发电共同组成随机负荷扰动。

图 7-45(a) 显示了风电和光伏发电的 24h 有功功率，图 7-45(b) 显示总的有功

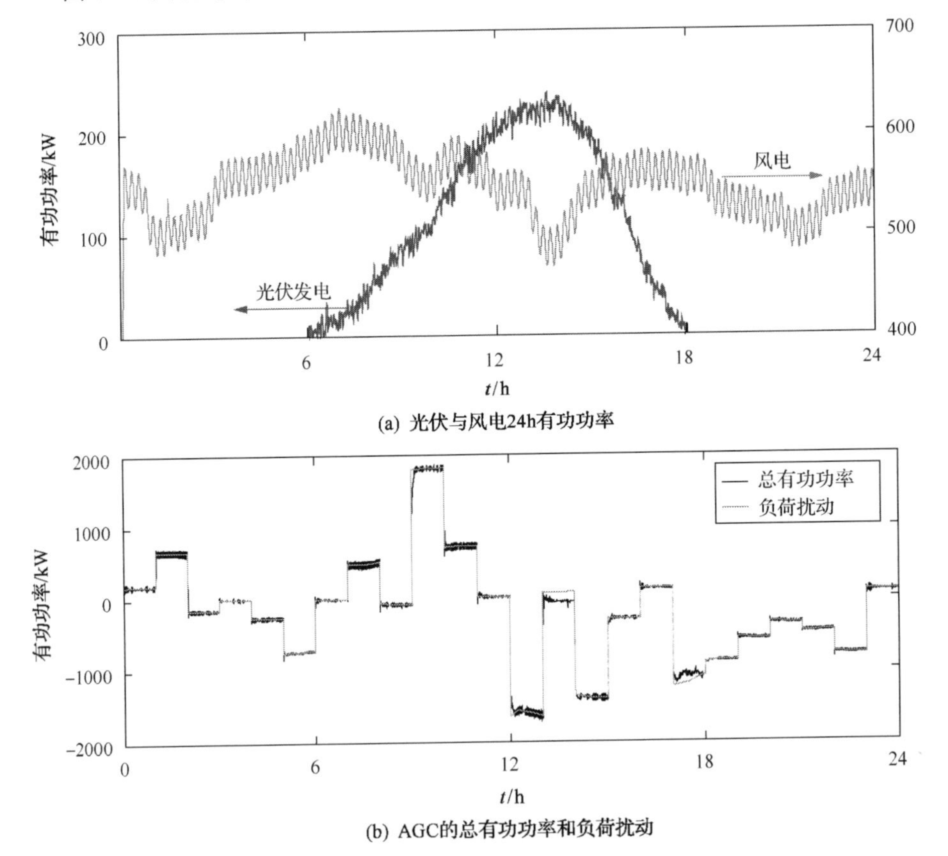

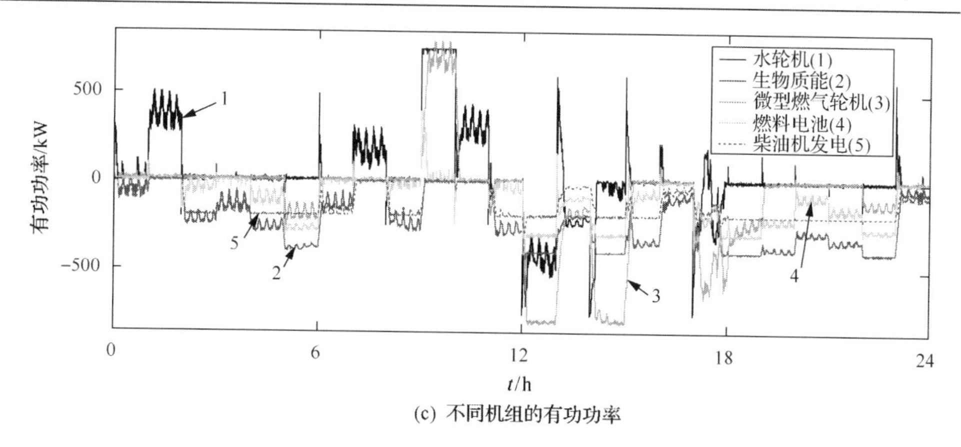

(c) 不同机组的有功功率

图 7-45　基于狼群捕猎策略的功率曲线

功率可以精确并快速地跟踪负荷扰动，应注意到 AGC 有功功率中的尖峰是为了平衡风电和光伏发电的随机功率扰动。图 7-45(c)显示了不同 AGC 的 24h 功率调节情况。对于一个正值的扰动，微型燃气轮机首先进行调节，反之生物质能发电和柴油发电机首先进行调节。因此，在满足等微增率准则情况下每个机组可以实现负荷经济调度(economic dispatch，ED)。

这里比较了狼群捕猎策略、PROPR[55]、二次规划方法[56]、GA[57]和 GWO[58]的控制效果。

24h 内逐时发电成本和不同算法的总发电成本如图 7-46 所示，图中 WPH 代表狼群捕猎策略。图 7-46(a)显示 PROP 的发电成本最高，而狼群捕猎策略发电成本最低，图 7-46(b)显示狼群捕猎策略能够比 PROP 减少大约 8000 美元。

因此，在不同的操作条件下，狼群捕猎策略比其他算法具有更好的适应性和自学习能力，尤其当系统受到随机的负荷扰动时。由于引入了联合决策动作和历史状态-动作对，狼群捕猎策略利用了平均策略值来设计变学习率，从而实现了 ISDN 协同。由于 ISDN 模型的混合策略更新需要在线求解平均混合策略，在设计变学习率和平均策略值时必须考虑实时控制效果。而且，通过经验共享动态更新 Q 值函数以及 Lookup 表，获得每个机组的相关性权重十分简单，因此能够适时恰当地调整控制器从而使得总控制效果最优。实验结果证实了狼群捕猎策略能够显著提高可再生能源的利用率，减少发电成本。

5. 讨论

每个算法之间的特性如表 7-16 所示。可见狼群捕猎是可收敛的、分散式的、强鲁棒性的，并且发电成本最低。本书所提出的新颖的分散式自治控制方法具有如下两个重要优点。

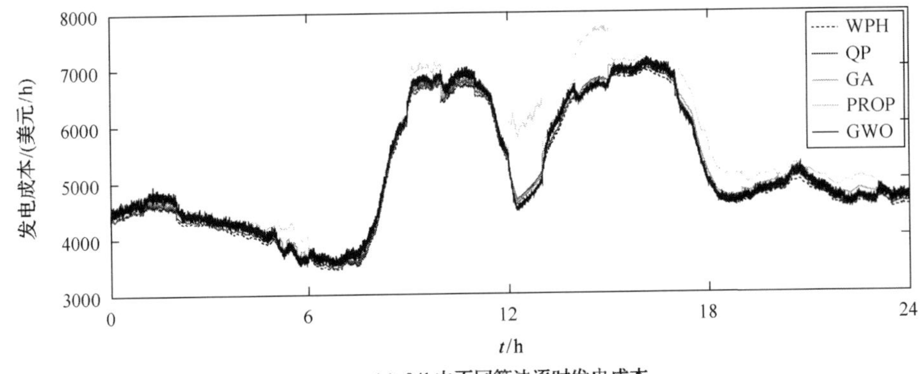

(a) 24h内不同算法逐时发电成本

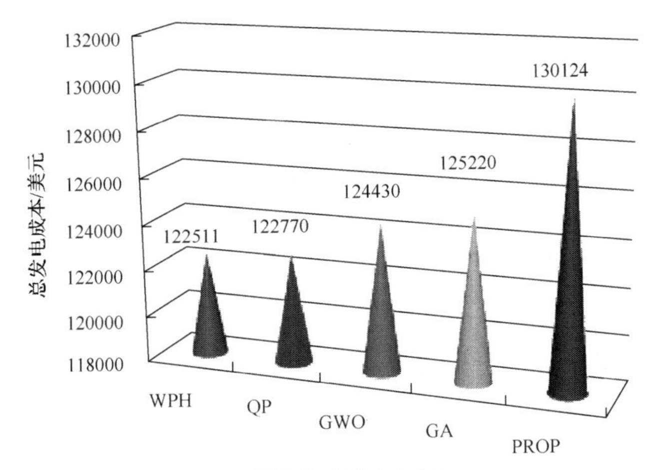

(b) 不同算法的总发电成本

图 7-46 不同算法的对比结果

表 7-16 不同算法特性对比

算法	收敛性	智能体类型	混合策略	博弈类型	框架	特性	发电成本
Q	否	SA	否	一般和对策	MDP	分散式，在线	高
Q(λ)	是	SA	否	一般和对策	MDP	分散式，在线	中
QP	是	无	否			分散式，在线	中
GA	是	无	否			集中式，离线	中
PROP	是	无	否			集中式，在线	高
狼爬山	是	MA	是	一般和对策与自我对弈	MAS-SG	分散式，在线	中
狼群捕猎策略	是	MA	是	一般和对策与自我对弈	MAS-SCG	分散式，在线，强鲁棒性	低

(1) 狼群捕猎策略基于有功功率控制和区域 FA，而现有的自动电压控制(automatic voltage control，AVC)基于无功功率控制和节点电压控制。这种相似性促进了狼群捕猎策略和 AVC 在后续研究中的结合。因此，分布式 EMS 中狼群捕猎策略的实施，使得控制发电成本在合理范围内的目标成为可能。

(2) 狼群捕猎策略能够在风能、光能和飞轮储能等可再生能源日趋增长的情况下获得最优协同控制。并且，引入分散式自治能够对大型集中式能源(水电、地热、天然气和核能等)、小型分布式能源(风能、光能和海洋能等)、可控负荷和静态或动态储能系统进行利用。应注意到狼群捕猎策略具有快速的收敛速度，AGC 周期在 4～16s，因此对许多小时间尺度的系统也同样适用。

本节设计了一种基于等微增率的狼群捕猎策略，将 MAS-SG 和 MAS-CC 结合在一起，实现了 ISDN 的最优协同控制，同时解决了同构和异构相混合的难题，在狼群捕猎策略中引入了一种虚拟一致性变量，用于解决 AGC 功率越限导致的拓扑变化，机组的启动和关停被转化为智能体之间的实连和虚连。从而实现了 AGC 动态最优分配。仿真结果证实了狼群捕猎策略对于多区域、强随机性、复杂互联的 ISDN 具有强适应性和鲁棒性，能够显著地提高可再生能源的利用率，降低发电成本。

参 考 文 献

[1] 张化光, 张欣, 罗艳红, 等. 自适应动态规划综述[J]. 自动化学报, 2013, 39(4): 303-311.

[2] 李晓理, 刘德馨, 贾超, 等. 基于自适应动态规划的多设定值跟踪控制方法[J]. 控制理论与应用, 2013, 30(6): 709-716.

[3] 林小峰, 宋绍剑, 宋春宁. 基于自适应动态规划的智能优化控制[M]. 北京: 科学出版社, 2013: 82.

[4] Tapia A, Tapia G, Ostolaza J X, et al. Modeling and control of a wind turbine driven doubly fed induction generator[J]. IEEE Transactions on Energy Conversion, 2003, 18(2): 194-204.

[5] 李靖. 含多种分布式电源的微电网建模与控制研究[D]. 广州: 华南理工大学, 2013.

[6] 胡家兵. 双馈异步风力发电机系统电网故障穿越运行研究基础理论与关键技术[D]. 杭州: 浙江大学, 2009.

[7] 赵争鸣, 刘建政, 孙晓瑛, 等. 太阳能光伏发电及其应用[M]. 北京: 科学出版社, 2005.

[8] 陈向宜, 王彪, 丁理杰. 光伏建模与并网仿真[J]. 四川电力技术, 2011, 34(6): 1-4.

[9] 刘君, 穆世霞, 李岩松, 等. 微电网中微型燃气轮机发电系统整体建模与仿真[J]. 电力系统自动化, 2010, 34(7): 85-89.

[10] 柳睿. 小水电接入模式及孤岛运行研究[D]. 上海: 上海交通大学, 2012.

[11] 闫丽梅, 谢明霞, 徐建军, 等. 含分布式电源的配电网潮流改进算法[J]. 电力系统保护与控制, 2013, 41(5): 17-22.

[12] 张海梁, 孙婉胜. 储能电站在智能配网中的应用探讨[J]. 中国电力教育, 2011, 24: 91-92.

[13] 骆妮, 李建林. 储能技术在电力系统中的研究进展[J]. 电网与清洁能源, 2012, 28(2): 71-79.

[14] 廖曙生. 综述各类储能装置的储能技术[J]. 电力建设, 2012, 19: 109-110.

[15] Hadjsaid N. 有源智能配电网[M]. 陶顺, 肖湘宁, 彭骋, 译. 北京: 中国电力出版社, 2012.

[16] 赵波. 微电网优化配置关键技术及应用[M]. 北京: 科学出版社, 2015.

[17] 刘壮志. 含微电网的智能配电网规划理论及其应用研究[D]. 北京: 华北电力大学, 2013.

[18] 柯人观. 微电网典型供电模式及微电源优化配置研究[D]. 杭州: 浙江大学, 2013.

[19] 赵波, 王成山, 张雪松. 海岛独立型微电网储能类型选择与商业运行模式探讨[J]. 电力系统及其自动化, 2013, 37(4): 21-27.

[20] 刘梦璇, 郭力, 王成山, 等. 风光柴储孤立微电网系统协调运行控制策略设计[J]. 电力系统自动化, 2012, 36(15): 19-24.

[21] 彭树勇. 冷热电联供型微电网优化配置与运行研究[D]. 成都: 西南交通大学, 2014.

[22] Ahn S J, Nam S R, Choi J H, et al. Power scheduling of distributed generators for economic and stable operation of a microgrid [J]. IEEE Transactions on Smart Grid, 2013, 4(1): 398-405.

[23] Moreau L. Stability of multi-agent systems with time-dependent communication links[J]. IEEE Transactions on Automatic Control, 2005, 50(2): 169-182.

[24] Zhang Z, Chow M Y. Convergence analysis of the incremental cost consensus algorithm under different communication network topologies in a smart grid [J]. IEEE Transactions on Power Systems, 2012, 27(4): 1761-1768.

[25] 刘维烈. 电力系统调频与自动发电控制[M]. 北京: 中国电力出版社, 2006.

[26] 高宗和. 自动发电控制算法的几点改进[J]. 电力系统自动化, 2001, 25(22): 49-51.

[27] 盛万兴, 程绳, 刘科研. 基于信赖域序列二次规划算法的含 DG 配电网优化控制[J]. 电网技术, 2014, 38(3): 662-668.

[28] Orero S O, Irving M R. Economic dispatch of generators with prohibited operating zones: A genetic algorithm approach[J]. IEEE Proceedings of Generation, Transmission and Distribution, 2002, 143(6): 529-534.

[29] 王德志, 张孝顺, 余涛, 等. 基于帕累托纳什均衡博弈的电网/多元家庭用户互动多目标优化算法[J]. 电力自动化设备, 2017, 277(5): 114-121, 128.

[30] Lakshmanan V, Marinelli M, Hu J, et al. Provision of secondary frequency control via demand response activation on thermostatically controlled loads: Solutions and experiences from Denmark[J]. Applied Energy, 2016, 173: 470-480.

[31] 高赐威, 李倩玉, 李扬. 基于 DLC 的空调负荷双层优化调度和控制策略[J]. 中国电机工程学报, 2014, 34(10): 1546-1555.

[32] Mohagheghi S, Fang Y, Falahati B. Impact of demand response on distribution system reliability[C]. Power and Energy Society General Meeting, San Diego, 2011: 1-7.

[33] 张华一, 文福拴, 张璨, 等. 计及舒适度的家庭能源中心运行优化模型[J]. 电力系统自动化, 2016, 40(20): 32-39.

[34] Xu Z, Ostergaard J, Togeby M. Demand as frequency controlled reserve[J]. IEEE Transactions on Power Systems, 2013, 26(3): 1062-1071.

[35] Wang J, Li Y, Zhou Y. Interval number optimization for household load scheduling with uncertainty[J]. Energy & Buildings, 2016, 130: 613-624.

[36] Bozchalui M C. Optimal operation of energy hubs in the context of smart grids[J]. American Behavioral Scientist, 2011, 55(12): 1535-1540.

[37] Shao S, Pipattanasomporn M, Rahman S. Development of physical-based demand response-enabled residential load models[J]. IEEE Transactions on Power Systems, 2013, 28(2): 607-614.

[38] 侯文华, 郑海超. 众包竞赛: 一把开启集体智慧的钥匙[M]. 北京: 科学出版社, 2012.

[39] 余涛, 周斌, 陈家荣. 基于 Q 学习的互联电网动态最优 CPS 控制[J]. 中国电机工程学报, 2009, 29(19): 13-19.

[40] Zhang X, Bao T, Yu T, et al. Deep transfer Q-learning with virtual leader-follower for supply-demand Stackelberg game of smart grid[J]. Energy, 2017, 133.

[41] Clerc M, Kennedy J. The particle swarm-explosion, stability, and convergence in a multidimensional complex space[J]. IEEE Transactions on Evolutionary Computation, 2002, 6 (1) : 58-73.

[42] He S, Wu Q H, Saunders J R. Group search optimizer: An optimization algorithm inspired by animal searching behavior[J]. IEEE Transactions on Evolutionary Computation, 2009, 13 (5) : 973-990.

[43] Bianchi R A C, Celiberto Jr L A, Santos P E, et al. Transferring knowledge as heuristics in reinforcement learning: A case-based approach[J]. Artificial Intelligence, 2015, 226: 102-121.

[44] Iba K. Reactive power optimization by genetic algorithm[J]. IEEE Transactions on Power Systems, 2002, 9 (2) : 685-692.

[45] Bansal J C, Deep K. A modified binary particle swarm optimization for knapsack problems[J]. Applied Mathematics & Computation, 2012, 218 (22) : 11042-11061.

[46] Mirjalili S, Mirjalili S M, Yang X S. Binary bat algorithm[J]. Neural Computing & Applications, 2014, 25 (3-4) : 663-681.

[47] Mirjalili S. Dragonfly algorithm: A new meta-heuristic optimization technique for solving single-objective, discrete, and multi-objective problems[J]. Neural Computing & Applica-tions, 2016, 27 (4) : 1053-1073.

[48] Emary E, Zawbaa H M, Hassanien A E. Binary gray wolf optimization approaches for feature selection[J]. Neurocomputing, 2015, 172 (C) : 371-381.

[49] Krynicki K, Houle M E, Jaen J. An efficient ant colony optimization strategy for the resolution of multi-class queries[J]. Knowledge-Based Systems, 2016, 105 (C) : 96-106.

[50] Nutkani I U, Loh P C, Wang P, et al. Decentralized economic dispatch scheme with online power reserve for microgrids[J]. IEEE Transactions on Smart Grid, 2017, 8 (1) : 139-148.

[51] You H, Vittal V, Yang Z. Self-healing in power systems: An approach using islanding and rate of frequency decine-based load shedding[J]. IEEE Transactions on Power Systems, 2003, 18 (1) : 174-181.

[52] Ali R, Mohamed T H, Qudaih Y S, et al. A new load frequency control approach in an isolated small power systems using coefficient diagram method[J]. International Journal of Electrical Power and Energy Systems, 2014, 56 (3) , 110-116.

[53] Bevrani H, Hiyama T. Intelligent Automatic Generation Control[M]. Boca Raton: CRC Press, 2011.

[54] Zhang Z,Chow M Y. Convergence analysis of the incremental cost consensus algorithm under different communication network topologies in a smart grid[J]. IEEE Transactions on Power Systems, 2012, 27 (4) : 1761-1768.

[55] Gao Z H, Teng X L, Tu L Q. Hierarchical AGC mode and CPS control strategy for interconnected power systems[J]. Automation of Electric Power Systems, 2004, 28 (1) : 78-81.

[56] Haddadian H, Hosseini S H, Shayeghi H, et al. Determination of optimum generation level in DTEP using a GA-based quadratic programming[J]. Energy Conversion and Management, 2011, 52 (1) : 382-390.

[57] Golpîra H, Bevrani H, Golpîra H. Application of GA optimization for automatic generation control design in an interconnected power system[J]. Energy Conversion and Management, 2011, 52 (5) : 2247-2255.

[58] Gupta E, Saxena A. Grey wolf optimizer based regulator design for automatic generation control of interconnected power system[J]. Cogent Engineering, 2016, 8459: 49-64.

第 8 章　智能发电控制的研究工具与测试平台

本章介绍研究 AGC 策略的仿真平台，介绍通信智能体框架(Jave agent development framework，JADE)平台和实时数字仿真仪(real time digital simulator，RTDS)平台；并重点介绍基于信息物理社会融合系统的平行系统，设计基于该平行系统的并行算法。

8.1　MATLAB 平台

1)MATLAB 简介

MATLAB 是由美国 Mathworks 公司开发的一套高性能的数值计算和可视化大型软件，它以矩阵运算为基础，把计算、可视化、程序设计融合在一个交互的工作环境中，在此环境中可以实现工程计算、算法研究、建模和仿真、应用程序开发等，其在科学计算、工程设计和系统仿真中运用很广泛。MATLAB 中包括了两大部分，数学计算和工程仿真，其中在工程仿真方面，MATLAB 提供的软件支持涉及各个工程领域，并且在不断完善。MATLAB 所具有的程序设计灵活、直观，图形功能强大的优点使其已经发展成为多学科、多平台的强大的大型软件。MATLAB 提供的 Simulink 工具箱是一个在 MATLAB 环境下用于对动态系统进行建模、仿真和分析的软件包，它提供了用方框图进行建模的接口，与传统的仿真建模相比，更加直观、灵活。Simulink 的作用是在程序块间的互联基础上建立起一个系统。每个程序块由输入向量、输出向量以及表示状态变量的向量三个要素组成。在计算前，需要初始化并赋初值，程序块按照需要更新的次序分类，然后用常微分方程(ordinary differential equation，ODE)计算程序通过数值积分来模拟系统。MATLAB 含有大量的 ODE 计算程序，有固定步长的，有可变步长的，为求解复杂的系统提供了方便。MATLAB 在电力系统建模和仿真的应用主要是由电力系统仿真模块 SimPowerSystem 来完成的。

MATLAB 是将计算、可视化、程序设计融合在一起的功能强大的平台，电力系统仿真将电力系统模型化、数学化来模拟实际的电力系统的运行，由于电力系统是个复杂的系统，运行方式也十分复杂，采用传统的方式进行仿真计算工作量大，也不直观。MATLAB 的出现给电力系统仿真带来了新的方法和手段。通过 MATLAB 的 SimPowerSystem 模块对电力系统中的应用进行仿真，从而说明其在电力系统仿真中运用电力系统的仿真可以帮助人们通过计算机手段分析实际电力系统的各种运行情况，通过故障仿真得出了相关的电压稳定性方面的结论，从而证明了这种仿真的正确性和在分析应用中的可行性。

2) Simulink 中电力系统模块库简介

Simulink 是一种用来实现计算机仿真的软件工具。它是 MATLAB 的一个附加组件，可用于实现各种动态系统(括连续系统、离散系统和混合系统)的建模、分析和仿真。Simulink 对仿真的实现可以应用于动力系统、信息控制、通信设计、金融财会及生物医学等各个领域的研究中。

Simulink 实际上提供了一个系统级的建模与动态仿真的图形用户环境，并且凭借 MATLAB 在科学计算上的优势，建立了从设计构思到最终要求的可视化桥梁，大大弥补了传统设计和开发工具的不足。它可以使系统的输入变得相当容易且直观，同时可以容易地改变输入信号的形式，在仿真算法和仿真参数的选择以及对输出结果的处理上也更加灵活自由。

Simulink 可以很方便地创建和维护一个完整的模型、评估不同算法和结构并验证系统性能，另外 Simulink 还可以与 MATLAB 中的数字信号处理(Digital Signal Processing，DSP)工具箱、信号处理工具箱以及通信工具箱等联合使用，进而实现软硬件的连接，从而成为实用的控制软件。

在 MATLAB 命令窗口输入 Simulink 命令，或单击 MATLAB 工具栏中的 Simulink 图标，则可以打开 Simulink 模型库窗口。如图 8-1 所示。这一模型库包括以下各个子模型库：Sources(输入源)、Sinks(接收器)、Discrete(离散时间模型)、User-Defined Functions(用户自定义功能)、Math Operations(数学方法)、Signals Attributes(信号属性)、Logic and Bit Operations(逻辑与位操作)、Lookup Tables(查找表)等。

MATLAB 的电力系统模块库中有很多模块组，主要有电源元件库(Electrical Sources)、线路元件库(Elements)、电力电子元件库(Power Electronics)、电机元件库(Machines)、连接器元件库(Connectors)、电路测量仪器元件库(Measurements)、附加元件库(Extras)、演示元件库(Demos)、电力系统分析元件库(Powergui)等，双击每一个图标都可以打开一个模块组。

MATLAB 的电力系统模块库中有很多元件库，主要有电源元件(electrical sources)、线路元件(elements)、电力电子元件(power electronics)、电机元件(machines)、连接器元件(connectors)、电路测量仪器(measurements)、附加元件(extras)、演示(demos)、电力图形用户接口(powergui)等，双击每一个图标都可以打开一个元件库。

1) 电源元件库

电源元件库中包含七种电源元件，分别是直流电压源(DC voltage sources)元件、交流电压源(AC voltage sources)元件、交流电流源(AC current sources)元件、受控电压源(controlled voltage sources)元件、受控电流源(controlled current sources)元件、三相电源(3-phase sources)元件和三相可编程电压源(3-phase programmable voltage sources)元件。

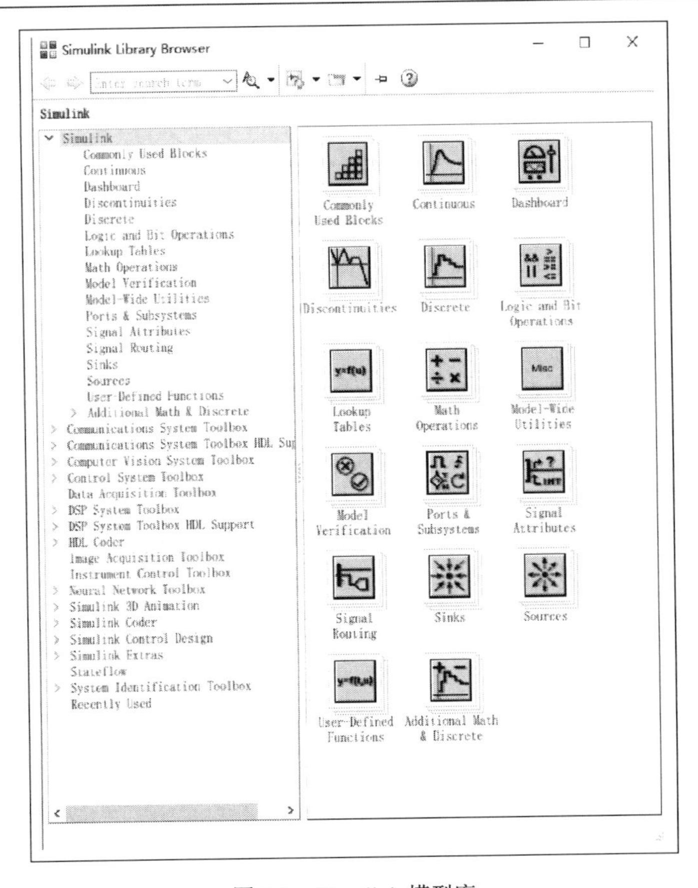

图 8-1　Simulink 模型库

2）线路元件库

线路元件库中包含了各种线性网络电路元件和非线性网络电路元件。双击线路元件库图标，弹出线路元件库对话框，包含四类线路元件，分别是支路（elements）元件、输配电线路（lines）元件、断路器（circuit breakers）元件和变压器（transformers）元件。

3）电力电子元件库

电力电子元件库包括理想开关（ideal switch）、二极管（diode）、晶闸管（thyristor）、可关断晶闸管（gate turn-off thyristor，GTO）、金属-氧化物-半导体场效应晶体管（metal-oxide-semiconductor field effect transistor，MOSFET）、绝缘栅双极晶体管（insulated gate bioplar transistor，IGBT）等模块，此外还有两个附加的控制模块组和一个整流桥。

4) 电机元件库

电机元件库包括同步电机(synchronous machines)、异步电机(asynchronous machines)、直流电机(DC machines)、调节器(prime movers and regulators)和电机输出测量分配器(machines measurements)等。

5) 连接器元件库

连接器元件库包括 10 个常用的连接器模块。

6) 测量元件库

测量元件库包含电压表、电流表、万用表和各种附加的子模块等。

7) 附加和演示模块

附加模块包括上述各元件库中的附加元件，演示模块主要提供一些演示实例。

8) 电力图形用户接口模块

电力图形用户接口模块是用来分析电路和电力系统的工具。MATLAB 软件提供的电力图形用户接口模块是一种功能强大的电力系统分析工具，使用电力图形用户接口模块可以进行稳态和暂态的频域分析，主要包括如下几方面。

(1) 电力图形用户接口模块可以显示系统稳定状态的电流和电压及电路所有的状态变量值。

(2) 为了执行仿真，电力图形用户接口模块允许修改初始状态。

(3) 电力图形用户接口可以执行负载潮流的计算，并且为了从稳态时开始仿真，可以初始化包括三相电机在内的三相网络，三相电机的类型为简化的同步电机或异步电机模块。

(4) 当电路中出现阻抗测量模块时，电力图形用户接口也可以显示阻抗随频率变化的波形。

(5) 如果用户拥有控制工具箱，电力图形用户接口模块可以产生用户自己系统的空间模块，自动打开 LTI 相对于时域和频域的观测器接口。

(6) 电力图形用户接口可以产生扩展名为.rep 的结果报告文件，这个文件包含测量模块、电源、非线性模块等系统的稳定状态值。

基于 Simulink 的电力系统仿真流程图如图 8-2 所示。

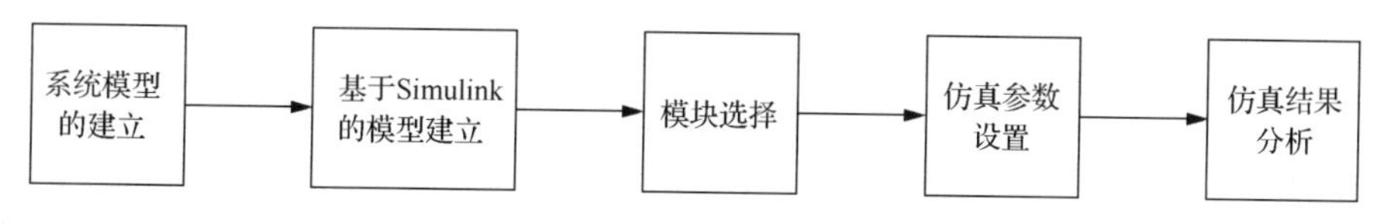

图 8-2　基于 Simulink 的电力系统仿真流程图

8.2 JADE 平台

8.2.1 SGC-SP 框架

智能体是能感应环境变化并自主寻优运行的软件实体，智能体之间通过交互协作而完成某项特定任务。MA 研究重点在于结合实际应用系统，具体研究任务分解、协作模型、协作控制策略以及 MA 学习方法。以南方电网模型为实例进行分析，该平台由 LFC 模型、实时数据传输模块和控制算法模块三部分组成，如图 8-3 所示，各种智能算法可以分别被集成到控制算法模块中进行控制性能对比分析。

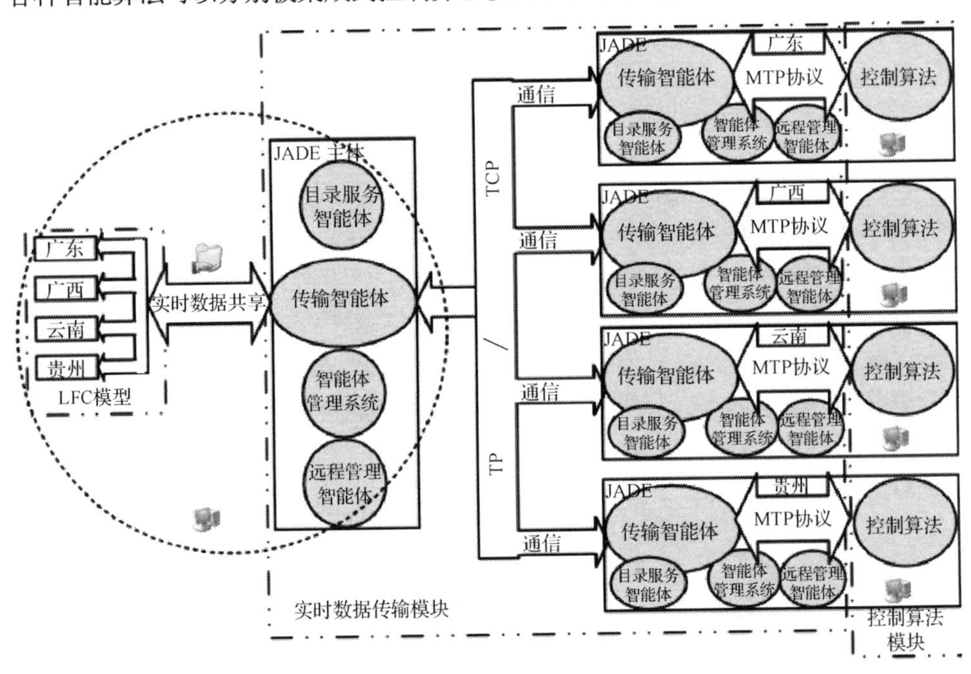

图 8-3　SGC-SP 架构

8.2.2 JADE

基于 Java 的 JADE 遵循智能物理代理机构（foundation for intelligent physical agents，FIPA）规范，能实现多智能体系统间的互操作[1]。JADE 开发平台提供了智能体最基本的服务和基础设施：①智能体生命周期管理和移动性；②白页服务和黄页服务；③点对点信息传输服务；④智能体安全性管理；⑤智能体多任务调度等。

为支持智能体内部并行活动的高效执行，JADE 引入了行为的概念。一个行为就代表了智能体能够执行的任务。行为类有很多子类，分别对应着不同类型的行为，如简单行为、组合行为等。图 8-4 表明了智能体行为的执行流程。

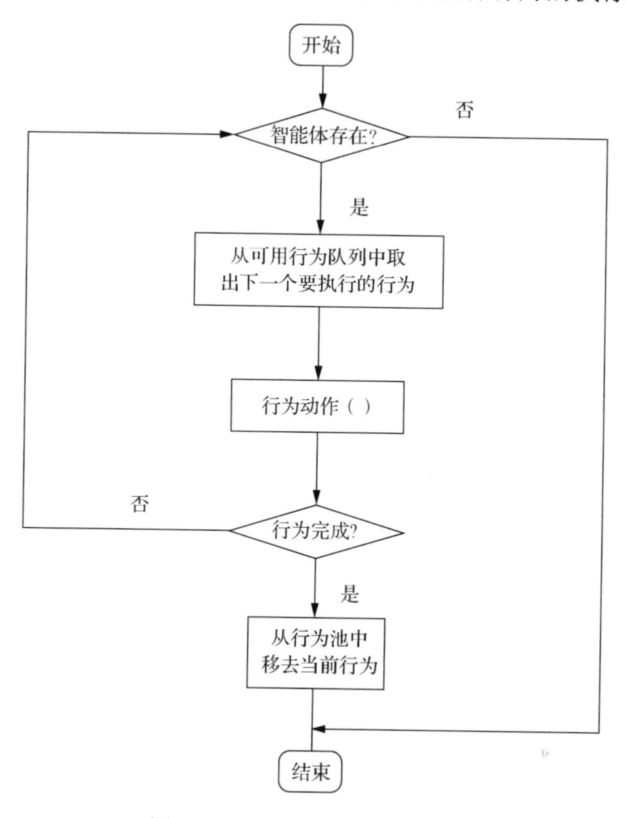

图 8-4　智能体行为执行流程图

通信能力是 JADE 中智能体具有的最重要的特征之一。通信过程中所采用的通信模式为异步消息传递。也就是说，每个智能体都有一个消息队列，即信箱，如果其他智能体需要与其通信，系统就把相应的消息投递到其信箱中。当信箱中出现消息时，相应的智能体被通知，再由该智能体调用行为类中的动作函数对消息作出响应。

智能体之间的通信是通过智能体通信语言(agent communication language，ACL)实现的[2]。ACL 是由 FIPA 提出的国际通用的通信语言，该标准规定了信息传递、信息接收、通信与原语、信息内容等方面的内容。在信息传递过程中，智能体首先确定 ACL 的通信对象，然后通过“Send 函数”发送消息。在信息接收机制过程中，智能体通过信息“Receive 函数”从信息队列中获取信息。当信息被成功接收后信息队列会将信息返回给智能体，否则返回 NULL。

信息通信过程中定义本体的概念是为了保证 JADE 中智能体与其他异构智能

体系统之间的互操作性，具体通信形式如下：①智能体 A 要求智能体 B 执行一项特殊的任务；②智能体 A 向智能体 B 确认某个命题的真伪；③建立通信接口。

8.2.3 实时数据通信

LFC 模型与 JADE 平台之间的通信是通过文件共享实现的，而主 JADE 平台与各区域 JADE 平台之间的通信是通过 TCP/IP (transmission control protocol/internet protocol) 实现的。另外，各平台之间的数据传输是由传输智能体完成的。各区域传输智能体与 MA-SGC 之间的通信是通过消息传输协议 (Message Transport Protocol，MTP) 实现的[3]。

FIPA 规定了如下平台服务项目：智能体管理系统 (agent management system，AMS)、查询服务 (directory service，DF)、图形控制平台——也被称为远程智能体管理 (remote agent management，RAM)、信息传输服务 (message transfer service，MTS)。因此，在实际操作中平台可以自动形成四个智能体并为其建立、运行、销毁提供各项服务。

RAM 为智能体平台的管理和控制提供图形界面，在该图形界面可以启动其他 JADE 工具，如图 8-5 所示。

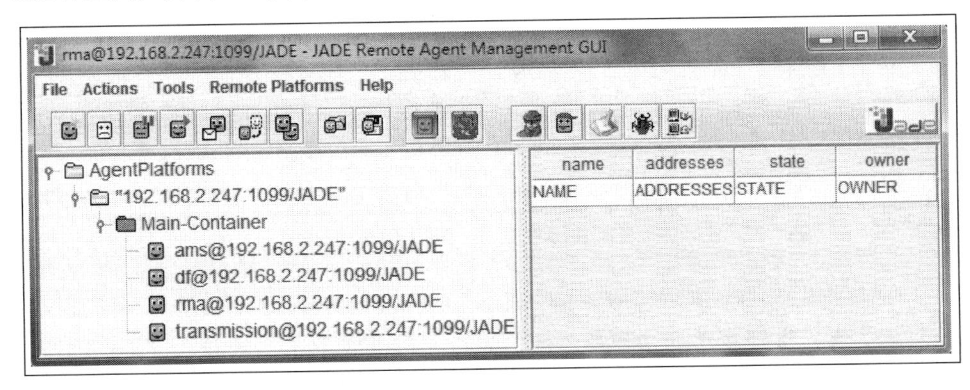

图 8-5　RAM 控制平台

AMS 用于智能体的命名、定位和控制。在 AMS 中注册过的智能体都会分配一个唯一的、有效的身份标识，该标识将会用于智能体的整个生命周期管理。DF 是智能平台的基础，主要给平台提供黄页服务，如查询其他控制单元的可视化以及数据信息。

8.2.4 ACL 消息发送与监控

JADE 在处理消息发送时，会为不同的情形选择最合适的传输方法。

(1) 如果消息接收智能体与发送智能体处于同一容器中，则将用 Java 对象代替 ACL 消息，通过一个事件对象发送给接收智能体，而不需要任何消息传输。

(2) 如果消息接收智能体与发送智能体处于同样的 JADE 平台下，但不在同一个容器中，ACL 消息将使用 Java RMI 发送。同样，智能体也只是接收到一个 Java 对象。

(3) 如果消息接收智能体与发送智能体不在同一个平台上，JADE 将根据 FIPA 标准，利用互联网内部对象请求代理协议(internet inter-ORB protocol，IIOP)和对象管理集团(object management group，OMG)接口描述语言(interface description language，IDL)界面来发送消息。该过程包括将 ACL 消息对象翻译为字符串，并把 IIOP 视为一个中间件协议来执行远程调用。在接收方会产生一个相应的 HOP 序列，并生成一个 Java 的 String 对象。该对象然后解析成一个访问控制列表(access control list，ACL)消息对象。最后该消息对象通过 Java 事件或相关机器语言(Relational Machine Language，RMI)调用发送到接收智能体处。

消息的发送与监控过程可以通过 Sniffer Agent 来查看，如图 8-6 所示。

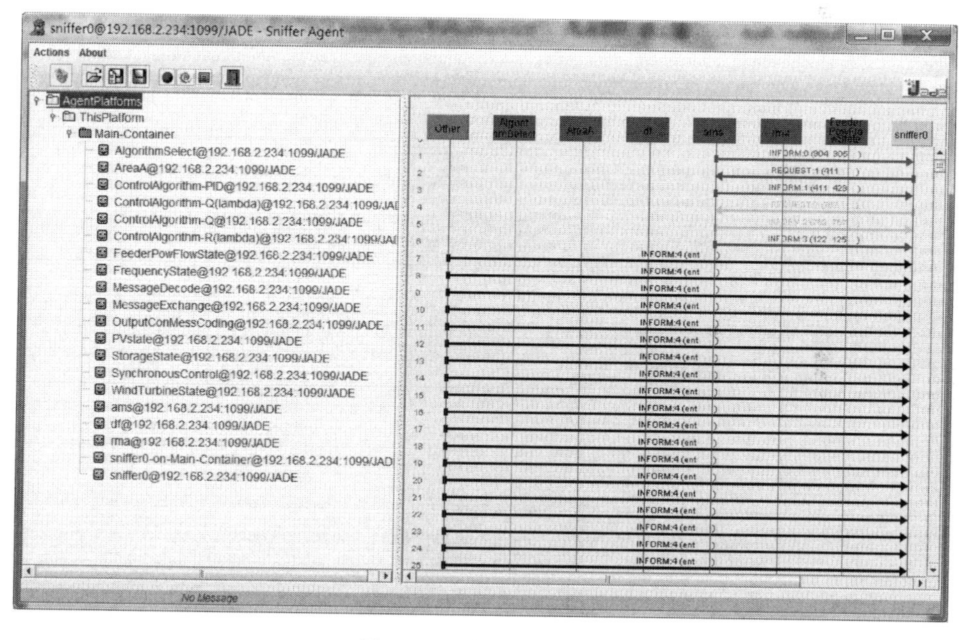

图 8-6　平台消息的监控

一般来讲，消息的发送过程由如下步骤的一步或几步组成：第一，创建代表消息内容的类；第二，创建描述这些消息类的 Ontology；第三，实例化代表消息内容的类；第四，创建 ACL 消息(ACL Message)类；第五，将消息接收者装入 ACL 消息类；第六，将形式语言名和 Ontology 名装入 ACL 消息类；第七，创建消息内容管理器类(content manager)的实例；第八，用方法 Content Manager. fill content(ACL Message m，Content Element content)格式化消息内容；第九，用方法 send(ACL Message m)发送消息。

消息的发送过程在 JADE 平台上也可通过手动完成，如图 8-7 所示。其消息日志如图 8-8 所示。

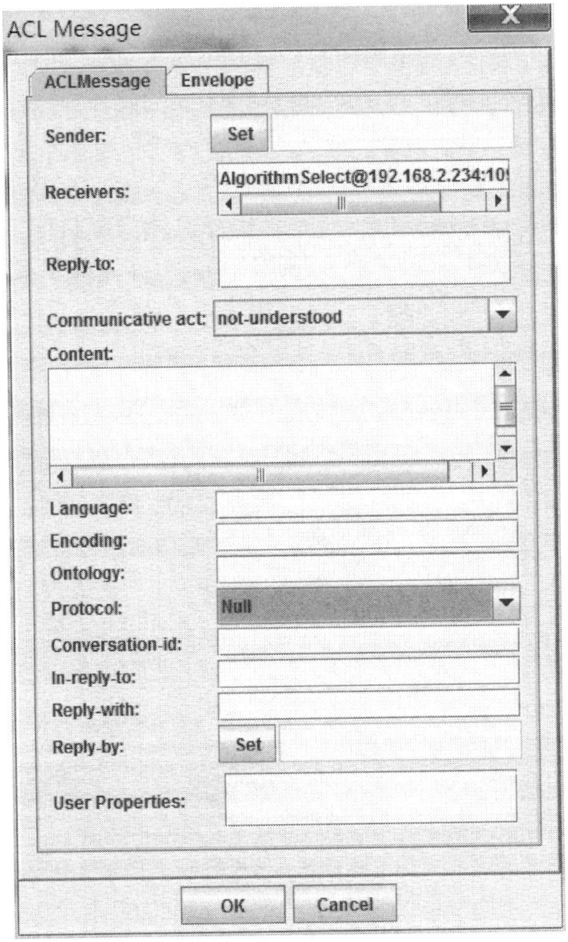

图 8-7　消息发送窗口

8.2.5　智能体的创建与销毁

JADE 平台中可以手动创建智能体，也可通过命令行 Java 语句创建智能体类，进而创建单独智能体。

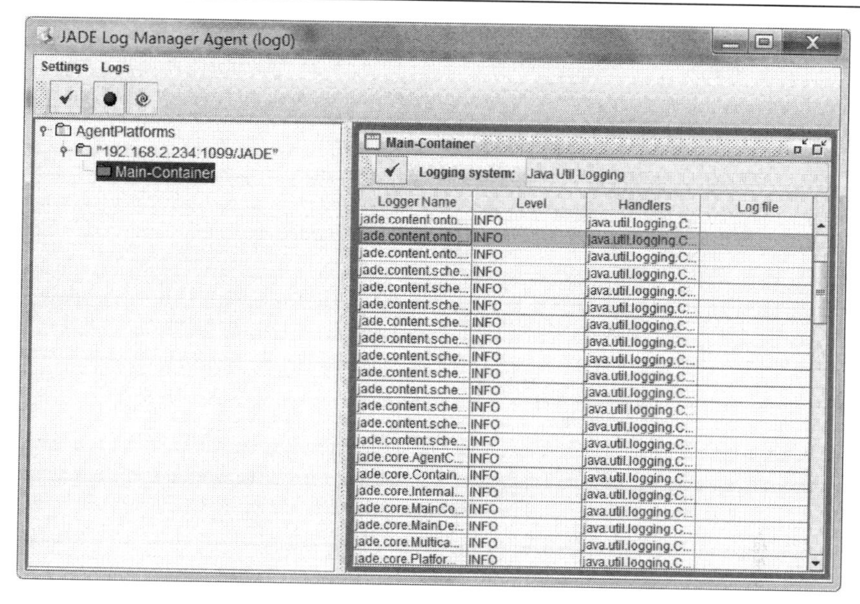

图 8-8　消息日志查看窗口

消息接收智能体虚拟类部分代码见图 8-9 所示。代码中，消息接收智能体在 action 动作函数中定义了接收消息的分类和相应的处理函数。智能体创建完成后可以通过语句 ReceiveMess myReceiveMess = new ReceiveMess()来实现智能体的创建，或者通过对话窗口人工创建，如图 8-10 所示。

```
package Client;
import jade.core.behaviours.CyclicBehaviour;
import jade.lang.acl.ACLMessage;
import jade.lang.acl.UnreadableException;
import java.io.IOException;
public class ReceiveMsg extends CyclicBehaviour
{
    private static String MainAgtName;
    public AreaInfo myAreaInfo=new AreaInfo();
    /**...*/
    @Override
    public void action()
    {
        ACLMessage msg=this.myAgent.receive();
        if(msg==null)
        {
            System.out.println("Get NULL");
            block();
            this.myAgent.doWait(500);
```

图 8-9　消息接收智能体虚拟类部分代码

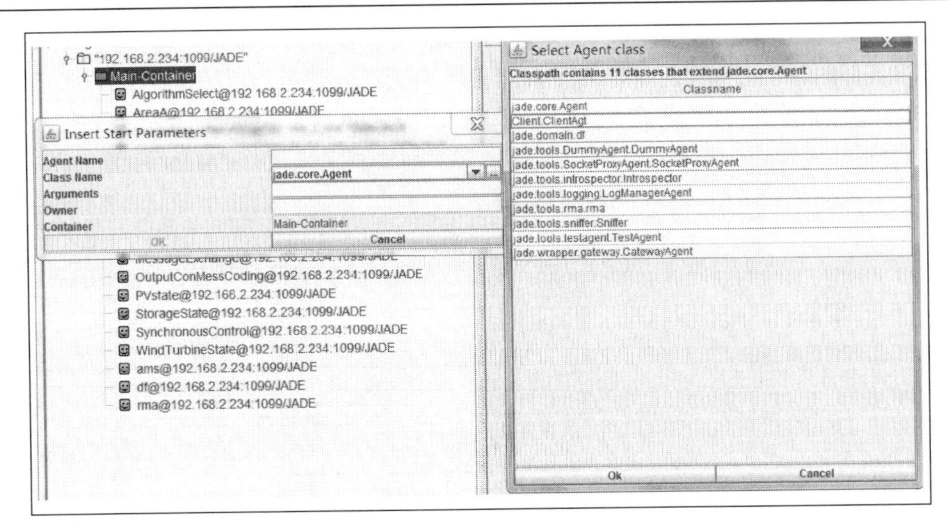

图 8-10　智能体的人工创建

当智能体没有必要存在时，为节约内存一般需要将智能体销毁。同理也可通过命令行销毁或者手动销毁。

8.3　RTDS 平台

文献[4]介绍了 RTDS 的软硬件组成和标准的实验设计方法，使用 RTDS 精确地实时仿真电力系统，可以进行各种测量和保护产品的开发与测试。

8.3.1　RTDS 仿真系统的功能和特点

RTDS 是由加拿大 Mani-loba 直流研究中心开发的专门用于实时研究电力系统的数字动模系统，是一种专门设计用于研究电力系统中电磁暂态现象的装置。该系统中的电力系统元件模型和仿真算法是建立在已获得行业认可且已广泛应用的电磁暂态程序(electro-magnetic transient program，EMTP)和直流电磁暂态计算程序(electro-magnetic transient in DC system，EMTDC)基础上的，其仿真结果与现场实际系统的真实情况一致。

电力系统的仿真研究可以包括几乎所有的网络结构，从非常小的单电源的负载研究直到能代表一个完整的电力公司网络的基本动态特性的研究。RTDS 提供的结果比传统的仿真系统稳定、精确，这是因为 RTDS 代表的系统特性包含了一个很大的频率范围(直流频率到 4kHz)。在这个频率范围内，RTDS 是精确分析电力系统现象的理想工具。RTDS 典型的计算步长为 50μs[5]，即对 50Hz 工频分为 400 个步长，每个步长都对参数改变后的网络重新计算一次。所以在电力系统的仿真研究中，它可以被看做实时的模拟装置。由于 RTDS 是实时的，它能直接与各种电力系统控制和保护装置相连接，在 RTDS 上的测试比其他测试方法更全面、更便捷。RTDS 并不是系统元件的物理小型化，其元件参数和电路结构以软件模型为基础。RTDS 的研究能被迅速而且方便地修改，从一个问题切换到另一个问题只需要较短的时间[6]。研究序列能被设定并自动运行，批模拟只需要极少甚至不需要用户交互作用。由于 RTDS 在有无用户交互作用(交互式运行或批处理形式运行)时都能运行，装置能接受成千上万次的批处理测试而不需要监控。RTDS 对每个测试的回应都将提供详细的报告。无论用户对装置进行测试还是对运行进行模拟研究，RTDS 都能提供很大的帮助。

8.3.2　RTDS 仿真实验的工作原理

RTDS 主要设备装置由两台多个 DSP 组成的计算机柜和一台微机组成，如图 8-11 所示。

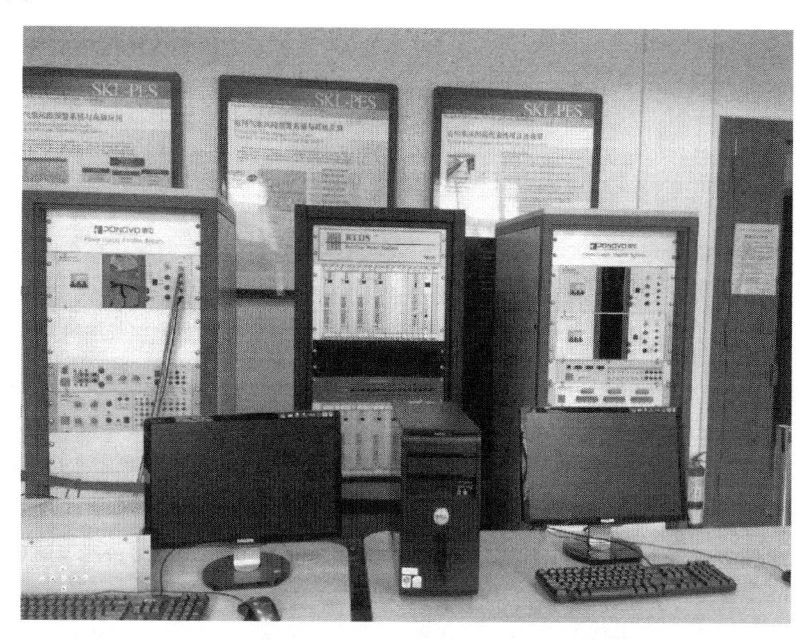

图 8-11　RTDS 主要设备装置

微机为上位机，它既是人机接口，也是下位机的控制设备。通过这台微机可进行编程、控制和各种实时的操作。作为下位机的两台计算机柜，每台可计算一定规模的网络(节点数目有限)，而两台计算机柜可同时计算联络不紧密的两个网络(两个网络矩阵)，并通过它们之间的通信模拟这两个网络的相互作用。计算机柜的若干个 DSP 计算单元组成一个个相似的 3 个人计算机(Personal Computer，PC)单元，分别根据人为设定的元件模型计算网络中的每个元件的输入输出。为达到整体潮流计算的 50μs 步长，对单个元件的计算必须在 20μs 内完成，这也对元件模型的复杂度有所限制。3PC 单元上的插孔可直接对外输出网络节点的电流电压模拟量，范围分别是±10V 和±5mA（需通过放大设备放大后驱动各种待测的保护装置），也可直接输入输出各种数字开关量，以达到对外界控制的实时响应。

8.3.3　典型的 RTDS 动模试验方法

典型的 RTDS 动模试验中，数模系统通过放大器与被测装置联系，同时接收装置的动作信号和人为的控制信号，考量这些变化并立刻改变系统参数，产生在线的系统行为，从而做到交互的动态模拟，如图 8-12 所示。由于 RTDS 能逼真地模拟实际电力系统的状态，同时由于被试设备直接连接到仿真系统，试验和在实际系统中运行一样。这种试验方法使设备能在系统偶然发生的情况下试验，而这些试验是用别的方法不能做到的或在实际的系统中不允许进行的。由于该试验是闭环进行的，其不仅能用来评价保护和控制设备的运行，而且能用来评估电力网络对设备正常运行或误动作的反应。

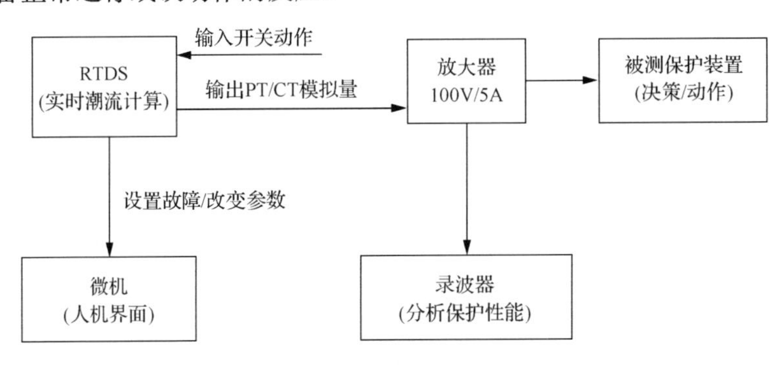

图 8-12　典型的 RTDS 动模试验

RTDS 能用来做保护系统的闭环试验，大大优于其他试验或校验保护设备参数和设置的方法。放大器经常被结合使用以便使继电器能用运行中所使用的电压和电流来试验。

实时仿真是试验控制设备的唯一方法，而实时数字仿真代表着完成这些试验最灵活和高效的方法。同时 RTDS 中所具有的灵活和充分的信号输入与输出结构使得试验复杂控制器所需要的大量信号传送更容易。

8.4　算法库的建立

为加速系统的寻优过程，提高控制算法的控制性能，需要建立优化算法库和控制算法库，通过文献查找的方式，可设计统一的参数输入接口，目前本书建立算法库的算法如表 8-1 所示，表中算法的配置参数与表 4-16 的参数一致。

表 8-1　本书算法库所用的算法

序号	机组组合中优化算法	经济调度中优化算法	AGC 算法	发电指令分配中优化算法
1	模拟退火算法 SAA	SAA	PID	SAA
2	多元优化算法 MVO	MVO	SMC	MVO
3	遗传算法 GA	GA	ADRC	GA
4	灰狼算法 GWO	GWO	FOPID	GWO
5	粒子群算法 PSO	PSO	FLC	PSO
6	生物地理学优化算法 BBO	BBO	Q 学习	BBO
7	飞蛾扑火算法 MFO	MFO	Q(λ)学习	MFO
8	鲸鱼优化算法 WOA	WOA	R(λ)学习	WOA
9	蚁狮算法 ALO	ALO		ALO
10	蜻蜓算法 DA	DA		DA
11	群搜索算法 GSO	GSO		GSO
12	鸡群搜索算法 CSO	CSO		CSO
13	正弦余弦算法 SCA	SCA		SCA
14	连续蚁群算法 ACOR	ACOR		ACOR
15	教与学优化算法 TLBO	TLBO		TLBO
16	萤火虫算法 FA	FA		FA
17	帝国主义竞争算法 ICA	ICA		ICA
18	文化算法 CA	CA		CA
19	人工蜂群算法 ABC	ABC		ABC
20	入侵杂草优化算法 IWO	IWO		IWO
21	强度帕累托进化算法 II SPEA2	SPEA2		SPEA2
22	协方差矩阵自适应进化策略 CMA-ES	CMA-ES		CMA-ES
23	和声搜索 HS	HS		HS
24	差分进化算法 DE	DE		DE
25	混合进化算法 SCE-UA	SCE-UA		SCE-UA
26	混合蛙跳算法 SFLA	SFLA		SFLA
27				固定比例
28		松弛人工神经网络算法 RANN		
29		松弛深度学习算法 RDL		

所有优化算法的迭代次数和种群数目与表 4-16 相同，但将表 4-16 中优化算法表格内容改为表 8-2 所示。

表 8-2 平行系统算例中算法的参数

机组组合中优化算法：GA, SAA, MVO, GWO, PSO	机组组合中优化算法：GA, SAA, MVO, GWO, PSO, BBO, MFO, WOA, ALO, DA, GSO, CSO, SCA, ACOR, TLBO, FA, ICA, CA, ABC, IWO, SPEA2, CMA-ES, HS, DE, SCE-UA, SFLA
经济调度中优化算法：GA, SAA, MVO, GWO, PSO	经济调度中优化算法：GA, SAA, MVO, GWO, PSO, BBO, MFO, WOA, ALO, DA, GSO, CSO, SCA, ACOR, TLBO, FA, ICA, CA, ABC, IWO, SPEA2, CMA-ES, HS, DE, SCE-UA, SFLA
发电指令分配中优化算法：GA, SAA, MVO, GWO, PSO	发电指令分配中优化算法： GA, SAA, MVO, GWO, PSO, BBO, MFO, WOA, ALO, DA, GSO, CSO, SCA, ACOR, TLBO, FA, ICA, CA, ABC, IWO, SPEA2, CMA-ES, HS, DE, SCE-UA, SFLA

表 8-1 中，BBO 为生物地理学优化算法(biogeography-based optimization，BBO)，ACOR 为连续蚁群算法(ant colony optimization for continuous domains，ACOR)，TLBO 为教与学优化算法(teaching-learning-based optimization，TLBO)，FA 为萤火虫算法(firefly algorithm，FA)，ICA 为帝国主义竞争算法(imperialist competitive algorithm，ICA)，CA 为文化算法(cultural algorithm，CA)，ABC 为人工蜂群算法(artificial bee colony，ABC)，IWO 为入侵杂草优化算法(invasive weed optimization，IWO)，SPEA2 为强度帕累托进化算法Ⅱ(strength pareto evolutionary algorithm 2，SPEA2)，CMA-ES 为协方差矩阵自适应进化策略(covariance matrix adaptation evolution strategy，CMA-ES)，DE 为差分进化算法(differential evolution，DE)，HS 为和声搜索(harmony search，HS)，SCE-UA 为混合进化算法(shuffled complex evolution method developed at the university of arizona，SCE-UA)，SFLA 为混合蛙跳算法(shuffled frog leaping algorithm，SFLA)。

8.5 基于 CPSS 的平行系统的仿真平台的建立

8.5.1 基于平行系统的电力系统智能发电控制仿真平台

1. 平行系统中的硬件与软件

平行系统中可采用多核 CPU 的服务器或安装了图形处理器(graphics processing unit，GPU)计算卡的计算机作为硬件基础，采用 MATLAB/Simulink 软件以及优化计算软件作为软件核心。

一般服务器中的 CPU 核数越多其运行仿真的能力越强，但在有限的硬件条件下，可通过多机互联局域网的方式实现平行系统，也可以通过网络与云端服务器进行连接。还可以通过 TCP/IP 网络协议使多台普通计算机相连。

多台服务器之间采用 JADE 进行通信。虽然 R2014b 之后的版本的 MATLAB 也能够直接进行多机通信，但其稳定性比 JADE 通信的稳定性低，且代码比 JADE 复杂，因此本书采用 JADE 平台进行多机通信。

2. 平行系统的搭建

与通常的并行计算或者并行系统不同，平行系统将复杂问题进行拓展，而并行系统则是对复杂问题进行划分，如图 8-13 所示。并行系统一般将复杂问题进行划分，且只能将其中一部分能够并行化处理的问题划分为多个子问题同时处理，处理结束后一般需将各个子问题的结果进行收集并综合处理下一阶段的问题。

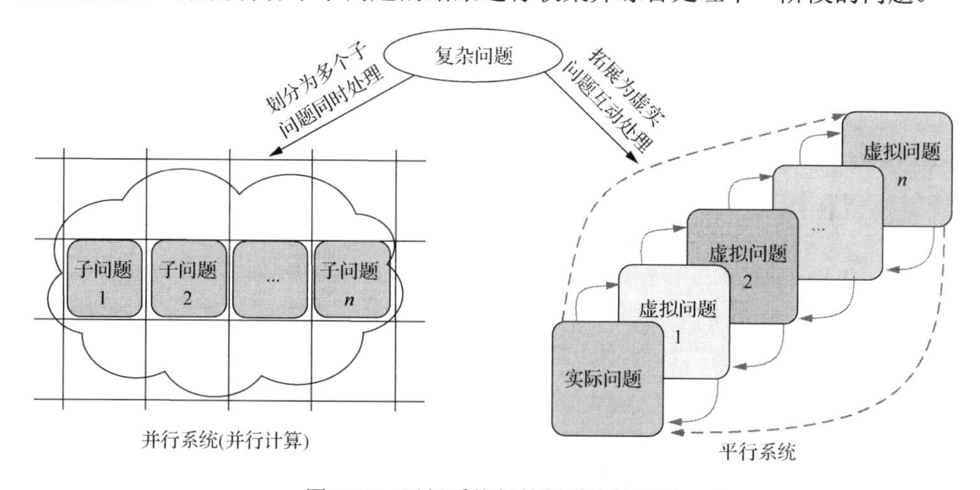

图 8-13　平行系统与并行系统的区别

平行系统为对实际问题的拓展，拓展为多个虚拟问题，每个虚拟问题也是一个与实际问题相同的复杂系统，虚拟系统为寻求最优解或最优控制的参数或方法而产生，不断进行迭代更新，当其效果比实际系统的优化效果更优或控制性能更高时进行虚实系统之间的互动。

平行系统的基本架构如图 8-14 所示。平行系统借助于人工社会-计算实验-平行执行进行构建。通过人工构建的虚拟系统与实际系统之间的互动处理，可不断提升实际系统的性能。平行系统的构建让实际系统更加智能化，在现有实际系统进行控制的同时，虚拟系统模拟实际系统的信息，即虚拟系统不断与实际系统进行互动。

与实际系统相对应的是工业系统，而与人工系统相对应的则是人工社会。人类通过虚拟系统与实际系统的互动(人工系统与工业系统的互动)干预实际系统，使得实际系统学习人类的智慧。因此，有必要通过信息物理社会融合系统融合两个系统。

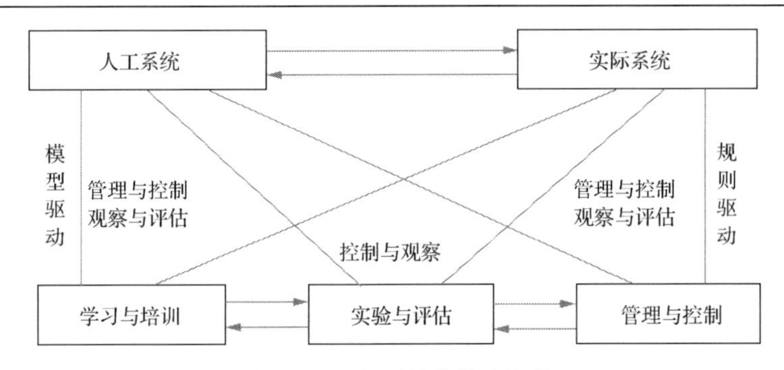

图 8-14　平行系统的基本架构

社会物理信息系统(cyber-physical-social system，CPSS)的基本框架如图 8-15 所示。其中虚拟系统与实际系统的交互过程中需采用各种学习类算法从对方系统中进行借鉴。

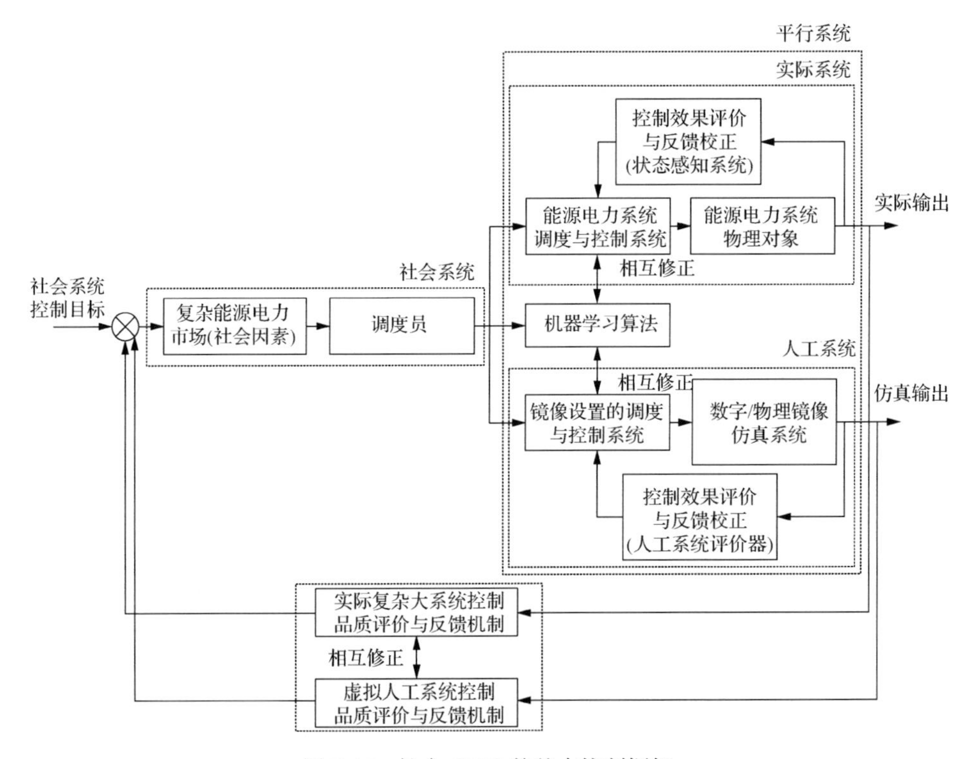

图 8-15　社会 CPSS 的基本控制框架

在社会 CPSS 框架中，交互过程中的平行系统扮演重要的角色。一方面，平行系统需要将人类社会的知识输出到虚拟系统中；另一方面，平行系统需要将虚拟系统学习之后的经验提供给人工系统作为参考。

针对电力系统中的智能发电优化或控制问题，可基于 MATLAB/Simulink 搭建简化的平行系统模型，如图 8-16 所示。

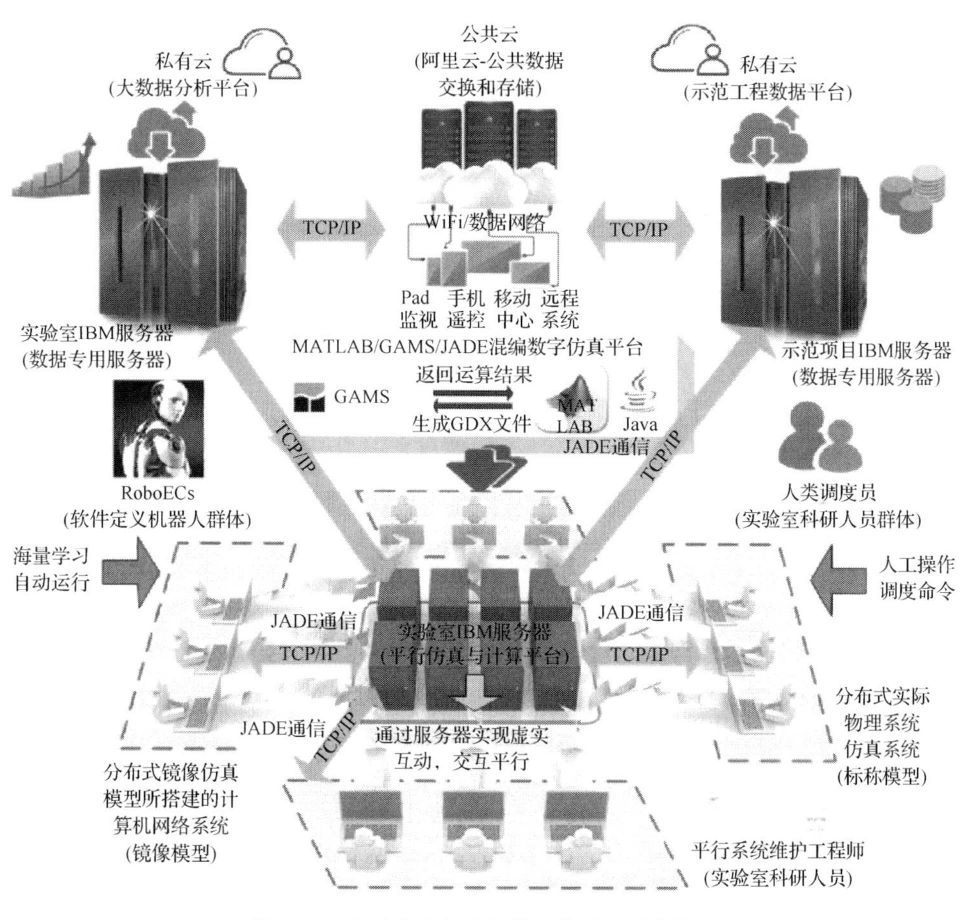

图 8-16　基于实验室平台搭建的平行系统模型

图 8-16 中的平行系统是以 MATLAB 与通用代数建模系统(general algebraic modeling system，GAMS)软件为软件核心、以本地服务器和云端服务器为硬件条件、以 TCP/IP 作为通信基础以及以智能优化与控制算法为算法核心构建的平行仿真运行平台。

8.5.2　平行系统的仿真算例

下面采用本实验所具备的条件，搭建所需的针对智能发电控制的平行系统。主要硬件平台包含三个服务器。

型号为 AMAX XR-28201GK 的 GPU 高性能计算服务器，内含 2 个 Intel® Xeon® E5-2699 v4 (2.2 GHz，22 Core/44 Threads，20MB)计算核心，该服务器内存为 96GB，共 44 个双线程核心，4TB 硬盘。

型号为 AMAX XG-22301EN 的 CPU 的高性能计算服务器，内含 Intel® Xeon® Pltinum 8160（2.1GHz，24Core/48Threads，33MB）的计算核心，该服务器内存为 192GB，共 48 个双线程核心，16TB 硬盘。

以阿里云平台作为远程服务器加速平台的仿真速度，其是一个分布在华南地区的 8 核 CPU Intel® Xeon ® CPU E5-2682 v4 @2.5 GHz、16GB 运行内存、15Mbit/s 的带宽、4TB 云盘、系统为 Windows server2012 的平台，该平台安装的 MATLAB 也是 R2016b 版本。

采用 MATLAB/Simulink 软件搭建电力系统的 AGC 系统，每个核心可模拟一个仿真中的电力区域或者一个 VGT。其中每个仿真区域可在一个服务器的核心中实现。每个区域包含了区域的发电机机组、调速器、再热器和控制器。每个控制器可看做一个智能体，多个控制器在整个电力系统中的作用，可作为多智能体在系统中的博弈。每个智能体的决策代码均用 MATLAB 的 S-Function 代码实现。其模型为 IEEE 的 10 机 39 节点的三区域模型，如图 4-31 所示，其参数如表 4-17 和表 4-18 所示，其功率曲线如图 4-32 所示。

该算例中使用了 26 种算法优化机组组合问题、26 种算法优化经济调度问题、8 种算法处理 AGC 问题和 27 种优化算法分配发电指令分配问题，且比较了 RANN 和 RDL，即共对比了 146018（26×26×8×27+2）种算法。每种算法在 Simulink 中设定的仿真时间为 86400s（1 天），这是设定的仿真时间，而非实际仿真所需的计算机时间。

因此，设定的总仿真时间为 400.0493 年（每年按 365 天计，400.0493=146018/365）。该算例产生了 1.57TB 的 mat 数据文件，消耗的实际总时间约为 175 天。

其仿真结果如图 8-17 所示。

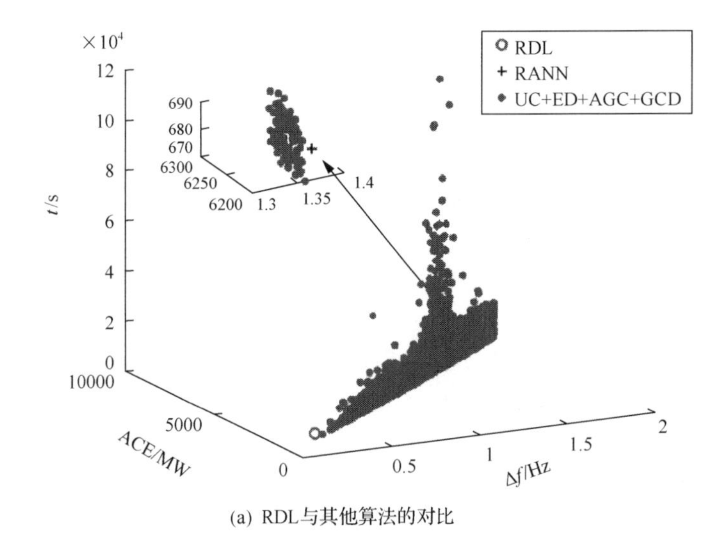

(a) RDL与其他算法的对比

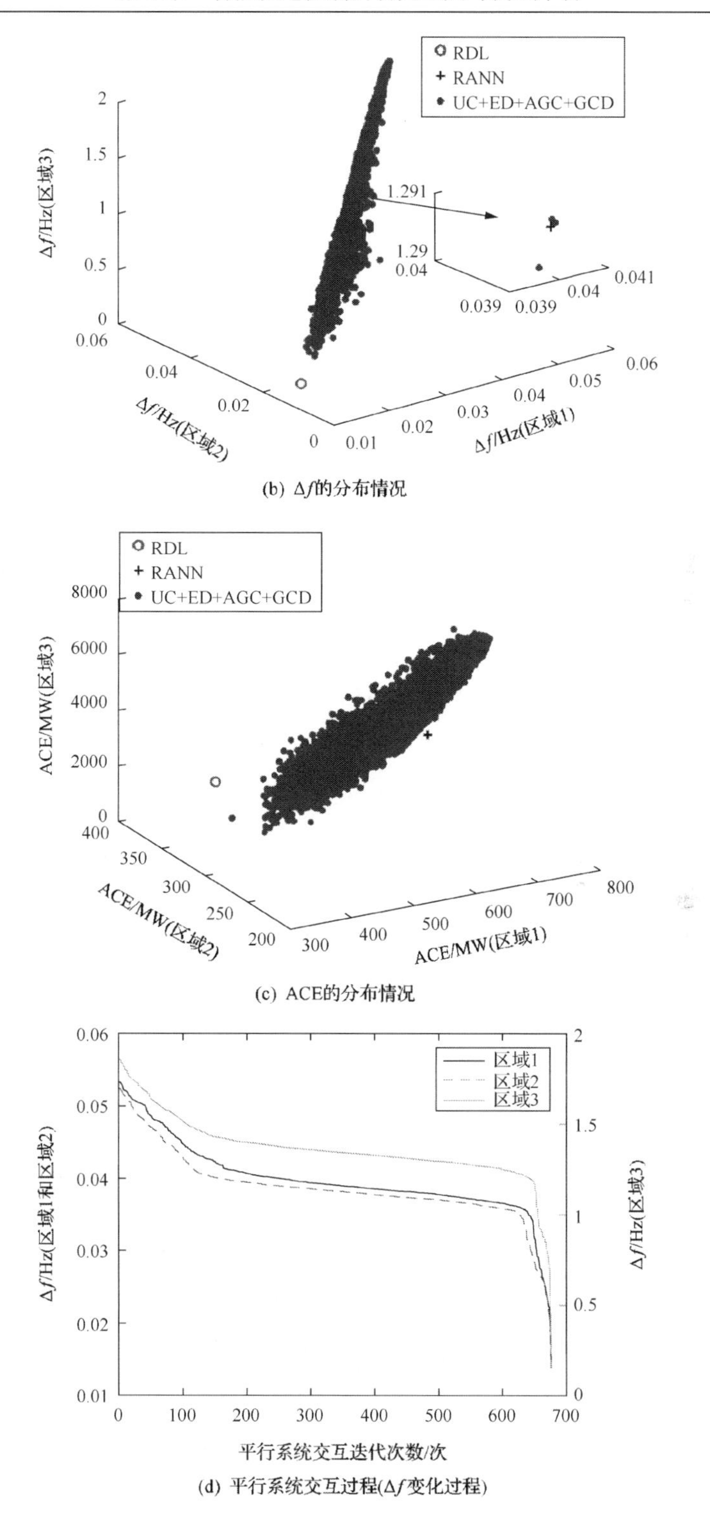

(b) Δf的分布情况

(c) ACE的分布情况

(d) 平行系统交互过程(Δf变化过程)

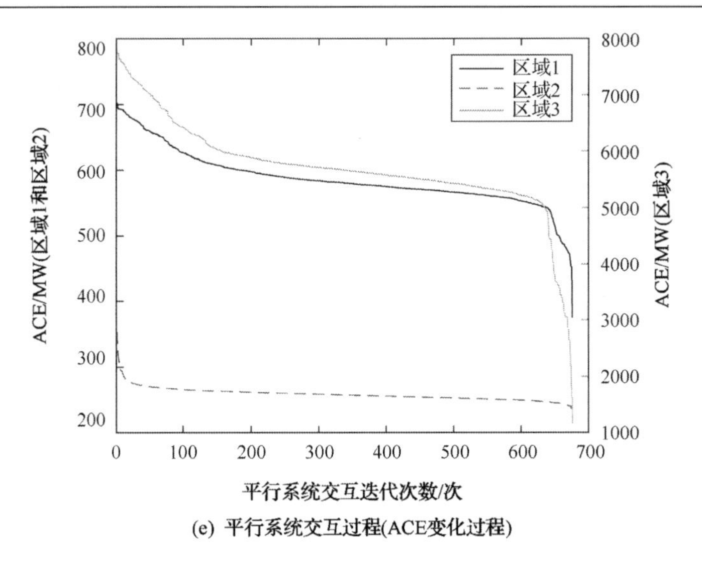

(e) 平行系统交互过程(ACE变化过程)

图 8-17 平行系统算例仿真结果

仿真前期，通过人的参与，传统组合式算法的参数不断被优化，寻找到系统能够收敛的优化参数的范围。通过不断调试，传统组合式算法中 AGC 的控制算法的参数得以优化。应定期优化 MATLAB 程序来优化平行系统的计算过程。

从图 8-17 中能看出，通过系统的不断交互，ACE 不断减小，Δf 也不断减小，从而实际系统的参数不断被优化。因此，本书所搭建的平行系统的仿真平台是有效且可行的。

并且通过 RDL 的学习，智能体能更好地学习到系统的状态，通过平行系统做出更快速、更优的判断，以平行系统仿真平台所得到的数据作为 RDL 的样本进行训练，最后可以看出，RDL 的仿真效果最优(ACE 和 Δf 均最小)。因此，平行系统的仿真也验证了 RDL 的有效性、可行性和优越性。

8.6 结论与展望

1. 结论

本书虽然到此结束了，但是本书的前沿性的工作还将继续。

本书首先总结了 AGC 和智能发电控制的异同点，并分析了智能发电控制的控制性能评价指标；其次，详细分析了智能发电控制的模型；再次，详细展示了各种集中式和分散式控制与调度的智能发电控制的智能算法；最后，展示了基于 CPSS 的平行系统。

因此，本书的主要贡献如下。

(1) 给出了分别考虑需求响应的和大规模可再生能源接入的电力系统负荷频率响应模型。

(2) 针对集中式的控制策略，展示了变论域 Fuzzy 控制、Q 学习、Q(λ)学习、R 学习、R(λ)学习和人工情感 Q 学习等算法。

(3) 更深入并创新性地提出了统一时间尺度的智能发电控制算法。

(4) 针对分散式的智能发电控制调度与控制问题，提出了基于多智能体系统的相关均衡博弈协同控制、深度强化学习和深度强化森林算法。

(5) 为 VGT 提出了狼群捕猎策略的方法和协同一致性控制方法。

(6) 针对孤岛微网的智能发电控制问题，提出了多智能体一致性、分布式协同发电调度算法、集体智慧 Q 学习算法与深度神经网络启发式动态规划算法。

(7) 建立了多机通信的智能发电控制平台、建立了智能算法库、建立了基于 CPSS 的平行系统。

2. 展望

虽然本书所提算法、互联电网与微网统一时间尺度调度及控制框架和平行系统的仿真平台都得到了验证，但是仍然存在多个可完善之处。

(1) 人类做出选择时，有时是理性因素占多，有时是情感因素占多，在设计基于人工情感的算法时，如何考虑一个长期工作者的状态，照顾到各方博弈体利益的算法值得研究。

(2) 如何利用一体化调控方式使能源进行最优化的分配，更是可继续研究的方向；利用技术手段进行全负荷可控可调更是一体化调控算法值得考验的地方。

(3) 电力系统中的发电控制经历了从 AGC 到智能发电控制的阶段，从发展的趋势来看，可能基于平行系统、大数据与深度学习算法的发电控制会被称为“智慧发电控制”，从而进入“AGC3.0”的时代。

(4) 在更加广泛的考虑中，电力系统并非一个封闭独立运行的系统，而是受到人类活动和环境影响的系统。在考虑自然灾害对系统整体性的破坏、碳排放与污染等长期经济目标、“源”与“荷”能实时相互转换、人类心理因素、社会活动的政府因素、信仰和国度等因素、电力市场的投资行为和电动汽车接入电网与供电商之间的博弈时，电力系统应为更加强壮的系统，其中使用的算法将更加复杂。

参考文献

[1] Bellifemine F, Bergenti F, Caire G, et al. JADE-a Java Agent Development Framework[M]. Bordini R H, Dastani M, Dix J, et al. Multi-Agent Programming. New York: Springer, 2005: 125-147.

[2] Bellifemine F, Poggi A, Rimassa G. Developing Multi-agent Systems with JADE[C]//Intelligent Agents VII Agent Theories Architectures and Languages. Berlin Heidelberg, Springer-Verlag, 2000: 89-103.

[3] 于卫红. 基于 JADE 平台的多 agent 系统开发技术[M]. 北京: 国防工业出版社, 2011.

[4] 许大光, 陈小川. RTDS 开发设计平台[J]. 软件导刊, 2007(13): 20-21.

[5] Dommel H W. Digital computer solution of electromagnetic transients in single and multiphase networks[J]. IEEE Transactions on Power Apparatus & Systems, 1969, 88(4): 388-399.

[6] Marti J R. Accurate modeling of frequency-dependent transmission lines in electromagnetic transient simulations[J]. Power Engineering Review IEEE, 1982, 2(1): 29-30.